MSP432 系列超低功耗
ARM Cortex-M4 微控制器原理与实践

沈建华　张　超　李　晋　编著

北京航空航天大学出版社

内容简介

TI公司的MSP432系列微控制器集合了MSP430系列的超低功耗特性和ARM Cortex-M4F内核的高处理性能，以及品种丰富、配置灵活的多种外设。本书介绍了MSP432微控制器的主要特点，详细讲述了MSP432的内核和系统结构，对MSP432的系统外设、应用外设的功能、原理、基本使用进行了详细的描述，并介绍了MSP432的软硬件开发环境、嵌入式程序设计，设计了10多个单元的功能实验和综合实验。

本书既可作为高等院校计算机、物联网、电子、自动化类专业嵌入式系统、微机原理与接口、单片机应用等课程的教材，也可作为从事单片机应用系统开发的工程技术人员的学习、参考用书。

图书在版编目(CIP)数据

MSP432系列超低功耗ARM Cortex-M4微控制器原理与实践 / 沈建华，张超，李晋编著. -- 北京 ：北京航空航天大学出版社，2017.9

ISBN 978-7-5124-2507-1

Ⅰ. ①M… Ⅱ. ①沈… ②张… ③李… Ⅲ. ①微控制器—研究 Ⅳ. ①TP332.3

中国版本图书馆CIP数据核字(2017)第224217号

MSP432系列超低功耗

ARM Cortex-M4微控制器原理与实践

沈建华 张 超 李 晋 编著

责任编辑 杨 昕

*

北京航空航天大学出版社出版发行

北京市海淀区学院路37号(邮编100191) http://www.buaapress.com.cn

发行部电话：(010)82317024 传真：(010)82328026

读者信箱：emsbook@buaacm.com.cn 邮购电话：(010)82316936

涿州市新华印刷有限公司印装 各地书店经销

*

开本：710×1 000 1/16 印张：20.5 字数：437千字

2017年9月第1版 2017年9月第1次印刷 印数：3 000册

ISBN 978-7-5124-2507-1 定价：49.00元

若本书有倒页、脱页、缺页等印装质量问题，请与本社发行部联系调换。联系电话：(010)82317024

前　言

随着物联网时代的到来，微控制器（MCU、单片机）的应用迎来了更广阔的发展空间，但同时对单片机综合性能的要求也越来越高。纵观单片机的发展，以应用需求为目标，市场越来越细化，充分突出以“单片”解决问题，而不像以前以处理器为中心，外扩各种接口构成各种应用系统。单片机系统作为嵌入式系统的重要组成部分，主要集中在相对简单的应用领域（复杂嵌入式应用主要由 DSP、MPU 等高性能处理器完成）。在这些应用中，目前也出现了一些新的需求，主要体现在以下几个方面：

① 以电池供电的应用越来越多，而且由于产品体积的限制，很多是用小型电池供电的，要求系统功耗尽可能低。

② 随着应用复杂性的提高，对处理器功能和性能的要求也不断提高，既要求外设丰富、功能灵活，又要求有一定的运算能力，能做一些实时算法和协议处理，而不仅仅是做一些简单的控制。

③ 产品更新速度快，开发时间短，软件开发测试成本越来越高，希望开发工具简单、廉价，软件重用性高，便于移植。

美国德州仪器（TI）公司最新推出的 MSP432 系列 32 位混合信号处理器（Mixed Signal Processor），集成了 32 位高性能 ARM Cortex-M4F 处理器和丰富的片内外设，结合 TI 公司原有的 MSP430 超低功耗和高性能模拟技术，并具有 ARM MCU 良好的软件重用性，可满足更多的嵌入式、物联网应用需求。加之 TI 公司的优良服务（全球免费快速网上样片申请、丰富的技术资料和开发者社区），充分体现了世界级著名 IC 厂商的实力和综合优势。

20 多年来，华东师范大学计算机系嵌入式系统实验室与多家全球著名的半导体厂商合作，在 MCU 的应用开发、推广、教学方面积累了丰富的经验。特别是与 TI 公司大学计划部，从 2002 年合作至今，TI 公司在合作项目、开发板卡、芯片样片等方面都给予了我们很大的支持，提升了我们的教学和科研水平。我们先后编写了《MSP430 系列 16 位超低功耗单片机原理与应用》《嵌入式系统教程——基于 Tiva ARM Cortex-M 系列微控制器》《CC3200 嵌入式 Wi-Fi SoC 原理与应用》等教材和专业书籍，并设计开发了配套的实验系统和板卡。编写此书也是延续我们和 TI 公司大学计划的合作，把 TI 公司最新的 MCU 技术和产品应用到项目开发和教学实践中，希望可以缩短学以致用的时间和路径。

上海大学机电工程自动化学院工程训练中心的李晋老师、无锡科技职业学院物联网与软件技术学院移动互联系的张超老师参与了本书部分章节的编写。此外，参与本书编写和资料整理、硬件设计和代码验证等工作的，还有华东师范大学计算机系的孙乐晨、洪明杰、张炤、张红艳、林雯、陶立清、郝立平等。在本书策划、编写过程中，还得到了TI公司大学计划部沈洁、王承宁、潘亚涛、崔萌、钟舒阳、王沁，上海德研电子科技有限公司陈宫、姜哲，北京航空航天大学出版社胡晓柏的大力支持。在此向他们表示衷心的感谢。

由于作者水平所限，书中的错误与不妥之处在所难免，恳请读者批评指正，以便我们及时修正。

作　者

2017年7月于华东师范大学

目　　录

第1章 概述

嵌入式系统是一种具有专属功能的计算机系统，通常要求具有实时计算性能。被嵌入的系统通常是包含硬件和机械部件的完整设备。

现代嵌入式系统通常是基于嵌入式处理器的、具有特定功能的计算机应用系统。嵌入式处理器一般包含微处理器（MPU）、微控制器（MCU，俗称单片机）、数字信号处理器（DSP），以及具有特定计算能力的现场可编程门阵列（FPGA）等。嵌入式系统的关键特性是专用于处理特定的任务，通常应用于消费类电子、工业、自动化、医疗、商业及军事等领域。

本章将介绍嵌入式微控制器（MCU）的基本概念及特点，并引入美国德州仪器半导体（TI）公司的基于 ARM Cortex-M4 的最新 MSP432 系列低功耗 MCU。

1.1 微控制器 MCU

1.1.1 MCU 的概念

1974 年，美国德州仪器（TI）在开发 4 位单片机 TMS1000 时，首次提出可编程 SoC 的概念，当时是计算器、烤箱等应用的理想选择。随着这类处理器广泛应用于各种控制系统，单片机也被称做微控制器（MCU）。MCU 现已是许多硬件系统的核心，具有更高的集成度和更低的功耗。

MCU 也称为单片微型计算机（Single Chip Microcomputer），俗称单片机。它是一种将中央处理器、存储器、I/O 接口电路以及连接它们的总线都集成在一块芯片上的微型计算机，设计上主要突出了控制功能，调整了接口配置，在单一芯片上制成了结构完整的计算机。其被广泛用于消费类电子、工业生产和控制、商业设备、现代物联网等领域。特别是近年来 MCU 性能大幅提高，伴随着物联网的应用普及和迅猛发展，MCU 的应用将会给世界带来巨大的变革。

MCU 分为通用型和专用型两大类。通常所说的单片机，包括本书介绍的 MSP432 系列单片机都属于通用型单片机。通用型单片机把可开发的资源全部提供给使用者。专用型单片机也称专用微控制器，是针对某些应用专门设计的，例如频率合成调谐器、MP3 播放器、打印机控制器等。

微控制器、微处理器、数字信号处理器是目前最常用的3种可编程嵌入式处理器,它们根据确定的程序执行相应的指令。微控制器具有有限的输入和输出,能够嵌入到完整系统中,目前中等规模的微控制器的性能,比首次执行太空任务的计算机还高几个数量级。

1.1.2 MCU的基本组成和特点

单片机的结构特征是将组成计算机的基本部件集成在一块芯片上,构成一台功能独特的、完整的单片微型计算机,如图1.1所示。

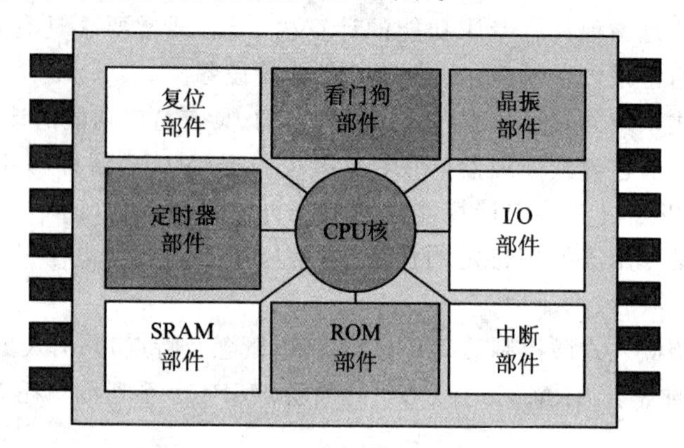

图1.1 MCU硬件组成

MCU的基本组成部分如下:

(1) 中央处理器CPU

单片机的中央处理器CPU和通用微处理器基本相同,由运算器和控制器组成,另外增设了“面向控制”的处理功能,如位处理、查表、跳转、乘除法运算、状态检测、中断处理等,增强了使用性。

(2) 存储器

单片机的存储器包括存放代码指令的ROM(或Flash),以及存放变量、数据的SRAM。存储空间有两种基本结构:冯·诺依曼结构和哈佛结构。

① 冯·诺依曼结构是将程序指令存储器和数据存储器合并在一起的存储器结构,该结构实现简单,生产成本低,统一编址可以最大限度地利用资源,被广泛使用,如本书介绍的TI MSP432单片机。但该结构也存在弊端,由于指令执行需要遵循串行处理方式,当高速运算时,在传输通道上会出现总线访问瓶颈问题。

② 哈佛(Harvard)结构是将指令存储和数据存储分开,使用不同总线分别寻址的结构,是一种并行体系结构。使用该结构的处理器具有较高的执行效率。目前在需要进行高速、大量数据处理的处理器中大多采用该结构,如DSP。但该结构设计复杂、不易实现,生产成本高。

(3) 通用I/O口

单片机为了突出控制的功能，提供了一定数量、功能强大、实用灵活的通用I/O口(GPIO)，不仅可以灵活地选择输入或输出，还可以作为系统总线或控制信号线，从而为扩展外部存储器和I/O接口提供了方便。

一般MCU还可以提供全双工串行I/O(如UART)，因而能和某些终端设备进行串行通信，或者和一些特殊功能的器件相连接。

(4) 定时器/计数器

在实际应用中单片机往往需要精确定时，或者对外部事件进行计数，因而在单片机内部设置定时器/计数器电路，通过中断机制实现定时器/计数器的自动处理。

单片机独特的结构决定了它具有如下的特点：

- 小巧灵活、成本低、易于产品化，能方便地组装成各种智能式控制设备以及各种智能仪器仪表。
- 面向控制，能针对性地完成从简单到复杂的各类控制任务，从而获得最佳性能价格比。
- 抗干扰能力强，适应温度范围宽，能在各种恶劣环境下可靠工作。
- 可以方便地实现多机和分布式控制，使整个系统的效率和可靠性大为提高。

单片机由于应用面广、生产批量大，成本/价格越来越低，目前可低至人民币1元左右。单片机系统结构简单而使可靠性增加；体系结构的改进，以及采用CMOS工艺，极大地降低了单片机的功耗。单片机问世之后就成为微型计算机的重要分支，发展迅速，从4位、8位、16位到32位单片机种类已有数百种，世界年销售量达数十亿片。在20世纪80年代到90年代，国内广泛使用Intel的MCS51系列和Motorola的68HC系列8位单片机。目前，除了TI的MSP432系列单片机外，还有Atmel的AVR系列、Microchip的PIC16/32系列以及NXP、ST的ARM系列等单片机。

1.1.3 MCU的发展与应用

单片机具有体积小、价格低、使用方便、可靠性高等一系列优点。纵观单片机的发展历程，可以明显地看出其正朝着两个方向深入发展。一是朝着具有复杂数据运算、高速通信、信息处理等功能的高性能计算机系统方向发展。这类系统以速度快、功能强、存储量大、软件丰富、输入/输出设备齐全为主要特点，采用高级语言、应用语言编程，适用于数据运算、文字信息处理、人工智能、网络通信等应用。二是朝着对运算、控制功能的要求相对不高，但对体积、成本、功耗等的要求却比较苛刻的应用领域发展，如智能化仪器仪表、电信设备、自动控制设备、汽车、物联网等领域。

由于单片机功能的飞速发展和应用领域的日益广泛，其已远远超出了传统计算机科学的范畴。小到信用卡、智能玩具、智能家电，大到航天器、机器人，从实现数据采集、过程控制、模糊控制、移动终端等智能系统到人类的日常生活，到处都有单片机的身影，其主要的应用领域如下。

> 工业控制领域：单片机的结构特点决定了它特别适用于控制系统。它既可作为单机控制器，也可作为多机控制系统的预处理设备，应用非常广泛。例如各种机床控制、电机控制、工业机器人、生产线、过程控制、检测系统等。在军事工业中可用于导弹控制、鱼雷制导控制、智能武器装置、航天导航系统等。在汽车工业中可用于点火控制、变速器控制、防滑刹车控制、排气控制等。

> 智能化的仪器仪表领域：单片机用于温度、湿度、流量、流速、电压、频率、功率、厚度、角度、长度、硬度、元素测定等各类仪器仪表中，使仪器仪表数字化、智能化、微型化，功能大大提高。

> 日常生活中的电器产品领域：单片机可用于电子秤、录像机、录音机、MP3 播放器、彩电、洗衣机、智能玩具、冰箱、照相机、家用多功能报警器等。

> 计算机网络与通信领域：单片机可用于 BIT BUS、CAN、以太网等构成分布式网络系统，还可用于调制解调器、各种智能通信设备（如小型背负式通信机、列车无线通信等）、无线遥控系统等。

> 计算机外部设备领域：单片机可用于温氏硬盘驱动器、微型打印机、图形终端、CRT 显示器等。

> 物联网应用领域：嵌入式技术是物联网技术的最为关键的底层技术，物联网的兴起，给单片机技术提供了一个更为宽广的舞台，同时也给单片机技术发展提供了新的方向。

单片机的出现也改变了传统的电路设计方法，过去经常采用模拟电路、脉冲电路、组合逻辑实现的电路系统，现在许多部分都可以用单片机予以取代。传统的逻辑设计方法正在演变为软件和硬件相结合的设计方法，许多电路设计问题都转化为程序设计问题。

1.1.4 TI 公司主要单片机系列

美国德州仪器（TI）是世界著名的半导体公司，人类第一个商用的晶体管、第一片集成电路、第一颗单片机都出自 TI。TI 也是目前生产芯片种类最多的半导体公司，其产品包括模拟芯片、数字芯片、传感器、显示技术等，几乎涵盖所有应用领域。模拟电路芯片包括电源、放大器、无线射频、ADC、DAC 等，数字电路芯片包括逻辑、处理器（MCU、MPU、DSP）、接口电路等。

经过 40 多年的不断优化和改进，目前 TI 的微控制器产品主要系列如下：

(1) MSP430 超低功耗 MCU 系列

MSP430 系列单片机是 TI 1996 年开始推向市场的一种 16 位超低功耗，具有精简指令集（RISC）的混合信号处理器（Mixed Signal Processor）。它具有超低的功耗，强大的处理能力，高性能模拟技术及丰富的片内外模块，系统工作稳定，方便高效的开发环境等特点。MSP430 系列单片机不仅可以应用于许多传统的单片机应用领域，如仪器仪表、自动控制，以及消费品领域，更适用于一些电池供电的低功耗产品，

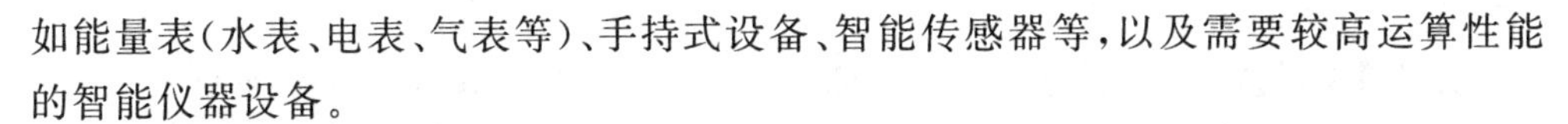

如能量表(水表、电表、气表等)、手持式设备、智能传感器等,以及需要较高运算性能的智能仪器设备。

(2) MSP432 低功耗高性能 MCU 系列

MSP432 MCU 产品将 TI MSP430 所具有的卓越特性引入到了 ARM 处理器领域中,通过与 Cortex-M0+相似的功耗来实现 Cortex-M4F 的全部性能,同时拥有了 ARM Cortex-M4F 内核的性能以及 MSP430 MCU 所具有的低功耗优势。TI MSP432 的功耗在工作状态下只有 95 μA/MHz,而在支持实时时钟(RTC)情况下的待机状态功耗也仅为 850 nA,功耗非常低,非常适合嵌入式移动应用或者便携式设备。MSP432 系列是最新的、主频更高和外设更丰富的通用微控制器产品。

(3) 高性能实时控制 MCU 系列

TI 的 C2000 实时控制微控制器系列,具有高性能内核和经过应用调优的外设,是专为实时控制应用而设计的基于 C28x DSP 的 32 位微控制器。其数学优化型内核可为设计人员提供能够提高系统效率、可靠性以及灵活性的方法。C2000 32 位微控制器快速且准确的传感控制可最大限度地提高系统响应能力和性能;专业化处理可最大限度地减小复杂闭环控制算法的延迟;精确的可配置驱动提供了实现具有最佳性能的高级控制方案所需的灵活性。C2000 32 位微控制器非常适合电机控制、数字电源、工业驱动、太阳能逆变器等闭环控制应用。功能强大的集成外设使这些实时器件成为适合各种应用的完美单芯片控制解决方案。

(4) 无线 MCU 系列

TI 的 SimpleLink 无线 MCU 系列,支持多种无线技术,包括基于标准的 6LoWPAN、蓝牙低功耗(CC2540、CC2650)、Wi-Fi(CC3200)、ZigBee(CC2530),以及专有 Sub-1 GHz(CC1300) 和专有 2.4 GHz。SimpleLink 提供嵌入式无线微控制器(MCU)或集成 MCU、射频收发器等的片上系统(SoC),帮助用户最大限度地减少射频开发工作量,让用户能够将精力集中于物联网设计,可为各种基于 MCU 的数据采集和控制无线应用提供完整的解决方案。

1.2 MSP432 系列单片机

MSP432 系列单片机属于低功耗、高性能的微控制器。MSP43x 系列产品属于 TI 的低功耗微控制器系列,具有精简指令集的混合信号处理器,包括 16 位的 MSP430 和 32 位的 MSP432。之所以称它为混合信号处理器,主要是因其针对实际应用需求,将多个不同功能的模拟电路、数字电路模块和微处理器集成在一个芯片上,以提供"单片"解决方案。MSP432 系列是最新的、基于 Cortex-M4 的更高主频和更丰富外设的通用微控制器产品。MSP432 微控制器结构如图 1.2 所示。

图中部分外设与传统的 MSP430 中的外设相同,这对于想要将代码从 16 位 MSP430 器件移植到 32 位 MSP432 器件的用户而言十分重要。部分外设则是

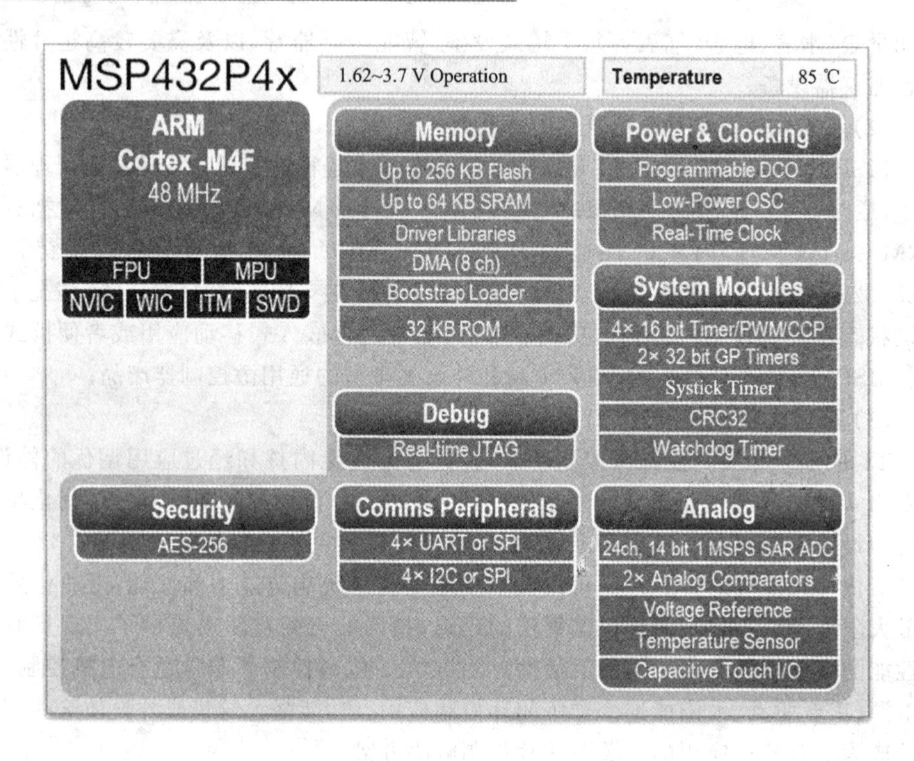

图 1.2 MSP432 微控制器的框图

MSP432 中新增或者功能增强的外设部分。MSP430 与 MSP432 结构关系如图 1.3 所示。

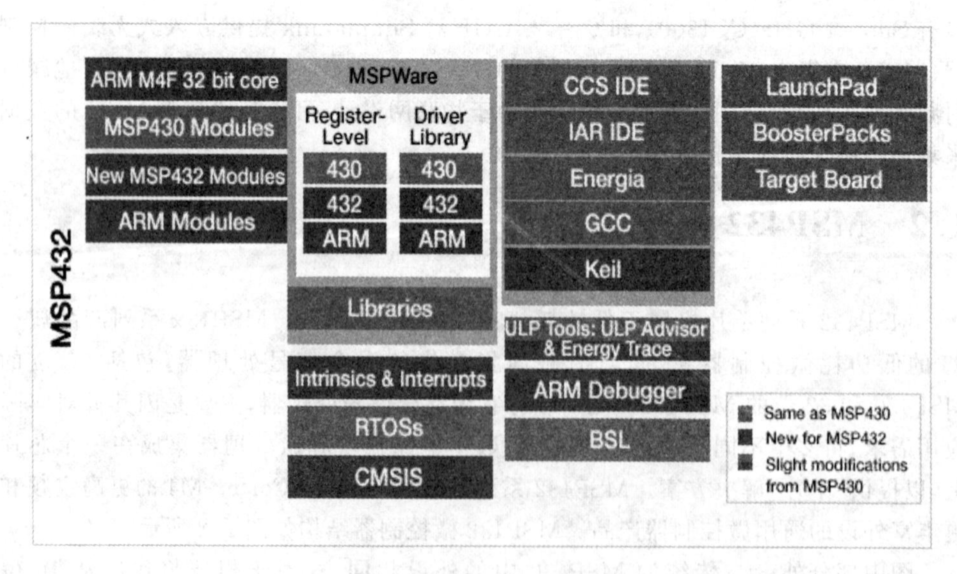

图 1.3 最新的 TI MSP 平台

图 1.3 中显示的是最新的 TI MSP 平台，包括产品、软件、硬件和开发套件。MSP430 的部分组成与 MSP432 中的相同。唯一不能进行移植的是内核，这是因为 MSP432 采用了 32 位的 ARM Cortex-M4F 内核。同时，MSP432 采用了一些新的组件。开发者可以使用寄存器级的软件库或使用驱动程序库进行编程。ARM 用户则有机会利用 CMSIS 风格的编码，并且可以使用一些新的 IDE。

1.2.1 MSP432 系列单片机的特点

MSP432 使用 32 位的 Cortex-M4F 内核。该内核具有 32 位的数据总线、32 位的寄存器组和 32 位的存储器接口。内核采用 Harvard 架构，这意味着它拥有独立的指令总线和数据总线。对指令和数据的访问可以同时进行，数据访问的过程不会影响或干扰指令的流水线，因此可以提升处理器的性能。此特性使得整个 Cortex-M4F 内核中有多个总线和接口，每个总线和接口均可同时使用，以实现最佳的利用率。数据总线和指令总线共享同一存储空间，此空间称为统一的存储系统。此外，MSP432 选择的 Cortex-M4F 内核，还包含一个可嵌套的中断向量控制器(又称嵌套中断向量控制器)，简称 NVIC;还包含一个浮点单元(FPU)以及随 Cortex-M4 内核一起提供的增强型 DSP 指令集。从调试器的角度来看，内核中拥有一个标准化的 Cortex-M 调试器模块、一个 COI 调试模块以及 ITM 跟踪模块支持。Cortex-M 内核继承了大量来自 Cortex 和 ARM 产品的外设，其中包括 μDMA、SysTick 和中断管理器。MSP432 选择 Cortex-M4F 内核，是因为 Cortex-M4F 在增加了更多性能和功能的同时，仅增加了极少的功耗。MSP432 系列 MCU 主要有以下特点。

1. 超低功耗

MSP432 凭借 32 位的 48 MHz Cortex-M4F 处理器可提供更高的性能，是 M3 内核性能的两倍，而同时功耗只有其一半。大家应该知道低功耗的概念根植于 MSP 家族产品的基因中。我们已将此 MSP432 器件设计成超低功耗的通用 Cortex-M 微控制器。在工作模式下功耗仅为 95 μA/MHz，而待机功耗仅为 850 nA，其中包括了 RTC 的功耗。同时，我们希望用户能充分利用 MSP430 的工具链，以及 ARM 的工具链，以获得最佳的高性能和低功耗。现在，由于 MSP430 平台的延伸，用户可以在 16 位内核产品和 32 位内核产品之间自由选择，所有这些产品之间均具有无缝移植的功能。

2. 强大的处理能力

处理性能是 MSP432 的一个关键指标，因此选择了性能最高的 Cortex-M4F 内核。Cortex-M4F 内核包含了对完整 ARM 指令集的访问权限，此外还包含了 DSP 扩展指令和一个浮点 FPU 模块。

3. 高性能外设和功能模块

MSP432 MCU 提供了最低功耗的 ARM Cortex-M4F 器件，同时还集成了经过优化的超低功耗外设，包括：

① 相对于低压降稳压器LDO，集成的DC/DC能够节省40%的功耗。

② 8个独立区段上具有可选择保留的64 KB RAM，每个RAM段可省电30 nA。

③ 在采样率为1 MSPS时，低功耗高速模/数转换器（ADC）的电流消耗仅有375 μA。

④ 相对于闪存，存储在ROM中的Driver Library可将耗电量减少35%。除此之外，TI还将全新的高性能外设集成在内核周围，从而能够实现3.41/MHz的最高CoreMark得分，其特性包括：

- 具有独立区段的256 KB闪存，可实现同步的内存读取和擦除；
- 存储在ROM中的Driver Library可实现超过闪存200%的执行速度；
- 采用目前最快的MSP ADC——具有13.2 ENOB的1 MSPS 14位SAR ADC，可加快对传感器的采样速度；
- 所有的电源转换、配置和操作均可调用驱动程序库API来完成。

4. 提供了Energy Trace+等工具

MSP432提供了Energy Trace+等工具，EnergyTrace+技术是一种基于功耗的代码分析工具，可实时查看整个器件的功耗。其可测量和显示应用的功耗分布曲线（Energy Profile），并帮助实施优化以实现超低功耗；可以随时测量电流或检查CPU状态，并进行跟踪，从而确定在哪些处理中可能存在功耗漏洞。该技术为开发人员提供了一款能够以±2%以内的准确度来监测功耗数据的实时工具。

1.2.2 MSP43x系列单片机的发展和应用

TI公司从1996年推出MSP430系列单片机至今，已经推出了x1xx、x2xx、x3xx、x4xx、x5xx、x6xx等几个系列。其中MSP430的x3xx、x4xx、x6xx系列具有LCD驱动模块，对提高系统的集成度较有利。

MSP430每个系列都有ROM型(C)、OTP型(P)和EPROM型(E)等芯片。这几个系列的使用模式分别为：用EPROM型开发样机，用OTP型进行小批量生产，用ROM型进行大批量生产。MSP430的3xx系列由于缺少Flash芯片，早已经停产，在国内几乎没有使用。

随着Flash技术的迅速发展，TI公司将其引入MSP430系列单片机中。2000年推出了F11x/11x1系列，这个系列采用20脚封装，内存容量、片上功能和I/O引脚数比较少，但是价格比较低廉。在2000年7月推出了带ADC或硬件乘法器的F13x/F14x系列，2001年7月到2002年又相继推出了带LCD控制器的F41x、F43x、F44x。

TI在2003—2004年期间推出了F15x和F16x系列产品，它们有了两个方面的发展:一是增加了RAM的容量,如F1611的RAM容量增加到了10 KB,这样就可以引入实时操作系统(RTOS)或简单文件系统等;二是针对外围模块来说,增加了I^2C、DMA、DAC12和SVS等模块。

TI在2004年下半年推出了MSP430x2xx系列,该系列是对MSP430x1xx片内外设的进一步精简,它价格低廉、小型、快速、灵活,成为当时业界功耗最低的单片机之一,可以快速开发超低功耗医疗、工业与消费类嵌入式系统。和MSP430x1xx系列相比,MSP430x2xx的CPU时钟提高到16 MHz(MSP430x1xx系列是8 MHz),待机电流却从2 μA降到1 μA,具有最小14引脚的封装产品。

在前几个系列基础之上,TI后续又推出了性能更高、功能更强的MSP430x5xx、MSP430x6xx系列产品。它们的运行速度可达25 MIPS,并具有更大的Flash(256 KB)、更低的功耗(活动模式耗电仅165 μA/MIPS),以及更丰富的外设接口(USB等)。此外,TI还推出了FRAM系列,FRAM能提供具备动态分区功能的统一存储器,且存储器访问速度比闪存快100倍,同时还进一步降低了存储器访问功耗,活动模式耗电最低降到82 μA/MIPS。

近几年,TI公司针对某些特殊应用领域,利用MSP430的超低功耗特性,推出了一些专用单片机,如专门用于电量计量的MSP430FE42x,用于水表、气表、热量表等具有无磁传感模块的MSP430FW42x,用于人体医学监护(血糖、血压、脉搏等)的MSP430FG42x,以及用于便携医疗设备与无线射频系统等嵌入式高级应用的具有高集成度与超低功耗特性的MSP430FG461x单片机。用这些单片机来设计相应的专用产品,不仅具有MSP430的超低功耗特性,还能大大简化系统设计。

2015年初TI推出全新的超低功耗MSP432 MCU产品。它将MSP430的低功耗技术引入到ARM Cortex领域之中,实现超低功耗以及超高性能的完美结合。MSP432平台汇集了TI 20年来MSP430设计中的经验和成果,并兼容MSP430的API驱动、代码、寄存器及低功耗外设,使客户的软件设计可以在MSP432和MSP430间做无缝移植。此外,开源的Energia支持在MSP432 LaunchPad套件上的快速原型设计,使开发人员可以轻松导入用于云连接、传感器、显示器等功能库,并可创建、连接IoT设计。此外,MSP432还支持Wi-Fi、Bluetooth以及Sub-1 GHz等无线连接。

MSP432是对16位MSP430的拓展,是TI超低功耗技术在32位MCU上的经典应用。TI的客户可根据应用领域和设计需求选择最合适的MCU产品。

总之,MSP43x系列单片机不仅可以应用于许多传统的单片机应用领域,如仪器仪表、自动控制,以及消费品领域,更适用于一些电池供电的低功耗产品,如三表(水表、电表、气表等)、手持式设备、智能传感器等,以及需要较高运算性能和超低功耗的智能仪器、智能穿戴等设备。

1.2.3 MSP432系列单片机选型

选择 MSP432 系列单片机型号应该遵循以下原则：

- 选择最容易实现设计目标，且性能/价格比又高的型号。
- 在研制任务重、时间紧的情况下，优先选择熟悉的型号。
- 欲选的型号在市场上要有稳定、充足的货源，并能保持长期供货。

MSP432 系列 MCU 有六种不同的器件型号供选择。带 R 的器件具有 256 KB 闪存和 64 KB RAM，而带 M 的器件则有 128 KB 闪存和 32 KB RAM。另外，TI 还提供了三种不同的芯片封装类型，可以根据具体应用选择最适合的型号和封装，最小的是 5 mm×5 mm 的 BGA 封装，此外还有 64QFN 封装和 100LQFP 封装。MSP432 系列六种可选器件如表 1.1 所列。

表 1.1 MSP432 系列六种可选器件

Part Number	Flash/KB	SRAM/KB	ADC14 Chan	Comp-0 Chan	Comp-1 Chan	TimerA	eUSCI		20 mA Drive I/O	Total I/O	Package Type
							Chan a：UART/IrDA/SP	Chan B：SPI/I^2C			
MSP432P401RIPZ	256	64	24/ext 2/int	8	8	5,5,5,5	4	4	4	84	100 LQFP 16 mm×16 mm
MSP432P401MIPZ	128	32	24/ext 2/int	8	8	5,5,5,5	4	4	4	84	100 LQFP 16 mm×16 mm
MSP432P401RIZXH	256	64	16/ext 2/int	6	8	5,5,5	3	4	4	64	80BGA 5 mm×5 mm
MSP432P401MIZXH	128	32	16/ext 2/int	6	8	5,5,5	3	4	4	64	80BGA 5 mm×5 mm
MSP432P401RIRGC	256	64	12/ext 2/int	2	4	5,5,5	3	3	4	48	64QFN 9 mm×9 mm
MSP432P401MIRGC	128	32	12/ext 2/int	2	4	5,5,5	3	3	4	48	64QFN 9 mm×9 mm

两类 MSP432 低功耗 MCU 产品性能比较如表 1.2 所列。

表 1.2 两类 MSP432 低功耗 MCU 产品性能比较

项 目	MSP432P401R	MSP432P401M
CPU	ARM Cortex-M4F	ARM Cortex-M4F
Frequency/MHz	48	48
Flash/KB	256	128

续表 1.2

项　目	MSP432P401R	MSP432P401M
RAM	64	32
ADC Resolution/bit	14	14
ADCSamplingRate/MSPS	1	1
ADC：ENOB/bit	13.2 native，15.7 with oversampling	13.2 native，15.7 with oversampling
ADC Channels	24	234
Reference Type	Internal & External	Internal & External
GPIO	48 64 84	84
Standby Current/μA	0.66	0.66
Active Power/μA/MHz	85	85
I^2C	4	4
SPI	8	8
UART	4	4
DMA	8	8
Comparators(Inputs)	16	2
Timers 16 bit	6	4
Timers 32 bit	2	2
Boot Loader	I^2C SPI UART	UART SPI I^2C
Vcc range/V	1.62～3.7	1.62～3.7
Wakeup Time/μs	8	8
Operating Temperature Range/℃	−40～85	−40～85
Package Group	LQFP NFBGA VQFN	LQFP NFBGA VQFN
Security Enabler	Device Identity	Debug Security

1.3　本章小结

随着大规模集成技术、计算机科学技术的迅速发展，以及应用领域的迫切需求，单片机脱颖而出，并逐渐形成微型计算机发展中的一个重要分支。单片机在性能上突出“控制功能”，并具有一系列与之配合的特点。

TI的MSP432系列单片机具有超低功耗、强大的处理能力、片内外设丰富、系统工作稳定、开发环境便捷等显著优势，与其他类型单片机相比具有更好的使用效果，更广泛的应用领域和前景，并且其产品线较广，能够解决很多其他类型单片机不能解决的问题。

本章主要讲述了单片机的概念、特点和应用领域；MSP432系列单片机的特点、发展和应用概况；MSP432单片机的分类、应用选型等。通过本章的学习，能够初步了解MSP432系列单片机的特点和应用，从而为后续章节的学习打下良好基础。

1.4 思考题

1. 微处理器的发展方向是什么？
2. 单片机的概念是什么？
3. 单片机和通常所用的微型计算机有什么区别和联系？
4. 单片机常见的应用领域有哪些？
5. 如何理解MSP432系列单片机的“单片”解决能力？
6. MSP432系列单片机最显著的特性是什么？
7. 如何理解MSP432系列单片机的低功耗特性？请在网上搜索几种低功耗单片机的系列，并比较它们的功耗指标和性能。
8. 如何理解MSP432系列单片机的处理能力？

第 2 章

MSP432 的结构和系统外设

本章将介绍 MSP432 的体系结构以及 MSP432 的系统外设，包括内部存储器、系统时钟模块、电源系统等，并对各系统外设在开发过程使用的库函数进行了分析和讲解。

2.1 Cortex-M4F 内核

MSP432 是采用 ARM Cortex-M4F 内核的超低功耗混合信号 32 位 MCU。Cortex-M4F 内核是由 ARM 开发的最新嵌入式处理器，在 Cortex-M3 的基础上强化了运算能力，新加了浮点、DSP、SIMD 并行计算等，其高效的信号处理功能与 Cortex-M 处理器系列的低功耗、低成本和易用性优点相结合，为嵌入式开发提供了更加灵活的解决方案。

2.1.1 Cortex-M4F 内核概述

Cortex-M4F 处理器采用三级流水线的哈佛架构，这意味着它有独立的指令总线和数据总线，具有较高的执行效率。它提供了一个高性能、低成本的平台，可满足系统对降低存储需求、简化引脚数以及降低功耗三方面的要求。与此同时，它还提供了出色的计算性能和优越的系统中断响应能力。其主要特性如下：

- 提供混合的 16/32 位的 Thumb－2 指令集。
- 采用了更紧凑的内存方案；采用单周期乘法指令与硬件除法器；采用精确的位带(位绑定)操作，不仅最大限度地利用了存储器空间而且还改善了对外设的控制；支持非对齐式数据访问，使数据可更有效地保存到存储器中。
- 符合 IEEE754 的单精度浮点单元(FPU)。
- 16 位 SIMD 向量处理单元。
- 快速代码执行允许更低的处理器时钟和增加休眠模式时间。
- 哈佛架构将数据和指令所使用的总线进行了分离。
- 硬件除法和面向快速数字信号处理的乘加。
- 支持饱和运算处理信号。
- 对时间苛刻的应用提供可确定的、高性能的中断处理。

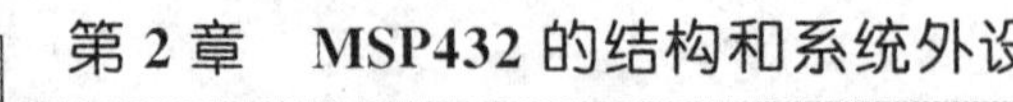

- 存储器保护单元为操作系统提供特权操作模式。
- 增强的系统调试提供全方位的断点和跟踪能力。
- 串行线调试和串行线跟踪减少了调试和跟踪过程中需要的引脚数。
- 从 ARM7 处理器系列中发展而来,有更好的性能和电源效率。
- 针对额定频率的单周期 Flash 存储器而设计。
- 集成多种休眠模式,使功耗更低。

2.1.2 Cortex-M4F 内核结构

Cortex-M4F 内核结构图如图 2.1 所示。可以看到,Cortex-M4F 内核包含浮点运算单元(FPU)、内存保护单元(MPU)、嵌套向量中断控制器(NVIC)、系统控制模块(SCB)和系统定时器(SysTick)等功能模块,还包含一个完整的硬件调试方案,包括 Flash 补丁和断点单元(FPB)、数据监视点和追踪单元(DWT)、指令跟踪宏单元(ITM)以及跟踪端口接口单元(TPIU)。各单元的特性如下:

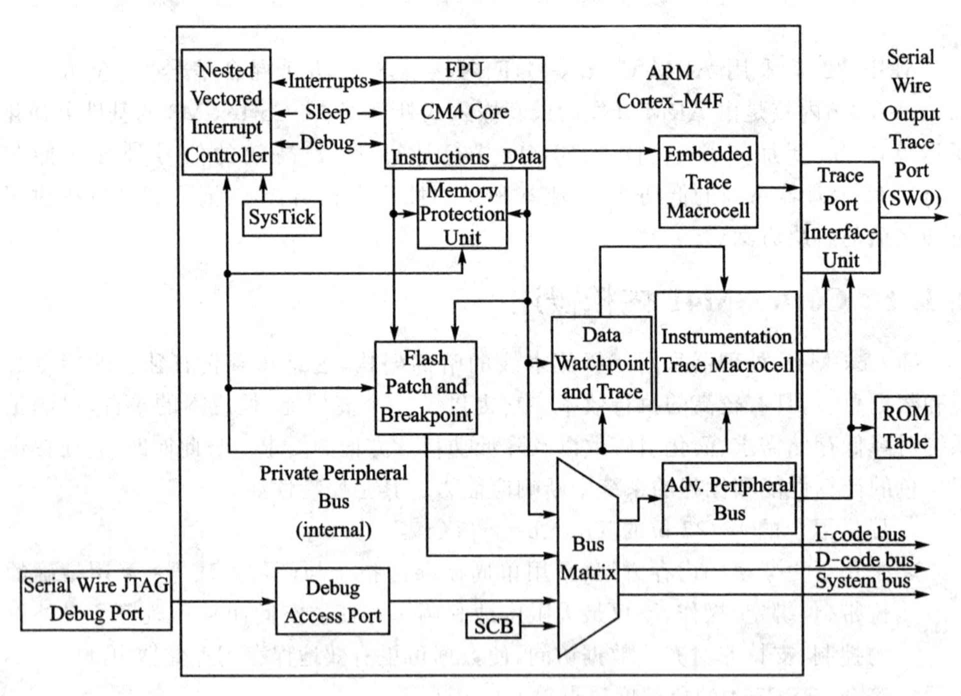

图 2.1 Cortex-M4 内核结构图

(1) 浮点运算单元

浮点运算单元(FPU)提供全兼容 IEEE754 标准的浮点运算性能,支持单精度的加、减、乘、除、单周期乘加和平方根运算,还支持定点数据和浮点数据的格式转换和浮点常量指令。需要注意的是,大多数编译器中已自动启用对 FPU 的支持,因此无需任何操作即可在开发中使用浮点运算。

(2) 内存保护单元

内存保护单元(MPU)把内存映射为一定数量的区域,并给每个区域定义位置、大小、访问权限和内存属性,以此来提高系统稳定性。MPU 提供多达 8 个保护区和 1 个可选的预定义的背景区。

(3) 嵌套向量中断控制器

嵌套向量中断控制器(NVIC)支持多达 64 个中断,包含 8 个中断优先级,其中 0 级为最高优先级。Cortex-M4 NIVC 架构支持低延迟的中断处理、中断信号的脉冲检测、中断尾链锁、不可屏蔽中断(NMI)等。当前状态在异常入口将自动入栈,并在退出异常时自动出栈,不需要多余的指令,这使得处理器支持低延迟的异常处理。

(4) 系统控制模块

系统控制模块(SCB)是处理器的编程模型接口,提供系统实现信息和系统控制,包括系统异常的配置、控制和报告。

(5) 系统定时器

系统定时器(SysTick)是一个 24 位的递减定时器,有灵活的控制机制。启用后,定时器从装载的计数值递减,当计数值变为 0 时,COUNT 状态位被置位,被读取后,COUNT 位清零。SysTick 的正确初始化步骤为:在 STRVR 寄存器中写值;写任意值到 STCVR 寄存器以清除寄存器;配置 STCSR 寄存器。

(6) 调试和追踪特性

Cortex-M4 处理器通过一个传统的 4 引脚 JTAG 端口或一个 2 引脚串行线调试(SWD)端口来实现处理器和存储器的高可观测性。SWJ - DP 接口在一个模块中结合了 SWD 和 JTAG,使得应用程序可以在 2 脚模式和 4 脚模式之间无缝切换。对于系统跟踪,处理器集成了一个指令跟踪宏单元(ITM)、数据断点和分析单元,实现低成本的系统跟踪事件。串行线观测器(SWV)可通过一个单引脚导出软件产生的信息、数据跟踪和分析信息。

2.2 内部存储器

MSP432 系列 MCU 中的内部存储器包括:闪存(Flash)、SRAM、ROM、MPU 及 BSL。

2.2.1 内部存储器概述

MSP432 使用 32 位地址,这意味着内部存储器地址空间最大可达 4 GB (0x00000000~0xFFFFFFFF)。4 GB 的地址空间又分为 8 个 512 MB 的地址区域,如图 2.2 所示。MSP432 的存储器包括 256 KB 的闪存主存储区,16 KB 的闪存信息存储器,64 KB 的 SRAM,32 KB 的 ROM。这些内存分布在如图 2.2 中的几个区域内,闪存、闪存信息存储器和 ROM 位于 Code 区域,SRAM 位于 SRAM 区域,外设

(Peripherals)区域主要是各外设的寄存器。

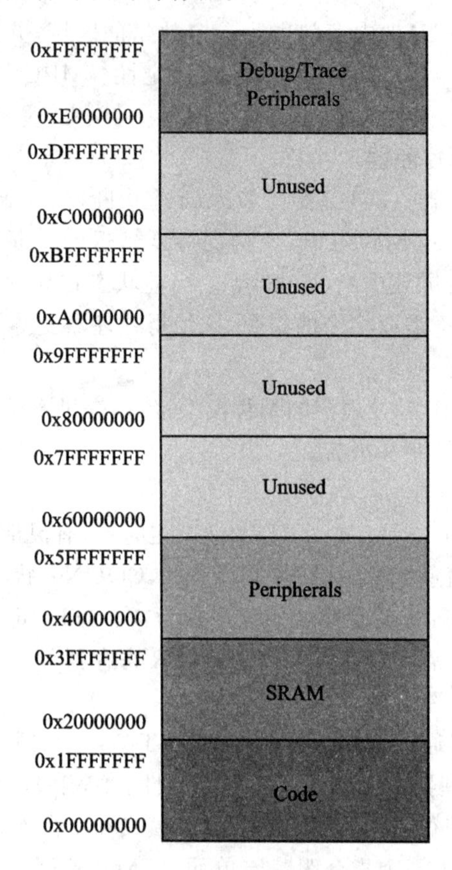

图 2.2 MSP432 存储区域

2.2.2 Flash 闪存

MSP432 的 256 KB 闪存主存储区分为两段区域,每段都有 128 KB 的空间,每个段在编程或擦除时都可同时进行读取和执行。该存储区是主要的存储器,用于保存代码和数据。Flash 闪存主存储区的地址为 0x00000000～0x0003FFFF,其中 Bank0 为 0x00000000～0x0001FFFF,Bank1 为 0x00020000～0x0003FFFF。

闪存还有一个 16 KB 的闪存信息存储器,用于存储 TI 代码。闪存信息存储器由 4 个 4 KB 的扇区组成,可分为两个独立的段,每段 8 KB,可独立进行编程/擦除操作。闪存信息存储器的地址为 0x00200000～0x00203FFF,其中 Bank0 - sector0 为 0x00200000～0x00200FFF,用于存储闪存引导覆盖的内容,Bank0 - sector1 为 0x00201000～0x00201FFF,用于存储设备描述符(TLV),Bank1 - sector0 和 Bank1 - sector1 分别为 0x0020000～0x00202FFF 和 0x00203000～0x00203FFF,用于存储 TI 的 BSL。

闪存主存储区和闪存信息存储器的地址分布图如图 2.3 所示。

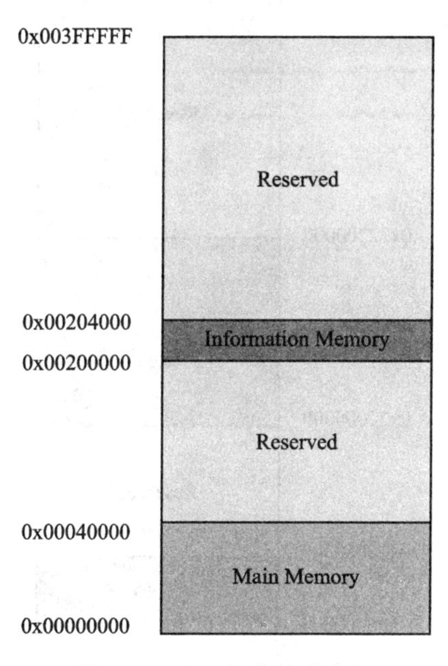

图 2.3　Flash 闪存地址空间

2.2.3　SRAM

MSP432 的 SRAM 最多有 64 KB 的空间，可被分为 8 个可动态配置的存储区，每个存储区为 8 KB。对于每一个区段，用户都可以选择使能或禁用该区段。SRAM 的起始地址为 0x20000000。ARM 框架引入了位带技术，即把"位带区"与一个"位带别名区"映射起来，从而快捷地实现位操作。位带别名区的基地址为 0x22000000，大小为 4 MB，位带别名区字空间的计算公式如下：

addr＝base＋(offset * 32)＋(bit_number * 4)

其中，addr 为位带别名区的字空间，base 为位带别名区基址，offset 为字节偏移量，bit_number 为第几位，例如，要修改 0x20000010 的第 2 位，位带别名区的计算为 addr＝0x22000000＋(0x10 * 32)＋(2 * 4)＝0x22000028，即对地址为 0x22000028 的空间进行修改即可。

SRAM 的地址分布图如图 2.4 所示。

2.2.4　ROM

MSP432 支持 32 KB 的 ROM 存储器，用于存储一些硬件驱动库函数，从而使执行速度更快。ROM 的基地址为 0x02000000。

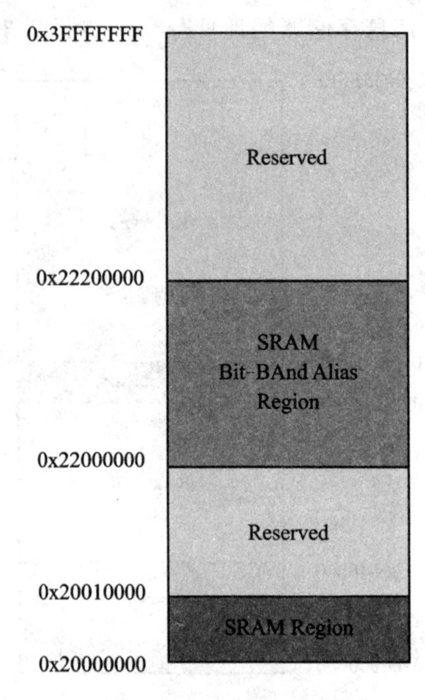

图 2.4 SRAM 地址空间

2.3 系统时钟模块

系统时钟模块(Clock System)为 MSP432 提供各种所需的时钟信号,使其能有条不紊地进行工作。MSP432 时钟系统支持低功耗和低成本,时钟模块可以在软件的控制下,被配置为只使用内部振荡器,而不使用任何其他外部组件。

2.3.1 系统时钟模块简介

系统时钟模块(时钟树)结构图如图 2.5 所示。

时钟系统包含了多种时钟源,同时也控制时钟源和时钟域的映射。时钟系统的各时钟源如表 2.1 所列。

表 2.1 时钟源及其描述

时钟源	描 述
LFXTCLK	低频振荡器,简称为 LFXT,可与手表晶振、标准晶振、谐振器或 32 768 Hz 及以下频率的外部时钟源一起使用
VLOCLK	内部超低功耗低频振荡器,简称为 VLO,一般为 10 kHz
DCOCLK	内部数控振荡器,简称为 DCO,频率可选
REFOCLK	内部低功耗低频振荡器,简称为 REFO,频率可在 32.768 kHz 与 128 kHz 中选择

续表 2.1

时钟源	描　述
MODCLK	内部低功耗振荡器，一般为 24 MHz
HFXTCLK	高频振荡器，简称为 HFXT，可与标准晶振或 1～48 MHz 的振荡器一起使用
SYSOSC	内部振荡器，一般为 5 MHz

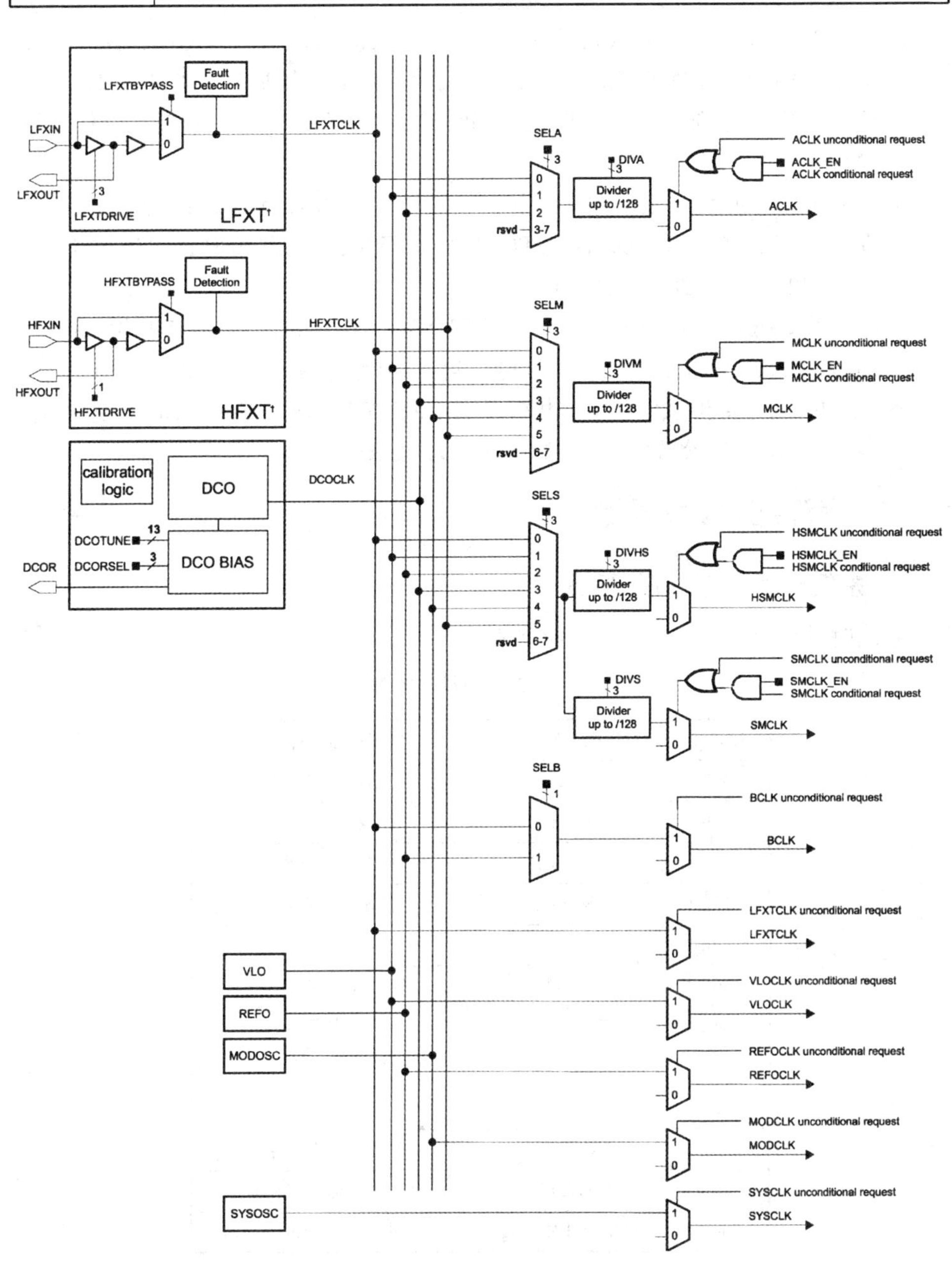

图 2.5　系统时钟模块结构图

上述时钟源可提供 5 种基本的系统时钟信号：ACLK、MCLK、HSMCLK、SMCLK、BCLK。

- ACLK：辅助时钟，可由软件从 LFXTCLK、VLOCLK 或 REFOCLK 中选择时钟源，并由时钟源通过 1、2、4、8、16、32、64 或 128 分频得到，最高工作频率为 128 kHz，一般用于低速外设模块。
- MCLK：主时钟，可由软件从 LFXTCLK、VLOCLK、REFOCLK、DCOCLK、MODCLK 或 HFXTCLK 中选择时钟源，并由时钟源通过 1、2、4、8、16、32、64 或 128 分频得到，通常用于 CPU 和外设模块接口，也可以直接用于外设模块。
- HSMCLK：子系统主时钟，可由软件从 LFXTCLK、VLOCLK、REFOCLK、DCOCLK、MODCLK 或 HFXTCLK 中选择时钟源，并由时钟源通过 1、2、4、8、16、32、64 或 128 分频得到。
- SMCLK：低速子系统主时钟，它使用 HSMCLK 时钟源，可由 HSMCLK 时钟通过 1、2、4、8、16、32、64 或 128 分频得到，其频率受 HSMCLK 的限制。
- BCLK：低速备份域时钟，可由软件从 LFXTCLK 或 REFOCLK 中选择时钟源，一般用于备份域中，最高工作频率为 32 kHz。

2.3.2 寄存器与库函数

1. 系统时钟模块的寄存器

系统时钟模块的寄存器如表 2.2 所列。

表 2.2 系统时钟模块的寄存器

偏移量	缩　写	寄存器名称
00h	CSKEY	钥匙(Key)寄存器
04h	CSCTL0	控制 0 寄存器
08h	CSCTL1	控制 1 寄存器
0Ch	CSCTL2	控制 2 寄存器
10h	CSCTL3	控制 3 寄存器
30h	CSCLKEN	时钟使能寄存器
34h	CSSTAT	状态寄存器
40h	CSIE	中断使能寄存器
48h	CSIFG	中断标志寄存器
50h	CSCLRIFG	清除中断标志寄存器
58h	CSSETIFG	设置中断标志寄存器
60h	CSDCOERCAL	DCO 外部电阻校准寄存器

2. 时钟模块对应的库函数

时钟模块驱动库函数及说明如下：

1）void CS_clearInterruptFlag (uint32_t flags)

库函数功能：清除中断标志

参数：中断类型

返回值：空

2）void CS_disableClockRequest (uint32_t selectClock)

库函数功能：禁用时钟请求

参数：时钟信号

返回值：空

3）void CS_disableDCOExternalResistor (void)

库函数功能：禁用 DCO 外部电阻

参数：空

返回值：空

4）void CS_disableFaultCounter (uint_fast8_t counterSelect)

库函数功能：禁用故障计数

参数：计数器

返回值：空

5）void CS_disableInterrupt (uint32_t flags)

库函数功能：禁用中断

参数：中断类型

返回值：空

6）void CS_enableClockRequest (uint32_t selectClock)

库函数功能：使能时钟请求

参数：时钟信号

返回值：空

7）void CS_enableDCOExternalResistor (void)

库函数功能：使能 DCO 外部电阻

参数：空

返回值：空

8）void CS_enableFaultCounter (uint_fast8_t counterSelect)

库函数功能：使能故障计数

参数：计数器

返回值：空

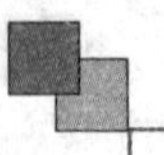

9) **void CS_enableInterrupt (uint32_t flags)**

库函数功能：使能中断

参数：中断类型

返回值：空

10) **uint32_t CS_getACLK (void)**

库函数功能：得到当前ACLK的频率

参数：空

返回值：当前ACLK的频率

11) **uint32_t CS_getBCLK (void)**

库函数功能：得到当前BCLK的频率

参数：空

返回值：当前BCLK的频率

12) **uint32_t CS_getDCOFrequency (void)**

库函数功能：得到当前DCO的频率

参数：空

返回值：当前DCO的频率

13) **uint32_t CS_getEnabledInterruptStatus (void)**

库函数功能：得到中断类型(已使能)

参数：空

返回值：中断类型

14) **uint32_t CS_getHSMCLK (void)**

库函数功能：得到当前HSMCLK频率

参数：空

返回值：当前HSMCLK的频率

15) **uint32_t CS_getInterruptStatus (void)**

库函数功能：得到中断类型

参数：空

返回值：中断类型

16) **uint32_t CS_getMCLK (void)**

库函数功能：得到当前MCLK的频率

参数：空

返回值：当前MCLK的频率

17) **uint32_t CS_getSMCLK (void)**

库函数功能：得到当前SMCLK的频率

参数：空

返回值：当前SMCLK的频率

18) **void CS_initClockSignal (uint32_t selectedClockSignal, uint32_t clockSource, uint32_t clockSourceDivider)**

库函数功能:初始化时钟

参数 1:时钟信号

参数 2:时钟源

参数 3:分频

返回值:空

19) **void CS_resetFaultCounter (uint_fast8_t counterSelect)**

库函数功能:重置故障计数

参数:计数器

返回值:空

20) **void CS_setDCOCenteredFrequency (uint32_t dcoFreq)**

库函数功能:设置 DCO 中间频率

参数:DCO 频率

返回值:空

21) **void CS_setDCOFrequency (uint32_t dcoFrequency)**

库函数功能:设置 DCO 频率

参数:DCO 频率

返回值:空

22) **void CS_setExternalClockSourceFrequency (uint32_t lfxt_XT_CLK_frequency, uint32_t hfxt_XT_CLK_frequency)**

库函数功能:设置外部时钟源频率

参数 1:LFXT 频率

参数 2:HFXT 频率

返回值:空

23) **void CS_setReferenceOscillatorFrequency (uint8_t referenceFrequency)**

库函数功能:设置 REFO 频率

参数:选择频率

返回值:空

24) **void CS_startFaultCounter (uint_fast8_t counterSelect, uint_fast8_t countValue)**

库函数功能:启动故障计数器

参数 1:计数器

参数 2:计数值

返回值:空

25) **void CS_tuneDCOFrequency (int16_t tuneParameter)**

库函数功能:调制 DCO 频率

参数:调制参数

返回值:空

2.4　电源系统

电源系统包括供电系统(Power Supply System,简称 PSS)和电源控制系统(Power Control Manager,简称 PCM)。供电系统就是由系统电源和输配电系统组成的产生不同电压的系统,用于为 MSP432 系统提供电源。电源控制系统负责管理来自 MSP432 系统不同区域的电源/功耗请求。

2.4.1　供电系统

MSP432 的供电系统 PSS 有着较大的供电范围(1.62～3.7 V),它通过 VCCDET 检测电源的开关状态。PSS 可为设备提供 1.2 V(1～24 MHz)或 1.4 V(1～48 MHz)的内核电压。如图 2.6 所示是供电系统的结构框图,图中,SVSMH 和 SVSL 的作用为对电源进行监控,VCCDET 为电源探测;另外,PSS 有两个内置的稳压器,其中 LDO 为默认稳压器,DC/DC 用于获取更高的转换效率并提升工作性能。

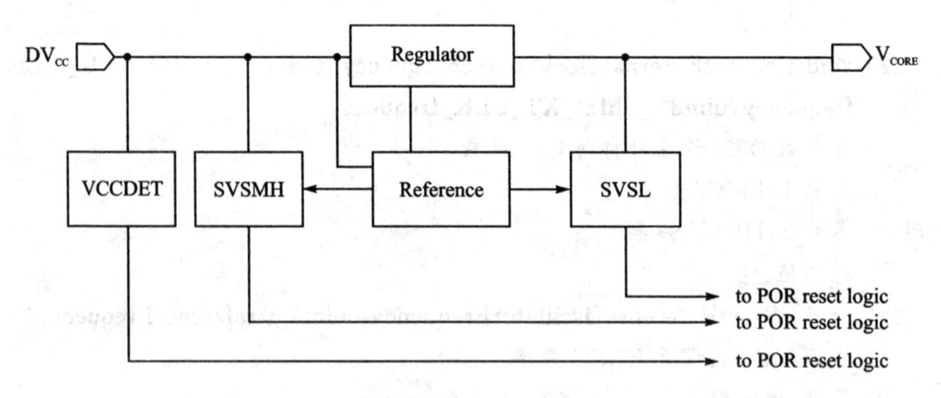

图 2.6　供电系统 PSS 的结构框图

MSP432 虽然可在 1.62～3.7 V 的电压范围内运行,但是开启电压必须大于 1.65 V。只有当电源电压大于 1.71 V 时,才能同时进行 Flash 访问和电源监控/管理;只有当电源电压大于 2 V 时,才可启动 DC/DC 稳压器。

MSP432 包含两种内部电压稳压器:LDO 和 DC/DC。在默认条件下,开启时总是选择 LDO 稳压器。LDO 稳压器是一种最通用的稳压器,它可以在 1.62～3.7 V 电压范围内运行,可用于所有的低功耗模式和活动模式中。另外它也具有灵活性与可扩展性,根据正在使用的低功耗模式来产生不同的输出负载。LDO 还支持快速开

关操作，这使得应用在活动模式与低功耗模式频繁切换时非常方便。而DC/DC稳压器作为第二稳压器，需外接一个电感，因此在系统中需要考虑额外成本。DC/DC在工作电压范围方面存在缺陷，它的电压范围仅限于2～3.7 V，只适用于LPM0模式与活动模式。但DC/DC在效率方面表现突出，它对高速、高负载操作进行了高度优化。

供电系统只有监控模式下的SVSMH会触发中断，触发中断后，若中断已使能，则可进入该中断。该中断通过配置SYSCTL和NVIC寄存器可被处理为可屏蔽中断或不可屏蔽中断。

2.4.2 电源控制系统

电源控制系统（Power Control Manager，简称PCM）负责管理来自系统的不同区域的电源/功率请求。MSP432支持多种功耗模式，并可以对给定的应用方案进行功耗优化。功耗模式可动态改变，这满足了许多应用中不同的功耗要求。PCM使用来自系统的请求，并能根据需要调整功耗。

从图2.7中可以看到，MSP432的外设和进程在有时钟或功耗需求时，可向PCM提出请求，PCM是一个自动化的子系统，可直接根据功率请求进行功率设置，也可间接根据系统中的其他请求进行功率设置。因此，PCM是时钟系统和供电系统进行交互的桥梁。时钟系统和供电系统在很大程度上控制了功率设置，也是主要的功耗来源。

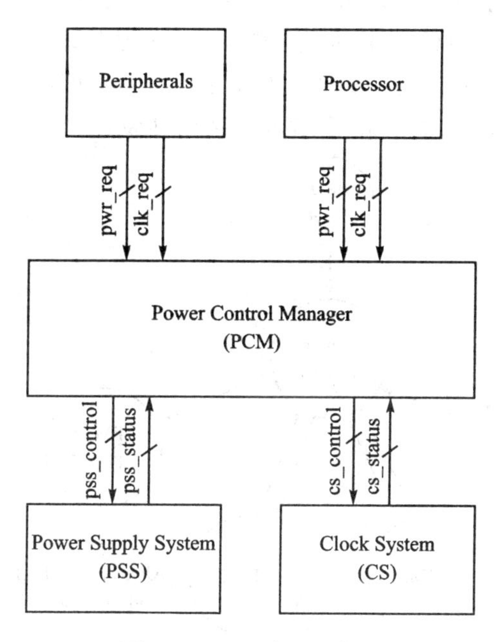

图2.7 PCM交互示意图

PCM可对以下事件进行响应：

- PCM控制寄存器0。应用程序可直接通过操作该寄存器进行功耗模式的转换要求。
- 中断和唤醒事件。在低功耗模式下，中断和唤醒事件可使系统重新回到活动模式。
- 复位事件。复位事件可使系统的功率设置回到其初始状态。
- 调试事件。功耗模式设置根据调试硬件要求而改变。

2.4.3　各种功耗模式

MSP432继承了一些MSP430的功耗模式，包括：活动模式、LPM0、LPM1、LPM3、LPM4、LPM3.5及LMP4.5模式。另外，MSP432还新增加了两个新的低功耗模式：低频活动模式与低频LPM0。

活动模式是最一般的模式，在该模式下，CPU和所有外设均可使用。低频活动模式属于低功耗运行的活动模式，但它要求时钟频率低于128 kHz。LPM0模式与MSP430的LPM0模式类似，为睡眠模式，在该模式下，外设可以使用，但CPU和MCLK关闭。低频LPM0与LPM0相比，要求时钟频率低于128 kHz。LPM3和LPM4属于深度睡眠模式，CPU关闭但支持RAM。LPM3模式要求时钟频率低于32 kHz，但RTC、WDT、GPIO可用，并且这些部件均可作为候选的唤醒源，以唤醒器件，使其进入活动模式；而LPM4模式仅支持GPIO。LPM3.5和LPM4.5属于停机模式，LPM3.5仅支持RTC，而LPM4.5模式下所有功能均关闭。

各种功耗模式的切换示意图如图2.8所示。从图中可以看出，各低功耗模式可与活动模式进行切换，且硬件复位后，系统进入活动模式。

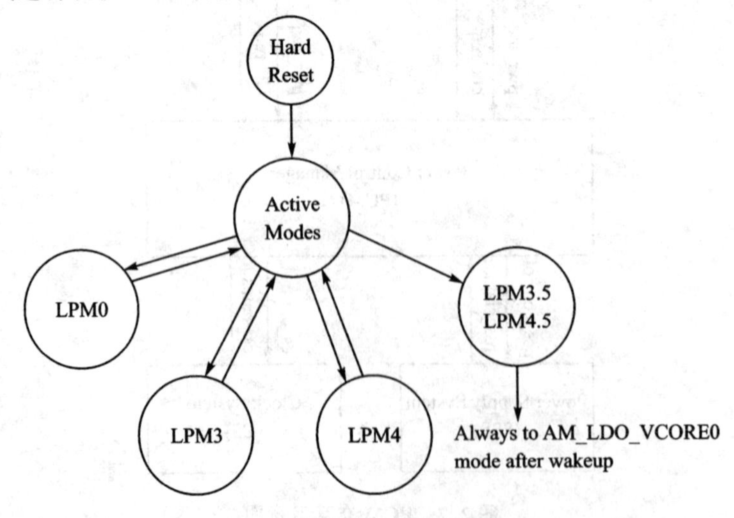

图2.8　功耗模式切换示意图

2.4.4 供电系统PSS寄存器与库函数

1. PSS的寄存器

PSS的寄存器如表2.3所列。

表2.3　PSS的寄存器

偏移量	缩　写	寄存器名称
00h	PSSKEY	钥匙(Key)寄存器
04h	PSSCTL0	控制0寄存器
34h	PSSIE	中断使能寄存器
38h	PSSIFG	中断标志寄存器
3Ch	PSSCLRIFG	清除中断标志寄存器

2. PSS驱动库函数

PSS驱动库函数及描述如下：

1) void PSS_clearInterruptFlag (void)

库函数功能：清除PSS中断标志

参数：空

返回值：空

2) void PSS_disableHighSide (void)

库函数功能：禁用SVSMH

参数：空

返回值：空

3) void PSS_disableHighSideMonitor (void)

库函数功能：将SVSMH功能切换为管理

参数：空

返回值：空

4) void PSS_disableHighSidePinToggle (void)

库函数功能：禁用SVSMH中断标志在SVMHOUT引脚上输出

参数：空

返回值：空

5) void PSS_disableInterrupt (void)

库函数功能：禁用中断

参数：空

返回值：空

6) void PSS_disableLowSide (void)

库函数功能：禁用 SVSL

参数：空

返回值：空

7) void PSS_enableHighSide (void)

库函数功能：使能 SVSMH

参数：空

返回值：空

8) void PSS_enableHighSideMonitor (void)

库函数功能：将 SVSMH 设为监测模式

参数：空

返回值：空

9) void PSS_enableHighSidePinToggle (bool activeLow)

库函数功能：使能 SVSMH 中断标志在 SVMHOUT 引脚上输出

参数：若信号为逻辑低则参数为 true，否则为 false

返回值：空

10) void PSS_enableInterrupt (void)

库函数功能：使能中断

参数：空

返回值：空

11) void PSS_enableLowSide (void)

库函数功能：使能 SVSL

参数：空

返回值：空

12) uint_fast8_t PSS_getHighSidePerformanceMode (void)

库函数功能：得到 SVSMH 模式

参数：空

返回值：SVSMH 模式

13) uint_fast8_t PSS_getHighSideVoltageTrigger (void)

库函数功能：当 SVSMH 触发复位时得到电压等级

参数：空

返回值：电压等级

14) uint32_t PSS_getInterruptStatus (void)

库函数功能：得到中断状态

参数：空

返回值：当前中断状态

15）uint_fast8_t PSS_getLowSidePerformanceMode（void）

库函数功能：得到 SVSL 模式

参数：空

返回值：SVSL 模式

16）void PSS_setHighSidePerformanceMode（uint_fast8_t powerMode）

库函数功能：设置 SVSMH 模式

参数：SVSMH 模式

返回值：空

17）void PSS_setHighSideVoltageTrigger（uint_fast8_t triggerVoltage）

库函数功能：设置在哪一电压等级 SVSMH 触发中断

参数：电压等级

返回值：空

18）void PSS_setLowSidePerformanceMode（uint_fast8_t ui8PowerMode）

库函数功能：设置 SVSL 模式

参数：SVSL 模式

返回值：空

2.4.5　电源控制系统 PCM 寄存器和库函数

1. PCM 的寄存器

PCM 的寄存器如表 2.4 所列。

表 2.4　PCM 的寄存器

偏移量	缩　写	寄存器名称
00h	PCMCTL0	控制 0 寄存器
04h	PCMCTL1	控制 1 寄存器
08h	PCMIE	中断使能寄存器
0Ch	PCMIFG	中断标志寄存器
10h	PCMCLRIFG	清除中断标志寄存器

2. PSS 驱动库函数

PSS 驱动库函数及描述如下：

1）void PCM_clearInterruptFlag（uint32_t flags）

函数功能：清除中断标志

参数：中断类型

返回值：空

2) void PCM_disableInterrupt (uint32_t flags)

函数功能:禁用指定中断

参数:中断类型

返回值:空

3) void PCM_disableRudeMode (void)

函数功能:禁用“粗鲁模式”,即系统进入LPM3和停机模式时必须先释放时钟

参数:空

返回值:空

4) void PCM_enableInterrupt (uint32_t flags)

函数功能:使能指定中断

参数:中断类型

返回值:空

5) void PCM_enableRudeMode (void)

函数功能:使能“粗鲁模式”

参数:空

返回值:空

6) uint8_t PCM_getCoreVoltageLevel (void)

函数功能:得到Vcore等级

参数:空

返回值:Vcore等级

7) uint32_t PCM_getEnabledInterruptStatus (void)

函数功能:得到中断状态(已使能)

参数:空

返回值:中断状态

8) uint32_t PCM_getInterruptStatus (void)

函数功能:得到中断状态

参数:空

返回值:中断状态

9) uint8_t PCM_getPowerMode (void)

函数功能:得到当前功率模式

参数:空

返回值:当前功率模式

10) uint8_t PCM_getPowerState (void)

函数功能:得到当前功率状态

参数:空

返回值：当前功率状态

11) bool PCM_gotoLPM0 (void)

函数功能：系统进入 LPM0

参数：空

返回值：成功则返回 true，否则返回 false

12) bool PCM_gotoLPM0InterruptSafe (void)

函数功能：系统进入 LPM0 同时维持中断处理

参数：空

返回值：成功则返回 true，否则返回 false

13) bool PCM_gotoLPM3 (void)

函数功能：系统进入 LPM3

参数：空

返回值：成功则返回 true，否则返回 false

14) bool PCM_gotoLPM3InterruptSafe (void)

函数功能：系统进入 LPM3 同时维持中断处理

参数：空

返回值：成功则返回 true，否则返回 false

15) bool PCM_setCoreVoltageLevel (uint_fast8_t voltageLevel)

函数功能：设置 Vcore 电压等级

参数：电压等级

返回值：成功则返回 true，否则返回 false

16) bool PCM_setCoreVoltageLevelWithTimeout (uint_fast8_t voltageLevel, uint32_t timeOut)

函数功能：设置 Vcore 电压等级(有超时机制)

参数 1：电压等级

参数 2：达到超时的循环迭代数

返回值：成功则返回 true，否则返回 false

17) bool PCM_setPowerMode (uint_fast8_t powerMode)

函数功能：设置功率模式

参数：功率模式

返回值：成功则返回 true，否则返回 false

18) bool PCM_setPowerModeWithTimeout (uint_fast8_t powerMode, uint32_t timeOut)

函数功能：设置功率模式(有超时机制)

参数 1：功率模式

参数 2：达到超时的循环迭代数

返回值:成功则返回 true,否则返回 false

19) **bool PCM_setPowerState (uint_fast8_t powerState)**

函数功能:设置功率状态

参数:功率状态

返回值:成功则返回 true,否则返回 false

20) **bool PCM_setPowerStateWithTimeout (uint_fast8_t powerState, uint32_t timeout)**

函数功能:设置功率状态(有超时机制)

参数1:功率状态

参数2:达到超时的循环迭代数

返回值:成功则返回 true,否则返回 false

21) **bool PCM_shutdownDevice (uint32_t shutdownMode)**

函数功能:关闭设备

参数:关闭模式

返回值:成功则返回 true,否则返回 false

2.5 直接内存访问控制器

直接内存访问控制器(Direct Memory Access Controller,DMAC)是计算机系统的一个重要特色,它允许不同速度的硬件装置相互沟通,而不需要依赖于 CPU 的大量中断负荷,节省了 CPU 资源,提高了 CPU 的工作效率。

2.5.1 DMA 工作原理

DMA 的一般工作原理是:将数据从一个地址空间复制到另外一个地址空间。CPU 只需要初始化这个传输动作,传输动作本身是由 DMA 控制器来实现和完成的。典型的例子就是移动一个外部的区块数据到芯片内部更快的内存区。像这样的操作并没有让处理器工作拖延,反而可以被重新去处理其他的工作。DMA 传输对于高效能的嵌入式系统算法和网络数据通信是很重要的。

在实现 DMA 传输时,是由 DMA 控制器直接掌管总线,因此,存在着一个总线控制权转移问题。在 DMA 传输前,CPU 要把总线控制权交给 DMA 控制器,而在结束 DMA 传输后,DMA 控制器应立即把总线控制权再交回给 CPU。一个完整的 DMA 传输过程必须经过 DMA 请求、DMA 响应、DMA 传输、DMA 结束这 4 个步骤。

2.5.2 DMA 内部工作模块

DMA 控制器对整个系统性能和系统功耗都有很大影响。因此,DMA 在设计上是非常独特的。MSP432 单片机上的 DMA 控制器称为 μDMA，采用了总线架构称为 AMBA(高级微控制器总线架构)并由 ARM 授权使用，这种架构可以提供灵活的操作，支持大量的系统要求，同时又可以与 SoC(片上系统)的外设共同开发、测试。该 DMA 低门计数控制器还能与 AMBA 中 AHB-Lite(高性能总线协议)以及 APB 协议(高级外设总线也是 ARM 提出的总线协议)模块相兼容。

关于 AHB-Lite 和 APB 两者与 DMA 的关系如图 2.9 所示。

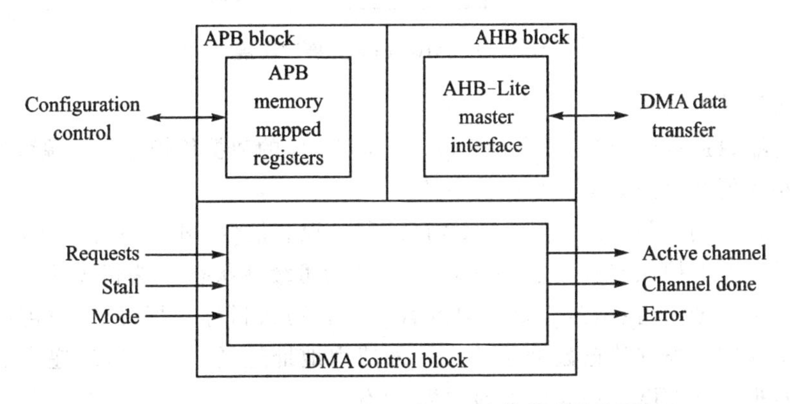

图 2.9 AHB-Lite 和 APB 与 DMA 的关系结构图

由图 2.9 可知，APB 是负责配置控制以及实现内存映射方面的功能。而 AHB 内部则具有一个主接口来实现 DMA 数据的传输。它们的底层才是 DMA 控制模块。

APB 与 AHB-Lite 两者连线如图 2.10 所示。

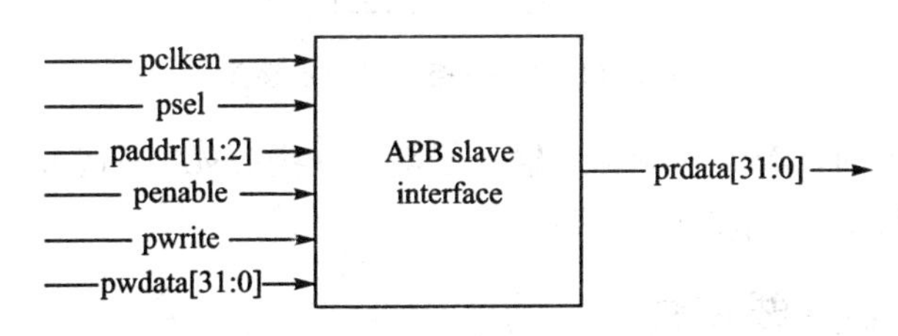

图 2.10 APB 外部连接

APB 模块上包含了可以让用户使用 APB 从接口的配置控制器。此控制器包含了 4 KB 的可用内存。输入接线分别是 pclken 时钟使能，psel 模式设置，paddr 地址设置，penable 使能 APB，pwrite 写命令，pwdata 写数据。输出接线为 prdata 读数据。AHB-Lite 主接口连接如图 2.11 所示。

AHB-Lite 模块包含了一个单独的 AHB-Lite 主设备，使用 32 位数据总线将 AHB 从设备的源数据传输到另一个目的 AHB 从设备。

AHB-Lite 主接口还具备以下特征：

➢ 传输类型：控制器支持单 AHB-Lite 传输但不支持 AMBA3.0 AHB-Lite 协议

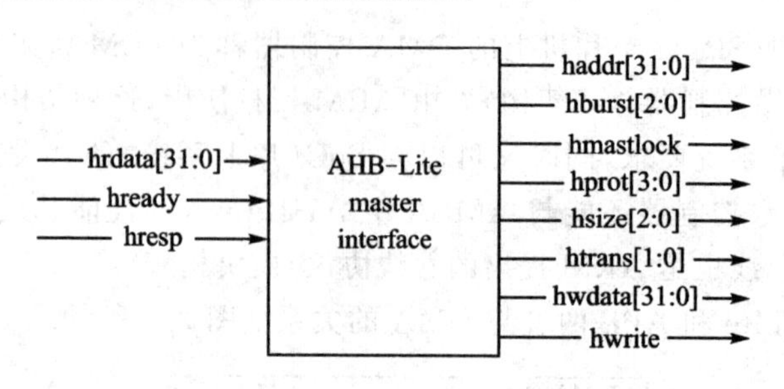

图 2.11 AHB-Lite 主接口连接

规定的分页传输。

➢ 传输数据宽度：控制器支持8位、16位、32位的数据传输方式。源数据传输大小需要和目的数据大小保持一致。
➢ 保护控制：用户可以配置AHB-Lite保护控制信号，图2.11中hprot[3:0]，可设置的保护状态有：1为可缓存状态；2为可缓冲状态；3为优先状态。
➢ 地址递增：当控制器需要读取源数据或者写入目标数据时，用户可以配置地址递增。根据传输数据包的大小来使用地址递增。最小地址递增必须等于数据包的宽度。最大地址递增为32位。

底层DMA控制模块，它的连接如图2.12所示。

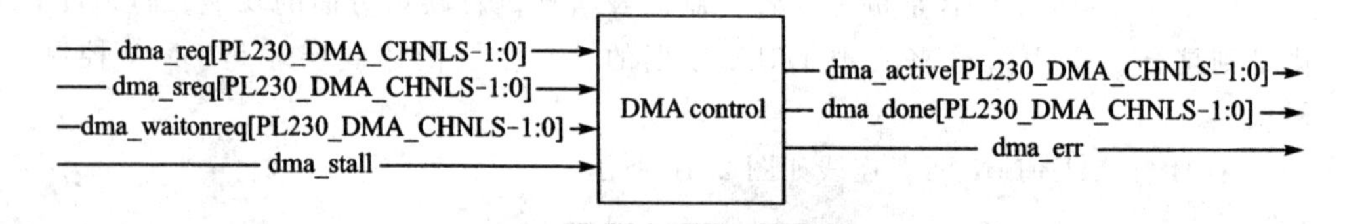

图 2.12 DMA控制模块连接图

由图2.12可知，DMA控制器的输入端都是一些DMA的请求信号，输出端有一个特殊信号为dma_err错误输出信号。

2.5.3 DMA主要特性

从上述介绍中，不难看出DMA控制器内部实际有三个模块共同工作，各模块有着不同的功能，按照MSP432的技术文档，DMA的主要特性包括：

➢ DMA传输应用兼容AHB-Lite协议。
➢ 兼容APB协议的编程寄存器。
➢ 独立的AHB-Lite主设备可使用32位地址总线和32位数据总线发送数据。
➢ 每个DMA通道有专门的握手信号。
➢ 每个DMA通道配有优先级别的编程功能。
➢ 每个优先级可以仲裁使用固定的优先级来确认DMA通道号码。
➢ 支持多传输类型：

◆ 内存至内存传输；

◆ 内存至外设传输；

◆ 外设至内存传输。

➢ 支持多 DMA 周期。

➢ 支持多 DMA 传输数据宽度。

➢ 每个 DMA 通道可以访问一个主备用通道控制数据结构。

➢ 所有通道控制数据以从小到大的顺序存储在系统内存中。

➢ 利用独立的 AHB-Lite 分页协议实现所有 DMA 传输。

➢ 数据终点宽度等于源数据宽度。

➢ 一个 DMA 周期的传输号可以从 1～1 024 进行编程。

➢ 传输地址增加可以比数据宽度大。

➢ 当错误在 AHB 总线上发生时可以单独输出。

➢ 不使用时可以自动进入低功耗模式。

➢ 可由用户使用触发器选择通道。

➢ 软件触发每个通道。

➢ 可优化中断过程的原始中断和屏蔽中断。

按照 DMA 的主要特性，与之对应的架构图如图 2.13 所示。在输入时，DMA 一共有 8 个通道，同时一个通道控制着 8 个 DMA 信号源，信号源可以由外设输入，数据输出可直接传递给外设或者完成中断。DMA 的一个重要特征是：在不需要 CPU 带宽介入的情况下，它可以同步激活内存与外设间的数据通道传输。因此，只要没有

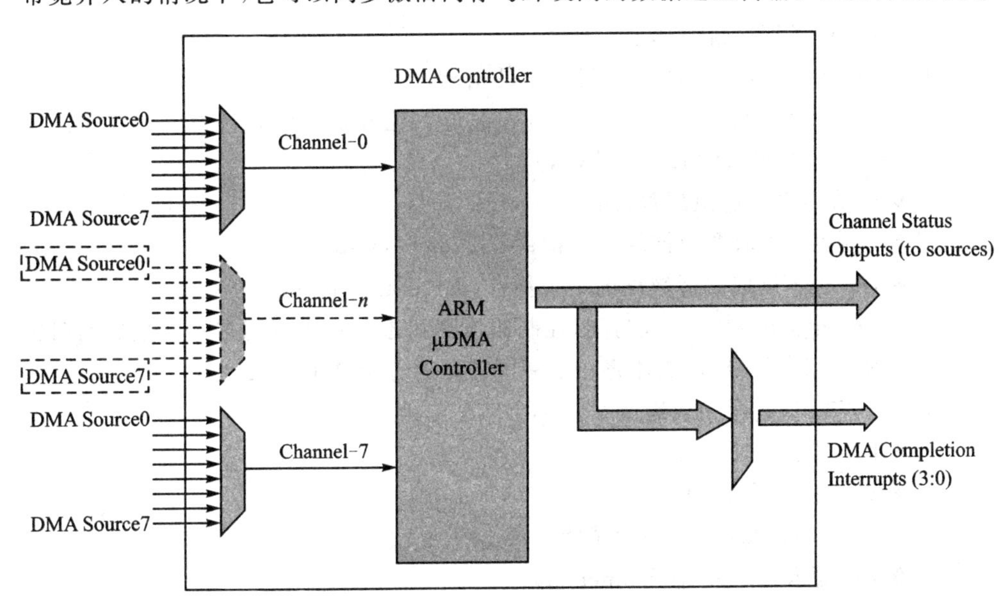

图 2.13　μDMA 架构图

数据需要处理时，就可通过闲置 CPU 的方法来降低功耗。另外，DMA 在多低功耗操作模式下保持激活状态，允许数据在一个非常低的能耗状态中以低速率传输。

使用 DMA 配置寄存器，可使 8 个 DMA 事件源映射至 8 个通道中的任意一个。此外，DMA 可以生成 4 个中断请求(DMA_INT0、DMA_INT1、DMA_INT2、DMA_INT3)。

其中，DMA_INT0 中断在所有事件完成或运算时产生，即只要有一个事件完成即产生 DMA_INT0，但这些事件必须排除已映射至 DMA_INT1、DMA_INT2 或 DMA_INT3 的情况。DMA_INT1、DMA_INT2、DMA_INT3 中断可以被 DMA 完成事件的 8 个通道中的任意一个映射。

DMA 还可以通过两种方式响应外设信号，分别为：脉冲请求和电平请求，如图 2.14 所示。

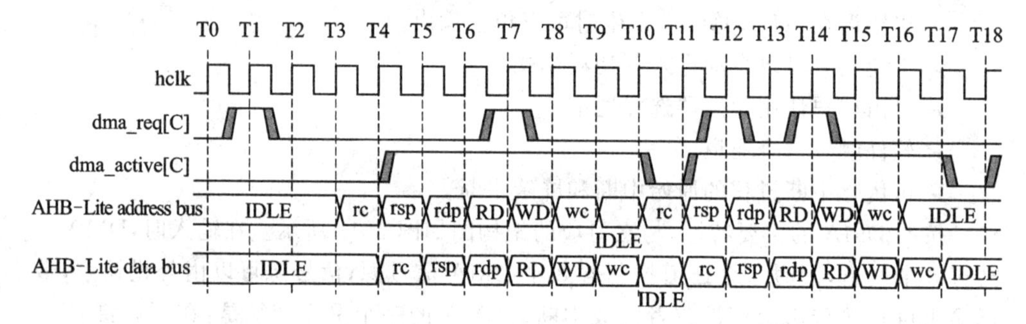

图 2.14　DMA 响应电平请求信号时序(1)

图 2.14 中各符号说明如下：

- T1：DMA 控制器侦测到通道 C 上的请求。
- T4：控制器判断 dma_active[C]并在通道 C 上开始 DMA 传输。
- T4～T7：控制器读取数据结构，其中
  - rc 表示读取通道配置，channel_cfg；
  - rsp 表示读取源数据的结束指针，src_data_endptr；
  - rdp 表示读取目标数据的结束指针，dst_data_endptr。
- T7：dma_active[C]再次为高，控制器侦测到通道 C 上的请求并非是之前时钟周期的那个信号，控制器将在下一次仲裁时分析这个请求。
- T7～T9：控制器完成通道 C 上的 DMA 传输。
  - RD 表示读取数据；
  - WD 表示写入数据。
- T9～T10：控制器写入通道配置 channel_cfg。
  - wc：写入通道配置 channel_cfg。
- T10：控制器解除判断 dma_active[C]表示 DMA 传输完成。
- T10～T11：控制器保持 dma_active[C]为低至少一个 hclk 的周期。

- T11：如果通道 C 为最高优先请求那么控制器会因为 T7 的请求而判断 dmc_active[C]。
- T12：dma_active[C]又一次为高，控制器侦测到通道 C 上的一个请求非前一个周期。控制器将在下一次仲裁中分析这个请求。
- T14：由于 T12 上的请求仍未处理，控制器忽略通道 C 上的请求。
- T17：控制器解除 dma_active[C]表示 DMA 传输完成。
- T17～T18：控制器保持 dma_active[C]为低至少一个 hclk 周期。
- T18：如果通道 C 为最高优先请求那么控制器会因为 T12 的请求判断 dma_active[C]信号。

从时序图 2.15 中可知，脉冲请求和电平请求的区别在于脉冲会多次使 dma_req[C]产生变化，但是这并不影响控制器对通道 C 的侦测，电平请求只是在整个过程中保持一种状态。

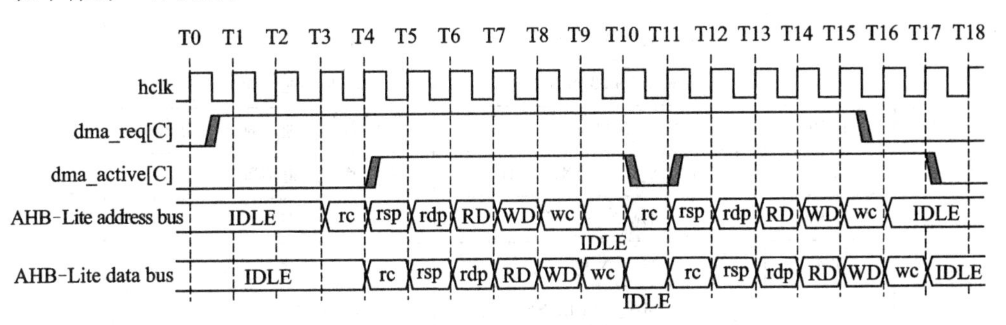

图 2.15　DMA 响应电平请求信号时序(2)

2.5.4　数据传输模式

DMA 控制器支持不同的传输模式，主要有以下几种：

- 基本模式：当请求由一个设备判断时，实现一个简单的传输。这个模式适合在外设判断请求信号的情形下并需要传输数据时使用。如果重新判断请求时，即使数据传输没有完成，那么传输也会停止。
- 自动请求模式：实现一个由请求启动的简单传输，此模式会完成整个传输即使出现重新判断的请求。推荐此模式和软件初始化传输一起使用。
- 乒乓模式：用来在两个缓冲器之间相互传输数据，此模式将在一个缓冲器写满后自动切换至另一个缓冲器。需要使用一种方式让外设确保持续的数据流从指定的外设输入和输出。但是，此模式对于在中断处理器中实现乒乓缓冲器建立和请求代码来说是比较复杂的。
- 存储器集散模式：为 μDMA 控制器提供了一种建立传输“任务”表的方法的传输模式。数据块可以在存储器中的仲裁区域接收或发送。

2.5.5　DMA 模块寄存器与库函数

1. DMA 包含寄存器

DMA 包含寄存器如表 2.5 所列。

表 2.5　DMA 包含寄存器

偏移量	缩　写	寄存器名称
000h	DMA_DEVICE_CFG	设备配置状态寄存器
004h	DMA_SW_CHTRIG	软件通道触发寄存器
010h+ n * 4h	DMA_CHn_SRCCFG (n=0 to NUM_DMA_CHANNELS)	通道源 n 配置寄存器
100h	DMA_INT1_SRCCFG	中断源 1 通道配置寄存器
104h	DMA_INT2_SRCCFG	中断源 2 通道配置寄存器
108h	DMA_INT3_SRCCFG	中断源 3 通道配置寄存器
110h	DMA_INT0_SRCFLG	中断源 0 通道标志寄存器
114h	DMA_INT0_CLRFLG	中断源 0 通道清除标志寄存器
1000h	DMA_STAT	状态寄存器
1004h	DMA_CFG	配置寄存器
1008h	DMA_CTLBASE	通道控制数据基指针寄存器
100Ch	DMA_ALTBASE	通道备用控制数据基指针寄存器
1010h	DMA_WAITSTAT	通道等待请求状态寄存器
1014h	DMA_SWREQ	通道软件请求寄存器
1018h	DMA_USEBURSTSET	通道 Useburst 设置寄存器
101Ch	DMA_USEBURSTCLR	通道 Useburst 清除寄存器
1020h	DMA_REQMASKSET	通道请求屏蔽设置寄存器
1024h	DMA_REQMASKCLR	通道请求屏蔽清除寄存器
1028h	DMA_ENASET	通道使能设置寄存器
102Ch	DMA_ENACLR	通道使能清除寄存器
1030h	DMA_ALTSET	通道主/备用设置寄存器
1034h	DMA_ALTCLR	通道主/备用清除寄存器
1038h	DMA_PRIOSET	通道优先级设置寄存器
103Ch	DMA_PRIOCLR	通道优先级清除寄存器
104Ch	DMA_ERRCLR	总线错误清除寄存器

2. DMA库函数及描述

DMA库函数及描述如下：

1) void DMA_enableModule (void)

函数功能：使能DMA模块

参数：空

返回值：空

2) void DMA_disableModule (void)

函数功能：禁用DMA模块

参数：空

返回值：空

3) uint32_t DMA_getErrorStatus (void)

函数功能：获取DMA错误状态

参数：空

返回值：如果DMA错误未排除返回非零值

4) void DMA_clearErrorStatus (void)

函数功能：清除错误状态

参数：空

返回值：空

5) void DMA_enableChannel (uint32_t channelNum)

函数功能：使能DMA通道

参数：需要使能的通道号码

返回值：空

6) void DMA_disableChannel (uint32_t channelNum)

函数功能：禁用DMA通道

参数：需要禁用的通道号码

返回值：空

7) bool DMA_isChannelEnabled (uint32_t channelNum)

函数功能：检查DMA通道是否使能

参数：检查的通道号码

返回值：为零表示通道并未使能

8) void DMA_setControlBase (void * controlTable)

函数功能：设置通道控制表的地址

参数：控制表地址值

返回值：空

9) void * DMA_getControlBase (void)

函数功能:获得 DMA 通道控制表的地址

参数:空

返回值:空

10) void * DMA_getControlAlternateBase (void)

函数功能:获得 DMA 通道控制表的替换结构地址

参数:空

返回值:空

11) void DMA_requestChannel (uint32_t channelNum)

函数功能:请求 DMA 通道开启发送

参数:通道号码

返回值:空

12) void DMA_enableChannelAttribute (uint32_t channelNum, uint32_t attr)

函数功能:使能指定 DMA 通道特征

参数 1:通道号码

参数 2:DMA 特征值(加载特征值可以进行或运算结果为特征值)

返回值:空

13) void DMA_disableChannelAttribute (uint32_t channelNum, uint32_t attr)

函数功能:禁用 DMA 通道特征

参数 1:通道号码

参数 2:DMA 特征值

返回值:空

14) uint32_t DMA_getChannelAttribute (uint32_t channelNum)

函数功能:获得 DMA 特征值

参数:通道号码

返回值:DMA 特征值

15) void DMA_setChannelControl (uint32_t channelStructIndex, uint32_t control)

函数功能:为 DMA 通道设置控制结构

参数 1:带有 DMA 通道号的 DMA 索引值

参数 2:控制类型值(可以有多个值进行的或运算结果)

返回值:空

16) void DMA_setChannelTransfer (uint32_t channelStructIndex, uint32_t mode, void * srcAddr, void * dstAddr, uint32_t transferSize)

函数功能:为 DMA 通道控制结构设置传输参数

参数 1:带有 DMA 通道号的 DMA 索引值

参数 2:DMA 传输类型

参数 3:传输的源地址

参数 4:传输数据大小格式

返回值:空

17) **void DMA_setChannelScatterGather (uint32_t channelNum, uint32_t taskCount, void * taskList, uint32_t isPeriphSG)**

函数功能:配置 DMA 通道为集散模式

参数 1:通道号码

参数 2:要执行任务的集散任务号

参数 3:指向集散任务表头部的指针

参数 4:表示集散传输的类型

返回值:空

18) **uint32_t DMA_getChannelSize (uint32_t channelStructIndex)**

函数功能:获得当前 DMA 通道控制结构传输的数据大小

参数:带有 DMA 通道号的 DMA 索引值

返回值:传输数据大小的格式号

19) **uint32_t DMA_getChannelMode (uint32_t channelStructIndex)**

函数功能:获得传输模式控制结构

参数:带有 DMA 通道号的 DMA 索引值

返回值:空

20) **void DMA_assignChannel (uint32_t mapping)**

函数功能:为 DMA 通道分配外设映射

参数:由宏定义的外设所分配的通道

返回值:空

21) **void DMA_requestSoftwareTransfer (uint32_t channel)**

函数功能:初始化 DMA 通道软件传输,在没有硬件预置的条件下,如果用户需要使 DMA 在指定通道,可以使用该函数配置。指定通道可以通过使用 DMA_assignChannel 函数来配置

参数:需要触发中断的通道

返回值:空

22) **void DMA_assignInterrupt (uint32_t interruptNumber, uint32_t channel)**

函数功能:分配一个指定的 DMA 通道给对应的中断处理器。MSP432 设备中有三个可配置中断,一个为主中断。此函数将把可配置的 DMA 中断分配给指定通道

参数:可分配通道的可配置中断值

返回值:空

23) void DMA_enableInterrupt (uint32_t interruptNumber)

函数功能:使能DMA控制器中断

参数:确定需要使能的DMA中断

返回值:空

24) void DMA_disableInterrupt (uint32_t interruptNumber)

函数功能:禁用DMA控制器中断

参数:确定需要使能的DMA中断

返回值:空

25) uint32_t DMA_getInterruptStatus (void)

函数功能:获得DMA中断状态

参数:空

返回值:可分配通道的可配置中断值

26) void DMA_clearInterruptFlag (uint32_t intChannel)

函数功能:清除DMA中断标志

参数:需要清除中断的通道

返回值:空

27) void DMA_registerInterrupt (uint32_t intChannel, void(* intHandler)(void))

函数功能:为DMA控制器注册成一个中断控制器

参数1:需注册的通道

参数2:指向当中断调用时被调函数的指针

返回值:空

28) void DMA_unregisterInterrupt (uint32_t intChannel)

函数功能:取消DMA控制的注册

参数:已注册的通道

返回值:空

2.6 本章小结

本章介绍了MSP432的内核、存储器以及各系统外设,具体如下:

① MSP432采用Cortex-M4F内核,Cortex-M4F内核包含浮点运算单元、内存保护单元、嵌套式向量中断控制器、系统控制模块、系统定时器等功能模块,以及Flash补丁、断点单元、数据监视点和追踪单元、仪表跟踪宏单元、跟踪端口接口单元。

② MSP432的内部存储器包括闪存、SRAM、ROM,它们的空间大小、起始位置和功能在本章都进行了介绍。

③ MSP432 的系统时钟模块，包括 7 种时钟源，可产生 5 种工作时钟信号，本章对各时钟信号的主要用途进行了简要介绍。

④ MSP432 内部的电源系统包括供电系统和电源控制系统，本章对 MSP432 的各种功率模式及其之间的转换进行了阐述。

⑤ 介绍了 MSP432 中 DMA 的工作原理和主要特性等。

通过本章的学习，读者应能够对 MSP432 的整体框架结构有清晰的认识，同时了解 MSP432 系统外设的结构与应用场合。

2.7 思考题

1. MSP432 采用 Cortex-M4F 内核，它的主要特点是什么？还有哪些 ARM 处理器内核？各有什么特点？
2. MSP432 存储器主要有哪些存储区域？它们的主要功能是什么？
3. MSP432 包括哪几种时钟源？请简要描述各时钟源。
4. 如何使用库函数配置一个时钟信号？
5. 请简要阐述 MSP432 各功耗模式。
6. MSP432 各功率模式之间如何转换？
7. 请简述 DMA 的工作原理和主要特性。

第 3 章

MSP432 应用外设

MSP432 系列单片机的片内基本外设非常丰富，包括时钟模块、通用端口、定时器、比较器、模/数转换模块、数/模转换模块、DMA 控制器、硬件乘法器、Flash 存储模块、液晶驱动模块等。外设通过数据总线、控制总线和地址总线与 CPU 相连，CPU 可通过所有内存操作指令对其进行控制。MSP432 的片内外设能满足一般的应用，将 MSP432 进行外部电路扩展可构成功能更加复杂的系统。本章主要介绍 MSP432 系列单片机片内基本外设的结构、原理及功能，并对开发应用过程中用到的相应库函数进行了分析和讲解，为第 5 章和第 6 章的应用开发做好理论知识的准备。

3.1 通用输入/输出(GPIO)

GPIO(General Purpose Input/Output)即通用输入/输出，是单片机系统中最简单、最基本的外设，它提供了 CPU 与简单的外部模块与电路之间进行交互的通道。有无 GPIO 接口也是微控制器区别于微处理器的重要特征。

3.1.1 GPIO 概述

GPIO 端口的主要特性如下：

- 可独立编程的 I/O 引脚；
- 可任意组合的输入或输出；
- 可单独配置的端口中断(仅适用于某些端口)；
- 独立的输入与输出数据寄存器；
- 可独立配置的上拉或下拉电阻；
- 从超低功耗模式唤醒的能力(仅适用于某些端口)；
- 可独立配置的高驱动 I/O(仅适用于某些 I/O 引脚)。

MSP432 中包括了 11 个数字 I/O 端口(P1～P10，PJ)，每个端口还包括多个引脚，每个引脚都可以独立地配置为输入或输出，可单独进行读/写操作，以及可单独配置内部上拉电阻或下拉电阻。某些端口还具有中断和从超低功耗模式唤醒的功能。

端口 P1/P2、P3/P4、P5/P6、P7/P8、P9/P10 分别与名称 PA、PB、PC、PD、PE 关

联。所有端口寄存器都使用这种命名规则，只有中断向量寄存器的命名是例外，例如，对于端口P1和P2的中断必须通过P1IV和P2IV来处理，因为PAIV不存在。

每个中断都可以单独使能，并可配置成在输入信号的上升沿或下降沿触发中断。所有中断都将送入对应端口的中断向量寄存器中，这样应用程序就能确定哪个端口的引脚发生了事件。

3.1.2 GPIO模块结构

图3.1是一个简单的GPIO结构框图。图中，PyREN.x选择是否使用上拉或下拉电阻，PySEL1.x和PySEL0.x两位共同选择GPIO引脚的功能模式，四种功能模式分别为通用I/O功能、主外设模块功能、第二外设模块功能和第三外设模块功能。当引脚配置为通用I/O功能时，由PyDIR.x选择引脚方向，当引脚配置为外设模块功能时，引脚方向由外设模块决定或被忽略。

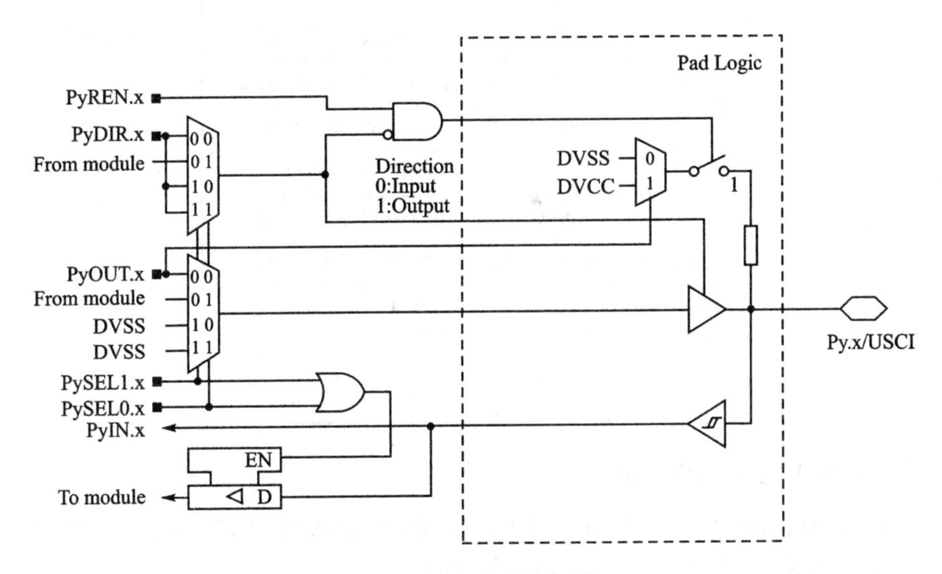

图3.1 GPIO结构框图

3.1.3 GPIO端口配置

MSP432复位后，所有端口的引脚都被配置为输入状态。为了防止浮空输入，所有的引脚(包括未使用的)都要根据应用程序需要尽早进行配置。未使用的引脚配置为通用I/O功能、输出状态，并使之与PC保持未连接状态。

当设备进入低功耗模式时，当前I/O状态被锁定并被保存。当设备从低功耗模式中苏醒时，锁定状态不会被解除，直到应用程序明确解除锁定。若设备从低功耗状态LPM3.5或LPM4.5中苏醒，则配置寄存器将被重置，I/O端口的锁定状态保证了重置值不会影响I/O操作。在这种情况下，应用程序应在释放锁定状态前重新初始化配置寄存器。

3.1.4　GPIO 寄存器与库函数

1. GPIO 寄存器

GPIO 模块的每一个端口都有一套自己的寄存器，每个端口的寄存器结构都相同，这里只列出端口 1 的寄存器如表 3.1 所列。

表 3.1　GPIO 寄存器

偏移量	缩　写	寄存器名称
00h	P1IN	输入寄存器
02h	P1OUT	输出寄存器
04h	P1DIR	方向寄存器
06h	P1REN	上拉/下拉电阻使能寄存器
08h	P1DS	输出驱动强度选择寄存器
0Ah	P1SEL0	功能选择寄存器 0
0Ch	P1SEL1	功能选择寄存器 1
16h	P1SELC	功能选择补充寄存器
18h	P1IES	中断边沿选择寄存器
1Ah	P1IE	中断使能寄存器
1Ch	P1IFG	中断标志寄存器
0Eh	P1IV	中断向量寄存器

2. GPIO 相关的库函数

GPIO 模块提供了丰富的 API，用于设置或使能输入/输出端口，以及使能/禁止中断等。下面给出 GPIO 相关的库函数及功能。

1) **void GPIO_clearInterruptFlag (uint_fast8_t selectedPort, uint_fast16_t selectedPins)**

函数功能：清除中断标志

参数 1：选择端口

参数 2：选择引脚

返回值：空

2) **void GPIO_disableInterrupt (uint_fast8_t selectedPort, uint_fast16_t selectedPins)**

函数功能：禁用中断

参数 1：选择端口

参数2:选择引脚

返回值:空

3) void GPIO_enableInterrupt (uint_fast8_t selectedPort, uint_fast16_t selectedPins)

函数功能:使能中断

参数1:选择端口

参数2:选择引脚

返回值:空

4) uint_fast16_t GPIO_getEnabledInterruptStatus (uint_fast8_t selectedPort)

函数功能:得到中断状态(已使能)

参数1:选择端口

返回值:各引脚号的逻辑或

5) uint8_t GPIO_getInputPinValue (uint_fast8_t selectedPort, uint_fast16_t selectedPins)

函数功能:得到输入引脚的值

参数1:选择端口

参数2:选择引脚

返回值:输入引脚的值

6) uint_fast16_t GPIO_getInterruptStatus (uint_fast8_t selectedPort, uint_fast16_t selectedPins)

函数功能:得到中断状态

参数1:选择端口

参数2:选择引脚

返回值:各引脚号的逻辑或

7) void GPIO_interruptEdgeSelect (uint_fast8_t selectedPort, uint_fast16_t selectedPins, uint_fast8_t edgeSelect)

函数功能:选择中断由上升沿还是下降沿触发

参数1:选择端口

参数2:选择引脚

参数3:边沿选择

返回值:空

8) void GPIO_setAsInputPin (uint_fast8_t selectedPort, uint_fast16_t selectedPins)

函数功能:将引脚配置为输入

参数1:选择端口

参数2:选择引脚

返回值：空

9) void GPIO_setAsInputPinWithPullDownResistor (uint_fast8_t selectedPort, uint_fast16_t selectedPins)

函数功能：将引脚配置为下拉电阻输入

参数1：选择端口

参数2：选择引脚

返回值：空

10) void GPIO_setAsInputPinWithPullUpResistor (uint_fast8_t selectedPort, uint_fast16_t selectedPins)

函数功能：将引脚配置为上拉电阻输入

参数1：选择端口

参数2：选择引脚

返回值：空

11) void GPIO_setAsOutputPin (uint_fast8_t selectedPort, uint_fast16_t selectedPins)

函数功能：将引脚配置为输出

参数1：选择端口

参数2：选择引脚

返回值：空

12) void GPIO_setAsPeripheralModuleFunctionInputPin (uint_fast8_t selectedPort, uint_fast16_t selectedPins, uint_fast8_t mode)

函数功能：将引脚配置为外设输入引脚

参数1：选择端口

参数2：选择引脚

参数3：输入的特定模式

返回值：空

13) void GPIO_setAsPeripheralModuleFunctionOutputPin (uint_fast8_t selectedPort, uint_fast16_t selectedPins, uint_fast8_t mode)

函数功能：将引脚配置为外设输出引脚

参数1：选择端口

参数2：选择引脚

参数3：输出的特定模式

返回值：空

14) void GPIO_setOutputHighOnPin (uint_fast8_t selectedPort, uint_fast16_t selectedPins)

函数功能：设置输出为高电平

参数1:选择端口

参数2:选择引脚

返回值:空

15) void GPIO_setOutputLowOnPin (uint_fast8_t selectedPort, uint_fast16_t selectedPins)

函数功能:设置输出为低电平

参数1:选择端口

参数2:选择引脚

返回值:空

16) void GPIO_toggleOutputOnPin (uint_fast8_t selectedPort, uint_fast16_t selectedPins)

函数功能:翻转输出电平

参数1:选择端口

参数2:选择引脚

返回值:空

3.2 端口映射控制器(PMAP)

PMAP(Port Mapping Controller)是端口映射控制器,它可以灵活地映射GPIO口引脚,可根据复用引脚的不同功能和实际需求进行配置。

3.2.1 PMAP的主要特性

PMAP的主要特性如下:

- 配置可由写访问密钥保护;
- 默认为每个端口引脚提供映射(具体参考设备型号或引脚说明书);
- 可在运行时完成映射配置;
- 每个输出信号可以映射成多个输出引脚。

3.2.2 PMAP的操作方式

1. 访问方式

如果要使能写入并访问任意PMAP的寄存器,就必须要将正确的密钥写入PMAPKEYID寄存器。PMAPKEYID寄存器时钟读取为096A5h。写入密钥02D52h将授权写访问至所有PMAP寄存器。读取访问也可操作。

若在写访问授权期间有一个无效密钥写入,则下一步写访问会受到保护。操作时建议程序使用写入无效密钥完成映射配置。

中断应在配置过程中或在程序采取预先警告期间禁用，这样中断服务程序在执行过程中不会意外地引起端口映射寄存器被永久地锁住，比如，使用再配置功能。

PMAP的访问状态通过映射在PMAPLOCK位表示。

在默认情况下，PMAP仅允许在硬件重置后进行一次配置。第二次通过写访问密钥尝试使能写访问就会被忽略，这时寄存器状态保持锁状态。硬件重置需要再次禁用永久锁。如果在运行期间需要重新配置映射，则PMAPRECFG必须在第一次写访问的间隙中置位。如果PMAPRECFG在最近一次配置中清除，则配置操作将不再可用。

需要注意的一点是，端口映射功能在各外设功能工作时不可以重新配置。例如，定时器生成PWM信号或eUSCI发送/接收时，都不可对这些功能重新配置。

2. 映射方式

每个端口引脚(端口上的Px.y)都提供映射功能，同时，映射寄存器PxMAPy也可以用。设置一个特定值给这些寄存器，将映射模块的输入和输出信号至各端口引脚Px.y。端口引脚自身则是一个由相关PxSEL.y位选中的外设/二级功能的通用输入/输出口。如果使用输入或输出功能模块，则一般都要通过设置PxDIR.y位来定义。如果PxDIR.y=0，则引脚为输入；如果PxDIR.y=1，则引脚为输出。外设同样也控制着(eUSCI模块传输)方向或者其他功能的引脚(漏级开路/高阻态)，具体设置选项都可在映射表中查询。

PMAP的操作和GPIO通用输入/输出口是紧密相关的，具体端口的映射可以参考后面的外设章节，其将对所使用到的端口做详细说明。

3.2.3 PMAP寄存器与库函数

1. PMAP寄存器

PMAP控制器可以作为一字节或半字(16位)来访问。这些PMAP基本地址都可以在设备数据说明文档中找到，这里列出了MSP432中部分PMAP内部寄存器，如表3.2所列。

表3.2 PMAP内部寄存器

偏移量	缩写	寄存器名称	类型	访问大小	重置值
00h	PMAPKEYID	端口映射密钥寄存器	读/写	半字	96A5h
02h	PMAPCTL	端口映射控制寄存器	读/写	半字	0001h
字节访问寄存器					
08h～0Fh	P1MAP0～P1MAP7	端口映射寄存器P1.0～P1.7	读/写	字节	设备决定
10h～17h	P2MAP0～P2MAP7	端口映射寄存器P2.0～P2.7	读/写	字节	设备决定

续表 3.2

偏移量	缩　写	寄存器名称	类　型	访问大小	重置值
18h～1Fh	P3MAP0～P3MAP7	端口映射寄存器 P3.0～P3.7	读/写	字节	设备决定
20h～27h	P4MAP0～P4MAP7	端口映射寄存器 P4.0～P4.7	读/写	字节	设备决定
半字访问寄存器					
08h	P1MAP01	端口映射寄存器 P1.0,P1.1	读/写	半字	设备决定
0Ah	P1MAP23	端口映射寄存器 P1.2,P1.3	读/写	半字	设备决定
0Ch	P1MAP45	端口映射寄存器 P1.4,P1.5	读/写	半字	设备决定
0Eh	P1MAP67	端口映射寄存器 P1.6,P1.7	读/写	半字	设备决定
10h	P2MAP01	端口映射寄存器 P2.0,P2.1	读/写	半字	设备决定
12h	P2MAP23	端口映射寄存器 P2.2,P2.3	读/写	半字	设备决定

表3.2中信息的两个最特殊的寄存器是端口映射寄存器(Port Mapping Key Register)和端口映射控制寄存器(Port Mapping Control Register),它们必须通过专门的值来重置,其他访问寄存器则根据硬件使用情况进行配置。如果不配置这些寄存器,MSP432端口将使用默认的PMCP值进行工作。PMCP值默认映射如表3.3所列。

表3.3　PMCP值默认映射

引脚名称	端口简称	输入引脚功能	输出引脚功能
P2.0/PM_UCA1STE	PM_UCA1STE	eUSCI_A1 SPI从设备发送使能	
P2.1/PM_UCA1CLK	PM_UCA1CLK	eUSCI_A1 时钟输入/输出	
P2.2/PM_UCA1RXD/ PM_UCA1SOMI	PM_UCA1RXD/ PM_UCA1SOMI	eUSCI_A1 UART RXD eUSCI_A1 SPI从设备输出主设备输入	
P2.3/PM_UCA1TXD/ PM_UCA1SIMO	PM_UCA1TXD/ PM_UCA1SIMO	eUSCI_A1 UARTTXD eUSCI_A1 SPI从设备输入主设备输出	
P2.4/PM_TA0.1	PM_TA0.1	TA0CCR1 捕获输入 CCI1A	TA0 比较输出 OUT1
P3.6/PM_UCB2SIMO/ PM_USB2SDA	PM_UCB2SIMO/ PM_USB2SDA	eUSCI_B2 SPI从设备输入主设备输出 eUSCI B2 I²C 数据口	
P3.7PM_UCB2SOMI/ PM_USB2SCL	PM_UCB2SOMI/ PM_USB2SCL	eUSCI_B2 SPI从设备输出主设备输入 eUSCI B2 I²C 时钟口	
P7.0/PM_SMCLK/ PM_DMAE0	PM_C0OUT/ PM_DMAE0	DMAE0 输入	SMCLK
P7.1/PM_C0OUT/ PM_TA0CLK	PM_C0OUT/ PM_TA0CLK	Timer_A0 外部时钟输入	比较器 E0 输出

除了可以通过以上方法改变PMAP的映射方式外，还可以通过使用库函数直接修改。

2. PMAP相应的库函数

void PMAP_configurePorts(const uint8_t * portMapping,uint8_t pxMAPy,uint8_t numberOfPorts,uint8_t portMapReconfigure)

函数功能：配置MSP432端口控制器

参数1：初始化数据指针

参数2：需初始化映射端口

参数3：需要参数的端口号

参数4：用来使能/禁用重新配置有效值，分别为：PMAP_ENABLE_RECONFIGURATION，PMAP_DISABLE_RECONFIGURATION（默认），它们修改的寄存器是PMAPKEYID，PMAPCTL

3.3 定时器

在设备中，常常需要对事件进行计数或定时，或是需要产生PWM信号等，这些都需要定时器来实现。定时器实际上是一个递增或递减的计数器，在计数达到一定数值时通知CPU，使得CPU的效率更高。MSP432包含了多种定时器，比如Timer32、TimerA、看门狗定时器、系统定时器等。

3.3.1 Timer32

Timer32模块包含两个独立的递减计数器，每个都能配置为16位或32位，可独立产生中断，也可以由两个计数器产生一个组合中断。计数器有3种运行模式，即自由运行模式、周期定时器模式和单次定时器模式。

1. Timer32的基本操作

自由运行模式是默认的模式，是在计数器计数至0时，继续从寄存器内的最大值开始倒计时。周期定时器模式是计数器以一定间隔产生中断并在计数至0时重新载入最初设定的值。单次定时器模式是计数器只产生一次中断，即计数器计数至0时，定时器挂起，直到用户对其进行重新编程，如清除ONESHOT位的值，或向T32LOAD寄存器中写值。

每个定时器的寄存器和操作方法都相同。向T32LOAD寄存器中写入数值，在使能的情况下，定时器就会倒计时至0。如果在一个定时器正在运行的时候，向T32LOAD寄存器写入数值，那么定时器会立即载入新的值并重新启动。而向T32BGLOAD寄存器写入数值对当前计数无影响。如果设定在周期模式，则定时器倒计数至0后重新从新的载入值开始倒计数。

2. 中 断

当全32位计数器计数到0时将产生一个中断,仅当T32INTCLR寄存器被写入值时中断才能被清除,且在此期间寄存器保持计数值不变直到中断被清除。计数器最高有效进位可检测计数器是否计数到0。要想屏蔽中断,可以将IE位置0。屏蔽后的中断,通过逻辑或,可形成一个额外的中断TIMINTC。因此,Timer32模块一共支持三种中断,分别为TIMINT1、TIMINT2和TIMINTC。

3. 寄存器与库函数

(1) Timer32模块寄存器

Timer32模块寄存器如表3.4所列。

表3.4 Timer32模块寄存器

偏移量	缩 写	寄存器名称
00h	T32LOAD1	定时器1装载寄存器
04h	T32VALUE1	定时器1当前值寄存器
08h	T32CONTROL1	定时器1定时器控制寄存器
0Ch	T32INTCLR1	定时器1中断清除寄存器
10h	T32RIS1	定时器1原始中断状态寄存器
14h	T32MIS1	定时器1中断状态寄存器
18h	T32BGLOAD1	定时器1背景装载寄存器
20h	T32LOAD2	定时器2装载寄存器
24h	T32VALUE2	定时器2当前值寄存器
28h	T32CONTROL2	定时器2定时器控制寄存器
2Ch	T32INTCLR2	定时器2中断清除寄存器
30h	T32RIS2	定时器2原始中断状态寄存器
34h	T32MIS2	定时器2中断状态寄存器
38h	T32BGLOAD2	定时器2背景装载寄存器

(2) Timer32模块驱动库函数

Timer32模块驱动库函数及描述如下:

1) void Timer32_clearInterruptFlag (uint32_t timer)

函数功能:清除中断标志

参数:选择定时器

返回值:空

2) void Timer32_disableInterrupt (uint32_t timer)

函数功能:禁用中断

参数:选择定时器

返回值:空

3) void Timer32_enableInterrupt (uint32_t timer)

函数功能:使能中断

参数:选择定时器

返回值:空

4) uint32_t Timer32_getInterruptStatus (uint32_t timer)

函数功能:得到中断状态

参数:选择定时器

返回值:空

5) uint32_t Timer32_getValue (uint32_t timer)

函数功能:得到计数值

参数:选择定时器

返回值:当前计数值

6) void Timer32_haltTimer (uint32_t timer)

函数功能:停止定时器

参数:选择定时器

返回值:空

7) void Timer32_initModule (uint32_t timer, uint32_t preScaler, uint32_t resolution, uint32_t mode)

函数功能:初始化模块

参数1:选择定时器

参数2:时钟预分频

参数3:定时器精度

参数4:选择模式

返回值:空

8) void Timer32_setCount (uint32_t timer, uint32_t count)

函数功能:设置计数值

参数1:选择定时器

参数2:计数值

返回值:空

9) void Timer32_setCountInBackground (uint32_t timer, uint32_t count)

函数功能:设置背景计数值

参数1:选择定时器

参数2:计数值

返回值:空

10) void Timer32_startTimer (uint32_t timer, bool oneShot)

函数功能:启动定时器

参数 1：选择定时器
参数 2：选择单次模式
返回值：空

3.3.2 TimerA

定时器 A(TimerA)是一个 16 位的定时器。MSP432 中一共有 4 个定时器 A 模块，每个模块包含多达 7 个比较/输出寄存器，可同时输出多个 PWM，支持多个捕获。定时器 A 支持中断，中断在计数器溢出时产生或来自比较/捕获寄存器。一个定时器 A 的模块图如图 3.2 所示。

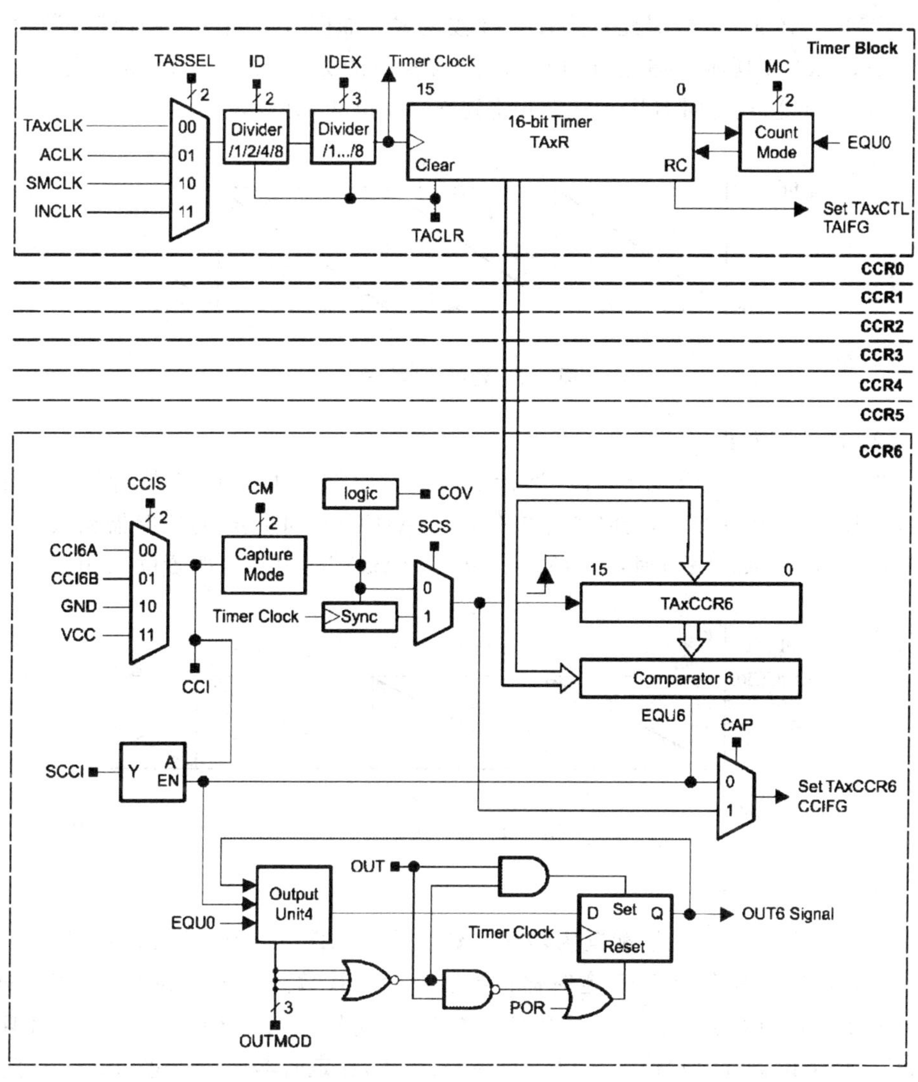

图 3.2 TimerA 模块结构

1. 时钟源

定时器时钟可源自ACLK、SMCLK或外部TAxCLK和INCLK。时钟源可用TASSELx位来选择。所选择的时钟源可使用ID位直接传递给定时器或进行2、4或8分频，并可以使用TAIDEX位进一步进行2、3、4、5、6、7或8分频。

2. 四种计数模式

定时器有四种计数模式：连续计数模式、增计数模式、增减计数模式和停止。操作模式由MC位进行选择。

(1) 连续计数模式

当MC=10时，计数器配置为连续计数模式。如图3.3所示，在连续计数模式下，TAxCCR0和其他的捕捉/比较寄存器以相同的方式工作，定时器计数在0～0FFFFh间重复，且定时器从0FFFFh跳到0时置位TAIFG位。

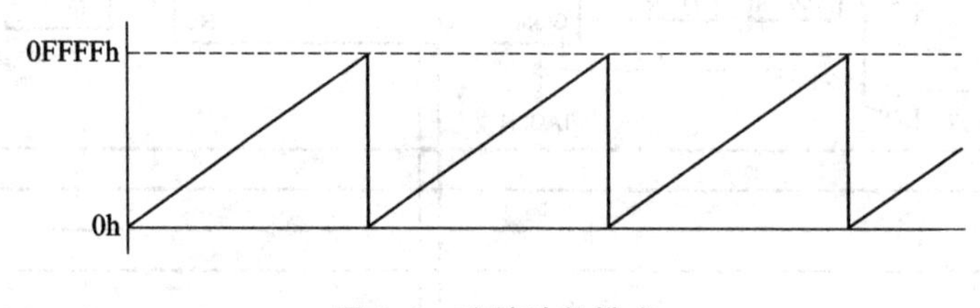

图3.3　连续计数模式

(2) 增计数模式

当MC=01时，计数器配置为增计数模式。如图3.4所示，在增计数模式下，TAxCCR0中保存计数值，定时器计数在0～TAxCCR0间重复，且定时器在从TAxCCR0−1跳到TAxCCR0时置位CCIFG位，从TAxCCR0跳到0时置位TAIFG位。

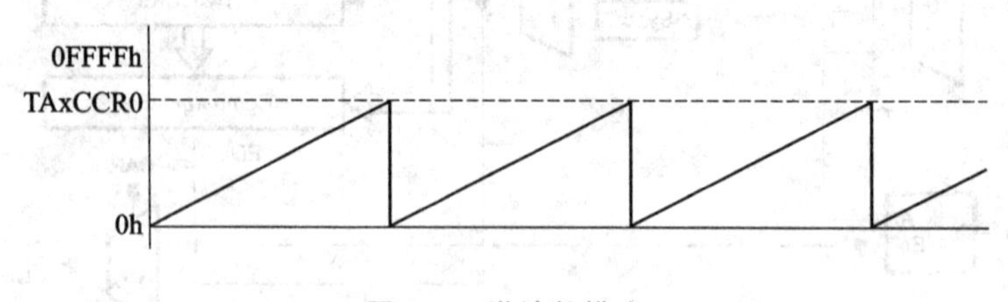

图3.4　增计数模式

(3) 增减计数模式

当MC=11时，计数器配置为增减计数模式。如图3.5所示，在增减计数模式下，TAxCCR0中保存计数值，定时器计数从0向上计数到TAxCCR0，再从TAxCCR0向下返回计数到0。定时器从TAxCCR0−1跳到TAxCCR0时置位CCIFG位，从0001h跳到0时置位TAIFG位。一般来说，在定时器周期不是0FFFFh，且需要产生一个对称的脉冲时，可以选择使用增减模式计数。此模式中，计数方向锁定，允许定时器停止并以相同的方向重新启动。如果不需要这样,则可以设置TACLR位来清除方向,TACLR同时也清除TAxR值和定时器分频器的值。

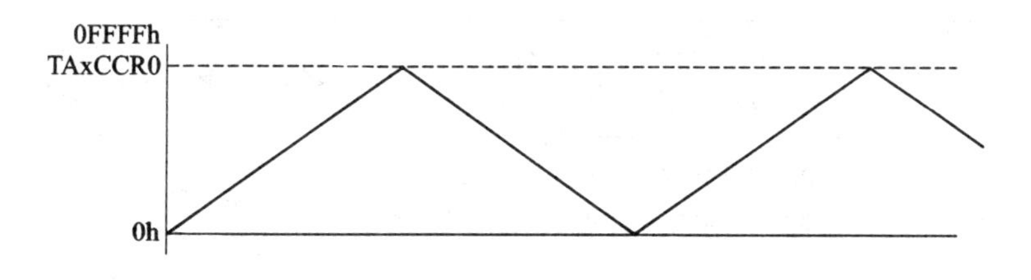

图3.5 增减计数模式

(4) 停 止

当MC=00时,计数器停止计数。

3. 捕获/比较模式

定时器A中具有多达7个相同的捕获/比较模块,任何一个模块都可用于捕获定时器数据、产生时间间隔或产生PWM。定时器A有两种功能模式,分别为捕获模式和比较模式,由CAP位进行选择。

(1) 捕获模式

当CAP=1时定时器设置为捕获模式。在捕获模式下,两次捕获的差值可用于计算速度或测量时间。捕获输入CCIxA和CCIxB可连接到外部引脚或者内部信号,并由CCIS位选择。CM位选择输入信号的上升沿、下降沿或上升/下降沿作为捕获沿,捕获将发生在所选输入信号的沿上。发生捕获时,计数器TAxR的值被复制到TAxCCRn中,并置位CCIFG位,CPU在下一个写寄存器操作之前取到TAxCCRn中的值即可。

捕获信号可能与定时器时钟异步从而导致竞争的发生,置位SCS可使其在下一个定时器时钟与捕获信号同步,建议置位SCS来使捕获信号与定时器时钟同步。

(2) 比较模式

当CAP=0时定时器设置为比较模式。比较模式可以用于输出PWM信号。在此模式下,当计数器计数到TAxCCRn中的数时,输入信号被锁存到SCCI中,CCIFG位被置位,EQUn置1,根据OUTMOD位的不同,输出模式也将不同。

4. 输出单元

每个捕获/比较区块都包含一个输出单元,该输出单元用于产生输出信号,比如PWM信号。每个输出单元可根据EQU0和EQUx来生成8种模式的信号。三位的OUTMOD决定了比较模式的8种输出模式,表3.5列出了8种输出模式及各模式的特征和应用。

表3.5 TimerA的输出模式

OUTMOD	模式名称	特 征	应 用
000	输出	根据OUT位输出,OUT位更新时,输出信号立即更新	可用于预设输出信号的电平
001	置位	定时器计数到TAxCCRn时,输出1,并保持到定时器被复位或选择另一种输出模式并影响输出为止	可用于生成单稳态脉冲,脉宽由TAx-CCR0决定
010	翻转/复位	定时器计数到TAxCCRn时,输出取反;定时器计数到TAxCCR0时,输出0	可用于生成带死区时间控制的互补PWM(增减计数模式下)
011	置位/复位	定时器计数到TAxCCRn时,输出1;定时器计数到TAxCCR0时,输出0	可用于生成PWM信号,信号的频率由TAxCCR0决定,占空比由TAxCCRn与TAxCCR0决定。要改变占空比,只要改写TAxCCRn中的值即可
100	翻转	定时器计数到TAxCCRn时,输出取反	可用于生成占空比为50%的方波信号,信号的频率由TAxCCR0决定。7个输出单元最多能生成7路移相波形,相位由TAxCCRn决定
101	复位	定时器计数到TAxCCRn时,输出0,并保持到选择另一种输出模式并影响输出为止	可用于生成单稳态脉冲,脉宽由TAx-CCR0决定
110	翻转/复位	定时器计数到TAxCCRn时,输出取反;定时器计数到TAxCCR0时,输出1	可用于生成带死区时间控制的互补PWM(增减计数模式下)
111	复位/置位	定时器计数到TAxCCRn时,输出0;定时器计数到TAxCCR0时,输出1	可用于生成PWM信号,信号的频率由TAxCCR0决定,占空比由TAxCCRn与TAxCCR0决定。要改变占空比,只要改写TAxCCRn中的值即可

以增计数模式为例,各输出模式的产生原理如图3.6所示。

5. 寄存器和库函数

(1) TimerA模块寄存器

TimerA模块寄存器如表3.6所列。

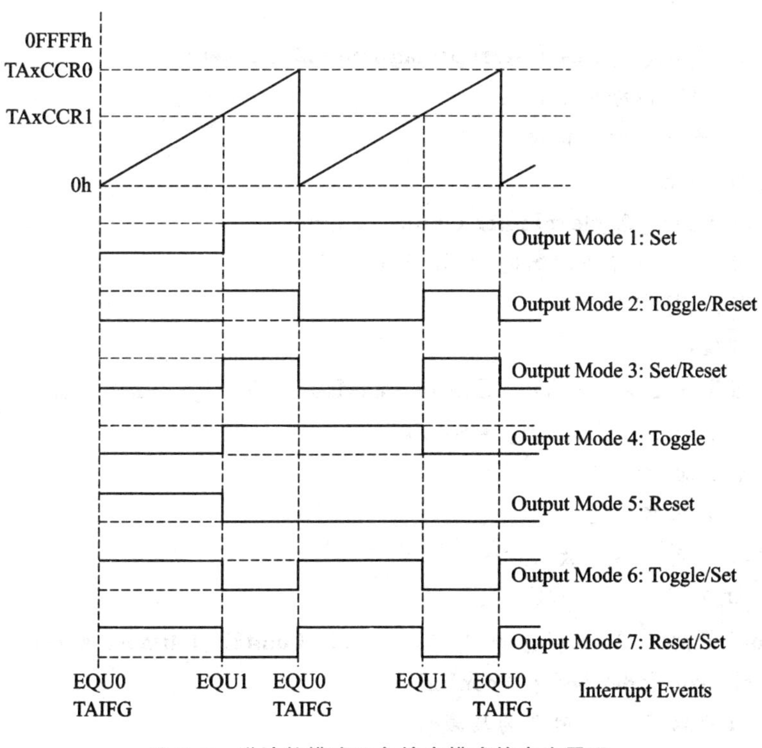

图3.6 增计数模式下各输出模式的产生原理

表3.6 TimerA模块寄存器

偏移量	缩 写	寄存器名称
00h	TAxCTL	控制寄存器
02h～0Eh	TAxCCTL0～TAxCCTL6	捕获/比较控制寄存器0～6
10h	TAxR	计数器
12h～1Eh	TAxCCR0～TAxCCR6	捕获/比较寄存器0～6
2Eh	TAxIV	中断向量寄存器
20h	TAxEX0	扩展寄存器

(2) TimerA模块驱动库函数

TimerA模块驱动库函数及描述如下：

1) void Timer_A_clearCaptureCompareInterrupt (uint32_t timer, uint_fast16_t captureCompareRegister)

函数功能：清除捕获/比较中断标志

参数1：选择定时器模块

参数2：选择寄存器

返回值：空

2) void Timer_A_clearInterruptFlag (uint32_t timer)

函数功能：清除中断标志

参数：选择定时器模块

返回值：空

3) void Timer_A_clearTimer (uint32_t timer)

函数功能：重置定时器时钟、计数方向、计数值

参数：选择定时器模块

返回值：空

4) void Timer_A_configureContinuousMode (uint32_t timer, const Timer_A_ContinuousModeConfig * config)

函数功能：配置定时器为连续计数模式

参数1：选择定时器

参数2：定时器参数结构体

返回值：空

5) void Timer_A_configureUpDownMode (uint32_t timer, const Timer_A_UpDownModeConfig * config)

函数功能：配置定时器为增减计数模式

参数1：选择定时器

参数2：定时器参数结构体

返回值：空

6) void Timer_A_configureUpMode (uint32_t timer, const Timer_A_UpModeConfig * config)

函数功能：配置定时器为增计数模式

参数1：选择定时器

参数2：定时器参数结构体

返回值：空

7) void Timer_A_disableCaptureCompareInterrupt (uint32_t timer, uint_fast16_t captureCompareRegister)

函数功能：禁用捕获/比较中断

参数1：选择定时器

参数2：选择寄存器

返回值：空

8) void Timer_A_disableInterrupt (uint32_t timer)

函数功能：禁用中断

参数：选择定时器

返回值:空

9) void Timer_A_enableCaptureCompareInterrupt (uint32_t timer, uint_fast16_t captureCompareRegister)

函数功能:使能捕获/比较中断

参数1:选择定时器

参数2:选择寄存器

返回值:空

10) void Timer_A_enableInterrupt (uint32_t timer)

函数功能:使能中断

参数:选择定时器

返回值:空

11) void Timer_A_generatePWM (uint32_t timer, const Timer_A_PWMConfig * config)

函数功能:产生一个PWM

参数1:选择定时器

参数2:PWM参数结构体

返回值:空

12) uint_fast16_t Timer_A_getCaptureCompareCount (uint32_t timer, uint_fast16_t captureCompareRegister)

函数功能:得到捕获/比较寄存器当前值

参数1:选择定时器

参数2:选择寄存器

返回值:捕获/比较寄存器当前值

13) uint32_t Timer_A_getCaptureCompareEnabledInterruptStatus (uint32_t timer, uint_fast16_t captureCompareRegister)

函数功能:得到捕获/比较寄存器中断状态(已使能)

参数1:选择定时器

参数2:选择寄存器

返回值:捕获/比较寄存器中断状态

14) uint32_t Timer_A_getCaptureCompareInterruptStatus (uint32_t timer, uint_fast16_t captureCompareRegister, uint_fast16_t mask)

函数功能:得到捕获/比较寄存器中断状态

参数1:选择定时器

参数2:选择寄存器

参数3:选择中断标志

返回值:捕获/比较寄存器中断状态

15) uint16_t Timer_A_getCounterValue (uint32_t timer)

函数功能:得到当前计数值

参数:选择定时器

返回值:当前计数值

16) uint_fast8_t Timer_A_getOutputForOutputModeOutBitValue (uint32_t timer, uint_fast16_t captureCompareRegister)

函数功能:得到输出位值

参数1:选择定时器

参数2:选择寄存器

返回值:输出位值

17) void Timer_A_initCapture (uint32_t timer, const Timer_A_CaptureModeConfig * config)

函数功能:初始化为捕获模式

参数1:选择定时器

参数2:捕获模式参数结构体

返回值:空

18) void Timer_A_initCompare (uint32_t timer, const Timer_A_CompareModeConfig * config)

函数功能:初始化为比较模式

参数1:选择定时器

参数2:比较模式参数结构体

返回值:空

19) void Timer_A_setCompareValue (uint32_t timer, uint_fast16_t compareRegister, uint_fast16_t compareValue)

函数功能:设置比较寄存器值

参数1:选择定时器

参数2:选择寄存器

参数3:给定值

返回值:空

20) void Timer_A_startCounter (uint32_t timer, uint_fast16_t timerMode)

函数功能:启动定时器

参数1:选择定时器

参数2:选择定时器模式

返回值:空

21) void Timer_A_stopTimer (uint32_t timer)

函数功能:停止定时器

参数：选择定时器

返回值：空

3.3.3　看门狗定时器

看门狗定时器是一个 32 位的定时器，既可以用作看门狗，也可以用作普通间隔定时器。看门狗定时器在许多设备中都有普遍应用，它实际上就是给定一个时间间隔，如果程序运行正常，则每隔一定时间让看门狗复位（喂狗），若到指定时间看门狗没有复位，则认为程序没有正常运行，将强制系统复位。MSP432 的看门狗定时器模块有 8 种可选的时间间隔，支持两种工作模式，支持密码保护，且可以停用来降低功耗。MSP432 看门狗定时器模块的结构如图 3.7 所示。

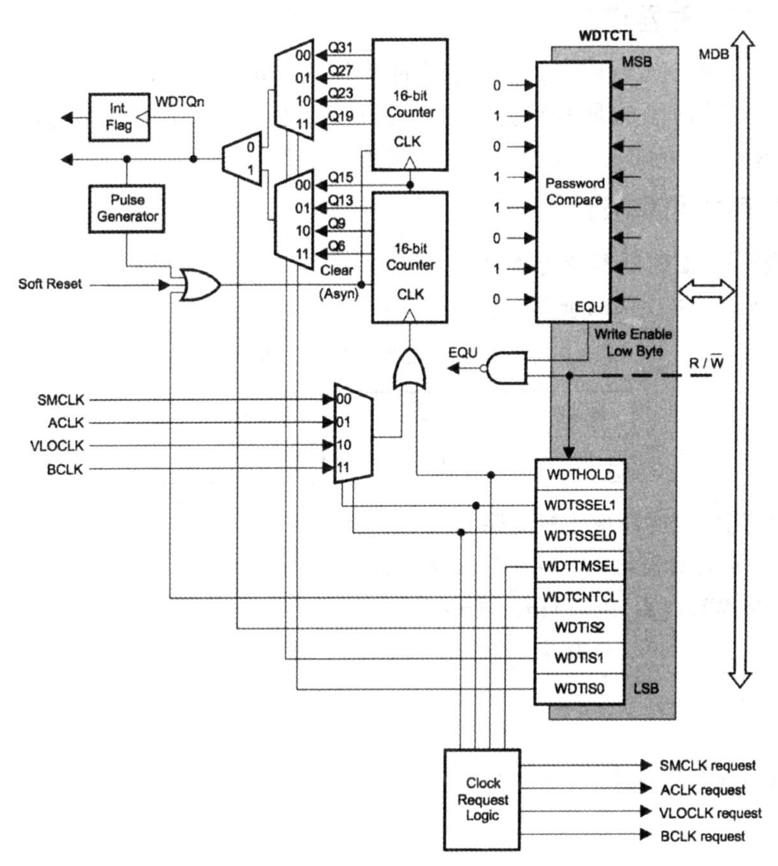

图 3.7　看门狗定时器模块的结构

1. 计数器

MSP432 看门狗模块的计数器是一个 32 位向上计数的计数器，不能由软件直接访问。该计数器由 WDTCTL 控制，由 WDTSSEL 位从 SMCLK、ACLK、VLOCLK

和 BCLK 中选择时钟信号，由 WDTIS 位控制其时间间隔。当定时器复位时，计数器自动重置。

2. 看门狗模式

当 WDTTMSEL=0 时，选择看门狗模式。系统重置时，看门狗定时器模块使用 SMCLK，且时间间隔配置为 10.92 ms 左右，因此，用户必须在这个时间之前设置、停用或清除看门狗，否则系统将再次重置。当定时器配置为看门狗模式时，不管是寄存器写入错误，还是没有按时喂狗，都将导致系统复位，同时定时器回到其原始配置。为了降低功耗，在 LPM3、LPM3.5、LPM4、LPM4.5 模式下，看门狗模式将不被启用。

3. 间隔定时器模式

当 WDTTMSEL=1 时，选择间隔定时器模式。该模式可用来产生周期性的中断，即每个时间间隔的最后都将产生一个中断。同样，为了降低功耗，在 LPM4、LPM4.5 模式下，间隔定时器模式将不被启用。

4. 寄存器和库函数

(1) 看门狗定时器模块的寄存器

看门狗定时器模块的寄存器如表 3.7 所列。

表 3.7 看门狗定时器模块的寄存器

偏移量	缩 写	寄存器名称
00h	WDTCTL	看门狗控制寄存器

(2) 看门狗定时器模块驱动库函数

看门狗定时器模块驱动库函数及描述如下。

1) void WDT_A_clearTimer (void)

函数功能：清除计数值(喂狗)

参数：空

返回值：空

2) void WDT_A_holdTimer (void)

函数功能：停止看门狗定时器

参数：空

返回值：空

3) void WDT_A_initIntervalTimer (uint_fast8_t clockSelect, uint_fast8_t clockDivider)

函数功能：初始化间隔定时器

参数 1：选择时钟

参数2:时钟分频

返回值:空

4) void WDT_A_initWatchdogTimer (uint_fast8_t clockSelect, uint_fast8_t clockDivider)

函数功能:初始化看门狗定时器

参数1:选择时钟

参数2:时钟分频

返回值:空

5) void WDT_A_setPasswordViolationReset (uint_fast8_t resetType)

函数功能:设置密码重置类型

参数:重置类型

返回值:空

6) void WDT_A_setTimeoutReset (uint_fast8_t resetType)

函数功能:设置溢出重置类型

参数:重置类型

返回值:空

7) void WDT_A_startTimer (void)

函数功能:启动定时器

参数:空

返回值:空

3.4 通用异步串行通信(UART)

增强通用串行通信接口(enhanced Universal Serial Communication Interface,简称eUSCI),MSP432在通信接口上使用了复用输出功能,在MSP432开发平台上包含了8个兼容不同通信协议的模块,即4个eUSCI_A和4个eUSCI_B。其中,eUSCI_A兼容UART和SPI;eUSCI_B兼容I^2C和SPI。其可在同一个模块固件下支持多路串行通信模式。本节将简单介绍异步UART模式的操作,以及UART模块固件库函数的使用方法。UART固件库函数包含在driverlib/uart.c文件中。

3.4.1 UART协议概述

串行通信可以分为两种方式:异步串行通信和同步串行通信。异步串行通信是指通信的发送与接收设备使用各自的时钟控制数据的发送和接收的通信过程。为使双方收、发协调,要求发送和接收设备的时钟尽可能一致。从串行通信的制式来看,UART是一种全双工的通信方式。

通用异步收发器(Universal Asynchronous Receiver/Transmitter,UART)是一

种工业异步通信标准，UART可以交替设置为FIFO(先进先出)模式，这有利于缓解因缓冲收发字符而引发CPU的过多消耗。发送器和接收器在FIFO模式中，最大可以保存16字节数据，其中包括每字节中3个附加的错误状态位并专门用在FIFO的接收缓冲器内。

UART通信线路比较简单，即数据发送线(TX)、数据接收线(RX)，同时接口还配有一路接地信号。实现UART通信的eUSCI模块内部结构主要包括波特率发生器、发送缓冲器、接收缓冲器等，其通信结构如图3.8所示。

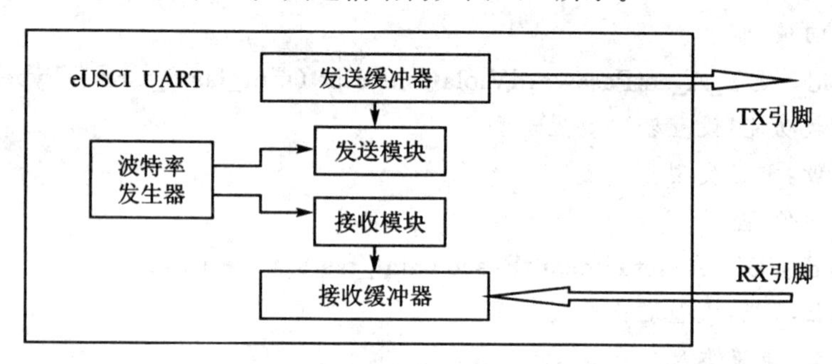

图3.8 UART通信内部结构

UART的字符格式是整个工作原理的核心，UART传输的一个数据帧包括起始位、数据位、奇偶校验位和停止位。如图3.9所示，图中释义如下：

Optional Bit，Condition：表示条件选择位，该位是UART传输的起始位。

8th Data Bit：表示第8个数据位，此时寄存器内UC7BIT=0。

Address Bit：表示地址位，UCMODEx=10。

Parity Bit：表示奇偶检验位，UCPEN=1。

2nd Stop Bit：表示第2个停止位，UCSPB=1。

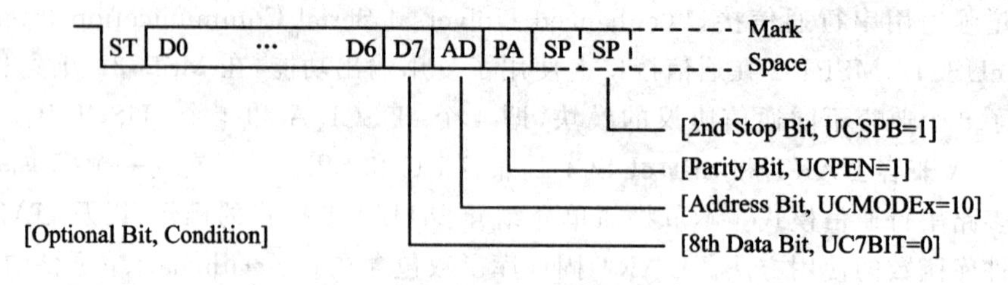

图3.9 UART数据帧格式

其中，奇偶校验是在发送数据时，数据位尾随的一位。奇校验时，数据中1的个数与校验位1的个数之和应为奇数；偶校验时，数据中1的个数与校验位1的个数之和应为偶数。接收字符时，对1的个数进行校验，若发现不一致，则说明传输数据过程中出现了差错。一般地，可以通过中断重新对出错的字节再进行发送。

在UART工作原理中，波特率是一个重要参数。单片机或计算机在串口通信时的速率用波特率表示，它定义为每秒传输二进制代码的位数(包含起始位、停止位、数据位)，1 波特=1 位/秒(1 bps)。串行接口或终端直接传送串行信息位流的最大距离与传输速率及传输线的电气特性有关。

除上述通用的 UART 特征外，MSP432 使用 UART 模块的主要特性还有：

➢ 7 位或 8 位奇校验、偶校验、无校验方式。
➢ 独立发送接收转换寄存器。
➢ 独立发送接收缓存寄存器。
➢ 可选择最低位优先或最高位优先传输方式。
➢ 可编程并支持小数形式的波特率调制方式。
➢ 多处理器系统上建立空闲线和地址位通信协议。
➢ 包含错误侦测和抑制的状态标志。
➢ 包含地址侦测的状态标志。
➢ 独立的收发中断功能，接收起始位，发送完成位。

3.4.2 UART 内部工作模块与外部接口

1. 工作时钟和波特率

UART 在硬件实现方面，一般地 51 单片机通过 RS232 芯片与单片机 TTL 电平实现转换电路；在程序上，使用不同的波特率时需要考虑定时器的溢出值以及所使用的晶振频率，这是因为在串行通信中，收、发双方对发送或接收数据的速率要有约定。

MSP432 开发板有专门的 UART 模块，其结构如图 3.10 所示。图中，BRCLK 指的是 Baudrate Generator(波特率发生器)的输入时钟，时钟源由控制位 UCSSELx 决定。在发送和接收数据方面 UART 使用了两套硬件传输速率由 Receive Clock (接收时钟)和 Transmit Clock(发送时钟)控制。Prescaler/Divider(预分频器)和 Modulator(调制器)主要负责整数倍分频和分频系数的设定。此外，在不同的波特率

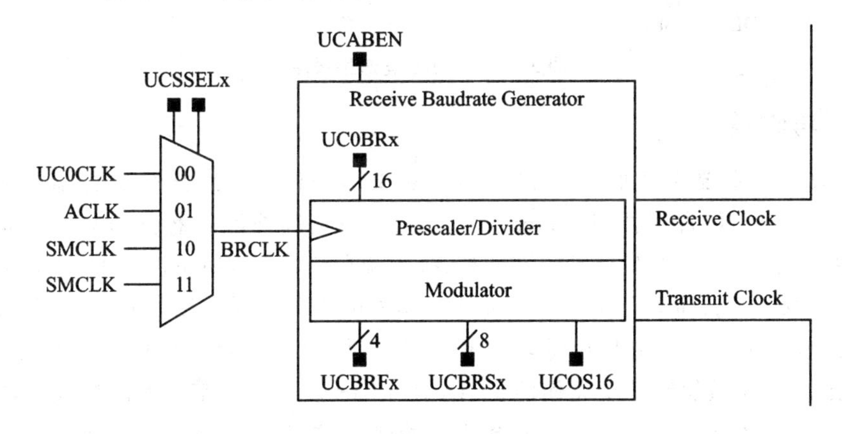

图 3.10　波特率生成模块

下使用哪种时钟，德州仪器公司也提供了一个比较方便的方法，用户可以访问 http://software-dl.ti.com/msp430/msp430_public_sw/mcu/msp430/MSP430BaudRate-Converter/index.html 网站，快速获取在一定晶振下和波特率有关的寄存器的设定参数。使用 UART 传输数据时，eUSCI_A 收发字符以异步位传输率和其他设备通信。每个字符传输时序按照 eUSCI_A 的波特率传输。发送端和接收端使用相同的波特率。

2. 发送端

发送端主要由发送转换寄存器(Transmit Shift Register)、发送缓冲器(Transmit Buffer)、发送状态机(Transmit State machine)和红外编码器(IrDA Encoder)组成，如图 3.11 所示。图中 UCPEN 为奇偶校验使能位，UCPAR 为奇偶校验设置，UCMSB 为传输次序设置，UC7BIT 为数据长度设置，UCIREN 为是否要使用红外编码，Set UCTXIFG 为设置发送中断标志，UCTXBRK 为中断字符发送设置，UCTXADDR 为数据传输类型(地址/数据)，UCMODEx 为工作方式设置位，UCSPB 为停止位选择。数据最终发送由 UCAxTXD 端输出。

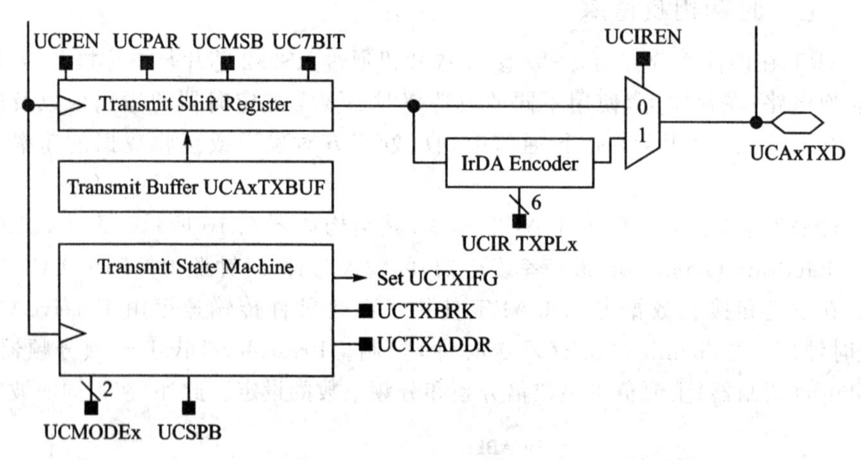

图 3.11　UART 发送端模块

3. 接收端

接收端则主要由接收状态机(Receive State Machine)、接收寄存器(Receive Buffer)、接收移位寄存器(Receive Shift Register)、红外解码器(IrDA Decoder)组成，如图 3.12 所示。与发送端不同的是，接收端在接收数据时可以使 UART 器件实现错误检测、解码、侦听等功能。实现这些功能的主要位是：UCDORM 表示休眠模式位，此位可以使 UART 在低功耗模式下工作；UCLISTEN 表示数据侦听位，UCRXEIE 表示数据错误功能使能位，UCRXBRIE 表示中断字符使能位，UCRXERR 表示数据错误标识位，UCPE 表示奇偶校验错误位，UCFE 表示数据侦听错误位，UCOE 表示数据溢出错误位。数据最终发送由 UCAxRXD 端输入。

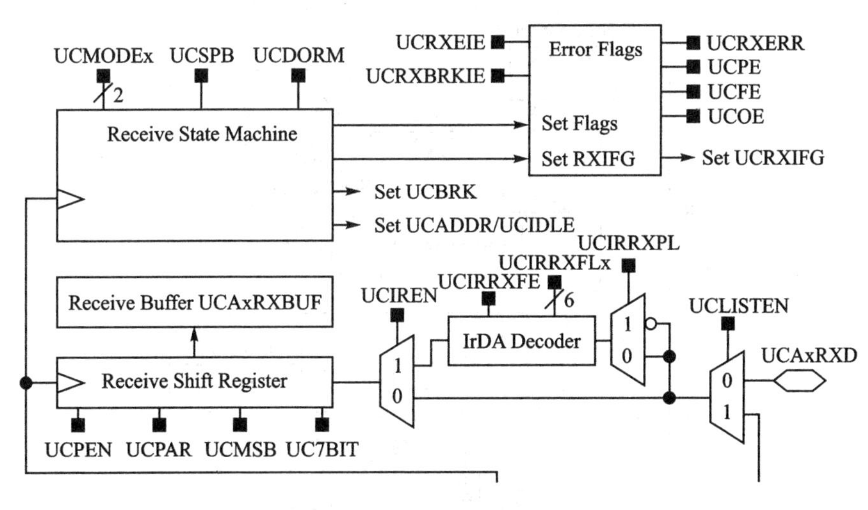

图 3.12　UART 接收端模块

4. 外部接口

eUSCI_Ax 模块通过两个外部引脚(即 UCAxRXD 和 UCAxTXD),把 MSP432 和一个外部系统连接起来。当 UCSYNC 位清零时将会选择 UART 模式。硬件方面,MSP432 简化了串口通信,其片上直接设计了能实现串口通信的电路,通信端口则连通 XDS110 仿真器,如图 3.13 所示。

调试时,只需直接将 USB 接口和 PC 主机连接就可以实现 UART 的通信,TI 将实现这个功能的接口称为“背通道”,用这个通道还支持硬件的流控制(RTS 和 CTS),UART 背通道还可用来建立开发时需要 GUI 和 PC 通信的其他程序。

此外,通信仿真时,主机端会产生一个虚拟的 COM 端口来和 UART 通信。用户可以使用任何应用程序和 COM 端口连接,包括终端应用程序,如 Hyperterminal 或 Docklight,一般地,调试时用“串口助手”来验证通信即可。

3.4.3　异步多机通信模式

异步通信格式,当两个器件异步通信时,不需要多处理器格式协议。当三个或更多的器件通信时,eUSCI_A 支持空闲线和地址位多处理器通信格式。

1. 空闲线多处理器格式

当 UCMODEx=01 时,将选中空闲线多处理器格式。在发送或接收线上的数据块有空闲时间分隔,如图 3.14 所示。在接收到字符的 1 个或 2 个停止位后,连续收到 10 个或更多的标志时,即可检测到 1 条接收线空闲。在接收到 1 条空闲线路后,波特率发生器将一直关闭,直到检测到下一个起始沿为止。一旦检测到 1 条空闲线路时,就将 UCIDLE 位置位。在一个空闲周期之后接收的第一个字符是地址字符。

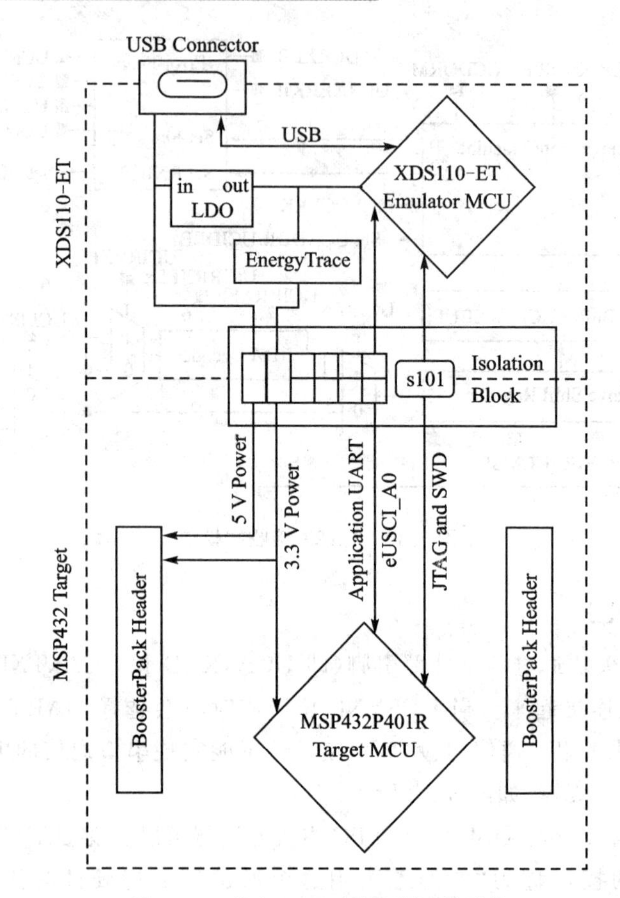

图 3.13　片上 UART 仿真器连线结构

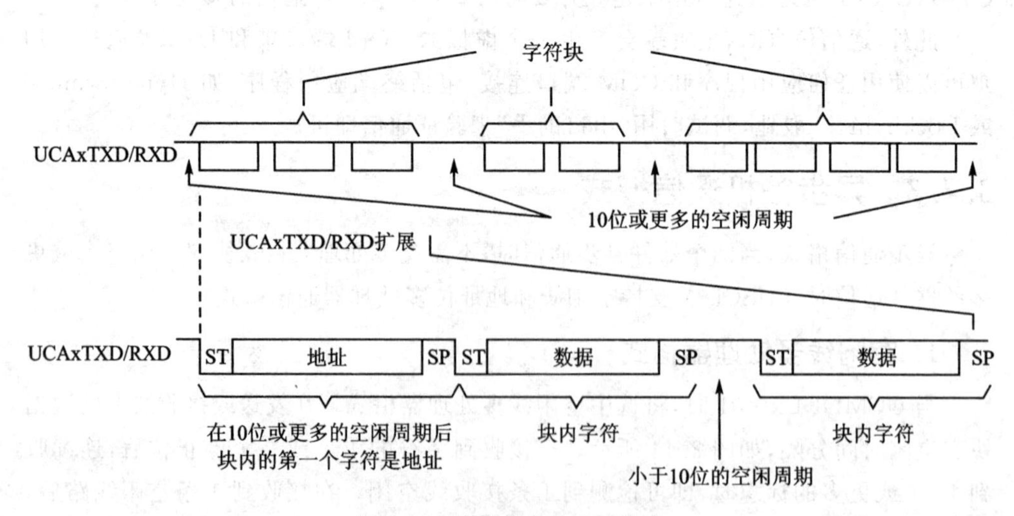

图 3.14　空闲线多处理器格式

UCIDLE 位用于每个字符块的地址标签。在空闲线多处理器格式下，当收到的字符是地址时该位就会被置位。

在多处理器格式下，UCDORM 位用于控制数据接收。当 UCDORM＝1 时，所有的非地址字符将被拼装，但既不会传送到 UCAxRXBUF 中，也不会产生中断。当收到一个地址字符时，则将其传送到 UCAxRXBUF 中，并将 UCAxRXIFG 位置位，当 UCRXEIE＝1 时任何应用错误标志都将置位。当 UCRXEIE＝0 并且收到一个地址字符时，若存在帧错误或奇偶校验错误，则字符将不会传送到 UCAxRXBUF 中，同时 UCRXIFG 也不会置位。

如果收到一个地址，则用户可通过软件来验证该地址，并且必须复位 UCDORM 方可继续接收数据。若 UCDORM 保持置位状态，则只能接收地址字符。在接收一个字符期间，如果清除 UCDORM 位，则将在接收完成后置位接收中断标志。UCDORM 位不能由 eUSCI_A 硬件自动修改。对于在空闲线多处理器格式下的地址发送，可以通过 eUSCI_A 生成一个精确的空闲周期，以产生 UCAxTXD 上的地址字符标识符。双缓冲 UCTXADDR 标志，可用来指示装载到 UCAxTXBUF 中的下一个字符是否是以 11 位空闲线开头。当起始位产生时将使 UCTXADDR 自动清零。

2. 地址位多处理器格式

当 UCMODEx＝10 时，将选中地址位多处理器格式，如图 3.15 所示。每个处理的字符包含一个用作地址指示的附加位。字符块的第一个字符带有一组地址位，用于指示该字符是一个地址。当接收到的字符包含自己置位的地址位并传送到 UCAxRXBUF 中时，将使 USCI－UCADDR 置位。

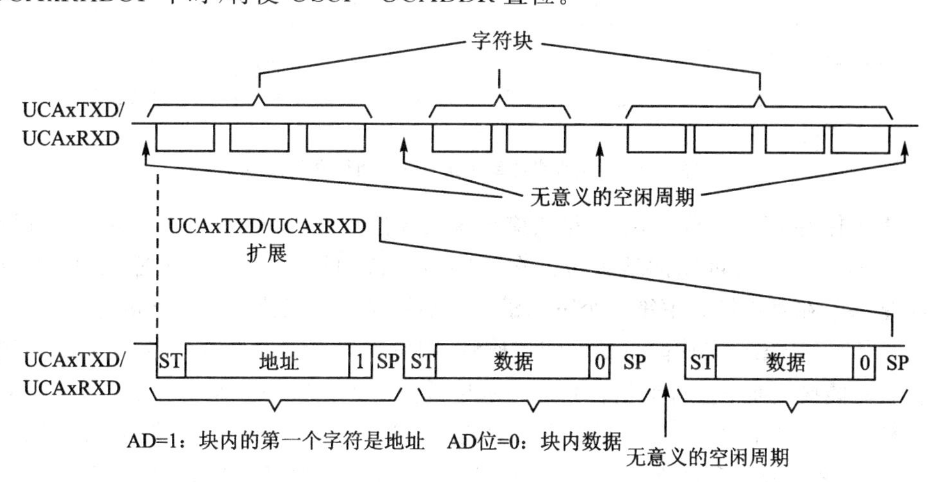

图 3.15　地址位多处理器格式

UCDORM 位用于控制数据接收。当 UCDORM 置位时，地址位＝0 的数据字符由接收器拼装，但既不会传送到 UCAxRXBUF 中，也不会产生中断。当收到包含一组地址位的字符时，将使其传送到 UCAxRXBUF 中，并将 UCAxRXIFG 位置位，当 UCRXEIE＝1 时，任何应用的错误标志都将置位。当 UCRXEIE＝0 并且收到包含一组地址位的字符时，若存在帧错误或奇偶校验错误，则字符将不会传送到 UCAxRXBUF，同时 UCRXIFG 也不会置位。

如果收到一个地址，用户可通过软件来验证该地址，并且必须复位 UCDORM 方可继续接收数据。若 UCDORM 保持置位状态，则只能接收地址位＝1 的地址字符。UCDORM 位不能由 eUSCI_A 硬件自动修改。

当 UCDORM＝0 时所有接收到的字符将置位中断标志 UCAxRXIFG。在接收字符期间如果清零 CDORM 位，则在接收完成后将置位接收中断标志。

对于在地址位多处理器格式下的地址传送，字符的地址位是由 UCTXADDR 位控制的。UCTXADDR 位的值通过 UCAxTXBUF 传送到发送移位寄存器中的字符地址位来装载到字符的地址位。当产生起始位置位时将使 UCTXADDR 自动清零。

3.4.4 检测机制

1. 自动波特率检测

当 UCMODEx＝11 时，将选择带自动波特率检测的 UART 模式。对于自动波特率检测，在一个数据帧之前有一个同步序列，它包含一个打断(break)和同步字段。在连续收到 11 个或更多的 0(空闲)时将检测到一个打断。如果打断长度超过 21 位，则打断超时错误标志 UCBTOE 将置位。在接收打断/同步字段时，eUSCI_A 不能发送数据，如图 3.16 所示。

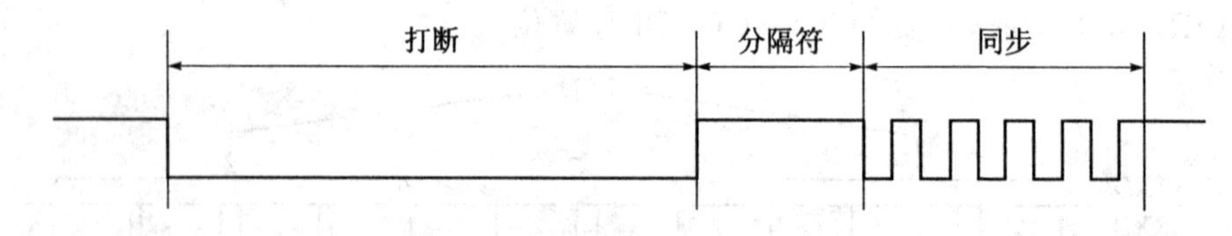

图 3.16 自动波特率检测——打断/同步序列

为了保持 LIN 一致性，字符格式应设置成 8 位数据，以低有效位开始，无奇偶校验，1 个停止位。无可用的地址位。在一字节字段内同步字段由数据 055H 组成。同步是基于在对该模式下第一个下降沿与最后一个下降沿之间的时间测量。如果通过置位 UCABDEN 来使能自动波特率检测，则发送波特率发生器可用于测量；否则，该模式只能接收而不进行测量。测量的结果被传送到波特率控制寄存器(UCAxBRW 和 UCAxMCTLW)中。如果同步字段的长度超过可测量时间，则同步超时出错标志 UCSTOE 将置位。若接收中断标志 UCRXIFG 置位，则可读取该结果，如图 3.17 所示。

2. 自动错误检测

抑制干扰可防止 eUSCI_A 意外启动。在 UCAxRXD 上任何比抗尖峰脉冲时间

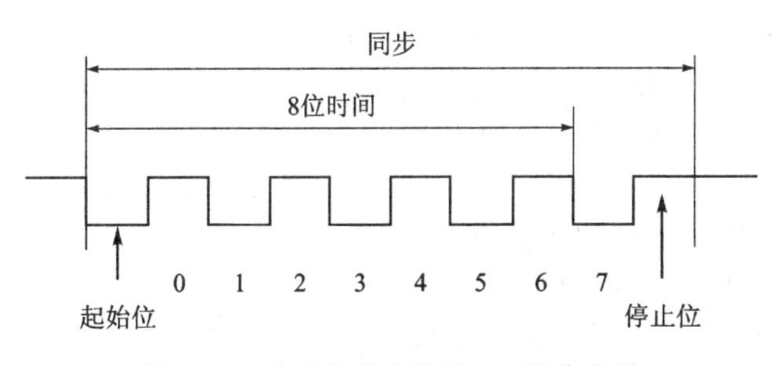

图 3.17 自动波特率检测——同步字段

t_t 短的脉冲(由 UCGLITx 选择)都将被忽略(请参考特定器件的数据手册参数)。在 UCAxRXD 的低电平周期超过 t_t 时,起始位来自多数表决结果。如果多数表决没有检测到有效的起始位,则 eUSCI_A 将停止接收字符并等待 UCAxRXD 上的下一个低电平周期。多数表决也用于字符中的每 1 位来防止位错误。在接收字符时,eUSCI_A 模块自动检测帧错误、奇偶校验错误、溢出错误和打断条件。当检测到它们各自的条件时,UCFE、UCPE、UCOE 和 UCBRK 位将置位。当错误标志 UCFE、UCPE、UCOE 位置位时,UCRXERR 位也将被置位,接收错误条件如表 3.8 所列。

表 3.8 接收错误条件

错误条件	错误标志	描 述
帧错误	UCFE	当一个低电平停止位被检测到时将发生一个帧错误。当使用两个停止位时,这两个位都会被检查是否有帧错误。当检测到一个帧错误时,UCFE 位将置位
奇偶校验错误	UCPE	奇偶校验错误是指字符中 1 的个数和奇偶校验位中的值不匹配。如果字符中包含地址位时,那么它也将参与奇偶校验的计算。当检测到一个奇偶错误时,将使 UCPE 位置位
接收溢出	UCOE	在读出前一个字符之前,将另一个字符装载到 UCAxRXBUF 中时,会引发一个溢出错误。当溢出错误发生时,将使 UCOE 位置位
打断条件	UCBRK	当不使用自动波特率检测时,在所有数据位、奇偶校验位和停止位为低电平时,将检测到一个打断。当检测到一次打断条件时,将使 UCBRK 位置位。如果打断中断使能位 UCBRKIE 置位,则打断条件也可以置位中断标志 UCAXRXIFG

3.4.5 UART 波特率生成与设置

eUSCI_A 波特率发生器能从非标准源频率中产生一个标准的波特率。可通过 UCOS16 位来选择提供的两种操作模式中的一种。

1. 低频率波特率生成

当 UCOS16=0 时,选中低频模式。该模式允许波特率从低频时钟源中产生(例如,32 768 Hz 晶振产生 9 600 波特率)。采用较低的输入频率,可减少模块的能量消耗。在更高频和更高预分频设置下使用该模式,将引起在一个不断减小的窗口中进行多数表决,因此将降低多数表决的优势。

在低频模式下,波特率发生器使用 1 个预分频器和 1 个调节器来产生位时钟时序。这种组合支持波特率的小数分频。在该模式下,eUSCI_A 的最大波特率是 UART 源时钟频率 BRCLK 的 1/3。

对于接收到的每 1 位,可通过多数表决来确定其位值。这些采样点发生在 $N/2-1/2$、$N/2$ 和 $N/2+1/2$ 的 BRCLK 周期处,其中 N 是每个 BITCLK 周期中 BRCLK 的数目,如图 3.18 所示。

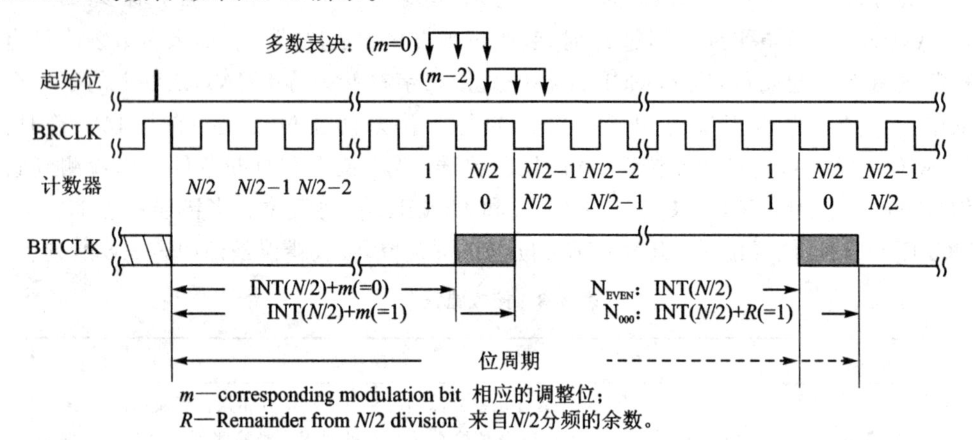

图 3.18 波特率低频模式数据帧结构

BITCLK 的调整模式如表 3.9 所列。表中的“1”表示 $m=1$,它对应的 BITCLK 周期比 $m=0$ 时的周期长一个 BRCLK 周期。调整经 8 位循环一次,并在新的起始位重启调整。

表 3.9 低频率模式 BITCLK 参数表

UCBRSx	位 0(起始位)	位 1	位 2	位 3	位 4	位 5	位 6	位 7
0x00	0	0	0	0	0	0	0	0
0x01	0	0	0	0	0	0	0	1
⋮	⋮	⋮	⋮	⋮	⋮	⋮	⋮	⋮
0x35	0	0	1	1	0	1	0	1
0x36	0	0	1	1	0	1	1	0
0x37	0	0	1	1	0	1	1	1
0xff	1	1	1	1	1	1	1	1

2. 过采样波特率生成

当 UCOS16=1 时选中过采样模式。该模式支持用较高输入时钟频率采样 UART 位流。这将使多数表决结果总是间隔 1/16 位时钟周期。在 IrDA 编码器和解码器使能时，该模式也很容易支持带 3/16 位时间的 IrDA 脉冲。

该模式使用一个预分频器和调整器来产生一个比 BITCLK 快 16 倍的 BITCLK16 时钟。一个额外的 16 分频器和调整器从 BITCLK16 中产生 BITCLK。该组合支持波特率产生时的 BITCLK16 和 BITCLK 小数分频。

在该模式下，eUSCI_A 的最大波特率是 UART 时钟源频率 BRCLK 的 1/16。BITCLK16 调整模式如表 3.10 所列，表中的“1”表示 $m=1$，它对应的 BITCLK16 周期比 $m=0$ 时的周期长一个 BRCLK 周期，并在每一个新位时序重启调整。

表 3.10　过采样模式 BITCLK 参数表

UCBRFx	BITCLK 最后一个下降沿后的 BITCLK16 时钟数															
	0	1	2	3	4	5	6	7	8	9	10	11	12	13	14	15
00h	0	0	0	0	0	0	0	0	0	0	0	0	0	0	0	0
01h	0	1	0	0	0	0	0	0	0	0	0	0	0	0	0	0
02h	0	1	0	0	0	0	0	0	0	0	0	0	0	0	0	1
03h	0	1	1	0	0	0	0	0	0	0	0	0	0	0	0	1
04h	0	1	1	0	0	0	0	0	0	0	0	0	0	0	1	1
05h	0	1	1	1	0	0	0	0	0	0	0	0	0	0	1	1
06h	0	1	1	1	0	0	0	0	0	0	0	0	0	1	1	1
07h	0	1	1	1	1	0	0	0	0	0	0	0	0	1	1	1
08h	0	1	1	1	1	0	0	0	0	0	0	0	1	1	1	1
09h	0	1	1	1	1	1	0	0	0	0	0	0	1	1	1	1
0Ah	0	1	1	1	1	1	0	0	0	0	0	1	1	1	1	1
0Bh	0	1	1	1	1	1	1	0	0	0	0	1	1	1	1	1
0Ch	0	1	1	1	1	1	1	0	0	0	1	1	1	1	1	1
0Dh	0	1	1	1	1	1	1	1	0	0	1	1	1	1	1	1
0Eh	0	1	1	1	1	1	1	1	0	1	1	1	1	1	1	1
0Fh	0	1	1	1	1	1	1	1	1	1	1	1	1	1	1	1

3. 波特率设置

对于给定的 BRCLK 时钟源，其波特率取决于所需的分频因子 N：

$$N = f_{\mathrm{BRCLK}} / \mathrm{Baudrate}$$

由于分频因子 N 通常不是一个整数值，因此至少需要一个分频器和一个调整器来尽可能满足分频因子。如果 $N\geqslant 16$，则可以通过置位 UCOS16 来选择过采样波特率产生模式。

UCBRSx 查找表（见表 3.11）可用于查找 N 对应的小数部分正确的调整模式，并且这些值还针对发送进行了优化。

表 3.11　波特率设置表

N 的小数部分	UCBRSx	N 的小数部分	UCBRSx
0	0x00	0.500 2	0xAA
0.052 9	0x01	0.571 5	0x6B
0.071 5	0x02	0.600 3	0xAD
0.083 5	0x04	0.625 4	0xB5
0.100 1	0x08	0.643 2	0xB6
0.125 2	0x10	0.666 7	0xD6
0.143	0x20	0.700 1	0xB7
0.167 0	0x11	0.714 7	0xBB
0.214 7	0x21	0.750 3	0xDD
0.222 4	0x22	0.786 1	0xED
0.250 3	0x44	0.800 4	0xEE
0.3	0x25	0.833 3	0xBF
0.333 5	0x49	0.846 4	0xDF
0.357 5	0x4A	0.857 2	0xEF
0.375 3	0x52	0.875 1	0xF7
0.400 3	0x92	0.900 4	0xFB
0.428 6	0x53	0.917	0xFD
0.437 8	0x55	0.928 8	0xFE

低频波特率模式设置，即在低频模式下，分频器的整数部分由预分频器来实现：

$$\mathrm{UCBRx}=\mathrm{INT}(N)$$

小数部分可通过设置调整器的 UCBRSx 来实现，但还需进一步对其进行详细的误差计算（请参考 TI 的相关技术手册）。对于市面上常见的晶振可直接在表 3.12 中获取。

表3.12 误差与晶振选取

BRCLK	Baudrate	UCOS16	UCBRx	UCBRFx	UCBRSx	TX error/%		RX error/%	
32 768	1 200	1	1	11	0x25	−2.29	2.25	−2.56	5.35
32 768	2 400	0	13	—	0xB6	−3.12	3.91	−5.52	8.84
32 768	4 800	0	6	—	0xEE	−7.62	8.98	−21	10.25
32 768	9 600	0	3	—	0x92	−17.19	16.02	−23.24	37.3
1 000 000	9 600	1	6	8	0x20	−0.48	0.64	−1.04	1.04
1 000 000	19 200	1	3	4	0x2	−0.8	0.96	−1.84	1.84
1 000 000	38 400	1	1	10	0x0	0	1.76	0	3.44
1 000 000	57 600	0	17	—	0x4A	−2.72	2.56	−3.76	7.28
1 000 000	115 200	0	8	—	0xD6	−7.36	5.6	−17.04	6.96
1 048 576	9 600	1	6	13	0x22	−0.46	0.42	−0.48	1.23
1 048 576	19 200	1	3	6	0xAD	−0.88	0.83	−2.36	1.18
1 048 576	38 400	1	1	11	0x25	−2.29	2.25	−2.56	5.35
1 048 576	57 600	0	18	—	0x11	−2	3.37	−5.31	5.55
1 048 576	115 200	0	9	—	0x08	−5.37	4.49	−5.93	14.92
4 000 000	9 600	1	26	0	0xB6	−0.08	0.16	−0.28	0.2
4 000 000	19 200	1	13	0	0x84	−0.32	0.32	−0.64	0.48
4 000 000	38 400	1	6	8	0x20	−0.48	0.64	−1.04	1.04
4 000 000	57 600	1	4	5	0x55	−0.8	0.64	−1.12	1.76
4 000 000	115 200	1	2	2	0xBB	−1.44	1.28	−3.92	1.68
4 000 000	230 400	0	17	—	0x4A	−2.72	2.56	−3.76	7.28
4 194 304	9 600	1	27	4	0xFB	−0.11	0.1	−0.33	0
4 194 304	19 200	1	13	10	0x55	−0.21	0.21	−0.55	0.33
4 194 304	38 400	1	6	13	0x22	−0.46	0.42	−0.48	1.23
4 194 304	57 600	1	4	8	0xEE	−0.75	0.74	−2	0.87
4 194 304	115 200	1	2	4	0x92	−1.62	1.37	−3.56	2.06
4 194 304	230 400	0	18	—	0x11	−2	3.37	−5.31	5.55
8 000 000	9 600	1	52	1	0x49	−0.08	0.04	−0.1	0.14
8 000 000	19 200	1	26	0	0xB6	−0.08	0.16	−0.28	0.2
8 000 000	38 400	1	13	0	0x84	−0.32	0.32	−0.64	0.48

续表 3.12

BRCLK	Baudrate	UCOS16	UCBRx	UCBRFx	UCBRSx	TX error/%		RX error/%	
8 000 000	57 600	1	8	10	0xF7	−0.32	0.32	−1	0.36
8 000 000	115 200	1	4	5	0x55	−0.8	0.64	−1.12	1.76
8 000 000	230 400	1	2	2	0xBB	−1.44	1.28	−3.92	1.68
8 000 000	460 800	0	17	—	0x4A	−2.72	2.56	−3.76	7.28
8 388 608	9 600	1	54	9	0xEE	−0.06	0.06	−0.11	0.13
8 388 608	19 200	1	27	4	0xFB	−0.11	0.1	−0.33	0
8 388 608	38 400	1	13	10	0x55	−0.21	0.21	−0.55	0.33
8 388 608	57 600	1	9	1	0xB5	−0.31	0.31	−0.53	0.78
8 388 608	115 200	1	4	8	0xEE	−0.75	0.74	−2	0.87
8 388 608	230 400	1	2	4	0x92	−1.62	1.37	−3.56	2.06
8 388 608	460 800	0	18	—	0x11	−2	3.37	−5.31	5.55
12 000 000	9 600	1	78	2	0x0	0	0	0	0.04
12 000 000	19 200	1	39	1	0x0	0	0	0	0.16
12 000 000	38 400	1	19	8	0x65	−0.16	0.16	−0.4	0.24
12 000 000	57 600	1	13	0	0x25	−0.16	0.32	−0.48	0.48
12 000 000	115 200	1	6	8	0x20	−0.48	0.64	−1.04	1.04
12 000 000	230 400	1	3	4	0x2	−0.8	0.96	−1.84	1.84
12 000 000	460 800	1	1	10	0x0	0	1.76	0	3.44
16 000 000	19 200	1	52	1	0x49	−0.08	0.04	−0.1	0.14
16 000 000	57 600	1	17	5	0xDD	−0.16	0.2	−0.3	0.38
16 000 000	230 400	1	4	5	0x55	−0.8	0.64	−1.12	1.76
16 777 216	9 600	1	109	3	0xB5	−0.03	0.02	−0.05	0.06
16 777 216	38 400	1	27	4	0xFB	−0.11	0.1	−0.33	0
16 777 216	57 600	1	18	3	0x44	−0.16	0.15	−0.2	0.45
16 777 216	115 200	1	9	1	0xB5	−0.31	0.31	−0.53	0.78
16 777 216	230 400	1	4	8	0xEE	−0.75	0.74	−2	0.87
16 777 216	460 800	1	2	4	0x92	−1.62	1.37	−3.56	2.06
20 000 000	9 600	1	130	3	0x25	−0.02	0.03	0	0.07
20 000 000	19 200	1	65	1	0xD6	−0.06	0.03	−0.1	0.1
20 000 000	38 400	1	32	8	0xEE	−0.1	0.13	−0.27	0.14
20 000 000	57 600	1	21	11	0x22	−0.16	0.13	−0.16	0.38

续表 3.12

BRCLK	Baudrate	UCOS16	UCBRx	UCBRFx	UCBRSx	TX error/%		RX error/%	
20 000 000	115 200	1	10	13	0xAD	−0.29	0.26	−0.46	0.66
20 000 000	230 400	1	5	6	0xEE	−0.67	0.51	−1.71	0.62
20 000 000	460 800	1	2	11	0x92	−1.38	0.99	−1.84	2.8

过采样波特率模式设置在过采样模式中，可将预分频器设置为

$$UCBRx=INT(N/16)$$

第一阶段的调整设置为

$$UCBRFx=INT([N/16-INT(N/16)]\times 16)$$

第二阶段的调整设置（UCBRSx）可以通过进行详细的误差计算来实现或直接在表 3.11 中获取，以及 $N=f_{BRCLK}$ Baudrate 的小数部分。

3.4.6 USCI 中断操作及中断向量

eUSCI_A 中只有一个用于发送和接收共享的中断向量。

1. eUSCI_A 发送中断操作

由发送器来置位 UCAxTXIFG 中断标志，以指示 UCAxTXBUF 已准备好接收下一个字符。若 UCAxTXIE 置位，则将产生一个中断请求。如果将一个字符写入 UCAxTXBUF 中，则 UCAxTXIFG 将自动复位。在硬件复位后或当 UCSWRST=1 时，将使 UCAxTXIFG 和 UCAxTXIE 置位。

2. eUSCI_A 接收中断操作

每次接收到一个字符并将其装载到 UCAxRXBUF 中时，会使 UCAxRXIFG 中断标志置位。如果 UCAxRXIE 置位，则将产生一个中断请求。UCAxRXIFG 和 UCAxRXIE 由一个硬件复位信号或当 UCSWRST=1 时复位。当读取 UCAxRXBUF 时，将使 UCAxRXIFG 自动复位。

其他中断控制特性包括：

- 当 UCAxRXEIE=0 时，错误字符将不会置位 UCAxRXIFG。
- 当 UCDORM=1 时，在多处理器模式下的非地址字符不会置位 UCAxRXIFG。在简单 UART 模式下，无字符可置位 UCAxRXIFG。
- 当 UCBRKIE=1 时，打断条件将置位 UCBRK 位和 UCAxRXIFG 标志。

3. eUSCI_A 中断向量发生器

eUSCI_A 的中断标志可按优先级排序并使中断源结合成一个中断向量。中断向量寄存器 UCAxIV 用于确定哪个标志可请求中断。使能的具有最高优先级的中

断将在UCAxIV寄存器中产生一个序号，该序号可评估或加载到程序计数器PC上，使其自动跳转到相应的软件程序处。禁止中断不会影响UCAxIV的值。对UCAxIV寄存器进行读访问，会使最高优先级的挂起中断条件和标志自动复位。如果另一个中断标志置位，则在完成第一个中断处理程序后，立即产生另一个中断。

3.4.7 UART寄存器与库函数

1. UART寄存器

eUSCI中UART模块常用配置与控制寄存器的名称及偏移量对照如表3.13所列。

表3.13　UART模块控制寄存器

偏移量	缩　写	寄存器名称
00h	UCAxCTLW0	eUSCI_Ax控制字0
01h	UCAxCTL0(1)	eUSCI_Ax控制0
00h	UCAxCTL1	eUSCI_Ax控制1
02h	UCAxCTLW1	eUSCI_Ax控制字1
06h	UCAxBRW	eUSCI_Ax波特率控制字
06h	UCAxBR0(1)	eUSCI_Ax波特率控制0
07h	UCAxBR1	eUSCI_Ax波特率控制1
08h	UCAxMCTLW	eUSCI_Ax调整控制字
0Ah	UCAxSTATW	eUSCI_Ax状态
0Ch	UCAxRXBUF	eUSCI_Ax接收缓冲器
0Eh	UCAxTXBUF	eUSCI_Ax发送缓冲器
10h	UCAxABCTL	eUSCI_Ax波特率控制
12h	UCAxIRCTL	eUSCI_Ax IrDA控制
12h	UCAxIRTCTL	eUSCI_Ax IrDA发送控制
13h	UCAxIRRCTL	eUSCI_Ax IrDA接收控制
1Ah	UCAxIE	eUSCI_Ax中断使能
1Ch	UCAxIFG	eUSCI_Ax中断标志
1Eh	UCAxIV	eUSCI_Ax中断向量

2. UART相应库函数

UART驱动库函数用法及说明如下：

1) bool UART_initModule(uint32_t moduleInstance, const eUSCI_UART_Config * config)

函数功能:初始化UART模块

参数1:eUSCI_A模块号

参数2:UART模块配置结构体

返回值:初始化过程是否成功

2) void UART_transmitData(uint32_t moduleInstance, uint_fast8_t transmitData)

函数功能:UART发送数据

参数1:eUSCI_A模块号

参数2:发送数据值

返回值:空

3) uint8_t UART_receiveData(uint32_t moduleInstance)

函数功能:UART接收数据

参数:eUSCI_A模块号

返回值:UART接收数据值

4) void UART_enableModule(uint32_t moduleInstance)

函数功能:使能UART模块

参数:eUSCI_A模块号

返回值:空

5) void UART_disableModule(uint32_t moduleInstance)

函数功能:禁用UART模块

参数:eUSCI_A模块号

返回值:空

6) uint_fast8_t UART_queryStatusFlags(uint32_t moduleInstance, uint_fast8_t mask)

函数功能:获取当前UART状态标志

参数1:eUSCI_A模块号

参数2:状态(掩码)

返回值:状态(掩码)

7) void UART_setDormant(uint32_t moduleInstance)

函数功能:设置UART为休眠状态

参数:eUSCI_A模块号

返回值:空

8) void UART_resetDormant(uint32_t moduleInstance)

函数功能:重置UART休眠状态

参数:eUSCI_A 模块号

返回值:空

9) **void UART_transmitAddress(uint32_t moduleInstance, uint_fast8_t transmitAddress)**

函数功能:UART 发送地址

参数 1:eUSCI_A 模块号

参数 2:要发送的地址

返回值:空

10) **void UART_transmitBreak(uint32_t moduleInstance)**

函数功能:UART 发送中止

参数:eUSCI_A 模块号

返回值:空

11) **uint32_t UART_getReceiveBufferAddressForDMA(uint32_t moduleInstance)**

函数功能:获取 DMA 专用的 UART 接收缓冲器地址

参数:eUSCI_A 模块号

返回值:接收地址值

12) **uint32_t UART_getTransmitBufferAddressForDMA(uint32_t moduleInstance)**

函数功能:获取 DMA 专用的 UART 发送缓冲器地址

参数:eUSCI_A 模块号

返回值:发送地址值

13) **void UART_selectDeglitchTime(uint32_t moduleInstance, uint32_t deglitchTime)**

函数功能:选择 UART 消除错误时间

参数 1:eUSCI_A

参数 2:消除错误时间模块号

返回值:空

14) **void UART_enableInterrupt(uint32_t moduleInstance, uint_fast8_t mask)**

函数功能:UART 使能中断

参数 1:eUSCI_A 模块号

参数 2:中断类型掩码

返回值:空

15) **void UART_disableInterrupt(uint32_t moduleInstance, uint_fast8_t mask)**

函数功能:UART 禁用中断

参数:eUSCI_A 模块号

返回值：空

16) **uint_fast8_t UART_getInterruptStatus(uint32_t moduleInstance, uint8_t mask)**

函数功能：UART 获取中断状态

参数 1：eUSCI_A 模块号

参数 2：中断类型掩码

返回值：中断类型值

17) **uint_fast8_t UART_getEnabledInterruptStatus(uint32_t moduleInstance)**

函数功能：UART 获取中断使能状态

参数：eUSCI_A 模块号

返回值：发送或接收中断标志

18) **void UART_clearInterruptFlag(uint32_t moduleInstance, uint_fast8_t mask)**

函数功能：UART 清除中断标志

参数 1：eUSCI_A 模块号

参数 2：中断类型掩码

返回值：空

19) **void UART_registerInterrupt(uint32_t moduleInstance, void (* intHandler)(void))**

函数功能：UART 注册中断

参数 1：eUSCI_A 模块号

参数 2：当定时器捕获或比较发生时指向被调用函数的指针

返回值：空

20) **void UART_unregisterInterrupt(uint32_t moduleInstance)**

函数功能：取消中断注册

参数：eUSCI_A 模块号

返回值：空

3.5 串行外设接口(SPI)协议通信

串行外设接口(Serial Peripheral Interface, SPI)是由美国摩托罗拉公司推出的一种同步串行传输规范，常作为单片机外设芯片串行扩展接口，是一种高速同步串行输入/输出端口。它可以通过编程实现位传输速率，每次传输长度可以设置为2～16位。SPI一般用在控制设备与外部设备通信中，如转换寄存器、显示驱动器、ADC设备等。在点对点的通信中SPI接口不需要进行寻址操作，且为全双工通信，用此方式实现通信，简单、高效。

3.5.1 SPI协议通信概述

使用SPI协议通信比较简单，它有主、从两种工作方式，通常有一个主设备和一个或多个从设备，如图3.19所示，工作时可以选择3线或4线模式，这取决于UCxSTE(SS)接口是否连线。

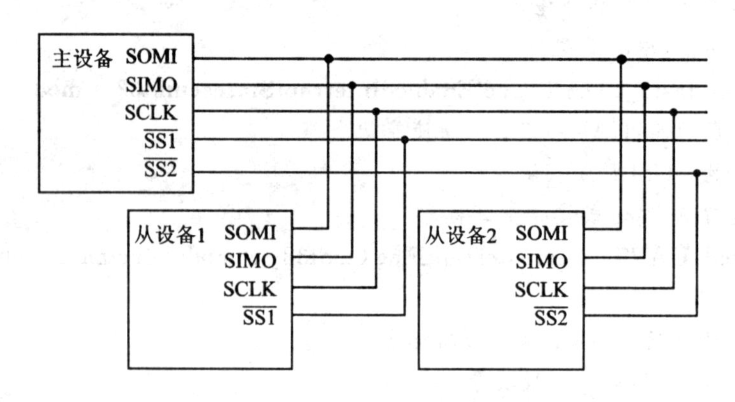

图3.19 4线SPI接线结构

图3.19中的SOMI表示主设备数据输入、从设备数据输出；SIMO表示从设备数据输入、主设备数据输出；SCLK表示用来为数据通信提供同步信号，由主设备产生；SS为片选信号。SPI内部硬件大致可以分为时钟发送模块、数据发送模块和数据接收模块。时钟发送模块用来产生位同步时钟信号，数据发送模块和数据接收模块用来完成SPI数据的发送和接收，由于MSP432中的SPI模块既可以做主设备又可以做从设备，因此，使用时只需按具体情况配置数据接口即可。SPI模块的内部结构如图3.20所示。

在上述协议基础上，MSP432的SPI模块还具有以下特征：

- 7/8位的数据宽度；
- LSB位在前或MSB在前的数据发送和接收；
- 3线或4线的SPI操作；
- 主/从模式；
- 独立的发送与接收移位寄存器；
- 独立的发送与接收缓冲寄存器；
- 连续发送与接收操作；
- 可选的时钟极性和相位控制；
- 在主机模式下可编程时钟频率；
- 独立的接收和发送中断能力。

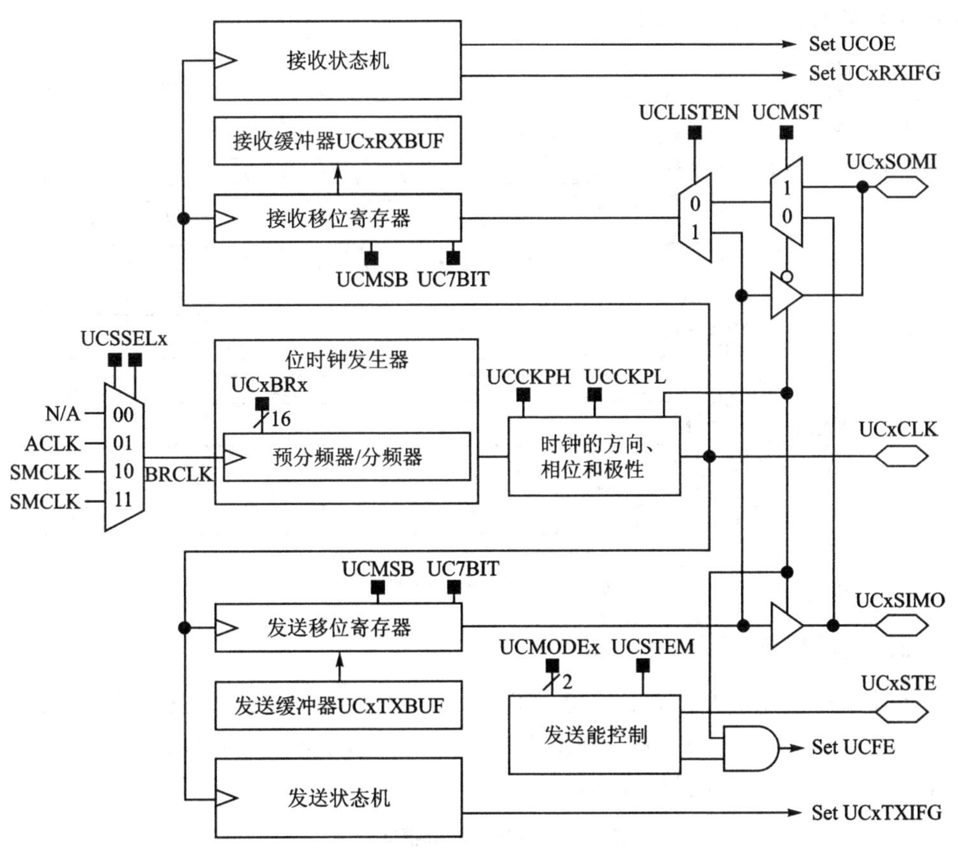

图 3.20 SPI 内部结构图

3.5.2 SPI 操作方式

在 SPI 模式下，通过多个从机使用由主机提供的共享时钟来进行串行数据的发送和接收。由主机控制的另一个引脚(UCxSTE)用于使能从机接收和发送数据。

1. 工作时钟

SPI 工作在主机模式下，UCMST＝1 选择 USCI 时钟，其对应的同步时钟由 UCxCLK 引出，时钟源仅可选择 ACLK 与 SMCLK。UCBRx 是由速率控制寄存器(UCxxBR1 和 UCxxBR0)组成的 16 位值，为 eUSCI 时钟源(BRCLK)的分频因子，最大位时钟是 BRCLK。在 SPI 模式中不使用调制，当在 USCI_A 模块中使用 SPI 模式时，应清除 UCAxMCTL 位。UCAxCLK/UCBxCLK 频率如下：

$$f_{\text{BitClock}} = f_{\text{BRCLK}} / \text{UCBRx}$$

UCCKPH 与 UCCKPL 分别为时钟相位控制与极性控制，SPI 收发工作时依赖 SPI 时钟边沿触发，可以根据实际需要确定相位与极性。相位与极性共可以产生

4种不同的时序，如图3.21所示。

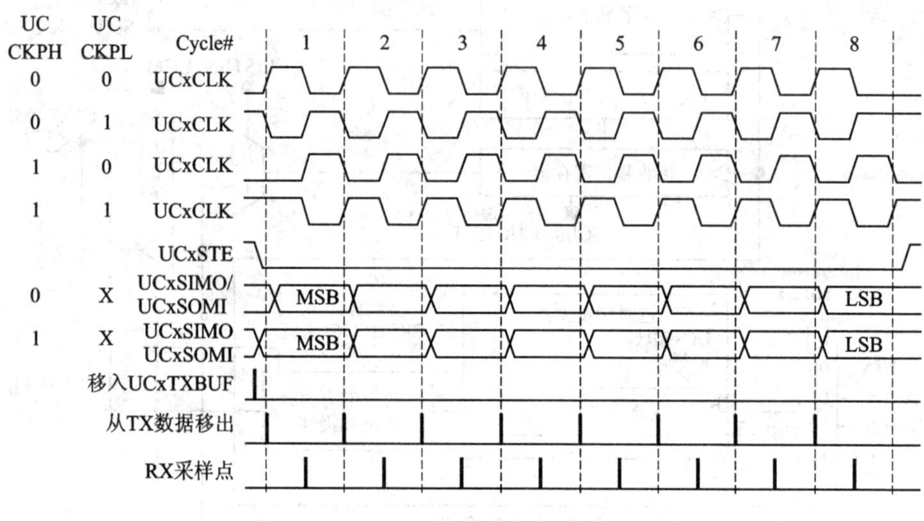

图3.21 SPI工作时钟时序

2. 主从机选择

SPI工作时有3或4个信号用于SPI的数据交换。首先应先选择SPI线路模式。如果是4线SPI模式，则需要激活主机的STE信号防止与别的主机发生总线冲突，表3.14说明了主从机模式选择。

表3.14 SPI主从机模式选择

UCMODEx	UCxSTE活动状态	UCxSTE	从 机	主 机
01	高电平	0	非活动	活动
		1	活动	非活动
10	低电平	0	活动	非活动
		1	非活动	活动

3. eUSCI初始化和复位

通过硬件复位或由UCSWRST位来复位eUSCI。通过硬件复位时，将自动置位UCSWRST，使eUSCI保持在复位状态。当置位UCSWRST时，将复位UCRXIE、UCTXIE、UCRXIFG、UCOE和UCFE位，并置位UCTXIFG标志。清零UCSWRST将释放USCI，使其进入工作状态。在配置和重新配置eUSCI模块时应置位UCSWRST，以避免不可预知的行为发生。

4. 字符格式

在SPI模式下，eUSCI模块支持7位和8位宽度的字符，由UC7BIT位来选择。

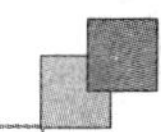

在7位数据模式下,UCXRXBUF是LSB对齐,MSB总是复位。UCMSB位控制数据传送的方向,并选择是LSB在前还是MSB在前。

3.5.3 SPI工作模式选择

一般地,4线SPI工作模式适用于多个主设备场合,这种场合往往有多台微控制器互相连接成一个多主设备系统即系统中任何微控制器都可以充当主机。3线SPI工作模式则适用于一台微控制器与若干台外围从设备组成的系统。该系统仅由一台微控制器负责时钟控制。4线与3线模式同样也适用于从机。

1. 主机模式

SPI作为主机,3线和4线模式的配置如图3.22所示。连接上,3线与4线的区别是STE是否连接。在数据传送到发送数据缓冲器(UCXTXBUF)时,eUSCI将启动数据传输。当TX移位寄存器为空时,UCxTXBUF中的数据传送到发送(TX)移位寄存器中,根据UCMSB设置的是MSB在前还是LSB在前来启动UCxSIMO上数据传输的开始。UCxSOMI上的数据在相反的时钟沿被移入到接收移位寄存器中。

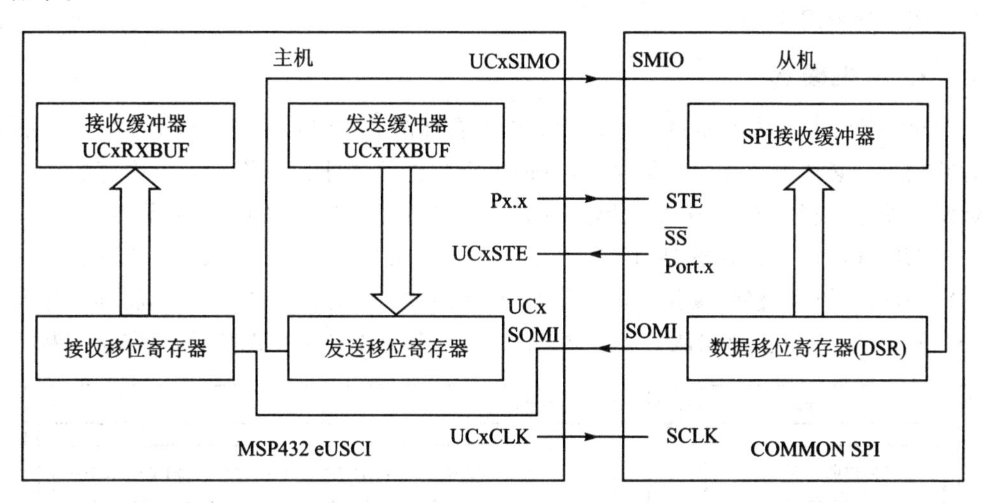

图3.22 SPI主机与外部从机通信结构

当接收到字符时,接收数据将从接收(RX)移位寄存器转移到接收数据缓冲器UCxRXBUF中,并置位接收中断标志UCRXIFG,以指示完成。置位发送中断标志UCTXIFG,以指示数据已从UCxTXBUF转移到了TX移位寄存器中,使UCx-TXBUF准备就绪以接收新的数据。这并不代表RX/TX操作完成。eUSCI模块在主机模式下接收数据,必须将数据写入到UCxTXBUF中,因为接收和发送操作是同时进行的。

作为一个4线主机,有两种不同的选项用于配置eUSCI,分别为:第4线用作输入和第 4 线用作输出。

第 4 线用作输入，是为了防止与其他主机的冲突（UCSTEM＝0）。对于主机的控制如表 3.14 所列，当 UCxSTE 处于主机-非活动状态和 UCSTEM＝0 时：

➢ 设置 UCxSIMO 和 UCxCLK 为输入且不再驱动总线；
➢ 置位错误位 UCFE，以指示通信的完整性冲突需由用户进行处理；
➢ 内部状态机复位并终止移位操作。

通过 UCxSTE 使主机保持在不活动状态时，如果将数据写入到 UCxTXBUF 中，一旦 UCxSTE 转换到主机-活动状态，那么会立即发送数据。若通过 UCxSTE 转换到到主机-非活动状态使活动的数据传输停止，则当 UCxSTE 转换回主机-活动状态时，必须重新将数据写入到 UCxTXBUF 中等待传输。在 3 线主机模式下，不使用 UCxSTE 输入信号。

第 4 线用作输出，是为了产生一个从使能信号（UCSTEM＝1）。

在 UCSTEM＝1 的 4 引脚主机模式中，UCxSTE 为数字输出。在这种模式下，单个从机的使能信号在 UCxSTE 上自动生成。如果需要多个从机，那么这种特性不再适用，并且软件需要使用通用 I/O 引脚来替代单独给每个从机产生的 STE 信号，时序图可参考图 3.21。

2. 从机模式

SPI 模块作为从机，3 线和 4 线模式的配置如图 3.23 所示。UCxCLK 为 SPI 的时钟输入且必须由外部主机提供，该时钟决定数据的传输速率不是来自内部的位时钟发生器。在利用 UCxSOMI 传输数据时，应在开始传输 UCxCLK 之前，将数据写入到 UCxTXBUF 并转移到 TX 移位寄存器中。UCxSIMO 上的数据在 UCxCLK 时钟的反向沿被转移到接收移位寄存器，并在接收到设定位数的数据时，将其转移到 UCxRXBUF 中。在数据从 RX 移位寄存器中转移到 UCxRXBUF 时，将置位中断标

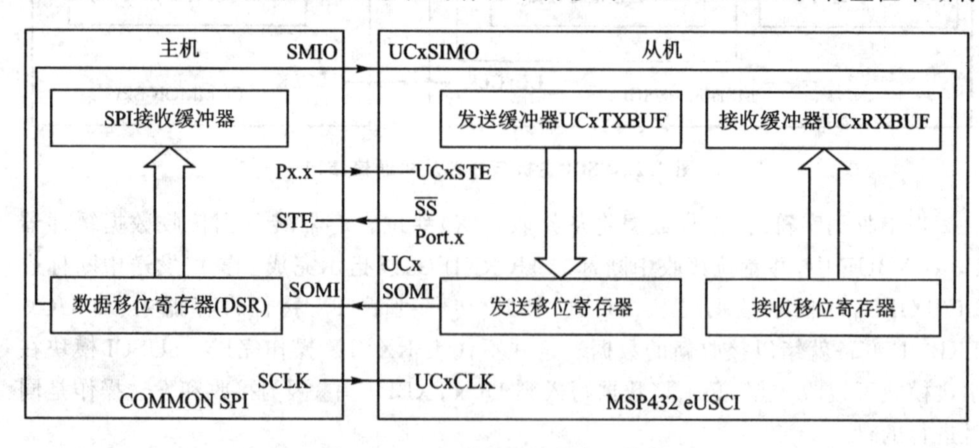

图 3.23　SPI 从机与外部主机结构

志UCRXIFG来指示数据已接收完成。在新数据传送到UCxRXBUF前，如果UCxRXBUF中的原有数据未能读出，那么将置位溢出错误位UCOE。

在4线从机模式下，从机使用数字输出UCxSTE来使能接收或发送操作并由SPI主机驱动。当UCxSTE处于从模式活动状态时，从机正常工作。当UCxSTE处于从机-不活动状态时：

- 任何通过UCxSIMO正在进行中的接收操作将停止；
- UCxSOMI设置为输入方向；
- 移位操作将暂停，直到UCxSTE变为从机发送活动状态为止。

UCxSTE输入信号不能使用在3引脚从机模式中。

3.5.4 SPI中断操作

SPI模块可以处理的中断包括：发送中断与接收中断。

1. SPI发送中断操作

由发送器置位中断标志UCTXIFG，以指示UCxTXBUF接收下一个字符准备就绪。如果置位UCTXIE，则发出一个中断请求。如果向UCxTXBUF写入一个字符，则自动复位UCTXIFG。在由硬件复位后或当UCSWRST＝1时，将置位UCTXIFG；同时复位UCTXIE。

2. SPI接收中断操作

每次接收到一个字符并装载到UCxRXBUF时，将使中断标志UCRXIFG置位。如果置位UCRXIE，则发出一个中断请求。通过硬复位或当UCSWRST=1时，将复位UCRXIFG和UCRXIE。在读取UCxRXBUF时，将使UCRXIFG自动复位。

3.5.5 SPI寄存器与库函数

1. SPI寄存器

eUSCI中的SPI模块相关寄存器如表3.15所列。

表3.15 SPI模块相关寄存器

偏移量	缩 写	寄存器名称
00h	UCAxCTLW0	eUSCI_Ax控制字0
00h	UCAxCTL1	eUSCI_Ax控制1
01h	UCAxCTL0	eUSCI_Ax控制0
06h	UCAxBRW	eUSCI_Ax位速率控制字
06h	UCAxBR0	eUSCI_Ax位速率控制0
07h	UCAxBR1	eUSCI_Ax位速率控制1

续表 3.15

偏移量	缩　写	寄存器名称
0Ah	UCAxSTATW	eUSCI_Ax 状态
0Ch	UCAxRXBUF	eUSCI_Ax 接收缓冲器
0Eh	UCAxTXBUF	eUSCI_Ax 发送缓冲器
1Ah	UCAxIE	eUSCI_Ax 中断使能
1Ch	UCAxIFG	eUSCI_Ax 中断标志
1Eh	UCAxIV	eUSCI_Ax 中断向量
00h	UCAxCTLW0	eUSCI_Ax 控制字 0
00h	UCAxCTL1	eUSCI_Ax 控制 1
01h	UCAxCTL0	eUSCI_Ax 控制 0
06h	UCAxBRW	eUSCI_Ax 位速率控制字
06h	UCAxBR0	eUSCI_Ax 位速率控制 0
07h	UCAxBR1	eUSCI_Ax 位速率控制 1
0Ah	UCAxSTATW	eUSCI_Ax 状态
0Ch	UCAxRXBUF	eUSCI_Ax 接收缓冲器
0Eh	UCAxTXBUF	eUSCI_Ax 发送缓冲器
1Ah	UCAxIE	eUSCI_Ax 中断使能
1Ch	UCAxIFG	eUSCI_Ax 中断标志
1Eh	UCAxIV	eUSCI_Ax 中断向量

2. SPI 模块相应库函数

SPI 模块驱动库函数及说明如下：

1) bool SPI_initMaster(uint32_t moduleInstance, const eUSCI_SPI_MasterConfig * config)

函数功能：SPI 主机初始化

参数 1：eUSCI 模块号

参数 2：主机配置结构体指针

返回值：是否完成初始化

2) void SPI_selectFourPinFunctionality(uint32_t moduleInstance, uint_fast8_t select4PinFunctionality)

函数功能：SPI 选择 4 针功能

参数 1：eUSCI 模块号

参数 2：SPI 4 针功能选择

返回值:空

3) void SPI_changeMasterClock(uint32_t moduleInstance, uint32_t clock-SourceFrequency,uint32_t desiredSpiClock)

函数功能:改变SPI主机时钟

参数1:eUSCI模块号

参数2:时钟频率

参数3:需要的SPI工作频率

返回值:空

4) bool SPI_initSlave(uint32_t moduleInstance,const eUSCI_SPI_SlaveConfig * config)

函数功能:SPI从机初始化

参数1:eUSCI模块号

参数2:从机配置结构体指针

返回值:是否完成初始化

5) void SPI_changeClockPhasePolarity(uint32_t moduleInstance,uint_fast16_t clockPhase,uint_fast16_t clockPolarity)

函数功能:改变SPI时钟相位极性

参数1:eUSCI模块号

参数2:时钟相位

参数3:时钟极性

返回值:空

6) void SPI_transmitData(uint32_t moduleInstance, uint_fast8_t transmit-Data)

函数功能:SPI发送数据

参数1:eUSCI模块号

参数2:发送数据

返回值:空

7) uint8_t SPI_receiveData(uint32_t moduleInstance)

函数功能:SPI接收数据

参数:eUSCI模块号

返回值:接收到的数据

8) void SPI_enableModule(uint32_t moduleInstance)

函数功能:SPI使能模块

参数:eUSCI模块号

返回值:使能模块

9) void SPI_disableModule(uint32_t moduleInstance)

函数功能:禁用SPI模块

参数:eUSCI模块号

返回值:空

10) **uint32_t SPI_getReceiveBufferAddressForDMA(uint32_t moduleInstance)**

函数功能:SPI获取DMA接收缓冲器地址

参数:eUSCI模块号

返回值:获取的DMA接收缓冲器地址

11) **uint32_t SPI_getTransmitBufferAddressForDMA(uint32_t moduleInstance)**

函数功能:SPI获取DMA发送缓冲器地址

参数:eUSCI模块号

返回值:获取的DMA发送缓冲器地址值

12) **uint_fast8_t SPI_isBusy(uint32_t moduleInstance)**

函数功能:SPI总线是否忙

参数:eUSCI模块号

返回值:是否忙

13) **void SPI_enableInterrupt(uint32_t moduleInstance,uint_fast8_t mask)**

函数功能:使能SPI中断

参数1:eUSCI模块号

参数2:屏蔽中断值

返回值:空

14) **void SPI_disableInterrupt(uint32_t moduleInstance,uint_fast8_t mask)**

函数功能:禁用SPI中断

参数1:eUSCI模块号

参数2:屏蔽中断值

返回值:空

15) **uint_fast8_t SPI_getInterruptStatus(uint32_t moduleInstance,uint16_t mask)**

函数功能:获取SPI中断状态

参数1:eUSCI模块号

参数2:屏蔽中断值

返回值:获取的中断状态值

16) **uint_fast8_t SPI_getEnabledInterruptStatus(uint32_t moduleInstance)**

函数功能:获取SPI已使能中断状态

参数:eUSCI模块号

返回值:获取的已使能中断值

17) **void SPI_clearInterruptFlag(uint32_t moduleInstance,uint_fast8_t mask)**

函数功能:清除 SPI 中断标志

参数 1:eUSCI 模块号

参数 2:屏蔽中断值

返回值:空

18) **void SPI_registerInterrupt(uint32_t moduleInstance,void(* intHandler)(void))**

函数功能:注册 SPI 中断

参数 1:eUSCI 模块号

参数 2:当定时器比较/捕获中断发生时调用的函数指针

返回值:空

19) **void SPI_unregisterInterrupt(uint32_t moduleInstance)**

函数功能:解除 SPI 中断注册

参数:eUSCI 模块号

返回值:空

20) **void EUSCI_A_SPI_select4PinFunctionality(uint32_t baseAddress,uint8_t select4PinFunctionality)**

函数功能:解除 SPI 中断注册

参数:eUSCI 模块号

返回值:空

21) **void EUSCI_A_SPI_masterChangeClock(uint32_t baseAddress,uint32_t clockSourceFrequency,uint32_t desiredSpiClock)**

函数功能:改变 SPI 主机时钟

参数 1:eUSCI 模块号

参数 2:时钟频率

参数 3:所需 SPI 时钟

返回值:空

22) **bool EUSCI_A_SPI_slaveInit(uint32_t baseAddress,uint16_t msbFirst,uint16_t clockPhase,uint16_t clockPolarity,uint16_t spiMode)**

函数功能:SPI 从机初始化

参数 1:eUSCI 模块号

参数 2:高位优先选择

参数 3:时钟相性

参数 4:时钟极性

参数 5:选择 SPI 模式

返回值:是否完成初始化

23) **void EUSCI_A_SPI_changeClockPhasePolarity(uint32_t baseAddress,**

uint16_t clockPhase,uint16_t clockPolarity)

函数功能:改变SPI时钟相位极性

参数1:eUSCI模块号

参数2:时钟相性

参数3:时钟极性

返回值:空

24) **void EUSCI_A_SPI_transmitData(uint32_t baseAddress,uint8_t transmitData)**

函数功能:SPI发送数据

参数1:eUSCI模块号

参数2:发送数据

返回值:空

25) **uint8_t EUSCI_A_SPI_receiveData(uint32_t baseAddress)**

函数功能:SPI接收数据

参数:eUSCI模块号

返回值:接收到的数据

26) **void EUSCI_A_SPI_enableInterrupt(uint32_t baseAddress,uint8_t mask)**

函数功能:使能SPI中断

参数1:eUSCI模块号

参数2:屏蔽中断值

返回值:空

27) **void EUSCI_A_SPI_disableInterrupt(uint32_t baseAddress,uint8_t mask)**

函数功能:禁用SPI中断

参数1:eUSCI模块号

参数2:屏蔽中断值

返回值:空

28) **uint8_t EUSCI_A_SPI_getInterruptStatus(uint32_t baseAddress,uint8_t mask)**

函数功能:获取SPI中断状态

参数1:eUSCI模块号

参数2:屏蔽中断值

返回值:SPI中断状态值

29) **void EUSCI_A_SPI_clearInterruptFlag(uint32_t baseAddress,uint8_t mask)**

函数功能:清除SPI中断

参数1:eUSCI模块号

参数2:屏蔽中断值

返回值:空

30) **void EUSCI_A_SPI_enable(uint32_t baseAddress)**

函数功能:使能SPI模块

参数:eUSCI模块号

返回值:空

31) **void EUSCI_A_SPI_disable(uint32_t baseAddress)**

函数功能:禁用SPI模块

参数:eUSCI模块号

返回值:空

32) **uint32_t EUSCI_A_SPI_getReceiveBufferAddressForDMA(uint32_t baseAddress)**

函数功能:SPI获取DMA接收缓冲器地址

参数:eUSCI模块号

返回值:获取的DMA接收缓冲器地址

33) **uint32_t EUSCI_A_SPI_getTransmitBufferAddressForDMA(uint32_t baseAddress)**

函数功能:SPI获取DMA发送缓冲器地址

参数:eUSCI模块号

返回值:获取的DMA发送缓冲器地址

34) **bool EUSCI_A_SPI_isBusy(uint32_t baseAddress)**

函数功能:表示SPI是否忙

参数:eUSCI模块号

返回值:是否忙状态

3.6 内部集成电路协议 I^2C

内部集成电路协议(Inter-Integrated Circuit,I^2C)总线是由Philips公司开发的两线式串行总线,是一种用于内部IC控制的具有多端控制能力的双向串行数据总线。I^2C总线可以实现单主设备(或多主设备)与单从设备间的通信。与其他通信方式比较,I^2C协议具有接口线少、控制方式简单、通信速度快等特点。

3.6.1 I^2C 协议概述

I^2C通信的最主要特征就是只要两根线(SCL时钟线与SDA数据线)就可以实现通信,一个典型的嵌入式系统内部的I^2C总线,如图3.24所示。其中微控制器(Microcontroller)为主设备,EEPROM、LCD Driver等为从设备,它们通过线路复用器(Multiplexer)与主设备连接。需要根据电源电压VCC调整上拉电阻R_p的大小。

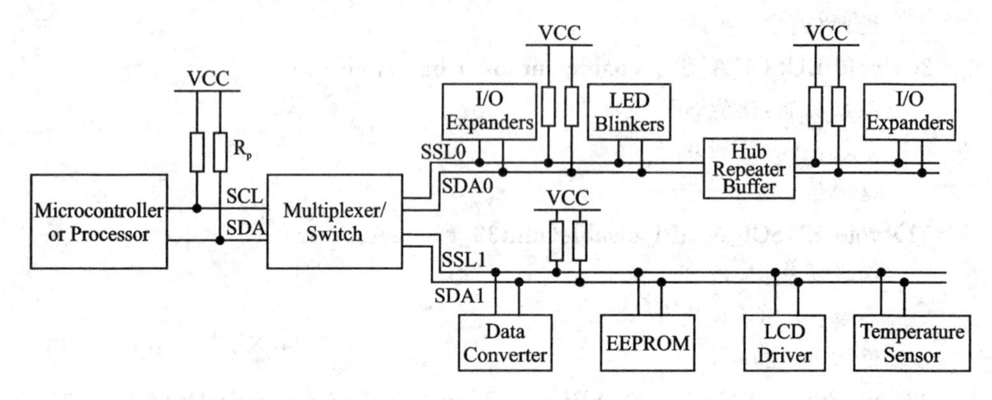

图3.24 I²C连线结构

I²C协议工作流程是这样的,每个I²C总线上的设备都有一个专门的设备地址来和其他设备区分。当主设备要和从设备通信时,必须先由主设备向从设备寻址找到通信对象。然后就可以对从设备进行相应的配置,一般通过主设备访问从设备的内部寄存器完成。对于任何设备都有一个或多个寄存器用来保存数据,并可对这些数据进行读/写。

MSP432中包含4个可以实现I²C协议的硬件模块eUSCI_B。该模块不仅包含常规的I²C通信协议特征,还包括:

➢ 7位和10位设备寻址模式;
➢ 群呼(General Call);
➢ 启动/重新启动/停止;
➢ 多主机发送/接收模式;
➢ 从机接收/发送模式;
➢ 标准模式的传输速率可达100 kbps,而快速模式的传输速率可高达400 kbps;
➢ 在主机模式中可编程UCxCLK频率;
➢ 专为低功耗设计;
➢ 具有中断能力和自动停止有效(assertion)的8位字节计数器;
➢ 多达4个硬件从机地址,每一个都有自己的中断和DMA触发;
➢ 屏蔽寄存器用于从机地址和地址接收中断;
➢ 用时钟低超时中断来避免总线延迟。

与UART、SPI内部结构不同,eUSCI_B内部有4个自身地址寄存器(UCBxI2COA),用来存放模块作为从设备时的从地址。其支持7位或10位地址格式,通过UCA10确定,UCGGEN为响应广播使能位,I²C模块内部结构如图3.25所示。

工作时钟方面,I²C主设备模式需要为从设备提供同步位时钟,位时钟发生器的

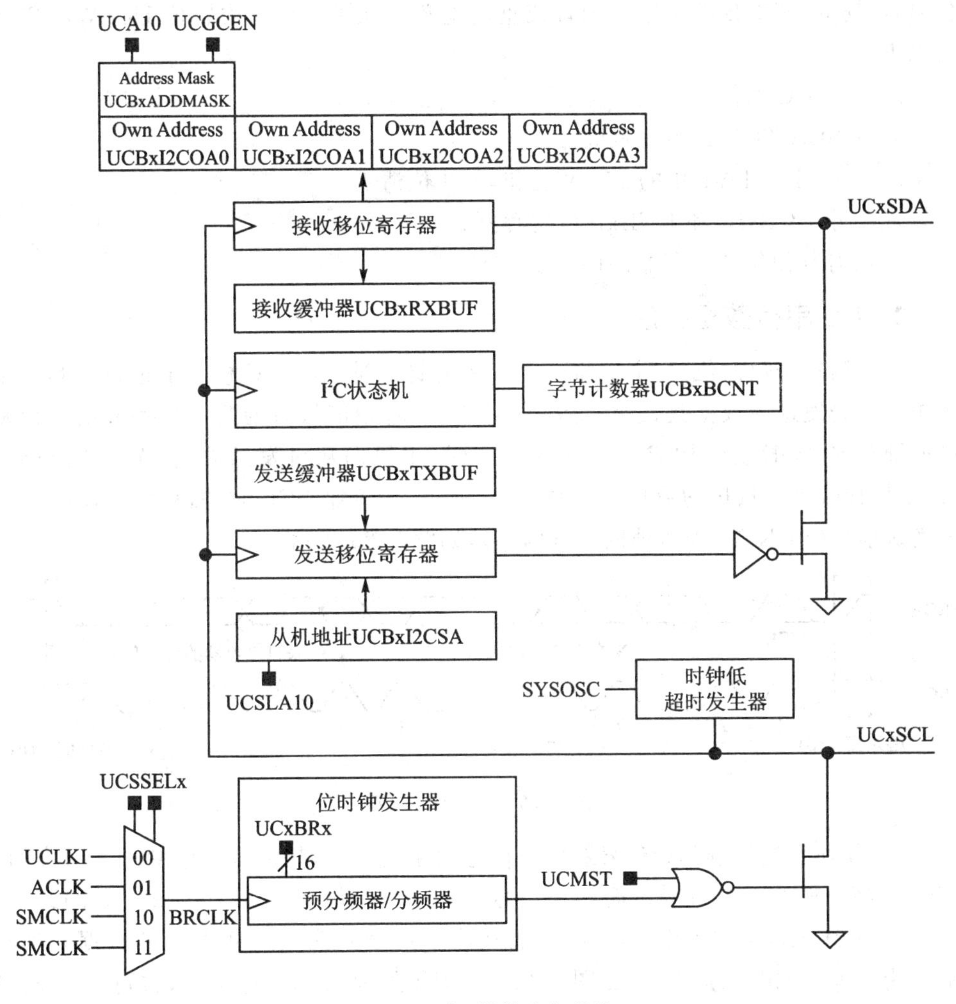

图 3.25 I²C 模块内部结构

输入时钟信号 BRCLK 可以选择 UCLK、ACLK、SMCLK 三种时钟源。通过 UCx-BRx 对 BRCLK 进行分频操作，UCMST 决定设备的主从状态。在内部发送部件上，I²C 通过从机地址寄存器(UCBxI2CSA)来确定发送方向。

3.6.2 I²C 操作方式

1. eUSCI_B 的初始化和复位

可通过硬复位或置位 UCSWRST 来使 eUSCI_B 复位。硬复位后，将使 UCSWRST 位自动置位，并保持 eUSCI_B 处于复位状态。要选择 I²C 操作，UCMODEx 位必须设置成 11。在模块初始化后，将使数据的发送或接收准备就绪。清除 UCSWRST 位可释放 eUSCI_B 模块，使其进入操作状态。为了避免出现意外，在 UCSWRST 置位时，应对eUSCI_B模块进行配置或重新配置。在I²C模式中置位UCSWRST具有以下作用：

- 停止I²C通信；
- 使SDA和SCL为高阻抗；
- 使UCBxSTAT中的15～9位和6～4位清零；
- 清除UCBxIE和UCBxIFG寄存器；
- 所有其他位和寄存器保持不变。

2. I²C串行数据时序

在传输每个数据位时，主机将产生一个时钟脉冲。在I²C模式下进行的是字节操作。首先发送的数据是最高有效位(MSB)。起始信号后的第一个字节由7位从机地址和R/W控制位构成。当R/W＝0时，主机向从机发送数据，而当R/$\overline{W}$＝1时，主机接收来自从机的数据。在每个字节后的第9个SCL时钟，接收器将发送一个确认信号(ACK位，即所谓的应答信号)，如图3.26所示。

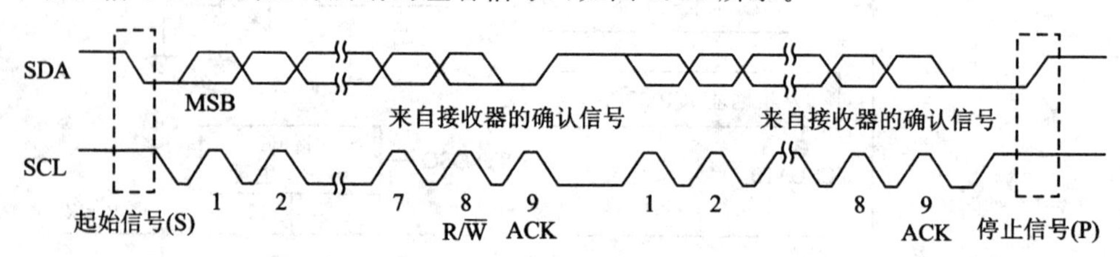

图3.26 I²C工作时序

I²C模块数据传输起始信号和停止信号由主机产生，起始信号是在SCL为高时，SDA由高到低的一个跳变。而停止信号是在SCL为高时，SDA由低到高的跳变。起始后，总线忙(UCBBUSY)将置位，而在停止信号后清除。SDA上的数据必须在SCL为高电平期间保持稳定(见图3.27)。只有在SCL为低电平时，方可改变SDA的状态，否则，将产生起始/停止信号。

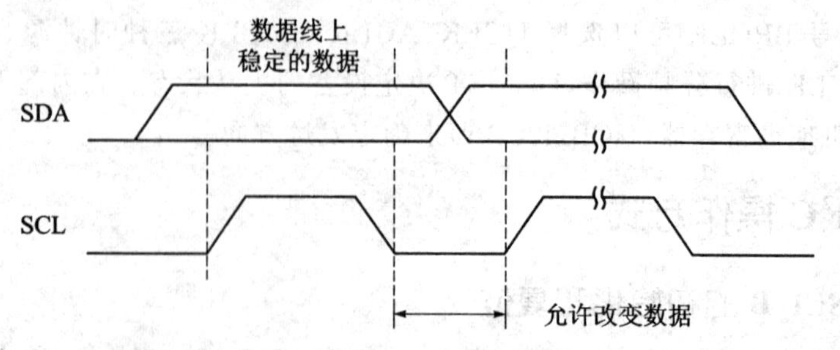

图3.27 SCL与SDA的关系

3. I²C的寻址模式

I²C模式支持7/10位寻址模式。

在7位寻址格式中，第一个字节由7位从地址和R/$\overline{W}$读/写控制位构成。每个字节后，接收器会发送一个应答位(ACK位)，如图3.28所示。

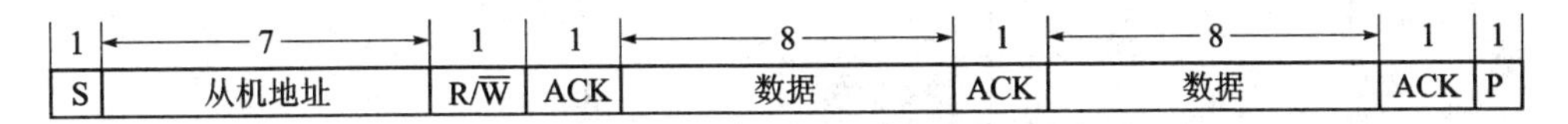

图3.28 7位寻址格式

在10位寻址格式中，第一个字节由11110加上两位10位从机地址的MSB和R/$\overline{W}$读写控位构成。每个字节后，接收器将发送一个应答位(ACK位)。下一个字节为10位从地址剩余的8位，随后是应答位(ACK位)和8位数据，如图3.29所示。

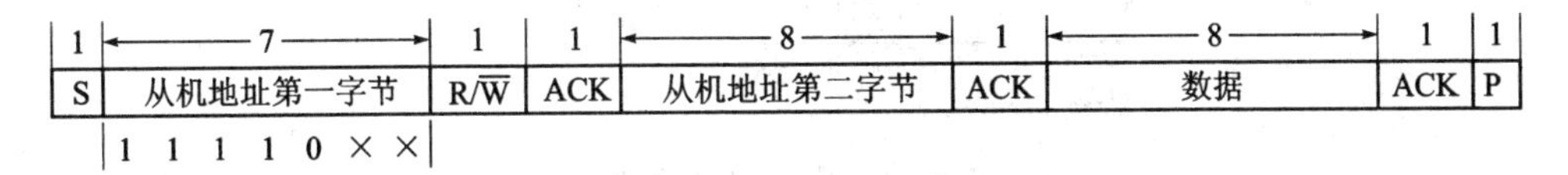

图3.29 10位寻址格式

除7位与10位寻址方式外，eUSCI可以无需先停止传输，通过主机发送重复起始，便可以改变SDA上的数据流的方向，这称为重复起始信号。发出重新起始信号后，用R/$\overline{W}$位指定的新数据方向再次发出从机地址，如图3.30所示。

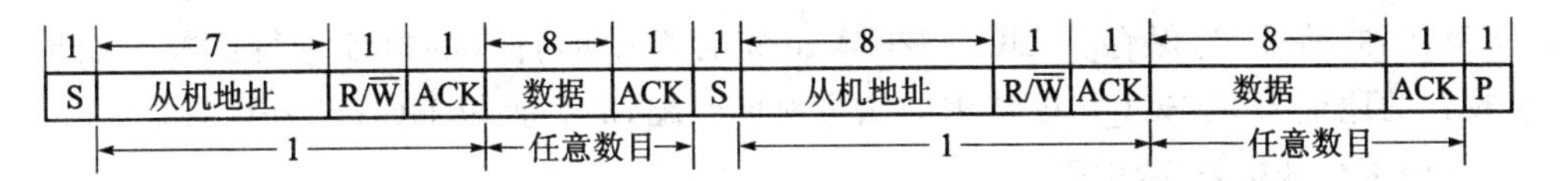

图3.30 带重复起始信号的I²C模块寻址格式

3.6.3 I²C工作模式选择

与SPI的工作模式类似，I²C也可以将设备工作在不同模式下，即主机模式与从机模式。具体地，eUSCI_B模块可以工作在主机发送、主机接收、从机发送或从机接收等模式。下面将使用时间线来对这些模式进行说明。其中，主机发送的数据用灰色的矩形描述；从机发送的数据用白色的矩形描述。

无论作为主机还是从机，由eUSCI_B发送的数据用较高的矩形描述。对于eUSCI_B模块的操作，用带有箭头的灰色矩形来描述，箭头指示操作在数据流中的位置。对于软件处理的操作，由带箭头的白色矩形来描述，箭头指示操作在数据流中的位置，如图3.31所示。

1. 从机模式

通过设置UCMODEx=11来选择I²C模式，UCSYNC=1和清除UCMST位将eUSCI_B模块配置成从机模式。

首先，eUSCI_B模块必须通过清除UCTR位，使其配置成接收模式，以便接收

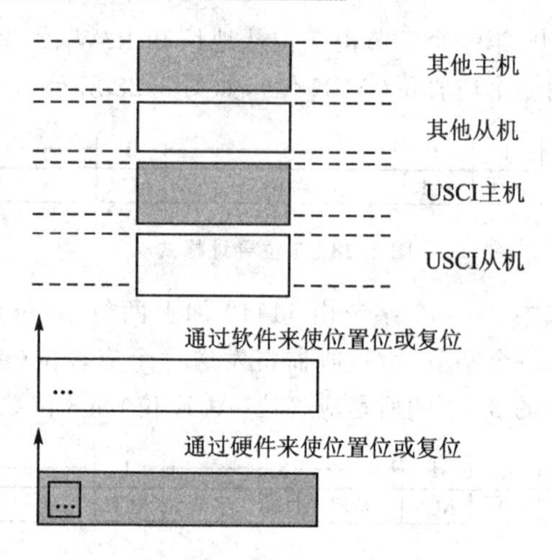

图3.31 I²C主从机操作

I²C地址。此后,根据接收到的R/W位和从机地址,对发送和接收操作进行自动控制。使用UCBxI2COA0寄存器可对eUSCI_B从机地址进行编程。当UCA10=0时,选择7位寻址;当UCA10=1时,选择10位寻址。UCGCEN位用于选择是否响应从机的群呼(General Call)。当总线上检测到起始信号时,eUSCI_B模块将接收到(所发送)的地址,与保存在UCBxI2COA0寄存器中的自身的地址进行比较。如果接收到的地址与eUSCI_B模块中的从机地址匹配,那么置位UCSTTIFG标志。

(1) I²C从机发送模式

仅当主机发送的从机地址和自身地址一致,并且R/W位置位时,才能使从机进入发送模式。在主机产生的时钟脉冲信号参与下,从机让串行数据在SDA线上移位(即一位一位传输)。虽然从机不产生时钟,但它可以保持SCL为低电平,在发送完一个字节后需要CPU对其进行干预。如果主机向从机请求数据,则eUSCI_B模块将自动配置成发送模式,并且UCTR和UCTXIFG0被置位。

SCL线将一直保持低电平,直到待发送的数据写入发送缓冲寄存器(UCBxTXBUF)为止。然后,确认(也称应答)地址与发送数据。一旦数据传送到移位寄存器中,将再次置位UCTXIFG0。主机确认数据后,将发送下一个写入UCBxTXBUF中的数据字节,如果缓冲器为空,在确认(应答)期间将停止总线工作,并保持SCL为低电平,直到新数据写入UCBxTXBUF为止。如果主机发送一个NACK(不确认或不应答)信号后,紧随一个停止信号,那么将置位UCSTPIFG标志。如果一个NACK(不应答)信号后,紧随一个重复起始信号,那么eUSCI_B的I²C状态机将返回到地址接收状态,如图3.32所示。

(2) I²C从机接收模式

仅当主机发送的从机地址和自身地址一致,并使R/W位清零时,才能使从机进入接收模式。在主机产生的时钟脉冲参与下,从机在SDA线上一位一位地接收串行

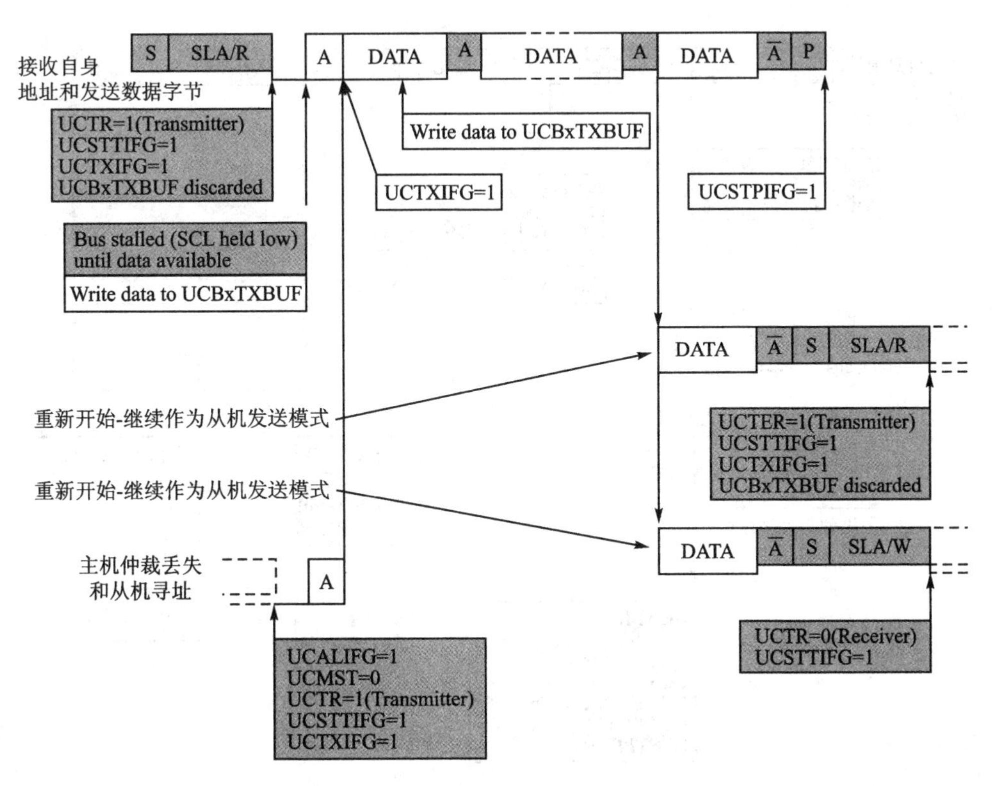

图3.32　从机发送模式

数据。虽然从机不产生时钟，但它可以保持SCL为低电平，在发送完一个字节后需要CPU对其进行干预。如果从机接收来自主机发送的数据，则eUSCI_B模块将自动配置成接收模式，并使UCTR位清零。在接收完第一个数据字节后，将置位接收中断标志(UCRXIFG)。eUSCI_B模块将自动应答接收到的数据，并可接收下一个数据字节。若在接收结束时，未能将以前的数据从接收缓冲寄存器(UCBxRXBUF)中读出，那么应保持SCL为低电平来停止总线工作。一旦读出UCBxRXBUF中的数据，新数据将被传送到UCBxRXBUF中，这时会向主机发送一个应答信号，并接收下一个数据。

置位UCTXNACK，会使从机在下一个应答周期向主机发送一个NACK(不应答)信号。即使UCBxRXBUF没有准备好接收最新数据，从机也会向主机发送一个NACK信号。如果在SCL保持低电平时置位UCTXNACK，则会释放总线，立即发送NACK信号，并将最后接收到的数据传送到UCBxRXBUF中。因为以前的数据未被读出，所以会导致这些数据丢失。为了避免丢失数据，在置位UCTXNACK前必须读出UCBxRXBUF中的数据。在主机产生一个停止信号时，将置位UCSTPIFG标志。如果主机产生一个重复起始信号，那么eUSCI_B的I^2C状态机将返回到地址接收状态，如图3.33所示。

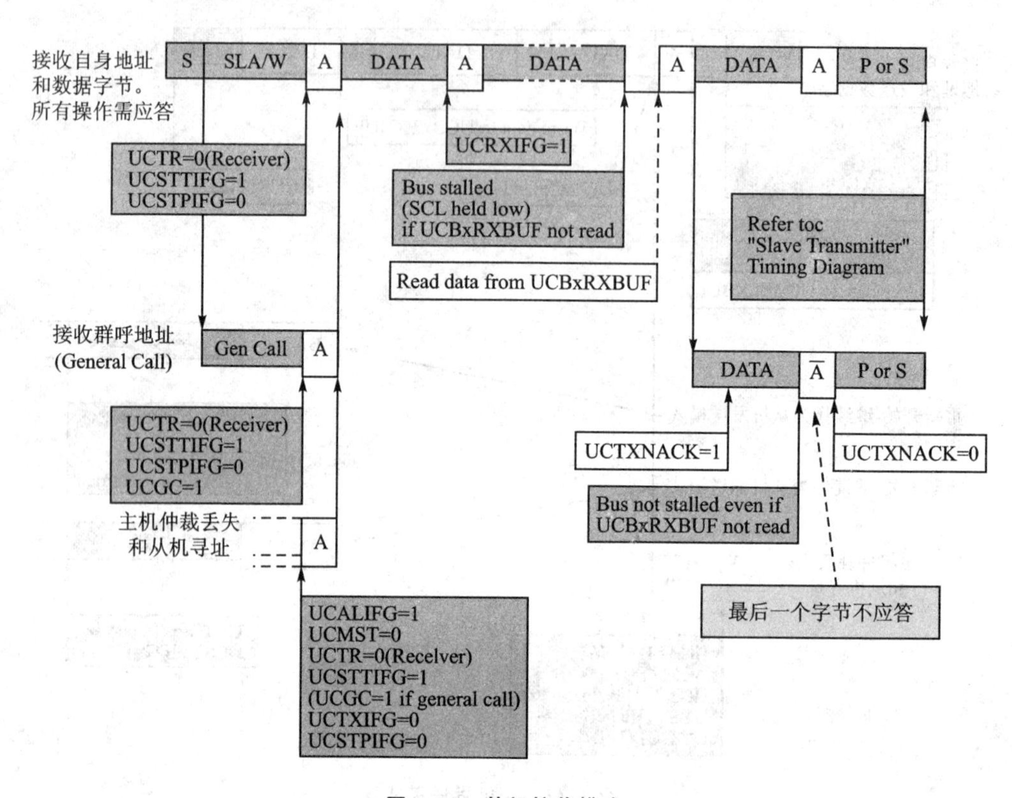

图 3.33　从机接收模式

(3) I²C 从机 10 位寻址模式

在 UCA10＝1 时选中 10 位寻址模式。在 10 位寻址模式下，从机在接收到完整的地址后，进入接收模式。eUSCI_B 模块可通过置位 UCSTTIFG 标志和清除 UCTR 来指示这种状态。若要从机从接收模式切换到发送模式，则主机需让 R/W＝1，在主机发送地址的第一个字节时，还需发送一个重复起始信号。如果前面由软件清除了 UCSTTIFG 标志，那么将置位 UCSTTIFG 标志，并通过 UCTR＝1 让 eUSCI_B 模块切换到发送模式，如图 3.34 所示。

2. 主机模式

通过设置 UCMODEx＝11 来选择 I²C 模式，让 UCSYNC＝1 和置位 UCMST 来将 eUSCI_B 模块配置成主机模式。当主机是多主机系统中的一部分时，必须置位 UCMM，并将自身(Own)地址编程到 UCBxI2COA0 寄存器中。当 UCA10＝0 时，选择 7 位寻址；当 UCA10＝1 时，选择 10 位寻址。UCGCEN 位用于选择是否响应从机的群呼(General Call)。

I²C 主机发送模式在初始化完成后，启动主机发送模式的步骤如下：

➢ 向 UCBxI2CSA 寄存器中写入所需的从机地址；

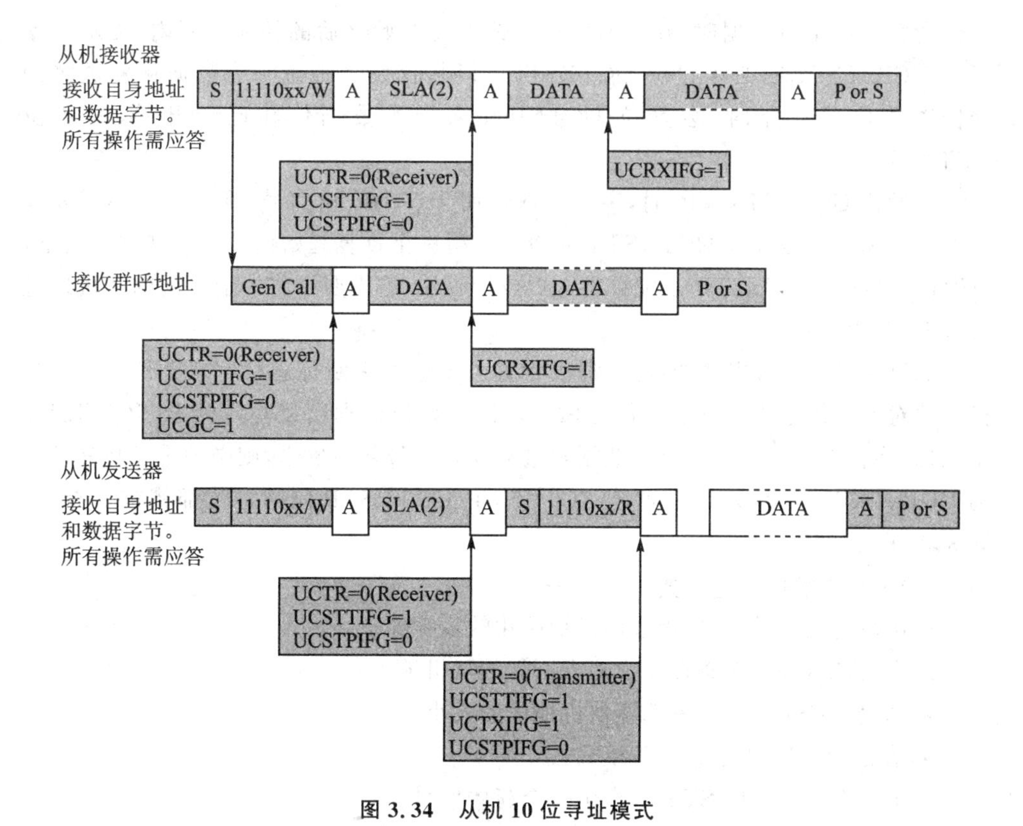

图 3.34　从机 10 位寻址模式

➢ 通过 UCSLA10 位来选择从机地址的大小；

➢ 通过置位 UCTXSTT 来产生一个起始信号。

eUSCI_B 模块会一直等待到总线空闲，然后产生一个起始信号以及发送从机地址。在产生起始信号时会置位 UCTXIFG，并将待发送的第一个数据写入 UCBx-TXBUF 寄存器。一旦完成地址发送，将清除 UCTXSTT 标志。如果在发送从机地址期间，仲裁未丢失，那么将发送写入到 UCBxTXBUF 中的数据。一旦数据从缓冲器传送到移位寄存器，将重新置位 UCTXIFG0。如果在应答周期前，没有数据加载到 UCBxTXBUF 中，则在应答周期过程中总线将被挂起(held)，SCL 保持低电平，直到数据写入到 UCBxTXBUF 为止。发送数据或总线挂起的条件如下：

➢ 没有自动产生停止信号；

➢ 没有置位 UCTXSTP；

➢ 没有置位 UCTXSTT。

来自从机的下一个应答信号后，将置位 UCTXSTP 产生一个 STOP 条件。若在发送从机地址期间或在 eUSCI_B 模块中的 UCBxTXBUF 等待写入数据，则会置位 UCTXSTP，即使无数据向从机发送，也将产生一个 STOP 条件。在这种情况下，会置位 UCSTPIFG。

当发送单字节数据时，在字节发送时或发送开始之后的任何时间内，无新数据写入UCBxTXBUF，必须置位UCTXSTP；否则，仅发送地址。当数据从发送缓冲器传送移位寄存器时，会置位UCTXIFG来指示数据传输已经开始，并置位UCTXSTP。

当设置UCASTPx=10时，字节计数器用于产生停止信号，且用户并不需要置位UCTXSTP。当置位UCTXSTT时将会产生一个重复起始信号。在这种情况下，可通过置位或清除UCTR来配置发送器或接收器，若需要可将一个不同的从机地址写入UCBxI2CSA中。

如果从机未应答发送的数据，那么将置位未应答中断标志(UCNACKIFG)。主机必须对停止信号或重复起始信号做出反应。如果数据已经写入到UCBxTXBUF中，那么将丢弃该数据。如果该数据在重复起始信号之后发送，则必须重新将其写入到UCBxTXBUF中，并且任何对UCTXSTT/UCTXSTP位的置位都将被丢弃，如图3.35所示。

(1) I^2C主机接收器模式

在初始化完成后，主机接收模式初始化的步骤如下：

- 向UCBxI2CSA寄存器中写入所需的从机地址；
- 通过UCSLA10位来选择从机地址的大小；
- 清除UCTR来选择接收模式；
- 通过置位UCTXSTT来产生一个起始信号。

eUSCI_B模块首先检测总线是否空闲，然后产生一个起始信号，再发送从器件地址。一旦从机完成地址发送，那么将清除UCTXSTT位。当应答来自从机的地址之后，将接收来自从机发送的第一个数据字节和应答信号，以及置位UCBxRXIFG标志。接收来自从机的数据条件如下：

- 没有自动产生停止信号；
- 没有置位UCTXSTP；
- 没有置位UCTXSTT。

如果是由eUSCI_B模块产生一个停止信号，那么将置位UCSTPIFG。如果未读取UCBxRXBUF，那么在主机接收到最后一个数据位时将挂起(hold)总线，直到读取UCBxRXBUF为止。如果从机未应答发送的地址，那么将置位不应答中断标志UCNACKIFG。主机必须对停止信号或者重复起始信号做出反应。停止信号要么通过自动停止信号生成，要么通过置位UCTXSTP产生。在接收完来自从机的数据后，将发送一个NACK(不应答信号)和停止信号。如果eUSCI_B模块目前正在等待读取UCBxRXBUF，那么将立即产生NACK。如果发送一个重新起始信号，那么可通过置位或清除UCTR位来配置发送器或接收器，若需要，还可将不同的从机地址写入到UCBxI2CSA寄存器中，如图3.36所示。

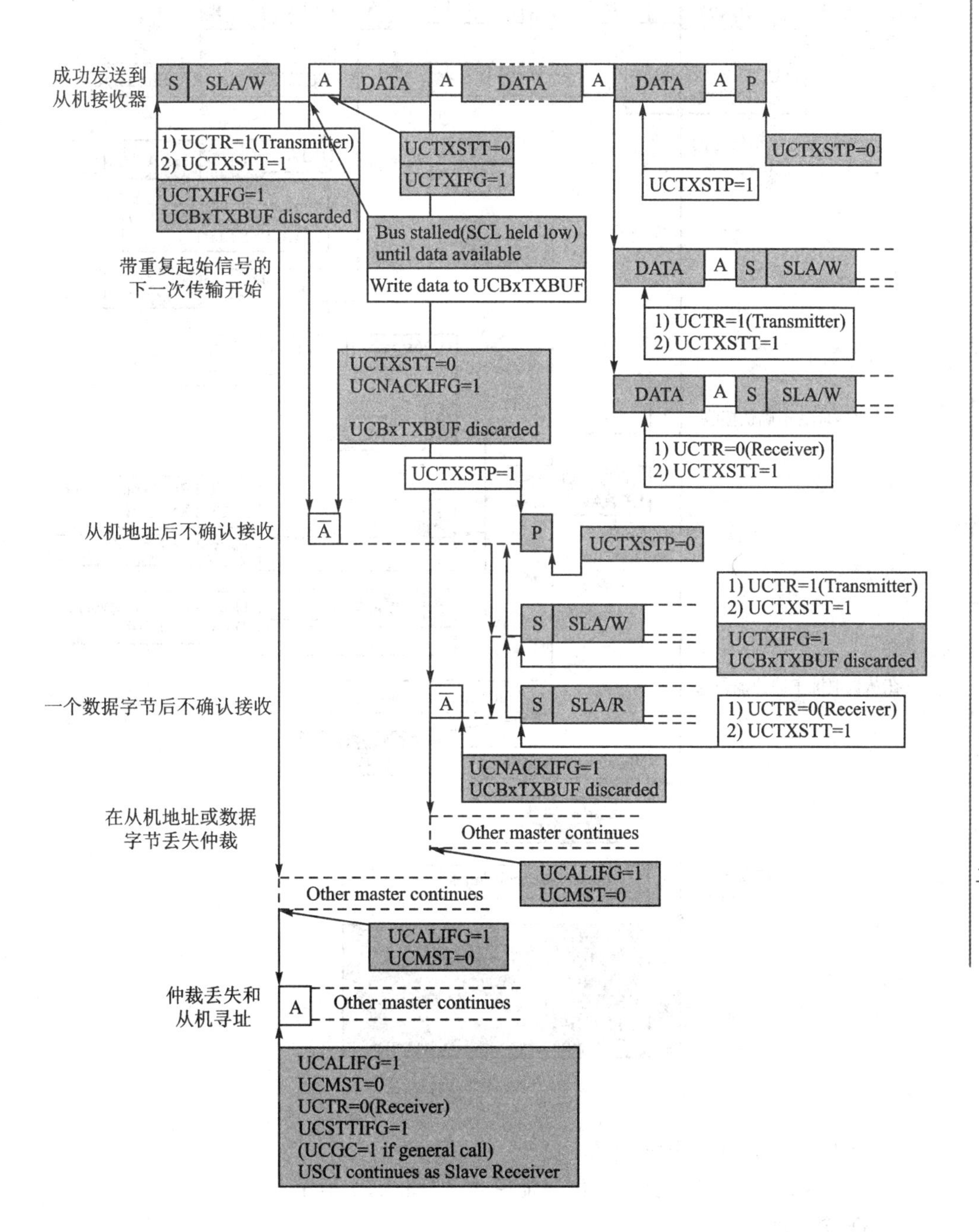
成功发送到从机接收器
S
SLA/W
A
DATA
A
DATA
A
DATA
A
P
1) UCTR=1(Transmitter)
2) UCTXSTT=1
UCTXIFG=1
UCBxTXBUF discarded
UCTXSTT=0
UCTXIFG=1
UCTXSTP=0
UCTXSTP=1
Bus stalled(SCL held low) until data available
Write data to UCBxTXBUF
带重复起始信号的下一次传输开始
DATA
A
S
SLA/W
1) UCTR=1(Transmitter)
2) UCTXSTT=1
DATA
A
S
SLA/W
1) UCTR=0(Receiver)
2) UCTXSTT=1
UCTXSTT=0
UCNACKIFG=1
UCBxTXBUF discarded
UCTXSTP=1
从机地址后不确认接收
P
UCTXSTP=0
S
SLA/W
1) UCTR=1(Transmitter)
2) UCTXSTT=1
UCTXIFG=1
UCBxTXBUF discarded
一个数据字节后不确认接收
S
SLA/R
1) UCTR=0(Receiver)
2) UCTXSTT=1
UCNACKIFG=1
UCBxTXBUF discarded
在从机地址或数据字节丢失仲裁
Other master continues
UCALIFG=1
UCMST=0
Other master continues
UCALIFG=1
UCMST=0
仲裁丢失和从机寻址
A
Other master continues
UCALIFG=1
UCMST=0
UCTR=0(Receiver)
UCSTTIFG=1
(UCGC=1 if general call)
USCI continues as Slave Receiver

图 3.35　主机发送模式

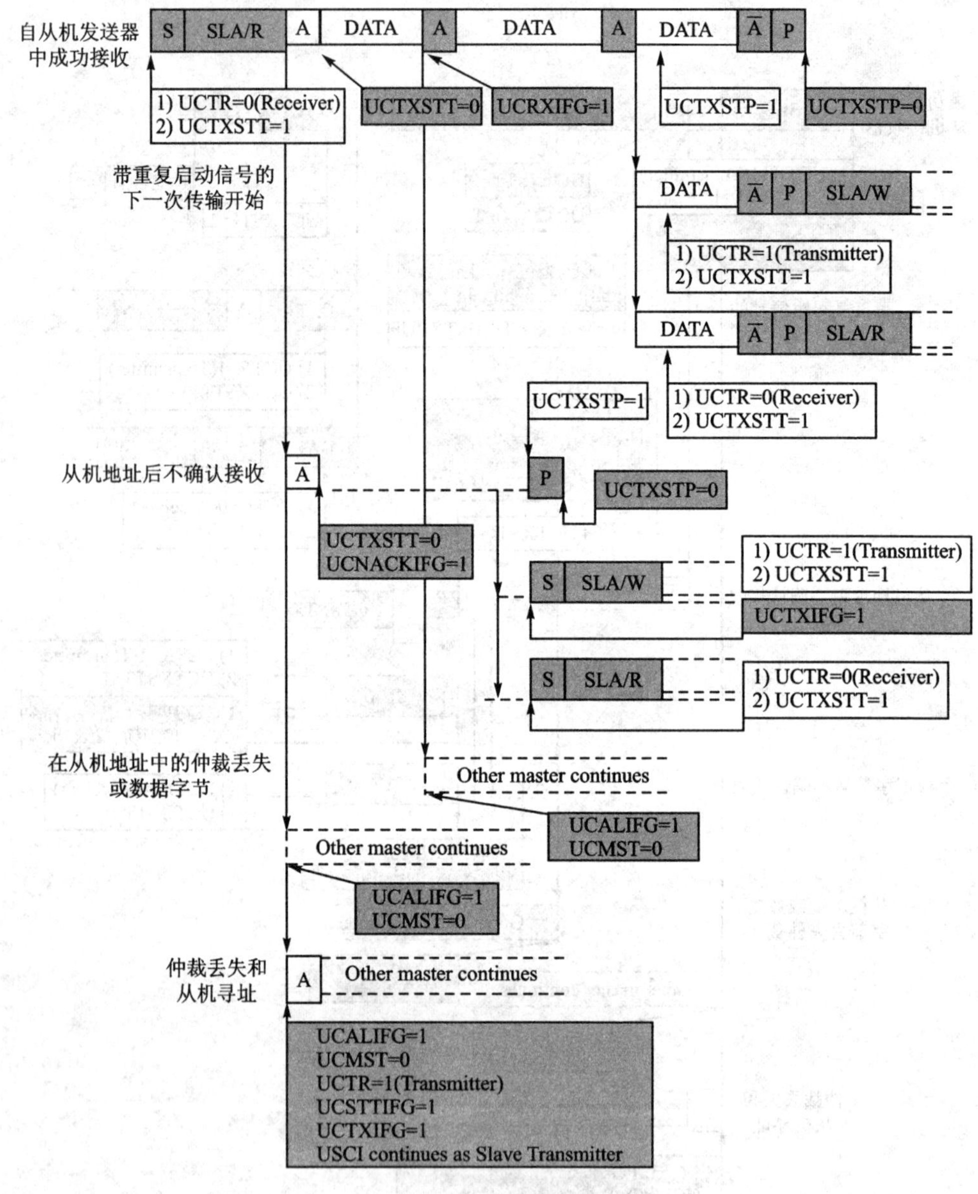

图 3.36 主机接收模式

(2) I^2C 主机10位寻址模式

当UCSLA10＝1时选择10位寻址模式，如图3.37所示。

(3) 仲 裁

如果两个或多个主机同时在总线上进行发送操作时，将会调用仲裁过程。两个器件间的仲裁过程如图3.38所示。在仲裁过程中使用相互竞争的设备发送到SDA线上。第一个主机发送器产生的逻辑高电平被第二个主机发送器产生的逻辑低电平

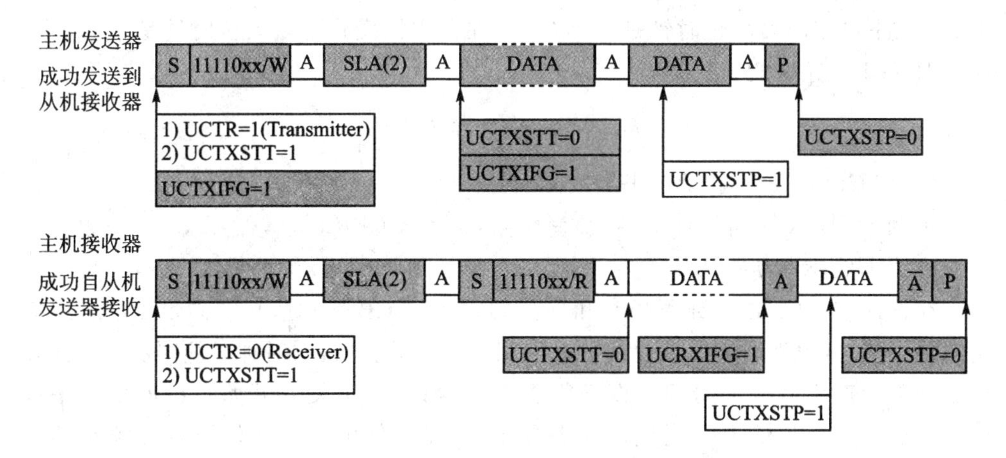

图 3.37 主机10位寻址模式

否决。仲裁过程将优先权给予那些具有发送最低二进制值的串行数据流设备。失去仲裁的主机发送器将切换到从机接收模式，并置位失去仲裁标志位(UCALIFG)。如果两个或多个设备发送相同的第一字节，那么将对后续字节继续仲裁。

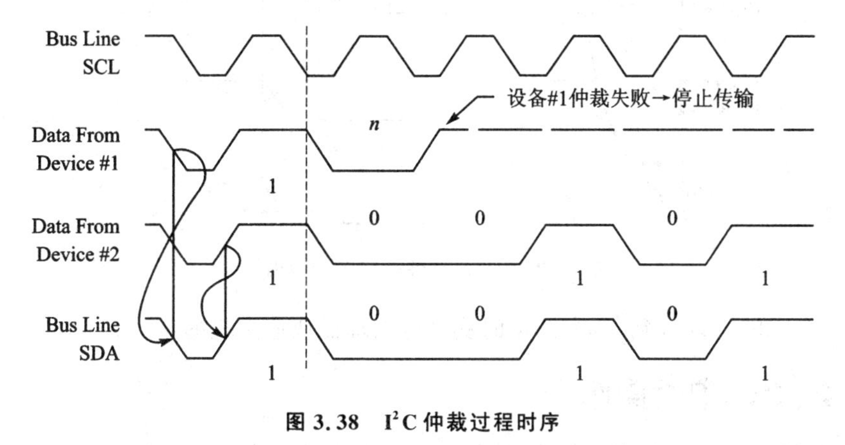

图 3.38 I²C 仲裁过程时序

当一台主机在重复发送停止或起始信号时，同时其他主机也在发送数据。如果仲裁过程仍在进行中，那么将导致一种未定义的状态出现。换句话说，下面的组合将导致未定义的状态：

➢ 主机1发送一个重复起始信号，主机2发送一个数据位。

➢ 主机1发送一个停止信号，主机2发送一个数据位。

➢ 主机1发送一个重复起始信号，主机2发送一个停止信号。

I²C 时钟 SCL 由 I²C 总线上的主机提供。当 eUSCI_B 模块处于主机模式时，BITCLK 由 eUSCI_B 模块的位时钟发生器提供，而时钟源由 UCSSELx 位来选择。在从机模式下，不使用位时钟发生器并且可不关心 UCSSELx 位。寄存器 UCBxBR1 和 UCBxBR0 中的16位值 UCBRx 是 eUSCI_B 时钟源 BRCLK 的分频因子。在单主机模式下可用的最高位时钟是 $f_{BRCLK}/4$。在多主机模式下最大位时钟是 $f_{BRCLK}/8$。计算 BITCLK 频率的公式如下：

$$f_{BitClock} = f_{BRCLK}/UCBRx$$

生成 SCL 的最小高/低电平周期分别为：

➢ 当 UCBRx 为偶数时，$t_{LOW,MIN} = t_{HIGH,MIN} = (UCBRx/2)/f_{BRCLK}$；

➢ 当 UCBRx 为奇数时，$t_{LOW,MIN} = t_{HIGH,MIN} = ((UCBRx-1)/2)/f_{BRCLK}$。

在选择 eUSCI_B 时钟源频率和预分频因子(UCBRx)时，必须满足 I^2C 总线规定的最小高/低电平时间。在总线仲裁期间，来自不同主机的时钟必须同步。首先在 SCL 总线上产生低电平周期的设备将否决其他设备，迫使其开始自己的低电平周期。然后通过最长低电平周期的设备使 SCL 保持低电平。其他设备必须在等到 SCL 释放之后，方可开始进入高电平周期，如图 3.39 所示。

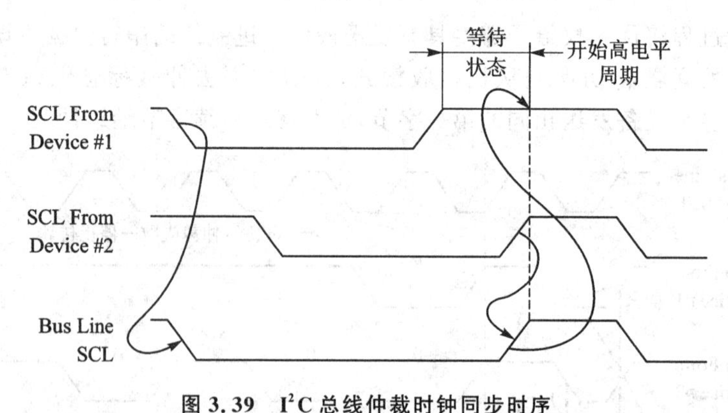

图 3.39 I^2C 总线仲裁时钟同步时序

从图 3.39 可以看到，一个低速的从机可以降低快速主机的速度。

3.6.4 I^2C 中断操作

eUSCI_B 只有一个用于传输、接收和状态改变的共享中断向量。每个中断标志都有自己的中断使能位。当中断使能时，中断标志将发出一个中断请求，通过 UCTXIFGx 和 UCRXIFGx 标志来控制 DMA 传输，使得每个从机地址可对单独的 DMA 通道做出反应。所有的标志不能自动清零，需由用户交互清除(例如，通过读取 UCRXBUF 来清除 UCRXIFGx)。如果用户想使用中断标志，那么需要确保在对应中断使能之前，该标志具有正确的状态。

1. I^2C 发送中断操作

每当发送器可接收一个新字节时，将置位中断标志(UCTXIFG0)。当进行具有多个从机地址的从机操作时，在接收到相应的那个地址前应置位 UCTXIFGx 标志。例如，如果在寄存器 UCBxI2COA3 中指定的从机地址与总线上见到的地址匹配，那么 UCTXIFG3 将指示 UCBxTXBUF 已准备就绪可接收一个新字节。当工作在带自动停止信号生成的主机模式时(UCASTPx=10),置位 UCTXIFG0 的次数在 UCBxTBCNT 中定义。如果置位 UCTXIEx,则将发出一个中断请求。如果对 UCBxTXBUF 进行写入操作,或清零 UCALIFG,那么将自动复位 UCTXIFGx。置位 UCTXIFGx:

- 主机模式:UCTXSTT 由用户置位;
- 从机模式:接收自身地址(UCETXINT=0)或接收起始信号(UCETXINT=1)。

硬件复位后或当 UCSWRST=1 时,UCTXIEx 复位。

2. 早期 I²C 发送中断

当 eUSCI_B 配置为从机并发出起始信号时,如果置位 UCETXINT,则将导致自动发出 UCTXIFG0。在这种情况下,不允许使能其他从机地址:UCBxI2COA1~UCBxI2COA3。在检测到从机地址匹配后会发出 UCTXIFG0,这将使软件比在正常情况下有更多的时间来处理 UCTXIFG0。其中置位 UCTXIFG0 和之后出现从机地址不匹配的情况,需由软件进行处理。建议使用字节计数器来处理这个问题。

3. I²C 接收中断操作

在接收到一个字符并装载到 UCBxRXBUF 中时,将置位中断标志 UCBxRXIFG。当进行具有多个从机地址的从机操作时,在接收到相应的那个地址前应先行置位 UCRXIFGx 标志。若置位 UCRXIEx,则发出一个中断请求。在出现硬复位信号后或当 UCSWRST=1 时,将复位 UCRXIFGx 和 UCRXIEx。当读取 UCRXIFGx 时将自动复位 UCxRXBUF。

4. I²C 状态更改中断操作

描述 I²C 状态变化的中断标志,如表 3.16 所列。

表 3.16 中断标志描述

中断标志	中断条件
UCALIFG	仲裁丢失。当两个或两个以上的发送器同时发送数据时,但系统中的其他主机将其当作从机寻址时,仲裁可能丢失。在仲裁丢失时,将置位 UCALIFG 位。当置位 UCALIFG 时,将清除 UCMST 位并使 I²C 控制器变为从机
UCNACKIFG	无应答中断。当接收不到预期的应答时置位该标志。UCNACKIFG 仅用于主机模式
UCCLTOIFG	时钟低超时。如果时钟保持低电平时间超过了 UCCLTO 位的定义,那么置位该中断标志
UCBIT9IFG	每次 eUSCI_B 在传输数据字节的第 9 个时钟周期时都会产生该中断标志。UCBIT9IFG 未设置地址信息
UCBCNTIFG	字节计数器中断。当字节计数器的值达到 UCBxTBCNT 定义的值和 UCASTPx=01 或 10 时,将置位该标志。特别是,如果发出一个重复起始信号,那么该位将允许组织后面的通信

续表 3.16

中断标志	中断条件
UCSTTIFG	检测到起始信号中断。当I^2C模块同时检测到起始信号和自身的地址时，将置位该标志。UCSTTIFG仅用于从机模式
UCSTPIFG	检测到停止信号中断。当I^2C模块在总线上检测到停止信号时，将置位该标志。UCSTPIFG用于从机模式和主机模式均可

3.6.5 I^2C寄存器与库函数

1. I^2C寄存器

eUSCI中的I^2C模块寄存器，如表3.17所列。

表 3.17 I^2C模块寄存器

偏移量	缩　写	寄存器名称
00h	UCBxCTLW0	eUSCI_Bx控制字0
00h	UCBxCTL1	eUSCI_Bx控制1
01h	UCBxCTL0	eUSCI_Bx控制0
02h	UCBxCTLW1	eUSCI_Bx控制字1
06h	UCBxBRW	eUSCI_Bx位速率控制字
06h	UCBxBR0	eUSCI_Bx位速率控制字0
07h	UCBxBR1	eUSCI_Bx位速率控制字1
08h	UCBxSTATW	eUSCI_Bx状态字
08h	UCBxSTAT	eUSCI_Bx状态
09h	UCBxBCNT	eUSCI_Bx字节计数器寄存器
0Ah	UCBxTBCNT	eUSCI_Bx字节计数器阈值寄存器
0Ch	UCBxRXBUF	eUSCI_Bx接收缓冲器
0Eh	UCBxTXBUF	eUSCI_Bx发送缓冲器
14h	UCBxI2COA0	eUSCI_Bx I^2C自身地址0
16h	UCBxI2COA1	eUSCI_Bx I^2C自身地址1
18h	UCBxI2COA2	eUSCI_Bx I^2C自身地址2
1Ah	UCBxI2COA3	eUSCI_Bx I^2C自身地址3
1Ch	UCBxADDRX	eUSCI_Bx接收地址寄存器
1Eh	UCBxADDMASK	eUSCI_Bx地址屏蔽寄存器
20h	UCBxI2CSA	eUSCI_Bx I^2C从机地址
2Ah	UCBxIE	eUSCI_Bx中断使能
2Ch	UCBxIFG	eUSCI_Bx中断标志
2Eh	UCBxIV	eUSCI_Bx中断向量

2. I^2C 相应库函数

I^2C 模块驱动库函数及说明如下：

1) void I2C_initMaster (uint32_t moduleInstance，const eUSCI_I2C_MasterConfig * config)

函数功能：I^2C 主机初始化

参数 1：eUSCI 模块号

参数 2：I^2C 主机配置结构体指针

返回值：空

2) void I2C_initSlave (uint32_t moduleInstance，uint_fast16_t slaveAddress，uint_fast8_t slaveAddressOffset，uint32_t slaveOwnAddressEnable)

函数功能：I^2C 从机初始化

参数 1：eUSCI 模块号

参数 2：从机地址

参数 3：从机地址偏移值

参数 4：从机自由地址使能

返回值：空

3) void I2C_enableModule (uint32_t moduleInstance)

函数功能：使能 I^2C 模块

参数：eUSCI 模块号

返回值：空

4) void I2C_disableModule (uint32_t moduleInstance)

函数功能：禁用 I^2C 模块

参数：eUSCI 模块号

返回值：

5) void I2C_setSlaveAddress (uint32_t moduleInstance，uint_fast16_t slaveAddress)

函数功能：设置从设备地址

参数 1：eUSCI 模块号

参数 2：从机地址

返回值：空

6) void I2C_setMode (uint32_t moduleInstance，uint_fast8_t mode)

函数功能：设置 I^2C 工作模式

参数 1：eUSCI 模块号

参数 2：发送/接收模式

返回值：空

7) uint_fast8_t I2C_getMode (uint32_t moduleInstance)

函数功能：获取 I^2C 工作模式

参数：eUSCI 模块号

返回值：空

8) void I2C_slavePutData (uint32_t moduleInstance, uint8_t transmitData)

函数功能：I^2C 从机发送数据

参数1：eUSCI 模块号

参数2：需要发送的数据

返回值：空

9) uint8_t I2C_slaveGetData (uint32_t moduleInstance)

函数功能：I^2C 从机获取数据

参数：eUSCI 模块号

返回值：获取的数据

10) uint8_t I2C_isBusBusy (uint32_t moduleInstance)

函数功能：I^2C 总线是否忙

参数：eUSCI 模块号

返回值：空

11) void I2C_masterSendSingleByte (uint32_t moduleInstance, uint8_t txData)

函数功能：I^2C 主机发送单字节

参数1：eUSCI 模块号

参数2：发送数据

返回值：空

12) bool I2C_masterSendSingleByteWithTimeout (uint32_t moduleInstance, uint8_t txData, uint32_t timeout)

函数功能：I^2C 主机超时发送单字节

参数1：eUSCI 模块号

参数2：超时时间

返回值：是否完成发送

13) void I2C_masterSendMultiByteStart (uint32_t moduleInstance, uint8_t txData)

函数功能：I^2C 主机发送有起始信号的多字节

参数1：eUSCI 模块号

参数2：发送数据

返回值：空

14) bool I2C_masterSendMultiByteStartWithTimeout (uint32_t moduleInstance, uint8_t txData, uint32_t timeout)

函数功能：I^2C主机超时发送有起始信号的多字节

参数1：eUSCI模块号

参数2：发送数据

参数3：超时时间

返回值：是否完成发送

15) **void I2C_masterSendMultiByteNext (uint32_t moduleInstance, uint8_t txData)**

函数功能：I^2C主机发送多字节(起始信号字节的后一字节)

参数：eUSCI模块号

返回值：空

16) **bool I2C_masterSendMultiByteNextWithTimeout (uint32_t moduleInstance, uint8_t txData, uint32_t timeout)**

函数功能：I^2C主机超时发送多字节

参数1：eUSCI模块号

参数2：发送数据

参数3：超时时间

返回值：是否完成发送

17) **void I2C_masterSendMultiByteFinish (uint32_t moduleInstance, uint8_t txData)**

函数功能：主机完成多字节发送(多字节中最后字节包含停止信号)

参数1：eUSCI模块号

参数2：需发送的数据

返回值：空

18) **Bool I2C_masterSendMultiByteFinishWithTimeout (uint32_t moduleInstance, uint8_t txData, uint32_t timeout)**

函数功能：主机超时完成发送数据

参数1：eUSCI模块号

参数2：发送数据

参数3：超时时间

返回值：是否完成发送

19) **void I2C_masterSendMultiByteStop (uint32_t moduleInstance)**

函数功能：主机发送多字节停止信号

参数：eUSCI模块号

返回值：空

20) **bool I2C_masterSendMultiByteStopWithTimeout (uint32_t moduleInstance, uint32_t timeout)**

函数功能:主机超时发送多字节停止信号

参数1:eUSCI模块号

参数2:超时时间

返回值:是否完成发送

21) void I2C_masterReceiveStart (uint32_t moduleInstance)

函数功能:I^2C主机发送接收信号

参数:eUSCI模块号

返回值:空

22) uint8_t I2C_masterReceiveMultiByteNext (uint32_t moduleInstance)

函数功能:I^2C主机接收多字节

参数:eUSCI模块号

返回值:接收到的数据

23) uint8_t I2C_masterReceiveMultiByteFinish (uint32_t moduleInstance)

函数功能:I^2C主机完成接收多字节

参数:eUSCI模块号

返回值:接收到的数据

24) bool I2C_masterReceiveMultiByteFinishWithTimeout (uint32_t moduleInstance, uint8_t * txData, uint32_t timeout)

函数功能:I^2C主机超时完成接收多字节

参数1:eUSCI模块号

参数2:接收数据指针

参数3:超时时间

返回值:是否完成接收

25) void I2C_masterReceiveMultiByteStop (uint32_t moduleInstance)

函数功能:I^2C主机完成接收多字节并初始停止信号

参数:eUSCI模块号

返回值:空

26) uint8_t I2C_masterReceiveSingleByte (uint32_t moduleInstance)

函数功能:I^2C主机接收单字节(包含起始于停止信号)

参数:eUSCI模块号

返回值:空

27) uint8_t I2C_masterReceiveSingle (uint32_t moduleInstance)

函数功能:I^2C主机接收单字节

参数:eUSCI模块号

返回值:空

28) uint32_t I2C_getReceiveBufferAddressForDMA (uint32_t moduleInstance)

函数功能：I^2C 获取 DMA 接收缓冲器地址

参数：eUSCI 模块号

返回值：获取的 DMA 地址

29) **uint32_t I2C_getTransmitBufferAddressForDMA (uint32_t moduleInstance)**

函数功能：I^2C 获取 DMA 发送缓冲器地址

参数：eUSCI 模块号

返回值：获取的 DMA 地址

30) **uint8_t I2C_masterIsStopSent (uint32_t moduleInstance)**

函数功能：I^2C 主机是否完成停止信号发送

参数：eUSCI 模块号

返回值：是否发送停止信号

31) **bool I2C_masterIsStartSent (uint32_t moduleInstance)**

函数功能：I^2C 主机是否完成起始信号发送

参数：eUSCI 模块号

返回值：是否发送起始

32) **void I2C_masterSendStart (uint32_t moduleInstance)**

函数功能：I^2C 主机发送起始信号

参数：eUSCI 模块号

返回值：空

33) **void I2C_enableMultiMasterMode (uint32_t moduleInstance)**

函数功能：使能多主机模式

参数：eUSCI 模块号

返回值：空

34) **void I2C_disableMultiMasterMode (uint32_t moduleInstance)**

函数功能：禁用多主机模式

参数：eUSCI 模块号

返回值：空

35) **void I2C_enableInterrupt (uint32_t moduleInstance, uint_fast16_t mask)**

函数功能：I^2C 使能中断

参数 1：eUSCI 模块号

参数 2：屏蔽中断值

返回值：空

36) **void I2C_disableInterrupt (uint32_t moduleInstance, uint_fast16_t mask)**

函数功能：I^2C 禁用中断

参数 1：eUSCI 模块号

参数 2:屏蔽中断值

返回值:空

37) **void I2C_clearInterruptFlag (uint32_t moduleInstance, uint_fast16_t mask)**

函数功能: I^2C 清除中断标志

参数:eUSCI 模块号

参数 2:屏蔽中断值

返回值:空

38) **uint_fast16_t I2C_getInterruptStatus (uint32_t moduleInstance, uint16_t mask)**

函数功能:获取 I^2C 中断状态

参数 1:eUSCI 模块号

参数 2:屏蔽中断值

返回值:获取中断值

39) **uint_fast16_t I2C_getEnabledInterruptStatus (uint32_t moduleInstance)**

函数功能:获取 I^2C 已使能中断状态

参数:eUSCI 模块号

返回值:已使能的中断状态

40) **void I2C_registerInterrupt (uint32_t moduleInstance, void(* intHandler)(void))**

函数功能:注册 I^2C 中断

参数 1:eUSCI 模块号

参数 2:当定时器比较/捕获中断时发生调用的函数指针

返回值:空

41) **void I2C_unregisterInterrupt (uint32_t moduleInstance)**

函数功能:解除 I^2C 中断注册

参数:eUSCI 模块号

返回值:空

3.7 ADC

模/数转换器(Analog to Digital Converter,简称 ADC)是电子设备中必备的重要器件,用于将模拟信号转变成微控制器可以识别的数字信号,包括:采样、保持、量化和编码 4 个过程。MSP432 家族包含一个 14 位的 ADC14 模块,支持快速 14 位模/数转换。

3.7.1 ADC模块概述

ADC即模/数转换器,是一种将模拟信号转换为数字信号的器件。模拟信号是指随时间连续变化的信号,而数字信号是离散的。一般来说,将模拟信号转化为数字信号时,位数越多,精度越高。MSP432采用了一个14位的ADC14模块。ADC14模块采用的是SAR内核,有32个独立的缓冲区和对应的控制寄存器,32路单端/差分可选的外部输入通道。在最高分辨率时,最高转换速率可达1 Msps。ADC将模拟信号转化为数字信号的过程大致可分为:采样、保持、量化、编码。ADC14的内部原理图如图3.40所示。

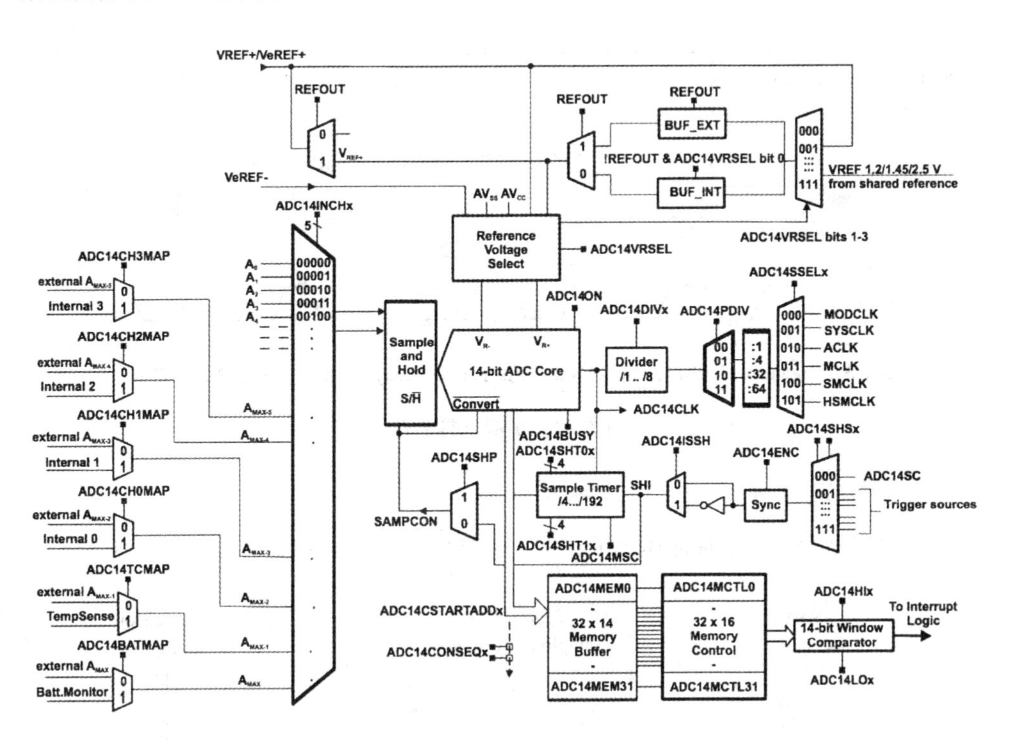

图3.40 ADC14的内部原理图

3.7.2 采样

在ADC转换中,输入信号是连续的模拟信号,而输出信号是离散的数字信号,因此,必须对模拟信号进行采样。进行采样时,需要一个采样输入信号SHI来控制采样的开始,SHI由寄存器SHSx位选择。采样过程中还有一个SAMPCON信号,用于控制采样周期,当SAMPCON为高时进行采样。一般来说,ADC有扩展采样和脉冲采样两种方式可以选择。

1. 扩展采样

当ADC14SHP＝0时选择扩展采样，扩展采样的具体时序如图3.41所示。在这种模式下，SHI直接控制SAMPCON信号，相当于SHI控制了采样周期t_{sample}。用户将SHI置为高电平，等待内部缓冲器准备好并置位ADC14RDYIFG，SAMPCON为高电平时开始采样，直到SHI变为低电平，停止采样。然后等SAMPCON与ADC14CLK同步后，开始转换。

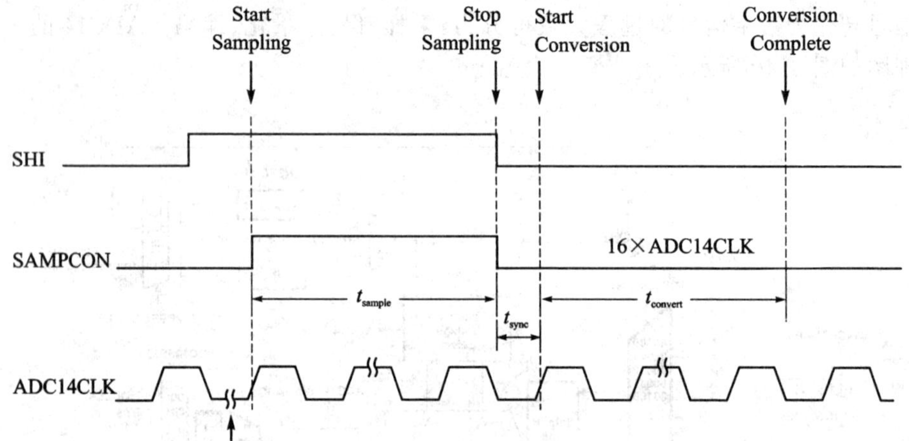

图3.41　扩展采样时序

2. 脉冲采样

当ADC14SHP＝1时选择脉冲采样，脉冲采样的具体时序如图3.42所示。在

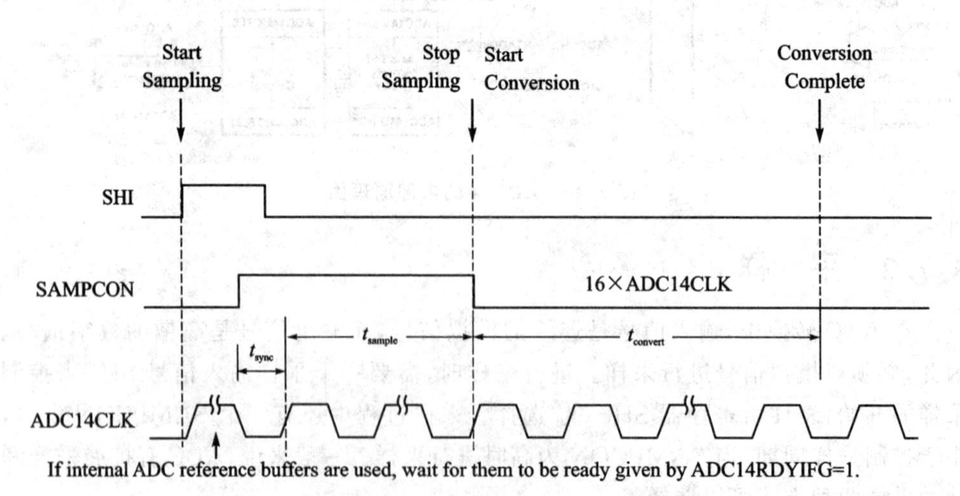

图3.42　脉冲采样时序

这种模式下，SHI信号相当于一个采样开始信号。在接到SHI信号后，ADC等待内部缓冲器准备好并置位ADC14RDYIFG，置高SAMPCON信号，等它与ADC14CLK同步后，开始采样。采样时间由ADC14SHT0x或ADC14SHT1x控制，采样结束后，开始转换。

3.7.3 保　持

ADC在工作时还有一个很重要的内部控制电路——采样保持（Sample Hold）电路。由于ADC在开始采样到采样完成这段时间模拟信号已经发生了改变，无法确定究竟采样的是哪一个时刻的模拟信号。同时，又因为模拟信号是连续的，它不会停在那里等ADC采样转换完成再发生变化。为了解决以上问题引入采样保持电路，如图3.43所示。

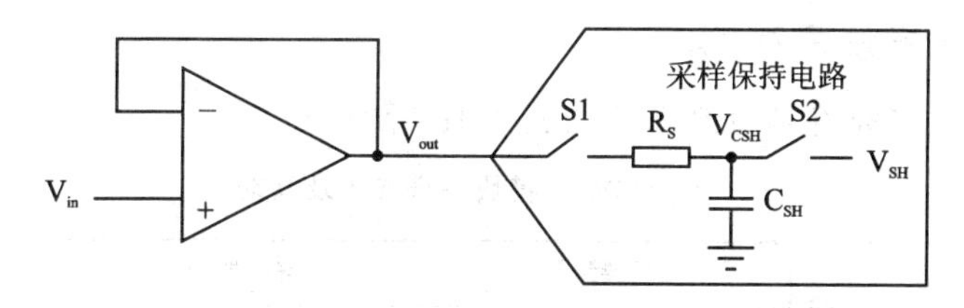

图3.43　采样保持电路

单端输入ADC时，采样保持电路的工作原理图如图3.43所示。当S1闭合S2断开时，输入信号对采样电容C_{SH}充电的过程为采样。当S1断开S2闭合时，采样电容C_{SH}上的电压维持不变并供给内部A/D转换电路使用，这个过程称为保持。

3.7.4 转　换

进行完采样和保持后，就可以进行转换了。转换时根据分辨率的不同需要不同的转换时间，8位、10位、12位、14位的分辨率分别需要9、11、14、16个ADC时钟周期。转换的结果存放在MEM寄存器中。32个MEM寄存器分别对应32个控制寄存器，用于对MEM寄存器的控制。

CONSEQx位可选择4种模式，如表3.18所列。

表3.18　4种转换模式

ADC14CONSEQx	模　式	操　作
00	单通道单次转换	单通道仅转换一次
01	多通道（自动扫描）转换	一个通道序列仅转换一次
10	单通道重复转换	单通道重复转换
11	多通道重复（重复自动扫描）转换	一个通道序列重复转换

转换的过程中，无论何时，若ADC14ENC变为0，则停止转换，ADC回到等待使

能的状态。转换完成后，需要 1 个 ADC14CLK 周期的时间将结果保存到 CSTARTADDx 所指向的 MEM 中，并置位 ADC14IFG。若为多通道模式，则 CSTARTADDx 中保存的为起始 MEM 地址，每完成一个通道的转换，地址加 1。

3.7.5 窗口比较器

窗口比较器可用于模拟信号的监管。当 ADC14 的转换结果小于最低阈值时，置位 ADC14LOIFG；当 ADC14 的转换结果大于最高阈值时，置位 ADC14HIIFG；当 ADC14 的转换结果处于最低与最高阈值之间时，置位 ADC14INIFG。各个阈值保存在 ADC14 的各阈值寄存器中，为所有通道共享。

3.7.6 寄存器和库函数

1. ADC14 模块寄存器

ADC14 模块各寄存器及其功能如表 3.19 所列。

表 3.19 ADC14 模块各寄存器及其功能

偏移量	缩 写	寄存器名称
000h	ADC14CTL0	控制寄存器 0
004h	ADC14CTL1	控制寄存器 1
008h	ADC14LO0	窗口比较器低阈值寄存器 0
00Ch	ADC14HI0	窗口比较器高阈值寄存器 0
010h	ADC14LO1	窗口比较器低阈值寄存器 1
014h	ADC14HI1	窗口比较器高阈值寄存器 1
018h～094h	ADC14MCTL0～ADC14MCTL31	存储器控制寄存器 0～31
098h～114h	ADC14MEM0～ADC14MEM31	存储器 0～31
13Ch	ADC14IER0	中断使能寄存器 0
140h	ADC14IER1	中断使能寄存器 1
144h	ADC14IFGR0	中断标志寄存器 0
148h	ADC14IFGR1	中断标志寄存器 1
14Ch	ADC14CLRIFGR0	清除中断标志寄存器 0
150h	ADC14CLRIFGR1	清除中断标志寄存器 1
154h	ADC14IV	中断向量寄存器

2. ADC14模块的相应库函数

ADC14模块的相应库函数及描述如下：

1) voidADC14_clearInterruptFlag (uint_fast64_t mask)

函数功能：清除中断标志

参数：指定中断标志类型

返回值：空

2) bool ADC14_configureConversionMemory (uint32_t memorySelect, uint32_t refSelect, uint32_t channelSelect, booldifferntialMode)

函数功能：配置转换存储器

参数1：选择存储器

参数2：根据存储器选择电压

参数3：选择通道

参数4：选择模式

返回值：配置成功返回true，否则返回false

3) bool ADC14_configureMultiSequenceMode (uint32_t memoryStart, uint32_t memoryEnd, boolrepeatMode)

函数功能：配置多通道模式

参数1：选择起始存储器

参数2：选择终止存储器

参数3：选择重复模式

返回值：配置成功返回true，否则返回false

4) bool ADC14_configureSingleSampleMode (uint32_t memoryDestination, bool repeatMode)

函数功能：配置单通道模式

参数1：选择存储器

参数2：选择重复模式

返回值：配置成功返回true，否则返回false

5) bool ADC14_disableComparatorWindow (uint32_t memorySelect)

函数功能：禁用窗口比较器

参数：选择存储器

返回值：成功返回true，否则返回false

6) void ADC14_disableConversion (void)

函数功能：停用转换

参数：空

返回值：空

7) void ADC14_disableInterrupt (uint_fast64_t mask)

函数功能:禁用中断

参数:选择中断类型

返回值:空

8) bool ADC14_disableModule (void)

函数功能:禁用ADC模块

参数:空

返回值:空

9) bool ADC14_enableComparatorWindow (uint32_t memorySelect, uint32_t windowSelect)

函数功能:使能窗口比较器

参数1:选择存储器

参数2:选择窗口比较器

返回值:成功返回true,否则返回false

10) bool ADC14_enableConversion (void)

函数功能:使能转换

参数:空

返回值:成功返回true,否则返回false

11) void ADC14_enableInterrupt (uint_fast64_t mask)

函数功能:使能中断

参数:选择中断类型

返回值:空

12) void ADC14_enableModule (void)

函数功能:使能ADC模块

参数:空

返回值:空

13) uint_fast64_t ADC14_getEnabledInterruptStatus (void)

函数功能:得到中断状态(已使能)

参数:空

返回值:已使能且被触发的中断类型

14) uint_fast64_t ADC14_getInterruptStatus (void)

函数功能:得到中断状态

参数:空

返回值:被触发的中断类型

15) uint_fast32_t ADC14_getResolution (void)

函数功能:得到精度

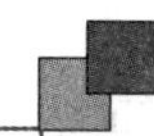

参数:空

返回值:ADC模块精度

16) **uint_fast16_t ADC14_getResult (uint32_t memorySelect)**

函数功能:得到转换结果

参数:选择存储器

返回值:转换结果

17) **void ADC14_getResultArray (uint32_t memoryStart, uint32_t memoryEnd, uint16_t * res)**

函数功能:得到多通道转换结果

参数1:选择起始存储器

参数2:选择终止存储器

参数3:存放结果的数组指针

返回值:空

18) **bool ADC14_initModule (uint32_t clockSource, uint32_t clockPredivider, uint32_t clockDivider, uint32_t internalChannelMask)**

函数功能:初始化模块

参数1:选择时钟

参数2:时钟预分频

参数3:时钟分频

参数4:配置映射

返回值:成功返回true,否则返回false

19) **bool ADC14_isBusy (void)**

函数功能:判断模块是否正在进行转换

参数:空

返回值:正在转换返回true,否则返回false

20) **bool ADC14_setComparatorWindowValue (uint32_t window, int16_t low, int16_t high)**

函数功能:设置窗口比较器阈值

参数1:选择窗口比较器

参数2:最低阈值

参数3:最高阈值

返回值:成功返回true,否则返回false

21) **bool ADC14_setPowerMode (uint32_t powerMode)**

函数功能:选择电源模式

参数:电源模式

返回值:成功返回true,否则返回false

22) void ADC14_setResolution (uint32_t resolution)

函数功能:设置精度

参数:选择精度

返回值:空

23) bool ADC14_setResultFormat (uint32_t resultFormat)

函数功能:设置结果格式

参数:选择格式

返回值:成功返回 true,否则返回 false

3.8　比较器

比较器是一个比较两个模拟电压大小并提供一个输出信号作为比较结果的外设。比较器可向器件引脚提供输出,也可通过中断向应用发出启动 ADC 转换的信号。MSP432 中共有两个 COMP_E 模块,COMP_E 模块支持精确的斜率模/数转换、电源电压监控和外部模拟信号监控。

3.8.1　比较器概述

比较器可对正负两个输入端的模拟信号进行比较,如果 V+＞V－,那么比较器输出高电平。一般来说,为了减少电流消耗,在不使用比较器时应将其关闭。关闭时比较器输出总为低电平。

COMP_E 模块的结构图如图 3.44 所示。

图 3.44 中,CEIPSELx 和 CEIMSELx 位可以用来选择两个输入端的输入引脚。CEEX 位可用于控制输入多路选择器,交换比较器两端输入。当交换比较器端口时,比较器的输出信号也将发生反转,这使得用户可确定或补偿比较器的输入偏移电压。CESHORT 位可短路比较器输入,这可以用于构建一个简单采样保持器。

3.8.2　基准电压发生器

比较器基准电压发生器的模块结构如图 3.45 所示。

CEREFLx 用于选择输入共享基准电压的等级,CEREFLx＝00 表示关闭该放大器,如果 CEREFLx 从一个非零值改变成另一非零值,那么中断标志可能会发生不可预测的行为,因此在改变 CEREFLx 的值之前,最好先设置 CEREFLx＝00。CERSx 位用于选择基准电压源。CEREF1x 和 CEREF0x 位控制电阻从而分别控制 V_{ref1} 和 V_{ref0} 的输出,当 COUT＝1 时发生器输出 V_{ref1},当 COUT＝0 时输出 V_{ref0}。如果外部信号施加到比较器的两个输入端,则应关闭内部基准电压发生器,以减少电流消耗。

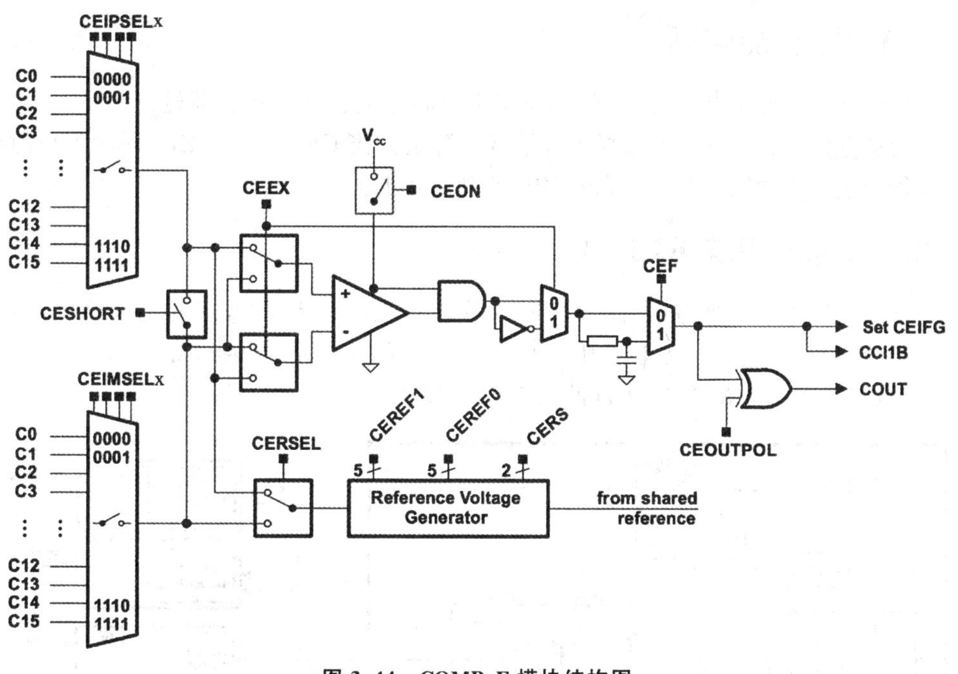

图 3.44 COMP_E 模块结构图

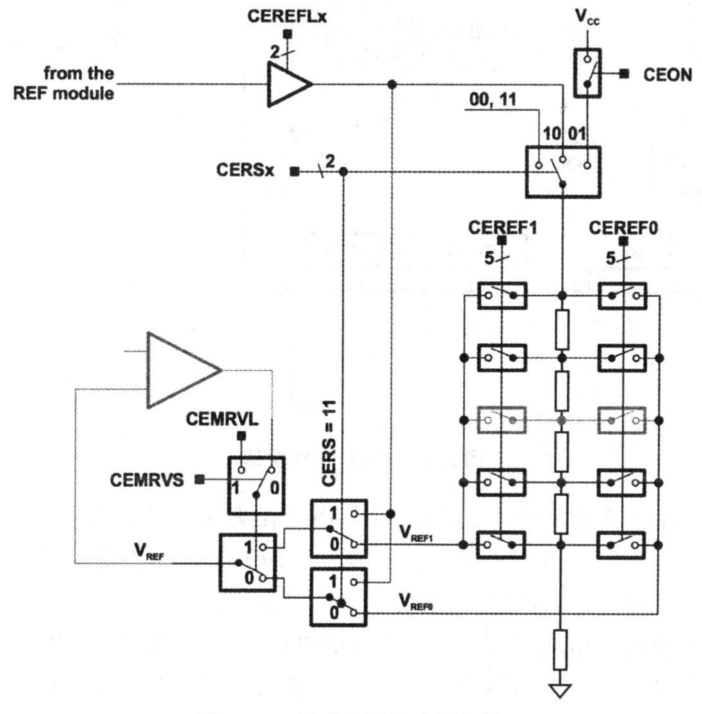

图 3.45 基准电压发生器结构

3.8.3 比较器中断

比较器涉及的中断标志只有一个CEIFG,该中断标志在比较器输出的上升沿或下降沿被置位,由CEIES位选择上升沿或下降沿。当CEIFG和CEIE同时置位时,比较器产生一个中断信号,并可由CPU来执行中断。

3.8.4 基准模块REF_A

比较器所需的基准电压是由REF_A模块提供的。REF_A模块是一个通用的基准系统,用于为给定设备上的其他子系统提供所需的基准电压。图3.46所示为一个带ADC、DAC、比较器和LCD的REF_A模块结构图。

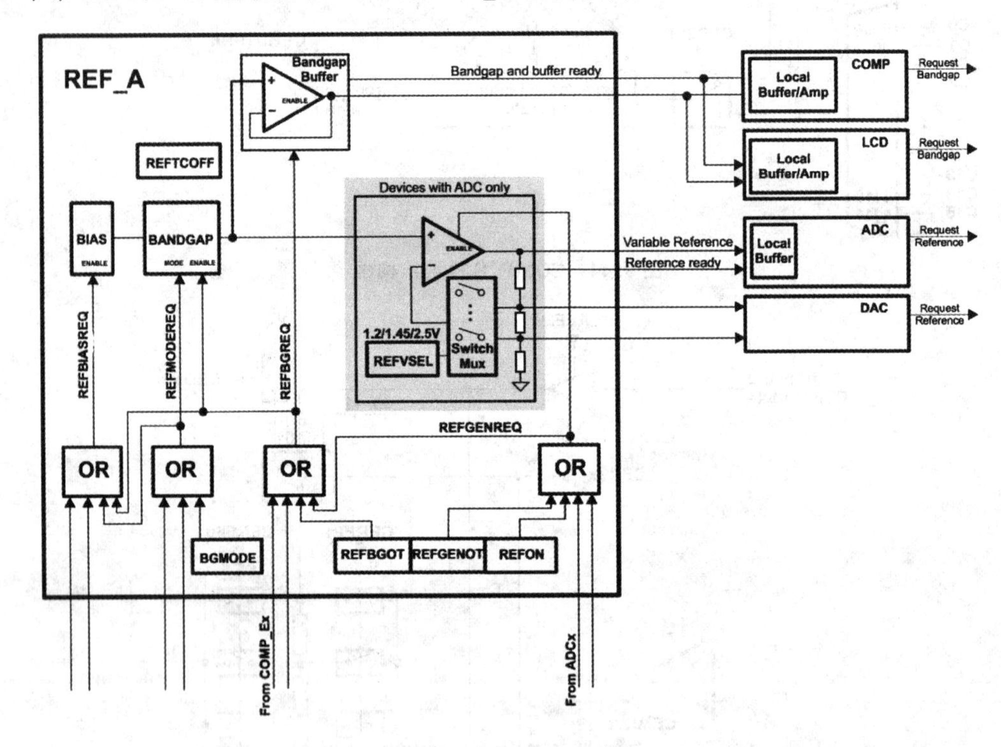

图3.46 REF_A模块结构

带隙是一个基准模块的核心,其主要作用是在集成电路中提供稳定的参考电压或参考电流。REFGEN子系统包含一个高性能的带隙。该带隙具有良好的精度(出厂时已调整)、低温度系数,以及在低功率操作时的高PSRR。

带隙电压通过同相放大器级来产生基准电压:1.2 V、1.45 V和2.5 V,且一次仅可选择一个电压。REFGEN子系统的一个输出是可变基准线。可变基准线为系统的其他部分提供1.2 V、1.45 V或2.5 V的基准电压。REFGEN子系统的第二输出提供一个缓冲带隙基准线。当DAC14模块可用时,REFGEN还可为DAC14模块

提供基准电压。REFGEN 子系统还包含来源于带隙的温度传感器电路，温度传感器可通过 ADC 来测量温度与电压的比率。

3.8.5　比较器寄存器和库函数

1. 比较器模块的寄存器

比较器模块的寄存器如表 3.20 所列。

表 3.20　比较器模块的寄存器

偏移量	缩　写	寄存器名称
00h	CExCTL0	比较器控制 0 寄存器
02h	CExCTL1	比较器控制 1 寄存器
04h	CExCTL2	比较器控制 2 寄存器
06h	CExCTL3	比较器控制 3 寄存器
0Ch	CExINT	比较器中断寄存器
0Eh	CExIV	比较器中断向量寄存器

2. 比较器模块驱动库函数

比较器模块驱动库函数及描述如下：

1) **void COMP_E_clearInterruptFlag (uint32_t comparator, uint_fast16_t mask)**

函数功能：清除比较器中断标志

参数 1：选择比较器

参数 2：选择要清除的中断标志

返回值：空

2) **void COMP_E_disableInputBuffer (uint32_t comparator, uint_fast16_t inputPort)**

函数功能：禁用输入缓冲

参数 1：选择比较器

参数 2：输入端口

返回值：空

3) **void COMP_E_disableInterrupt (uint32_t comparator, uint_fast16_t mask)**

函数功能：禁用中断

参数 1：选择比较器

参数 2：选择要禁用的中断类型

返回值：空

4) void COMP_E_disableModule (uint32_t comparator)

函数功能：禁用比较器模块

参数：选择比较器模块

返回值：空

5) void COMP_E_enableInputBuffer (uint32_t comparator, uint_fast16_t inputPort)

函数功能：使能输入缓冲

参数1：选择比较器模块

参数2：输入端口

返回值：空

6) void COMP_E_enableInterrupt (uint32_t comparator, uint_fast16_t mask)

函数功能：使能中断

参数1：选择比较器模块

参数2：选择要使能的中断

返回值：空

7) void COMP_E_enableModule (uint32_t comparator)

函数功能：使能比较器模块

参数：选择比较器模块

返回值：空

8) uint_fast16_t COMP_E_getEnabledInterruptStatus (uint32_t comparator)

函数功能：得到中断状态(已使能)

参数：选择比较器模块

返回值：空

9) uint_fast16_t COMP_E_getInterruptStatus (uint32_t comparator)

函数功能：得到中断状态

参数：选择比较器模块

返回值：空

10) bool COMP_E_initModule (uint32_t comparator, const COMP_E_Config * config)

函数功能：初始化比较器模块

参数1：选择比较器模块

参数2：比较器参数结构体

返回值：成功返回 true，否则返回 false

11) uint8_t COMP_E_outputValue (uint32_t comparator)

函数功能：得到比较器的输出值

参数：选择比较器模块

返回值:比较器输出值

12) void COMP_E_setInterruptEdgeDirection (uint32_t comparator, uint_fast8_t edgeDirection)

函数功能:设置在上升沿或者下降沿产生中断

参数 1:选择比较器模块

参数 2:选择上升沿或者下降沿

返回值:空

13) void COMP_E_setPowerMode (uint32_t comparator, uint_fast16_t powerMode)

函数功能:设置功率模式

参数 1:选择比较器模块

参数 2:选择功率模式

返回值:空

14) void COMP_E_setReferenceAccuracy (uint32_t comparator, uint_fast16_t referenceAccuracy)

函数功能:设置基准电流

参数 1:选择比较器模块

参数 2:选择基准电流

返回值:空

15) void COMP_E_setReferenceVoltage (uint32_t comparator, uint_fast16_t supplyVoltageReferenceBase, uint_fast16_t lowerLimitSupplyVoltageFractionOf32, uint_fast16_t upperLimitSupplyVoltageFractionOf32)

函数功能:设置基准电压

参数 1:选择比较器模块

参数 2:选择共享基准电压

参数 3:基准电压上限

参数 4:基准电压下限

返回值:空

16) void COMP_E_shortInputs (uint32_t comparator)

函数功能:短路比较器输入

参数:选择比较器模块

返回值:空

17) void COMP_E_toggleInterruptEdgeDirection (uint32_t comparator)

函数功能:改变中断沿方向

参数:选择比较器模块

返回值:空

18) void COMP_E_unshortInputs (uint32_t comparator)

函数功能:不短路比较器输入

参数:选择比较器模块

返回值:空

3.8.6　REF_A 寄存器和库函数

1. REF_A 模块寄存器

REF_A 模块寄存器如表 3.21 所列。

表 3.21　REF_A 模块寄存器

偏移量	缩　写	寄存器名称
00h	REFCTL0	控制 0 寄存器

2. REF_A 模块驱动库函数

REF_A 模块驱动库函数及描述如下:

1) void REF_A_disableReferenceVoltage (void)

函数功能:禁用基准电压

参数:空

返回值:空

2) void REF_A_disableReferenceVoltageOutput (void)

函数功能:禁用基准电压输出

参数:空

返回值:空

3) void REF_A_disableTempSensor (void)

函数功能:禁用温度传感器以降低功耗

参数:空

返回值:空

4) void REF_A_enableReferenceVoltage (void)

函数功能:使能基准电压

参数:空

返回值:空

5) void REF_A_enableReferenceVoltageOutput (void)

函数功能:使能基准电压输出

参数:空

返回值:空

6) void REF_A_enableTempSensor (void)

函数功能：使能温度传感器

参数：空

返回值：空

7) uint_fast8_t REF_A_getBandgapMode (void)

函数功能：得到带隙模式

参数：空

返回值：带隙模式

8) bool REF_A_isBandgapActive (void)

函数功能：判断带隙是否处于活跃状态

参数：空

返回值：带隙处于活跃状态则返回 true，否则返回 false

9) bool REF_A_isRefGenActive (void)

函数功能：判断基准电压产生器是否处于活跃状态

参数：空

返回值：基准电压产生器处于活跃状态则返回 true，否则返回 false

10) bool REF_A_isRefGenBusy (void)

函数功能：判断基准电压产生器是否处于忙碌状态

参数：空

返回值：基准电压产生器处于忙碌状态则返回 true，否则返回 false

11) void REF_A_setReferenceVoltage (uint_fast8_t referenceVoltageSelect)

函数功能：设置基准电压

参数：选择基准电压

返回值：空

3.9 本章小结

本章介绍了 MSP432 应用外设的原理和使用方法，如 GPIO、定时器、UART、SPI、I^2C、ADC、比较器等，具体如下：

① MSP432 中包括了 11 个 GPIO 端口，对 GPIO 的结构、功能及其配置和使用方法进行了介绍。

② 介绍了端口映射控制器 PMAP 的主要特性和操作方式。

③ 介绍了 MSP432 的各个定时器的原理和使用方法，包括 TimerA、Timer32 和看门狗定时器。重点介绍了 TimerA 的 4 种计数模式和 TimerA 的比较模式中的中断产生和波形输出。

④ 介绍了 UART 协议原理，包括在发送端和接收端 MSP432 的工作机制和中断控制，以及多机通信时 MSP432 的工作机制。同时，还对 UART 的检测机制和自

动波特率检测等做了阐述。

⑤ 介绍了 SPI 协议原理，包括作为主机和从机时的工作机制和中断控制。

⑥ 介绍了 I^2C 协议原理，包括作为主机接收、作为主机接收和作为从机发送、作为从机接收时的工作机制和中断控制，同时对 I^2C 的寻址方式进行了阐述。

⑦ 介绍了 ADC 模块的工作原理，包括采样、保持、转换阶段的工作机制等。

⑧ 介绍了 MSP432 比较器模块的工作机制和中断产生，并对基准模块 REF_A 进行了介绍。

通过本章的学习，读者应能够清楚地了解 MSP432 各应用外设的结构与原理，并能进行简单的配置与应用。

3.10 思考题

1. 如何用库函数配置 GPIO？
2. 请简述 PMAP 映射方式。
3. 使用 Timer32 时需要配置哪些寄存器？
4. TimerA 的计数模式有哪几种？请分别描述。
5. TimerA 比较模式可以产生输出信号，请简述各输出信号的产生原理。
6. 请简述 UART、SPI、I^2C 的异同点。
7. 如何用库函数配置 UART、SPI、I^2C？
8. ADC 包括哪几个阶段？请简述各阶段的工作过程。

第 4 章

MSP432 软硬件开发环境

前几章详细讲解了 MSP432 的体系结构和外设原理。本章将介绍 MSP432 的软件开发环境、嵌入式 C 语言编程基础、MSP432 外设函数库，以及一款经典、好用的硬件开发板。

MSP432 开发板可使用不同的开发环境(Integrated Development Environment，IDE)进行开发，包括 IAR(IAR Embedded Workbench for ARM)、CCS(Code Composer Studio)、Keil、Energia 等。同时 TI 为了适应大数据的发展需要，使用了 TI 云开发工具。它是 TI 基于云计算的一种软件开发工具，用户可以直接访问 MSPWare 目录并使用基于 web 的 IDE，这样用户就可以"在线"调试项目。实际上不同的开发环境其作用意义基本一致，只是不同的开发环境使用了不同的界面或者具备了一些特殊的应用功能。

4.1 IAR Embedded Workbench 嵌入式开发工具

4.1.1 IAR 概述

IAR 提供的产品和服务涉及嵌入式系统的设计、开发和测试的每一个阶段，包括：带有 C/C++ 编译器与调试器的集成开发环境、实时操作系统、中间件、开发套件、硬件仿真器以及状态机建模工具。它可以建立适应不同仿真器使用的工程，在完成代码编写后可插入断点并通过变量查看窗口分析测试代码。

在调试方面，IAR 除了自带的程序模拟器(Simulator)外，还可完全兼容 TI XDS 仿真器和 CMSIS DAP(Cortex Microcontroller Software Interface Standard Debug Access Port)I-jet/JTAGjet、J-Link/J-Trace 等其他外部调试器。本节主要介绍 IARv7.40 编译开发环境。

4.1.2 IAR 的安装

IAR 可以在 IAR 官网(www.iar.com)下载，有时间限制版(30 天)和功能限制版(代码长度限制 4 KB/8 KB)供用户测试和评估。若要使用无限制的完整版，则需购买 License。IAR 的具体安装步骤如下：

① 运行下载的安装程序 ewarm-cd-7407-9865.exe,本书以 IARv7.40 版本为例进行说明,安装 IARv7.40 版本首页如图 4.1 所示。

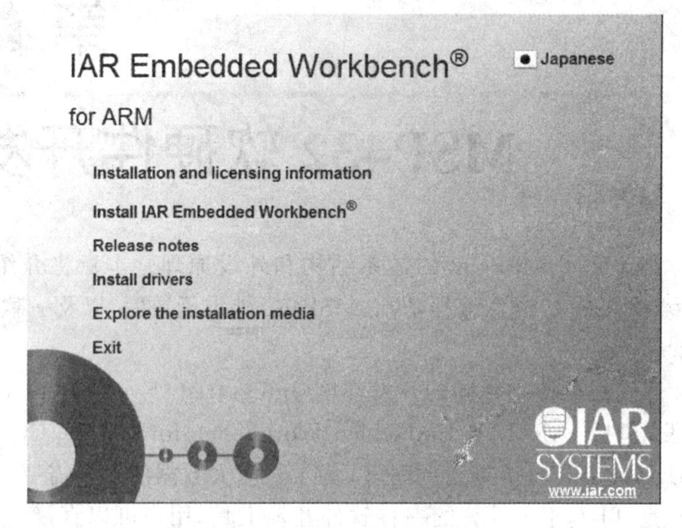

图 4.1 安装 IARv7.40 版本首页

② 单击 Install IAR EMbedded Workbench 弹出如图 4.2 所示的安装界面。

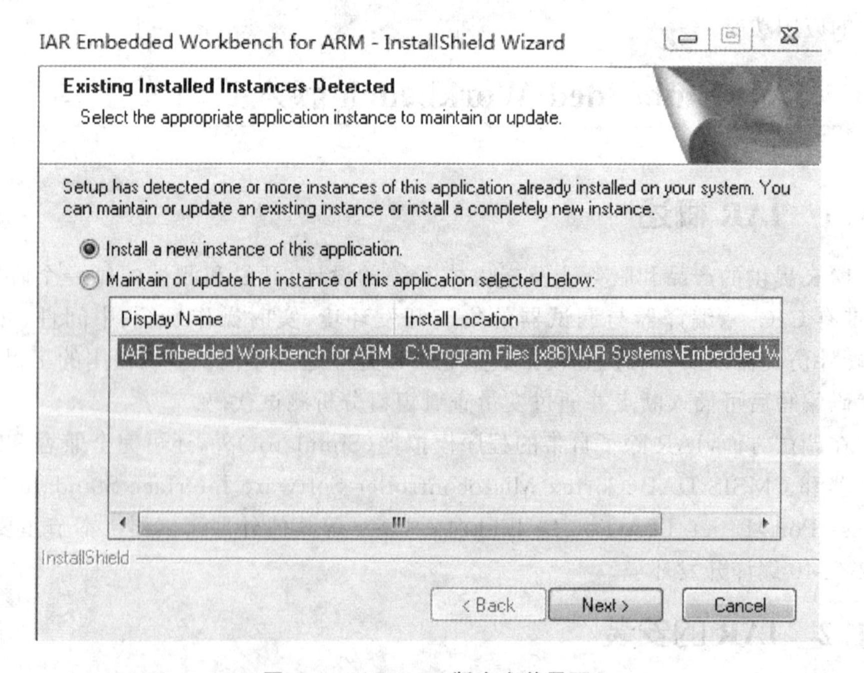

图 4.2 IARv7.40 版本安装界面

③ 单击 Next 按钮进入准备安装界面,如图 4.3 所示。

④ 安装完毕后进入 IAR 欢迎界面,如图 4.4 所示。

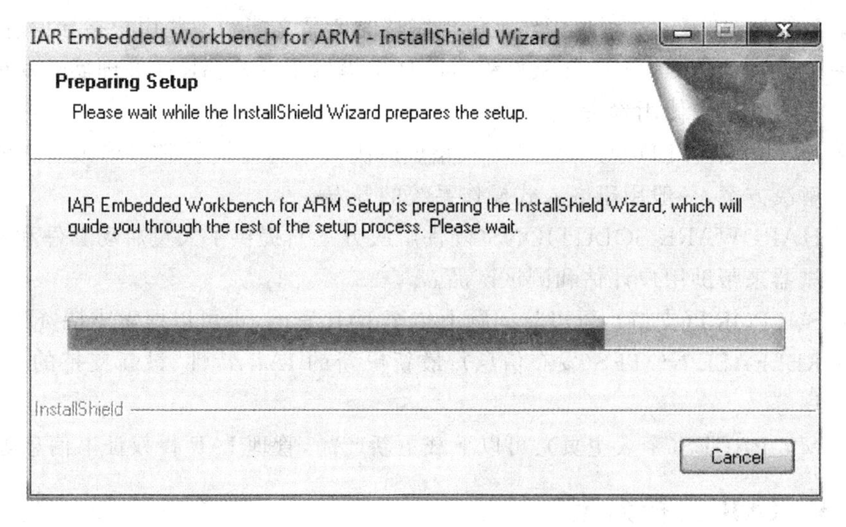

图 4.3　IARv7.40 准备安装界面

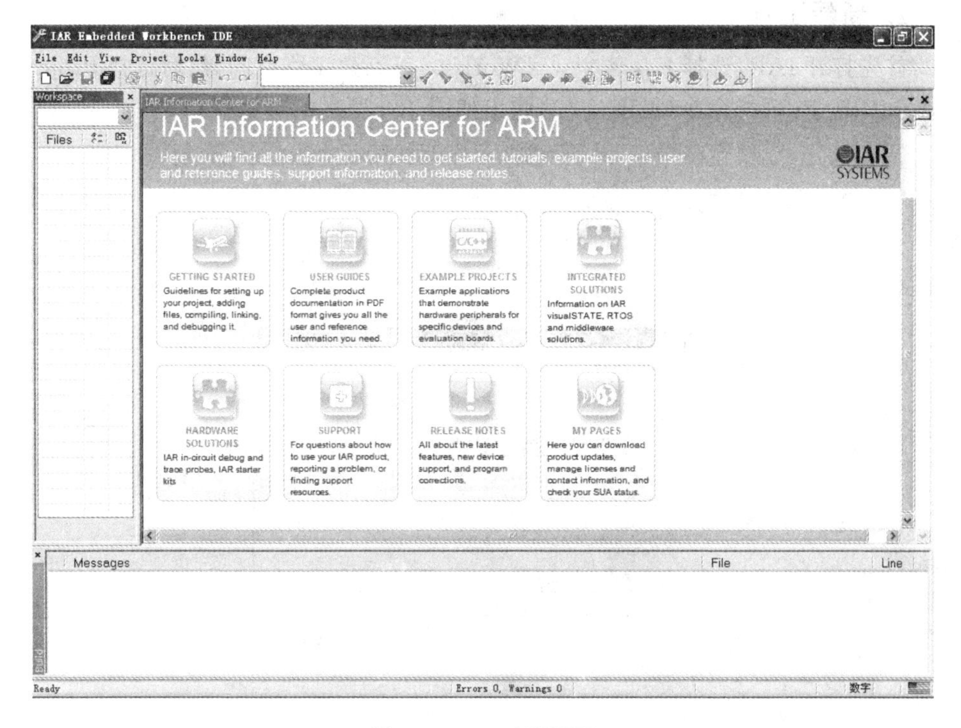

图 4.4　IAR 欢迎界面

在 IAR 的欢迎界面中，可以看到 IAR Information Center for ARM（ARM 专用 IAR 信息中心）。在这个界面中有许多实用信息，包括：

➢ GETTING STARTED（开始）：主要是一些 IAR 的基本操作教程，可以帮助用户快速入门。

➢ USER GUIDES(用户指导):包含完整的产品文档和一些用户指导信息。
➢ EXAMPLE PROJECTS(例程):IAR中提供了一些ARM处理器开发板的例程方便用户使用参考。
➢ INTEGRATED SOLUTIONS(集成解决方案):提供了RTOS或者中间件的解决方案,一般用于嵌入式操作系统的开发。
➢ HARDWARE SOLUTIONS(硬件解决方案):提供了大量启动套件和板上调试器来帮助用户评估和测试产品。
➢ SUPPORT(支持):可以将问题上传至IAR官网,也可以搜索支持资源。
➢ RELEASE NOTES(发布信息):最新更新的IAR特性、最新支持的硬件、程序等。
➢ MY PAGES(个人主页):可以下载更新产品,管理IAR授权证书信息等。

4.1.3 IAR工程开发

1. 新建工程

首先打开IAR,选择File→New→Workspace新建工作空间,然后选择Project→Create New Project命令(见图4.5),弹出如图4.6所示的对话框。

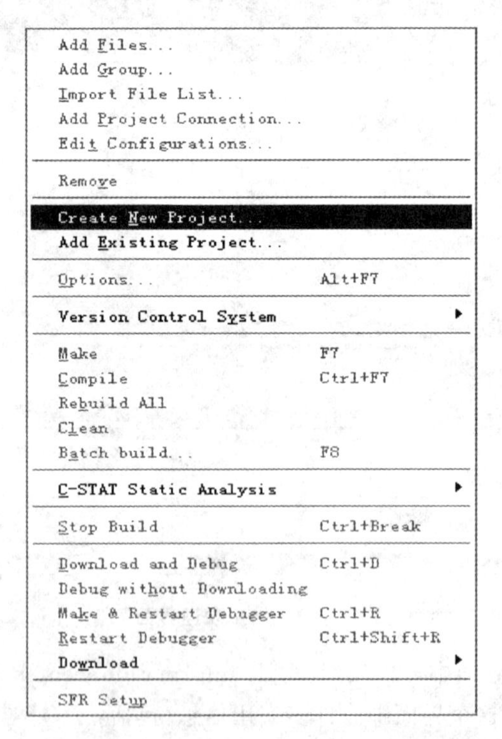

图4.5 选择Create New Project命令

在创建新工程对话框中，选择 C→main 即创建一个包含主函数的 C 文件，如图 4.6 所示。

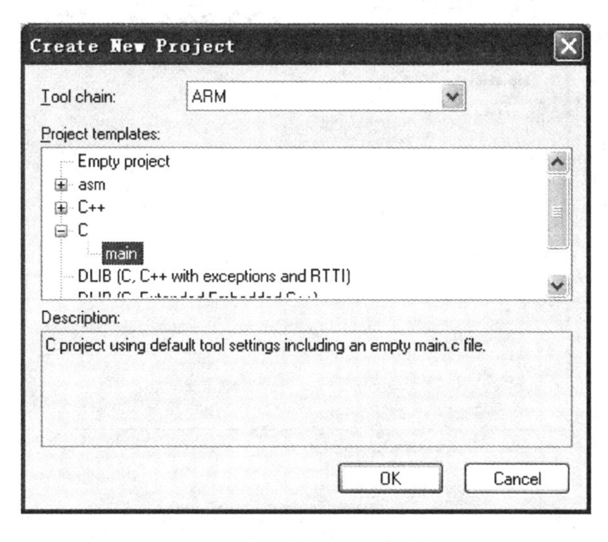

图 4.6　创建新工程对话框

单击 OK 按钮后，选择一个目录存放工程文件，并给工程所在目录定义名称 test。如图 4.7 所示为保存工程对话框。

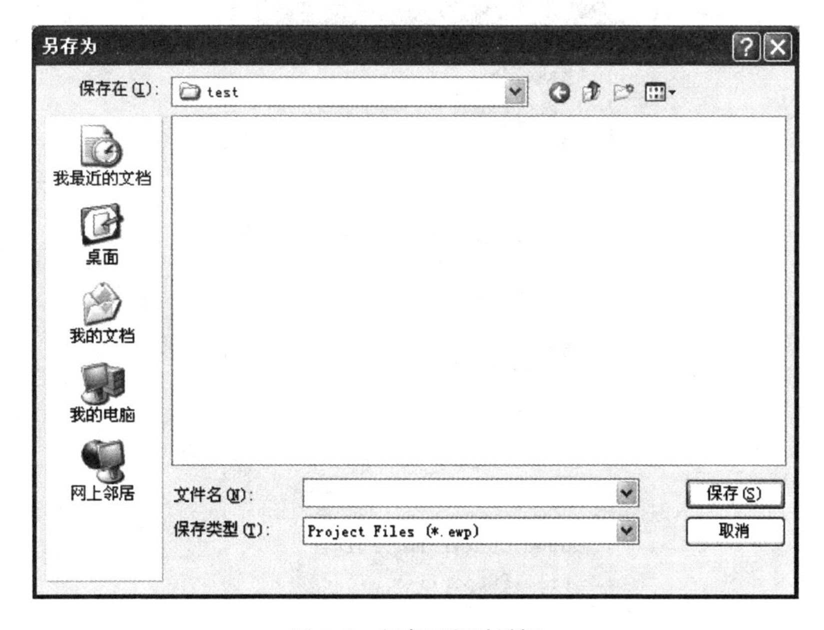

图 4.7　保存工程对话框

单击"保存"按钮，弹出如图 4.8 所示的代码编写和调试对话框。

在 Workspace 窗口中，右击 test-Debug 选择 Options 命令，如图 4.9 所示。

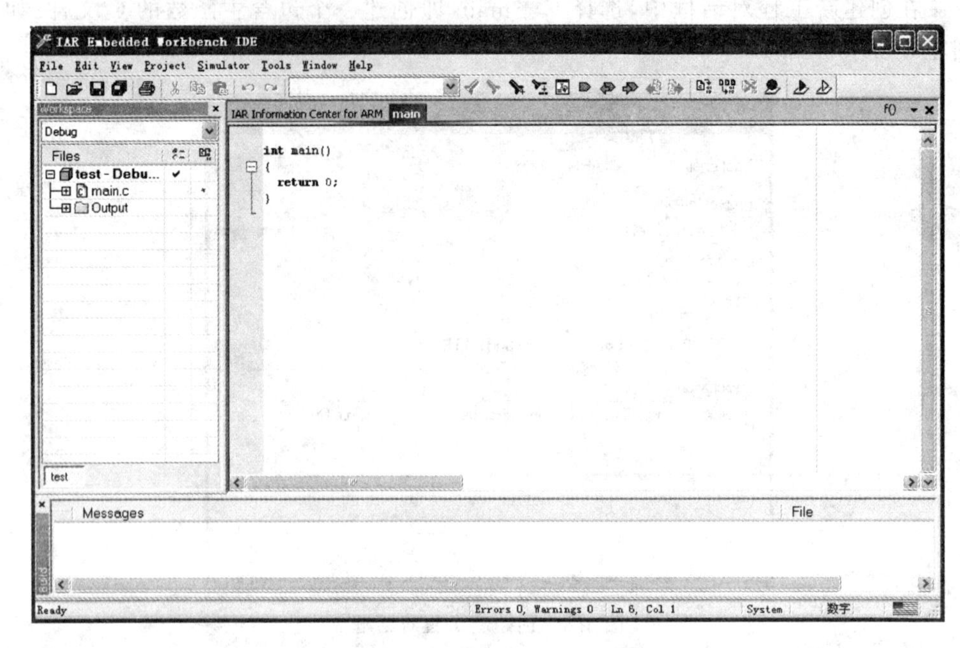

图 4.8 代码编写和调试对话框

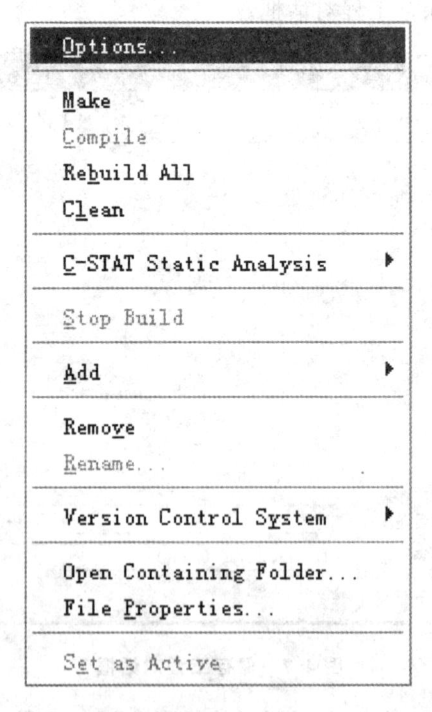

图 4.9 选择 Options 命令

Options for node "test"对话框是整个"工程"的设置，在 Target 选项卡中选择 Device，在其后的列表框中选择 TexasInstruments MSP432P401R 如图 4.10 所示。

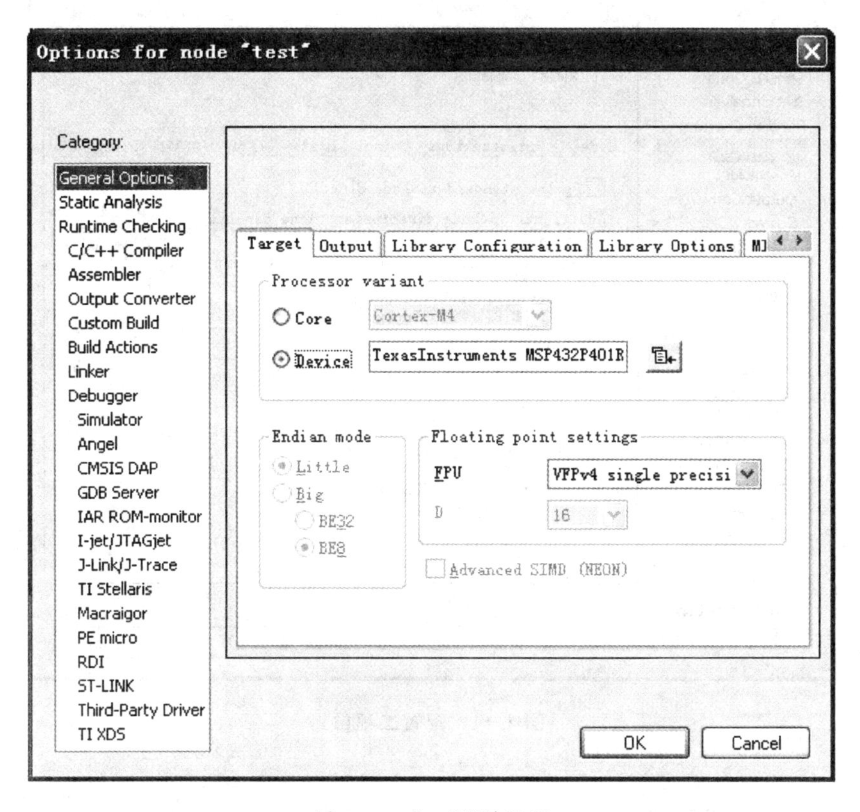

图 4.10　"工程"的设置

2. 配置工程

和其他程序开发环境一样，在程序代码最终编译前，必须对编译环境进行"环境变量"的配置，开发环境才能最终找到关联的文件。在 Options for node "test"对话框中选择左侧 Category 中的 C/C++ Compiler，在右侧 Preprocessor 选项卡的 Additional include directories 输入框中输入以下路径，对编译路径进行配置，如图 4.11 所示。

```
$PROJ_DIR$\
$PROJ_DIR$\..\..\..\..\driverlib\MSP432P4xx
$PROJ_DIR$\..\..\..\..\inc\  （函数库头文件所在位置以具体安装目录为准）
$TOOLKIT_DIR$\inc\Texas Instruments  （MSP432 系统配置头文件一般在安装目录下）
$TOOLKIT_DIR$\CMSIS\Include  （CMSIS 配置头文件也在安装目录下）
```

同时，在 Defined symbols 输入框中输入如下代码：

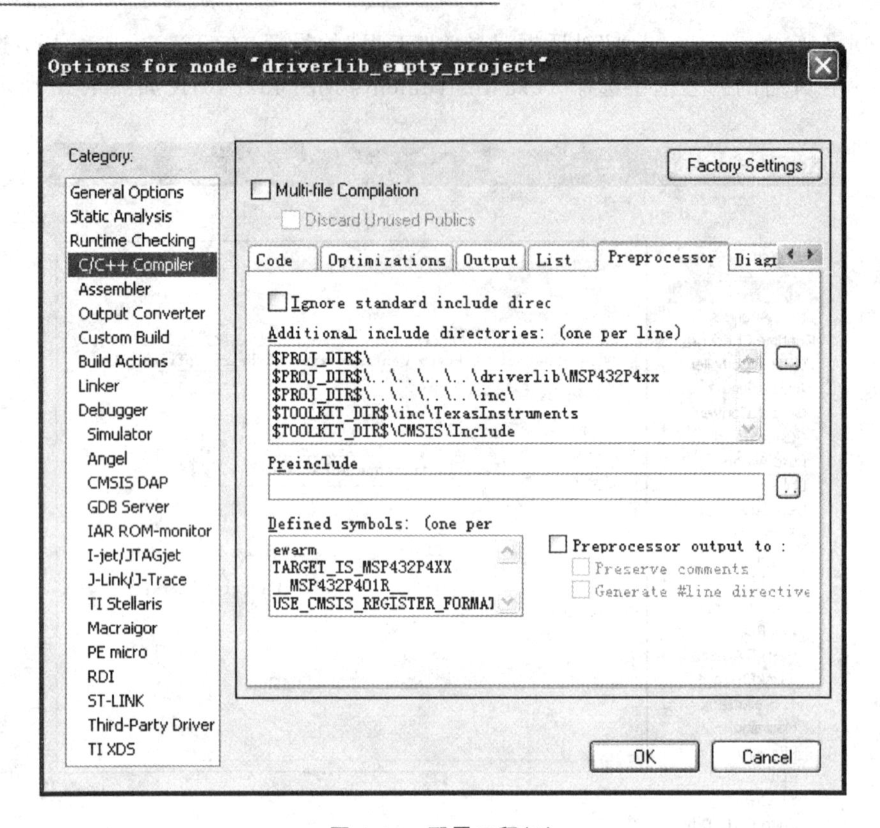

图4.11　配置工程(1)

```
ewarm
TARGET_IS_MSP432P4XX
__MSP432P401R__
USE_CMSIS_REGISTER_FORMAT
```

选择Category→Debugger，在Setup选项卡的Driver下拉列表框中选择CMSIS DAP，在Download选项卡中勾选Use flash loader，这一步是对使用的调试器进行选择。本书中所有例程均使用MSP XDS110作为板上调试器。图4.12和图4.13所示为配置工程。

右击test-Debug，选择Add命令为工程添加函数库中的头文件，如图4.14所示。函数库头文件位于MSPWare的下载目录，可用同样的方法找到并添加msp432p4xx_driverlib.a和msp432_startup_ewarm.c(中断向量表)文件到工程，这些文件都是下载代码编译时必须使用的。

这里提到的CMSIS DAP(Cortex Microcontroller Software Interface Standard Debug Access Port)指的是ARM微控制器软件接口标准调试连接端口。它是作为一个固件的调试单元与USB调试端口相连。调试器由计算机主机负责控制处理，通过USB连接至调试单元，并同硬件(Cortex-M处理器)连接来运行应用软件。ARM

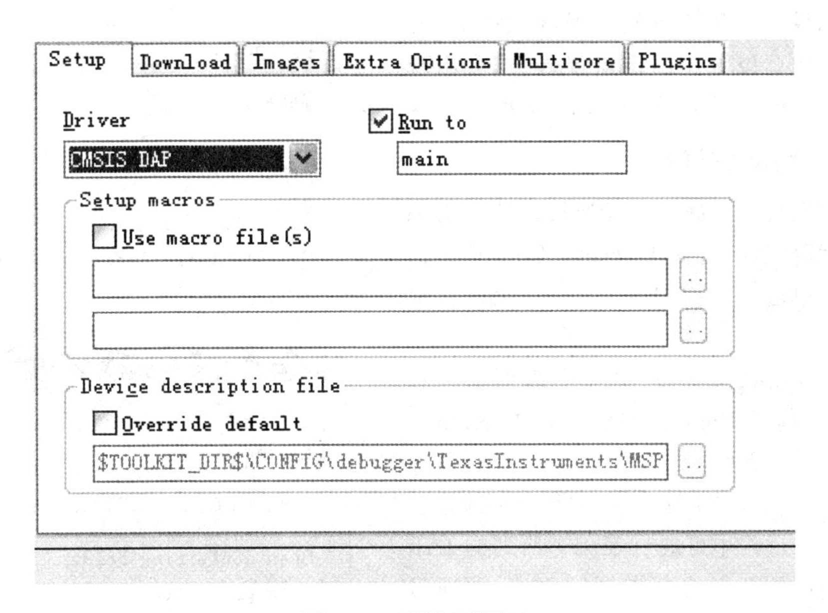

图 4.12　配置工程(2)

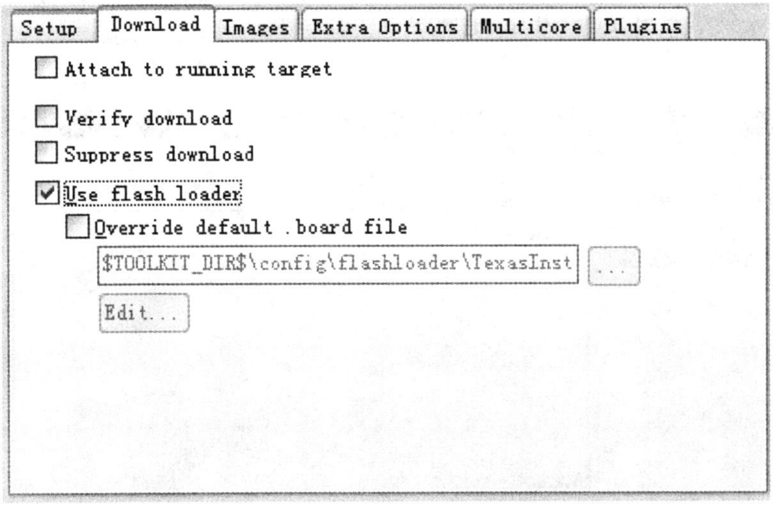

图 4.13　配置工程(3)

Cortex 处理器提供一种内核检测与调试跟踪单元(CoreSight Debug and Trace Unit),使用它可以进一步调试内容。

头文件添加完毕后,需选中 main. c,在此文件中的首行添加语句"#include driverlib. h",单击工具栏中的(compile)按钮,对此文件进行编译。如果 Message 窗口没有报错就可以使用函数库提供的函数了,如图 4.15 所示。

如果上述配置正确无误，则在“main.c”中的任意位置使用键盘键入“.”会出现函数库的连接提示，如图 4.16 所示。

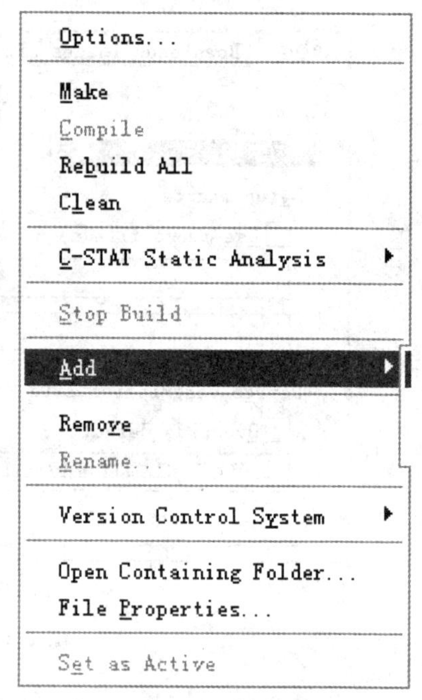

图 4.14　选择 Add 命令添加函数库中的头文件

3. 启动调试器

首先将工程进行编译通过。选中需编译的代码文件，选择 Project→Complier 命令或者单击工具栏中的按钮，编译目标工程，编译结果无错误即可下载调试。

若需要设置断点，则在下载调试前右击该行，选择 Enable→Disable Breakpoint 命令进行设置。

连接开发板，单击进行下载调试。程序运行过程中可通过表 4.1 所列的 IAR 常用调试按钮配合断点调试程序，可通过中止按钮返回编辑界面。

调试过程中，在程序停止的情况下，可通过 View 菜单调出变量、内存、中断等查看窗口。

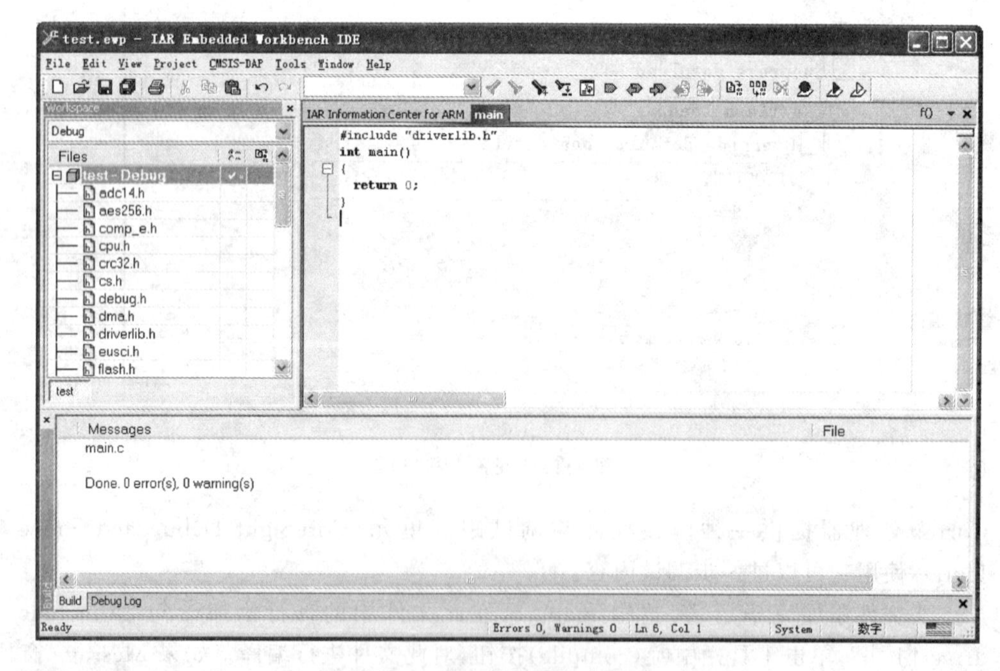

图 4.15　工程配置成功界面

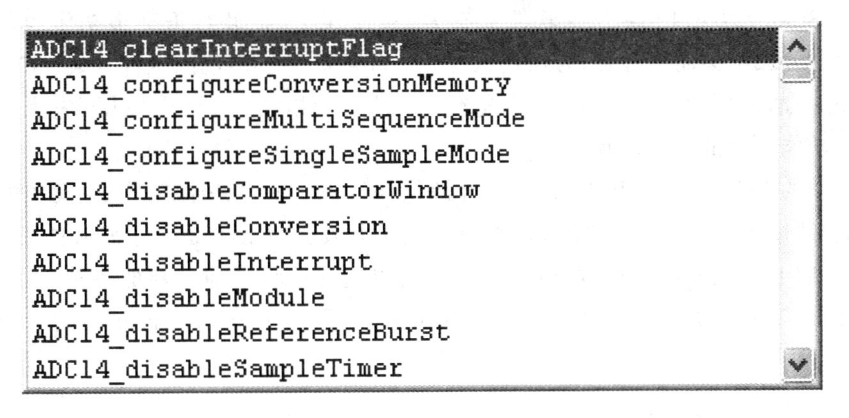

图 4.16　函数库自动调用界面

表 4.1　IAR 常用调试按钮

命令选项	按　钮	功能说明
Step Over		在同一函数中将运行至下一个步点，而不会跟踪进入调用函数内部
Step Into		控制程序从当前位置运行至正常控制流中的下一个步点，无论它是否在同一函数内
Step Out		使用 Step Into 单步运行跟踪进入一个函数之后，如不想一直跟踪到该函数末尾，则运用此命令可执行完整个函数调用并返回到调用语句的下一条语句
Next Statement		直接运行到下一条语句
Run to Cursor		使程序运行用户光标所在地源代码处，也可以在反汇编窗口以及堆栈调用窗口中使用
Go		从当前位置开始，一直运行到一个断点或是程序末尾
Stop Debugging		退出调试器，返回 IAR EW432 环境

4.2　CCSv6 软件开发环境

4.2.1　CCSv6 概述

Code Composer Studio(CCStudio)是德州仪器(TI)嵌入式处理器系列的主要集成开发环境(IDE)，可在 Windows 和 Linux 系统上运行。CCS 包含一整套用于开发和调试嵌入式应用的工具，包含适用于每个 TI 器件系列的编译器、源码编辑器、项目构建环境、调试器、描述器、仿真器、实时操作系统以及其他多种功能。

CCStudio以Eclipse开源软件框架为基础。Eclipse软件框架最初作为创建开发工具的开放框架而被开发,为构建软件开发环境提供了出色的软件框架。CCStudio将Eclipse软件框架的优点和TI的嵌入式调试功能相结合,为嵌入式开发人员提供了一个功能丰富的开发环境。

最新的CCSv6 IDE基于Eclipse开源软件框架(v4+)并融合了TI设备的支持与功能,适用于Windows和Linux系统环境下开发。CCSv6是基于原版的Eclipse,并且TI将直接向开源社区提交改进,用户可以随意地将其他厂商的各种Eclipse插件或TI的工具拖放到现有的Eclipse环境中,享受Eclipse所有最新的改进所带来的便利。

4.2.2 CCSv6的安装

CCS的安装过程主要包括接受协议、选择安装目录、安装模式、安装组件、处理器等,安装步骤如下:

① 在TI官网 http://www.ti.com/tool/ccstudio-msp 下载CCSv6安装包。

② 运行下载的安装程序,本书以ccs_setup_6.1.3.00034.exe为例。首先必须接受TI的安装协议,如图4.17所示。

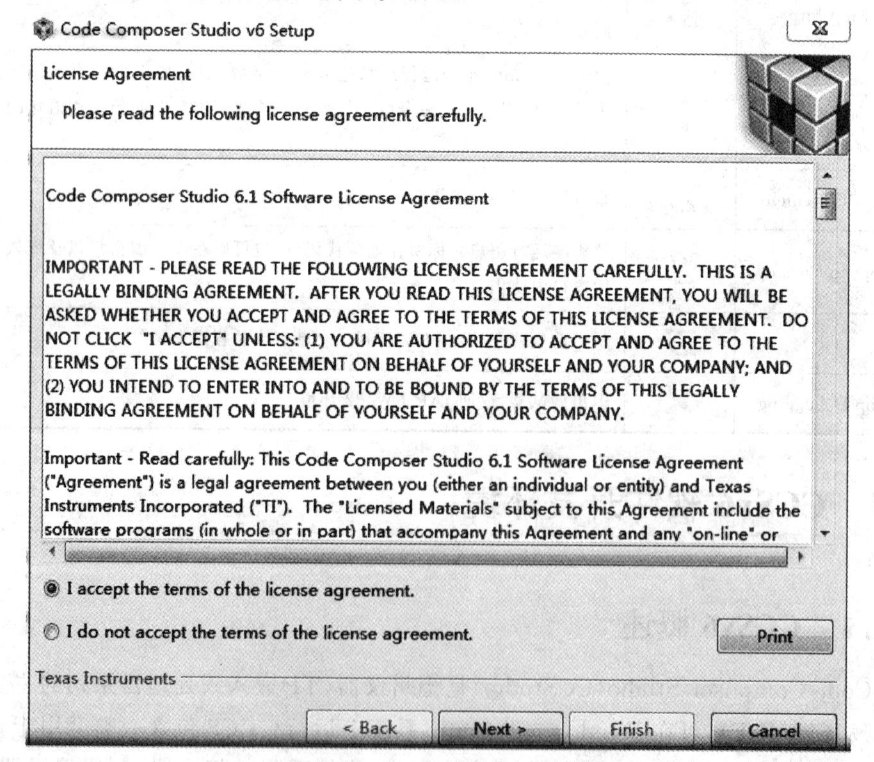

图4.17 CCSv6安装界面

③ 选择 CCS 的安装位置后，单击 Next 按钮，如图 4.18 所示。

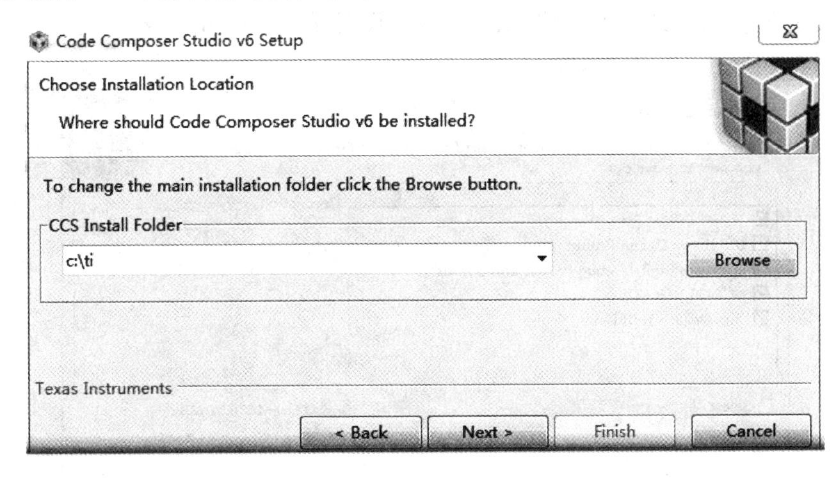

图 4.18　选择安装位置

④ 勾选 MSP Ultra Low Power MCUs，单击 Next 按钮，用户可以根据自己的目标器件选择对应的 MCU 型号和编译器，对于高级用户，还可以选择其他嵌入式开发所需要的器件型号，如图 4.19 所示。

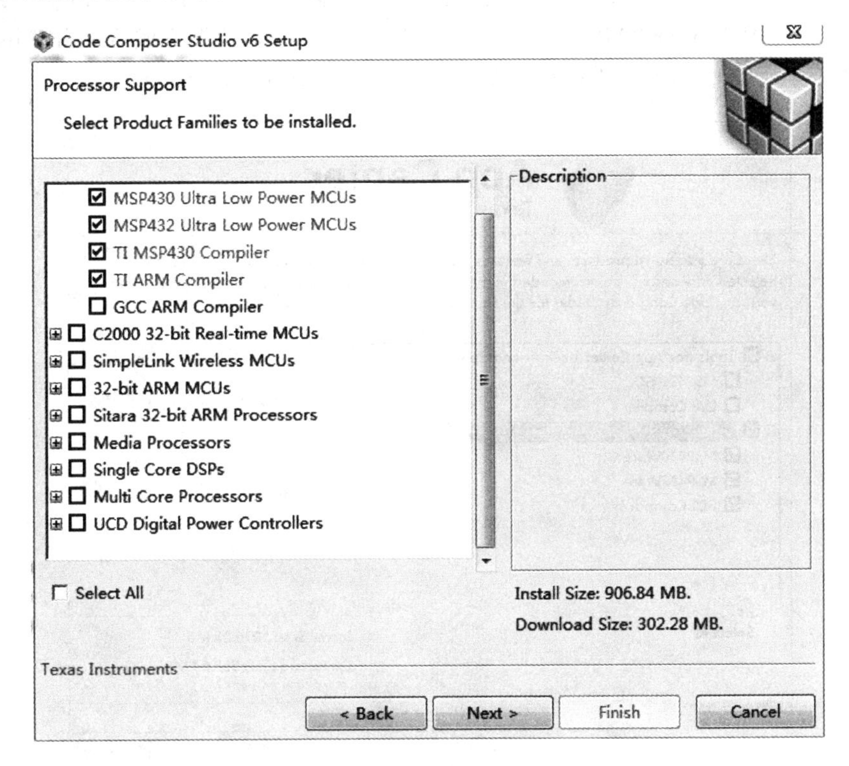

图 4.19　MCU 型号和编译器的选择

⑤ 在调试器选择窗口中，必须包含 TI XDS Debug Probe Support，它与 MSP432 开发板的调试有关，如图 4.20 所示，设置完成后单击 Next 按钮。

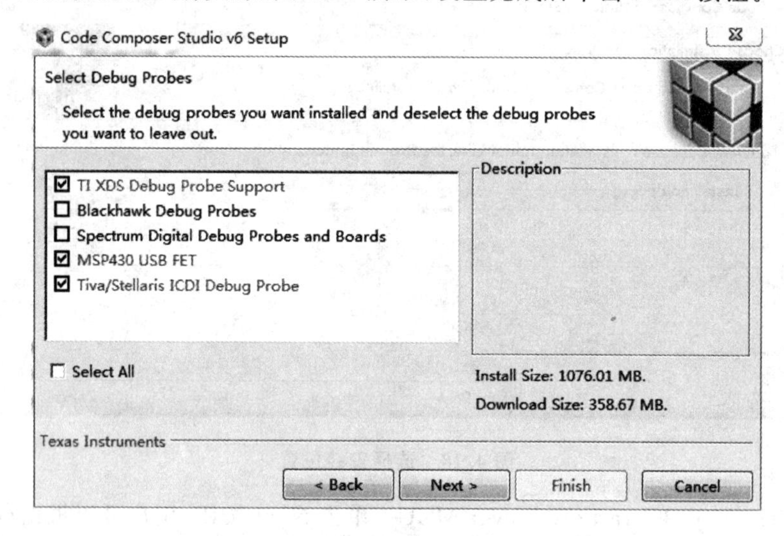

图 4.20　调试器选择窗口

⑥ 使用 CCS 开发项目时，可以利用各种开发附件，用户可以按照需要选择，这里选择了 MSP430Ware、MSP432Ware 和 GUI Composer，选择完成后单击 Finish 按钮如图 4.21 所示。这些附件同样可以在 CCS 安装完毕后进入 App Center 下载安装。

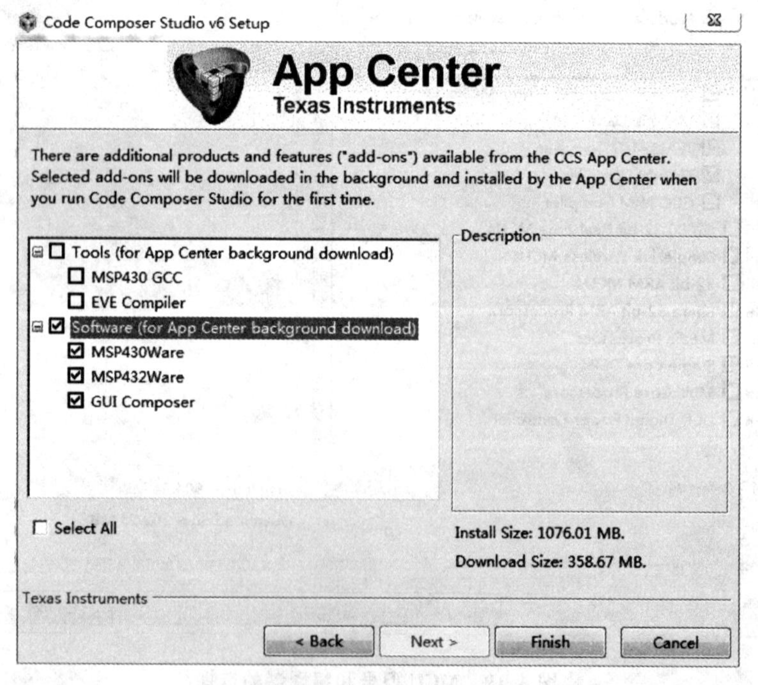

图 4.21　App Center 安装

⑦ 安装选项全部设置完毕后，就会进入安装界面。如图4.22所示，这里使用了CCS在线安装方式，因此整个安装过程必须保证网络畅通。

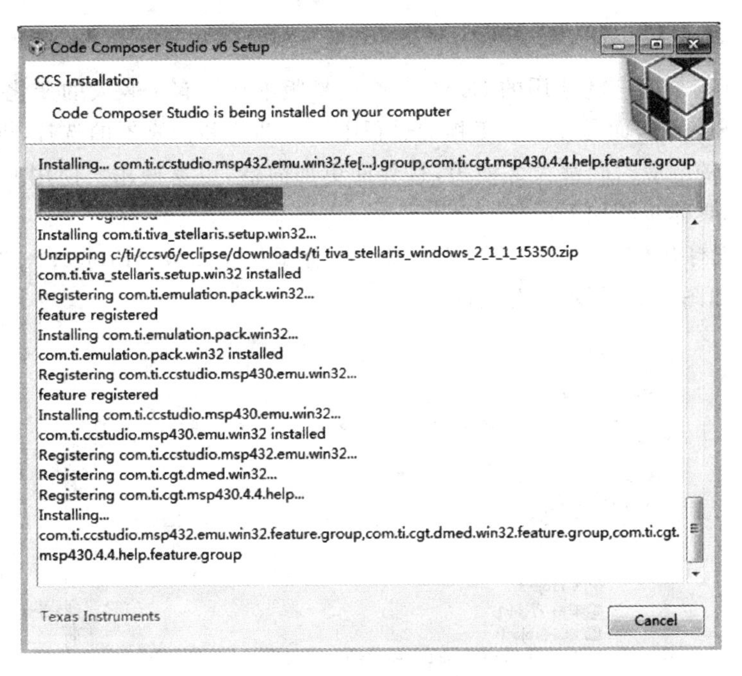

图4.22 CCS在线安装

⑧ 单击Finish按钮完成CCSv6的安装，如图4.23所示。

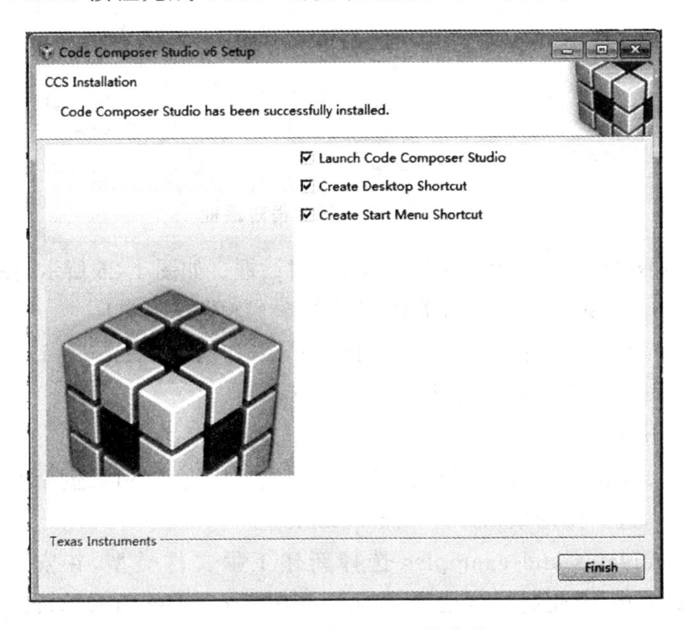

图4.23 完成CCSv6的安装

4.2.3 CCSv6工程开发

1. 新建工程

CCSv6与早期广泛使用的CCS3.3或更早版本相比有了较大的变化，不再需要先设置CCS setup，而是在新建工程的过程中进行芯片和仿真器的选择，同时启动时间和调试器的响应时间都大大缩短，且界面更加简洁，更易使用。使用CCSv6进行工程开发的具体步骤如下：

① 首先打开CCS并确定工作区，然后选择File→New→Project→CCS Project命令，弹出如图4.24所示的对话框。

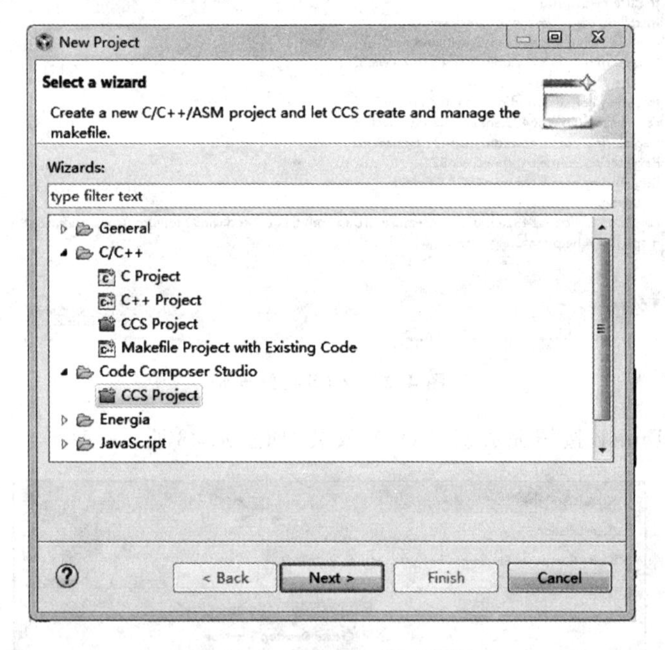

图4.24 建立新工程对话框

② 单击Next按钮弹出New CCS Project对话框。如图4.25所示，在此窗口中：

Target选择MSP432Family，器件型号选择MSP432P401R。

Connection调试器选择默认Texas Instruments XDS110 USB Debug Probe。

在Project name文本框中输入test，为工程命名。

Use default location表示是否使用默认的位置保存工程。

Advanced settings高级设置里包含一些生成可执行文件的选择设置Executable和Static libray，这里使用默认即可(Executable)。

Project templates and examples选择新建工程文件类型，在安装时已完成了MSP432 DriverLib，因此选择该选项下的Empty Project with DriverLib。这样工程直接包含了使用库函数需要的头文件。

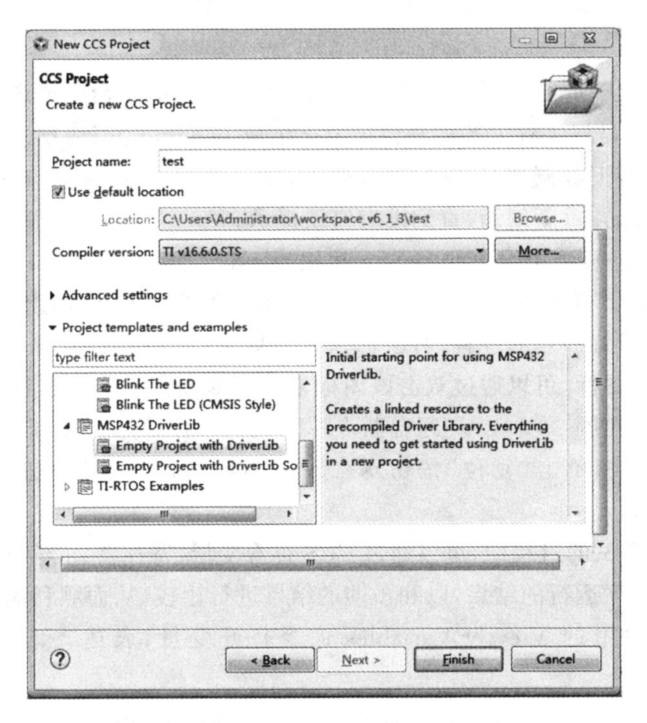

图 4.25　新工程设置界面

③ 单击 Finish 按钮完成新建 test 工程。图 4.26 所示为开发环境界面。

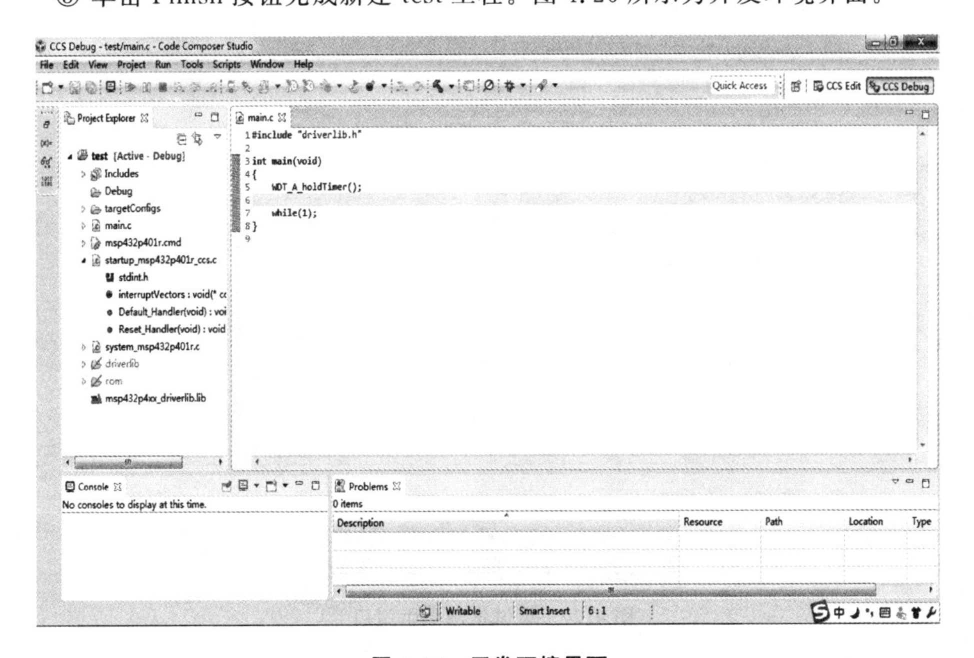

图 4.26　开发环境界面

2. 启动调试器

① 将test工程进行编译。选择Project→Build Project命令或者单击工具栏中的按钮，编译目标工程。若控制台提示已生成test.out文件，则表示编译没有错误产生，可以进行下载调试；如果程序有错误，则会在Problems窗口显示，根据显示的错误修改程序，并重新编译，直到没有错误提示。

② 连接开发板，单击绿色的Debug按钮进行下载调试。

③ 单击"运行"按钮运行程序。在程序调试的过程中，可通过设置断点来调试程序：选择需要设置断点的位置，右击选择Breakpoints→Breakpoint命令，断点设置成功后将显示图标，可以通过双击该图标来取消该断点。程序运行的过程中可以通过单步调试按钮配合断点单步调试程序，单击"重新开始"按钮定位到main()函数，单击"复位"按钮复位。可通过"中止"按钮返回到编辑界面。

④ 在程序调试的过程中，可以通过CCS查看变量、寄存器、汇编程序或Memory等信息显示出程序运行的结果，以和预期的结果进行比较，从而顺利地调试程序。

选择菜单栏中的View→Variables命令打开变量、表达式、寄存器窗口，如图4.27所示。

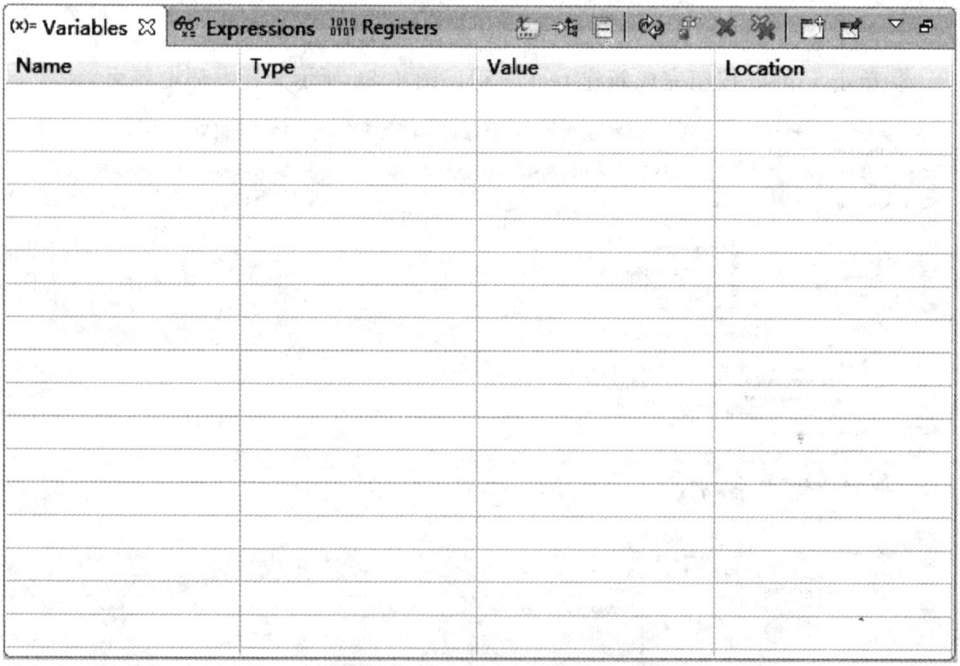

(x)= Variables　Expressions　Registers

Name	Type	Value	Location

图4.27　调试信息显示窗口

选择View→Disassembly命令可以观察汇编程序窗口，如图4.28所示。

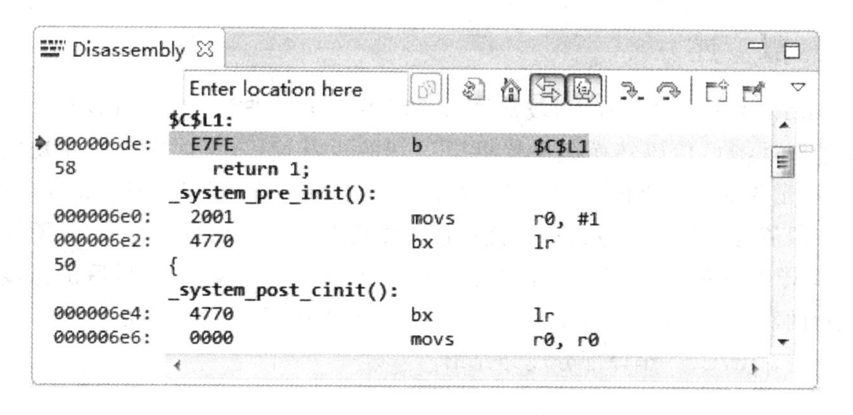

图 4.28　汇编程序观察窗口

选择 View→Memory Browser 命令，并在地址查找框中输入查找的内存地址值，通过查找可得到内存查看选项卡，如图 4.29 所示。

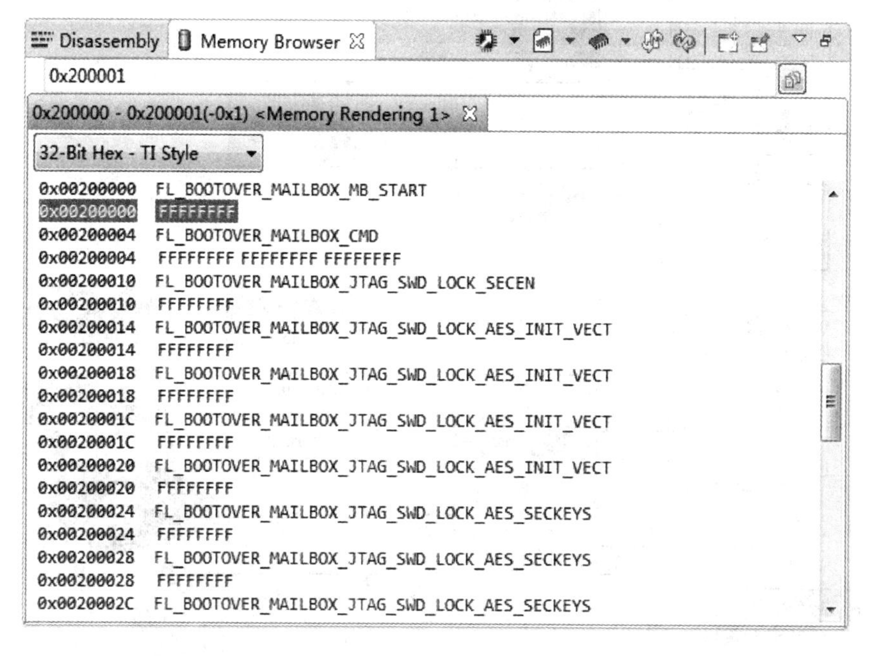

图 4.29　内存查看选项卡

4.3　嵌入式 C 语言程序设计

本节将简要介绍嵌入式 C 语言程序设计的一些必要基础知识，主要是针对原来使用汇编语言的开发者。详细的 C 语言程序设计有很多书籍可以学习、参考。对于有 C 语言编程经验的读者，本节内容可以略过。

4.3.1 概 述

在MSP432的软件编程中，较常见的是使用C语言进行开发。开发环境的一个主要功能即是将C代码转换成机器可以识别的机器代码，从而实现程序功能。如图4.30所示为MSP432的软件开发流程图。其中阴影部分是对MSP432用C语言开发的一般流程，其余部分则为一些辅助、增强功能。用户编写的C/C++源代码由C/C++编译器编译生成汇编代码，之后由汇编工具生成对象文件，最后由连接器生成可执行的对象文件，在单片机上运行。编程过程中，用户面对的是C/C++编程，所以下面针对C/C++编译部分展开介绍。

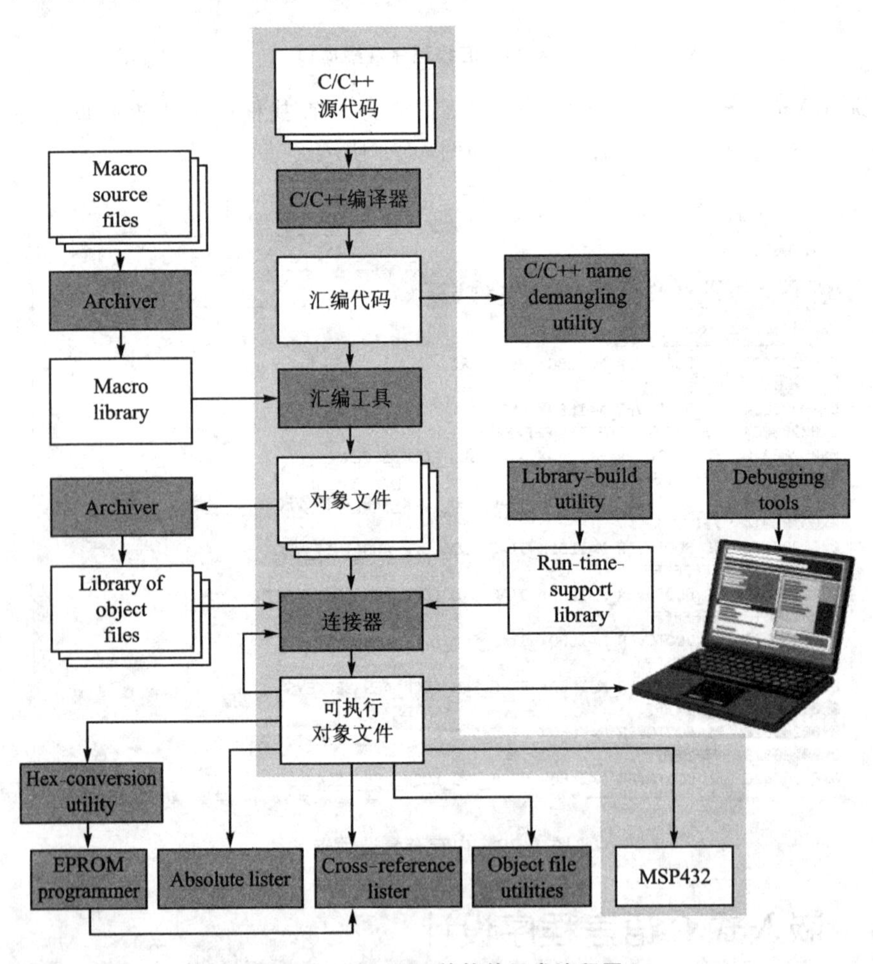

图4.30 MSP432的软件开发流程图

1. C/C++编译器

一般来说，C/C++编译器中的功能实现遵循以下ISO标准。

(1) ISO标准C语言

C/C++编译器中C语言部分遵循C语言标准ISO/IEC 9889—1990，相当于美国国家信息系统编程语言标准定义的cX3.159—1989标准，俗称C89，此标准是由美国国家标准协会出版的。当然ISO标准也发布过1999年版，但是TI公司的编译器(CCS)仅支持1990年而非1999年版的ISO，这也是为什么在不同编译环境之间进行软件移植时，在程序编译过程中可能会出现语法不兼容的原因。

(2) ISO标准C++语言

C/C++编译器中C++语言部分遵循C++语言标准ISO/IEC 14882—1998。编译器还支持嵌入式C++语言，但对某些特定的C++类型不支持。

ISO标准的实时支持编译器工具自带庞大的实时运行数据库。所有的库函数都符合C/C++标准。该数据库涵盖的功能有标准输入与输出、字符串操作、动态内存分配、数据转换、计时，以及三角函数、指数函数、双曲线函数分析等。

ANSI、ISO标准定义了C语言中包含目标处理器特点、实时运行环境或主机环境影响因素的一些特征。出于实效性考虑，这一功能在不同编译器之间存在一定差异。

2. 扩展名约定

编译器通过文件扩展名来区分源文件的语言类型，然后根据语言类型进行不同的编译。编译器对源文件的扩展名约定如下：

- 以.c为扩展名的文件，是C语言源代码文件。
- 以.a为扩展名的文件，是由目标文件构成的库文件。
- 以.h为扩展名的文件，是程序所包含的头文件。
- 以.i为扩展名的文件，是已经预处理过的C源代码文件，一般为中间代码文件。
- 以.ii为扩展名的文件，是已经预处理过的C++源代码文件，也是中间代码文件。
- 以.s为扩展名的文件，是汇编语言源代码文件。
- 以.S为扩展名的文件，是经过预编译的汇编语言源代码文件。
- 以.o为扩展名的文件，是编译后的程序目标文件(Object File)，目标文件经过链接成为可执行文件。

4.3.2 编程风格

如前文所讲，进行MSP432开发所需的例程可以通过TI官网和MSP432ware下载，或者通过互联网搜索获得。示例程序是进行板卡学习和项目开发必不可少的一个辅助工具。TI提供的MSP432例程非常齐全，每个型号的MSP432都可以方便地找到相应的示例程序，对单独型号的MSP432，又针对其每个外设的不同功能分别有相应的示例程序。此外,TI提供的示例程序结构清晰明了,可以帮助用户了解该例程的内容,进行快速使用和开发。简单的例程包括一个.c文件,即源代码(src),按照前文CCS新建工程、添加源代码的方法即可实现该例程的使用和调试。

下面来看一个C文件的结构。

```
#include "msp432.h"

void main(void)
{
volatile uint32_t i;

    WDTCTL = WDTPW | WDTHOLD;                        /* Stop watchdog timer */

    // The following code toggles P1.0 port
    P1DIR |= BIT0;                                   /* Configure P1.0 as output */

while(1)
    {
        P1OUT ^= BIT0;                               /* Toggle P1.0 */
for(i=10000; i>0; i--);                              /* Delay */
    }
}
```

由上面的例子可知,MSP432程序的.c源代码有以下特点:

- 程序一般用小写字母书写。
- 大多数语句结尾必须用分号作为终止符,表示一个语句结束。同一个语句需要写在一行中。
- 每个程序必须有一个主函数,主函数用main()声明,并且只能有一个主函数。在MSP432裸机程序中,main()主函数应该是void类型。
- 每个程序中的自定义函数和主函数需要用一对{}括起来。函数名一般采用动宾结构描述函数行为,单词开头首字母大写(除main()函数外)。
- 程序需要使用#include预处理命令来包含头文件、库文件,这些文件用来完成自定义函数和常量的定义。
- 程序可使用#define预处理命令定义常量。

下面介绍单片机编程过程中,经常使用的注释、预处理命令等语法。

1. 注　释

在文件开头,通常使用一段有注释的文字说明,帮助理解程序。以下为Launchpad的User experience application例程中main.c文件开始的一段注释:

```
/***************************************************************
 *
 * Copyright (C) 2013 - 2016 Texas Instruments Incorporated - http://www.ti.com/
 *
 * Redistribution and use in source and binary forms, with or without
 * modification, are permitted provided that the following conditions
 * are met:
 *
 *  * Redistributions of source code must retain the above copyright
 *    notice, this list of conditions and the following disclaimer.
 *
 *  * Redistributions in binary form must reproduce the above copyright
 *    notice, this list of conditions and the following disclaimer in the
 *    documentation and/or other materials provided with the
 *    distribution.
 *
 *  * Neither the name of Texas Instruments Incorporated nor the names of
 *    its contributors may be used to endorse or promote products derived
 *    from this software without specific prior written permission.
 *
 * THIS SOFTWARE IS PROVIDED BY THE COPYRIGHT HOLDERS AND CONTRIBUTORS
 * "AS IS" AND ANY EXPRESS OR IMPLIED WARRANTIES, INCLUDING, BUT NOT
 * LIMITED TO, THE IMPLIED WARRANTIES OF MERCHANTABILITY AND FITNESS FOR
 * A PARTICULAR PURPOSE ARE DISCLAIMED. IN NO EVENT SHALL THE COPYRIGHT
 * OWNER OR CONTRIBUTORS BE LIABLE FOR ANY DIRECT, INDIRECT, INCIDENTAL,
 * SPECIAL, EXEMPLARY, OR CONSEQUENTIAL DAMAGES (INCLUDING, BUT NOT
 * LIMITED TO, PROCUREMENT OF SUBSTITUTE GOODS OR SERVICES; LOSS OF USE,
 * DATA, OR PROFITS; OR BUSINESS INTERRUPTION) HOWEVER CAUSED AND ON ANY
 * THEORY OF LIABILITY, WHETHER IN CONTRACT, STRICT LIABILITY, OR TORT
 * (INCLUDING NEGLIGENCE OR OTHERWISE) ARISING IN ANY WAY OUT OF THE USE
 * OF THIS SOFTWARE, EVEN IF ADVISED OF THE POSSIBILITY OF SUCH DAMAGE.
 *
 ***************************************************************
 *
 * MSP432 blink.c template - P1.0 port toggle
 *
 * Classic coding
 *
 ***************************************************************/
```

该段注释对该程序实现的功能做了清晰的描述，包括在程序运行过程中可观测的现象描述。该段注释说明在启动后，板上的 LED 会闪烁。

有时编程者需要在程序中用自然语言写一段话，提醒自己或者告诉别人某些变量代表什么，某段程序的逻辑是怎么回事，某几行代码的作用是什么等。当然，这部分内容不能被编译，不属于程序的一部分，在预处理过程中会被过滤掉。这样的内容称为注释。C 语言注释的写法有两种，第一种注释可以是多行的，以“/ * ”开头，以“ * /”结尾。例如：

```
/* 流水灯程序
author :
version:
 */
void main(void) {
volatile unsigned int i; /* 计数值变量，优化为 volatile */
 ⋮
}
```

第二种注释是单行的，写法是使用两个斜杠“//”，从“//”开始直到本行末的内容都是注释。例如：

```
void main(void) {
volatile unsigned int i; //计数值变量，优化为 volatile
 ⋮
}
```

注释可以出现在任何地方，而且注释里的内容不会被编译，因此，可写任意内容。注释非常重要，它的主要功能是帮助理解程序，以便后期维护和他人阅读。所以，在程序中加入足够的、清晰易懂的注释，是程序员的基本修养。

2. 预处理命令

预处理指令是以＃号开头的代码行。＃号必须是该行除了任何空白字符外的第一个字符。＃后是指令关键字，在关键字和＃号之间允许存在任意的空白字符。整行语句构成了一条预处理指令，该指令将在编译器进行编译之前对源代码做某些转换。下面是部分常用预处理指令：

- ＃nop，空指令，无任何效果。
- ＃include，包含一个源代码文件。
- ＃define，定义宏。
- ＃undef，取消已定义的宏。
- ＃if，如果给定条件为真，则编译下面的代码。
- ＃ifdef，如果宏已经定义，则编译下面的代码。
- ＃ifndef，如果宏没有定义，则编译下面的代码。
- ＃elif，如果前面的＃if 给定条件不为真，当前条件为真，则编译下面的代码。

➢ #endif，结束一个 #if…#else 条件编译块。
➢ #error，停止编译并显示错误信息。

3. 文件包含

#include 预处理指令的作用是在指令处展开被包含的文件。包含可以是多重的，也就是说，一个被包含的文件中还可以包含其他文件。标准 C 编译器至少支持 8 重嵌套包含。

预处理过程不检查在转换单元中是否已经包含了某个文件并阻止对它的多次包含。这样就可以在多次包含同一个头文件时，通过给定编译时的条件来达到不同的效果。例如：

```
#define AAA
#include"a.h"
#undef AAA
#include"a.h"
```

为了避免那些只能包含一次的头文件被多次包含，可以在头文件中用编译条件来进行控制。例如：

```
/*my.h*/
#ifndef MY_H
#define MY_H
⋮
#endif
```

在程序中包含头文件的格式有两种：
➢ #include<my.h>。
➢ #include"my.h"。

第一种方法是用尖括号把头文件括起来。这种格式告诉预处理程序在编译器自带的或外部库的头文件中搜索被包含的头文件。

第二种方法是用双引号把头文件括起来。这种格式告诉预处理程序在当前被编译的应用程序的源代码文件中搜索被包含的头文件，如果找不到，再搜索编译器自带的头文件。

对 MSP432 的编程，其实很大程度上是对 CPU 或者外设寄存器的配置，所以在进行 MSP432 编程时，一定要记得在程序的开始添加包含的头文件信息。

对于 MSP432P401R 程序的开发，正式代码的开头必不可少的是下面的语句：

```
#include <msp432.h>
```

该语句声明了该文件中使用的头文件。在 CCS 中，以及标准 C 头文件，在创建工程时已经自动添加到工程中，可以在 Project Explorer 工程目录下的 Includes 目录中找到包含的头文件目录，如图4.31所示。

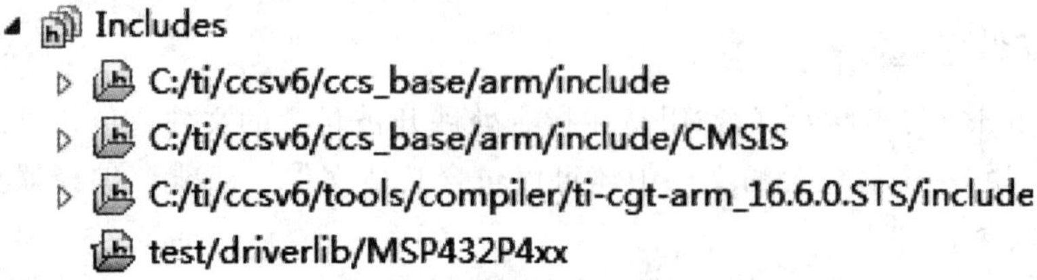

```
▲ Includes
  ▷ C:/ti/ccsv6/ccs_base/arm/include
  ▷ C:/ti/ccsv6/ccs_base/arm/include/CMSIS
  ▷ C:/ti/ccsv6/tools/compiler/ti-cgt-arm_16.6.0.STS/include
    test/driverlib/MSP432P4xx
```

图4.31 CCS默认包含头文件路径

所有MSP432相关的头文件里面包含的都是MSP432的寄存器以及位的定义。通过这些定义，在对MSP432寄存器配置时，不需要再去查找寄存器的位置，而是使用头文件中定义的可读性较强的文字进行程序的配置，故MSP432的源文件中会有相当多的文字内容。此外，不同的编译环境对头文件的定义不尽相同。例如，CCS和IAR的头文件名也许相同，但里面具体的寄存器定义则略有差别，这时就会出现编译出错的问题，所以在不同编译环境中进行程序的移植时一定要注意这个问题。

4. 宏定义

宏定义了一个代表特定内容的标识符。预处理过程会把源代码中出现的宏标识符替换成宏定义时的值。宏最常见的用法是定义代表某个值的全局符号。宏的另一种用法是定义带参数的宏，这样的宏可以像函数一样被调用，但它是在调用语句处展开，并用调用时的实际参数来代替定义中的形式参数。

(1) #define指令

#define预处理指令是用来定义宏的。该指令最简单的格式是：首先声明一个标识符，然后给出这个标识符代表的代码。在后面的源代码中，就用这些代码来替代该标识符。这种宏把程序中要用到的一些全局值提取出来，赋给一些记忆标识符。例如：

```
#define MAX_NUM 10
int array[MAX_NUM];
for(i = 0;i<MAX_NUM;i + +)
/*
:
*/
```

在上面的例子中，对于阅读该程序的人来说，符号MAX_NUM有特定的含义，它代表的值给出了数组所能容纳的最大元素数目。程序中可以多次使用这个值。作为一种约定，习惯上总是全部用大写字母来定义宏，这样易于把程序宏标识符和一般变量标识符区别开来。如果想要改变数组的大小,只需要更改宏定义并重新编译程序即可。

在 MSP432 开发中,以下几种情况可以进行常量定义,使编写的代码更加清晰,易于修改。

1) 与硬件连接相关

例如:

```
#define LED1        BIT0
#define LED2        BIT6
#define LED_DIR     P1DIR
#define LED_OUT     P1OUT
```

上面的语句定义了 LED1 和 LED2,分别与电路板 P1.0 和 P1.6 相连。这样在程序中对涉及 LED1 和 LED2 的 I/O 端口配置可以使用 LED1、LED2、LED_DIR 和 LED_OUT。这样做,一方面增强了程序的可读性(如果使用 P1DIR、P1OUT,在程序阅读过程中就不能清楚地表明该 I/O 口的功能);另一方面,当硬件连接发生改变,如其中的 LED1 不再和 P1.0 相连,而是和 P1.2 相连时,用户仅需要在该处将常量定义做修改,即 #define LED1 BIT2 即可,在后面的具体函数中无须做任何改变,大大减少了因硬件改动带来的程序调整的工作量。当然,涉及板上的硬件端口定义比较多,用户可以自己定义一个头文件,如 board_hardware.h,在这里面进行板级常量的定义,然后在 C 文件的开始将该.h 文件包含进去即可。

2) 用户自定义常量

该部分与常规 C 编程中使用的一样。在进行编程的过程中往往会碰到一些固定值的常量,可以在该处对其进行定义,这样做可增加程序的可读性,对后续程序的修改提供了便利。例如,如果程序中用到了圆周率 π,可以在开始定义"#define PI 3.14",这样在程序中如果用到 π,则可以用 PI 代替,后续如果对精度进行调整,只需在 define 处对 3.14 进行修改即可。

又例如:

```
#define ONE      1
#define TWO      2
#define THREE    (ONE + TWO)
```

注意:上面的宏定义使用了括号。尽管它们并不是必需的,但出于谨慎考虑,还是应该加上括号。例如:

```
six = THREE * TWO;
```

预处理过程把上面的一行代码转换成:

```
six = (ONE + TWO) * TWO;
```

如果没有括号，就转换成：

```
six = ONE + TWO * TWO;
```

宏还可以代表一个字符串常量，例如：

```
#define VERSION "Version 1.0 Copyright(c) 2003"
```

(2) 带参数的#define 指令

带参数的宏和函数调用看起来有些相似。例如：

```
#define Cube (x)      (x) * (x) * (x)
```

可以使用任何数字表达式甚至函数调用来代替参数 x。这里再次提醒大家注意括号的使用。宏展开后完全包含在一对括号中，而且参数也包含在括号中，这样就保证了宏和参数的完整性。例如：

```
int num = 8 + 2;
volume = Cube(num);
```

展开后为(8+2)*(8+2)*(8+2)，如果没有括号，就变为8+2*8+2*8+2。

下面的用法是不安全的：

```
volume = Cube(num + + );
```

如果Cube是一个函数，上面的写法是可以理解的。但是，因为Cube是一个宏，所以会产生副作用。这里的参数不是简单的表达式，它们将产生意想不到的结果，将其展开：

```
volume = (num + + ) * (num + + ) * (num + + );
```


很显然，结果是10*11*12，而不是10*10*10。

所以，必须把可能产生副作用的操作移到宏调用的外面进行，才能安全使用Cube宏：

```
int num = 8 + 2;
volume = Cube(num);
num + + ;
```

5. 条件编译指令

条件编译指令将决定哪些代码被编译，哪些不被编译，可以根据表达式的值或者某个特定的宏是否被定义来确定编译条件。

(1) #if 指令

#if 指令检测跟在关键字后的常量表达式。如果表达式为真，则编译后面的代码，直到出现#else、#elif 或#endif 为止；否则，就不编译。

(2) #endif指令

#endif用于终止#if预处理指令,例如:

```
#define DEBUG 0
main()
{
#if DEBUG
printf("Debugging/n");
#endif
printf("Running/n");
}
```

由于程序定义DEBUG宏代表0,所以#if条件为假,不编译后面的代码直到#endif,所以程序直接输出Running。

如果去掉#define语句,效果是一样的。

(3) #ifdef和#ifndef

#ifdef的用法如下:

```
#ifdef 语句1
语句2
⋮
#endif
```

上面的例子表示,如果宏定义了语句1,则编译语句2及后面的语句,直到#endif为止;#ifndef正好相反,将上面例子中的#ifdef替换为#ifndef,表示如果没有宏定义语句1,则编译语句2及后面的语句,直到#endif为止。例如:

```
#define DEBUG
main()
{
#ifdef DEBUG
printf("yes/n");
#endif
#ifndef DEBUG
printf("no/n");
#endif
}
```

另外,可以用#if defined代替#ifdef。同样,#if !defined等价于#ifndef。

(4) #else指令

#else指令用于某个#if指令之后,当前面的#if指令的条件不为真时,就编译#else后面的代码。#endif指令将中止上面的条件块。例如:

```
#define DEBUG
main()
{
#ifdef DEBUG
printf("Debugging/n");
#else
printf("Notdebugging/n");
#endif
printf("Running/n");
}
```

(5) #elif 指令

#elif 预处理指令综合了 #else 和 #if 指令的作用，放在 #if 和 #else 之间，当前面的 #if 指令条件不为真时，判断 #elif 后面的条件，如果为真，则编译 #elif 之后和 #else 之间的语句。例如：

```
#define TWO
main()
{
int a;
#ifdef ONE
  a = 1;
#elifdefined TWO
  a = 2;
#else
  a = 3;
#endif
}
```


程序很好理解，最后输出结果是 2。

(6) #error 指令

#error 指令将使编译器显示一条错误信息，然后停止编译。

#error message 表示编译器遇到此命令时停止编译，并将参数 message 输出。该命令常用于程序调试。

编译程序时，只要遇到 #error 就会跳出一个编译错误，既然是编译错误，有什么用呢？其目的就是保证程序是按照用户所设想的那样进行编译的。下面举例说明。

程序中往往有很多预处理指令，例如：

```
#ifdef XXX
⋮
#else

#endif
```

当程序比较大时，往往有些宏定义是在外部（若使用集成开发环境，则可在相应编译设置项中设置）或系统头文件中指定的，当不太确定当前是否定义了XXX时，就可以改成如下形式进行编译：

```
#ifdef XXX
⋮
#error "XXX has been defined"
#else

#endif
```

这样，如果编译时出现错误，输出了XXX has been defined，表明宏XXX已经被定义。其实就是在编译时输出编译错误信息，从而方便程序员检查程序中出现的错误。

另一个简单的例子如下：

```
#include "stdio.h"
int main(int argc, char * argv[])
{
#define CONST_NAME1 "CONST_NAME1"
printf("%s/n",CONST_NAME1);
#undef CONST_NAME1
#ifndef CONST_NAME1
#error No defined Constant Symbol CONST_NAME1
#endif
⋮

return 0;
}
```

在编译时输出编译信息：fatal error C1189：#error ：No defined Constant Symbol CONST_NAME1，表示宏CONST_NAME1不存在，因为前面用#ifndef CONST_NAME1语句把该宏去掉了。

(7) #pragma指令

#pragma指令没有正式的定义。编译器可以自定义其用途，它的作用是设定编译器的状态或者是指示编译器完成一些特定的动作。#pragma指令对每个编译器给出了一个方法，在保持与C和C++语言完全兼容的情况下，给出主机或操作系统专有的特征。依据定义，编译指令是机器或操作系统专有的，且对于每个编译器都是不同的。

4.3.3 数据类型及声明

MSP432 的可用数据类型如表 4.2 所列。

表 4.2 MSP432 数据类型

类 型	宽 度	表示形式	最小值	最大值
char, signed char	8	ASCII	−128	127
unsigned char, bool	8	ASCII	0	255
short, signed short	16	2's complement	−32 768	32 767
unsigned short	16	Binary	0	65 535
int, signed int	16	2's complement	−32 768	32 767
unsigned int	16	Binary	0	65 535
long, signed long	32	2's complement	−2 147 483 648	2 147 483 647
unsigned long	32	Binary	0	4 294 967 295
long long, signed long long	64	2's complement	−9 223 372 236 854 775 808	9 223 372 236 854 775 807
unsigned long long	64	Binary	0	184 467 440 737 095 551 615
enum	16	2's complement	−32 768	32 767
float	32	IEEE 32-bit	1.175495E−38	3.402823E+38
double	32	IEEE 33-bit	1.175495E−38	3.402823E+38
long double	32	IEEE 34-bit	1.175495E−38	3.402823E+38
pointers, references, pointer to data members	16	Binary	0	0xFFFF
MSP432xlarge-data model pointers, references, pointer to data members	20	Binary	0	0xFFFFF
MSP432 function pointers	16	Binary	0	0xFFFF
MSP432X function pointers	20	Binary	0	0xFFFFF

其中，ASCII 码使用指定的 8 位二进制数组合来表示。每个 ASCII 码是一个 8 位二进制数，一个 ASCII 码只能表示一个字符。ASCII 码通常是用来表示“字符”的。这里的字符包括 0～9 的 10 个数字、a～z 的 26 个字母的大小写、各个标点符号，以及回车、空格、退格等一些特殊符号。2's complement（二进制补码）是用来表示带符号数字的，先将十进制数转成相应的二进制数，在最高位前加上 0 或 1 代表数字的

正负，就产生了数字的原码，再按一定的规则转换成补码。补码只能表示数字，不能表示字母或标点等特殊字符。Binary（二进制码）所表示的值为无符号类型，其最高位的1或0和其他位一样，用来表示该数的大小。

MSP432变量的定义格式如下：

```
类型名  变量名;
```

例如：

```
int number;
```

这里，number是变量名；int代表该变量是整数类型的变量；"；"表示定义语句结束。

不同字长的CPU，其整型变量所占内存空间也有所不同。变量的名字是由编程人员确定的，它一般是一个单词或用下划线连接起来的一个词组，说明变量的用途。在C/C++语言中，变量名是同时满足如下规定的一个符号序列：

- 由字母、数字或（和）下划线组成。
- 第一个符号为字母或下划线。

需要指出的是，同一个字母的大写和小写是两个不同的符号。所以，team和TEAM是两个不同的变量名。定义变量时，也可以给它指定一个初始值。例如：

```
int numberOfStudents = 80;
```

对于没有指定初始值的变量，其内容可能是任意一个数值。变量一定要先定义，然后才能使用。

变量的赋值是给变量指定一个新值的过程，通过赋值语句完成。例如：

```
number = 36;
```

上述语句表示把36写入变量number中。下面给出一些变量赋值语句的例子：

```
int temp;
int count;
temp = 15;
count = temp;
count = count  + 1;
temp = count;
```

变量里存储的数据可以参与表达式的运算，或赋值给其他变量。这一过程称为变量的引用。例如：

```
int total = 0;
int p1 = 5000;
int p2 = 300;
total = p1 + p2;
```

在程序中需要定义和使用一些变量，一般来说可以在以下几个位置进行变量的声明：

➢ 函数内部。

➢ 函数的参数定义。

➢ 所有函数的外部。

这样，根据声明位置的不同，可以将变量分为局部变量、形式参数和全局变量。例如：

```
#include "MSP432.h"
int add(int x, int y);                          //函数声明
int z = 9;                                      //z为全局变量
void main()
{
    int a = 2;
    int b = 4;                                  //a,b为局部变量并已初始化
    z = add(a, b);
    while(1)
    {
        _NOP();
    }
}
int add(int x, int y)                           //x,y为形式参数
```

这里，变量z在函数外部进行声明，为全局变量。

全局变量，顾名思义该变量可以被程序中所有函数使用。在运行过程中，无论执行哪个函数都会保留全局变量的值。在CCS默认的cmd配置文件中，全局变量分配在内存RAM空间。相对于在函数外定义的全局变量，局部变量则是指在函数内部定义的变量，例如上面程序中的整型变量a和b，与全局变量不同的是，局部变量只能被当前函数使用，且只有在函数调用时才会生成，同时当函数调用完成后，该变量空间也被释放，直至函数再次调用，该变量才会重新生成和赋值。还有一种变量类型为形式参数，定义的子函数add()，括号中的整型数x和y为形参，在add()子函数中不需要对x和y进行声明就可以直接使用。

变量在定义中，可以使用变量存储类型auto、static、const等，下面分别介绍。

(1) auto(自动类型)

关键字auto用于声明变量的生存期为自动，即除了结构体、枚举、联合体定义的变量视为全局变量外，在函数中定义的变量视为局部变量。若无其他修饰，则所有的变量就默认是auto类型。

(2) static(静态类型)

在前文中提到局部变量只有在函数内有效，在离开函数时，内存空间被释放，变

量值也会清除，待到再次进入函数时重新生成变量，执行变量的赋值。而 static 静态变量和一般的局部变量的差别在于，在离开函数时，静态变量的当前值会被保留，可在下次进入函数时使用。

下面给出了两段程序，定义 add()子函数，实现的是整型 a 的累加，可以通过全局变量 z 来观察程序的运行状况。

```
#include "msp432.h"
int add();
int z;//全局变量
void main();
{
While(1)
{
     z = add();
     _NOP();
}
}

int add()
{
int a = 1;
Return (a + + );
}
```

```
#include "msp432.h"
int add();
int z;//全局变量
void main();
{
While(1)
{
     z = add();
     _NOP();
}
}
int add()
{
static int a = 1;/ * 该变量保持着每次调用时的最新值，其有效期为整个程序的有效期 * /
Return (a + + );
}
```

运行结果分别如下：

```
z = 2;
z = 2;
z = 2;
⋮
```

```
z = 2;
z = 3;
z = 4;
⋮
```

两段代码的差别在于右边将 add()子函数中的变量 a 定义为静态变量。通过断点调试，观察到 z 的变化。很容易理解产生这样结果的原因：在调用完 add()函数后，局部变量 a 的空间被释放，在再次进入 add()函数时，重新生成变量 a，并初始化为 1，所以 z 的值总是 2。而将 a 定义为静态变量后，初次调用 add()后，a 的值变为 2，根据静态变量的定义，此时 a 的值会被保留，当再次调用 add()函数时，a 不会被再次初始化而是使用上次的值 2，所以会观察到 z 的值依次递增。

(3) extern(外部变量)

在未作特殊说明的情况下，在某个文件下定义的变量只能被当前文件，甚至是特定函数(局部变量)所使用，这样当工程中包含多个文件时，变量无法被所有文件使用。而 extern 变量则解决了不同文件之间变量的调用问题。将其他文件中已定义的全局变量声明为 extern 型，则该变量不仅可以在当前文件中使用，同时也可以被工程中其他文件中的函数调用。通常在其他文件的.h 文件中将变量声明为 extern 类型。

```
//file1.c
#include "msp432.h"
int add();
int z;//全局变量
void main()
{
while(1)
{
    z = add();
    _NOP();
}
}
int add()
{
int a = 1;
return(a++);
}
```

```
//file2.h
#ifndef FILE2_H_
#define FILE2_H_

#include"msp432.h"
extern int z;//外部全局变量

int add();

#endif
```

file1 和 file2 为同一工程中的两个源文件，file1 中定义了变量 z，在 file2.h 中通过语句 extern int z，使得 file1 中的变量 z 同样可以在 file2 中使用。

(4) const(常量类型)

常量限定修饰符 const 限定一个变量在程序运行中不被改变，与局部变量不同，它并不存储在数据区，而存储在程序段中。在程序编译时，会对 const 定义的变量进行类型检查，而以#define 宏定义的常数，只以纯字符形式进行替换。

(5) register(寄存器类型)

register 关键字命令编译器尽可能将变量存在 CPU 内部的寄存器中而不是通过内存寻址访问以提高效率，使变量内容更快地被访问到，用于优化被频繁使用的变量。它只能作为局部变量使用且数量有限。register 变量必须为 CPU 寄存器所接受的类型，也就是说 register 变量必须是一个单个的值，并且其宽度应小于或等于 CPU 的字长。

(6) volatile 类型

作为指令关键字，volatile 确保本条指令不会因编译器的优化而省略，且要求每次直接读值，而不是使用保存在寄存器里的备份。简单地说，就是防止编译器对代码进行优化，例如 ADC，使用该标识符的声明通知编译器该变量不应被优化。

4.3.4 操作符与表达式

C语言中的＋、－、＊、/等符号，表示加、减、乘、除等运算，这些表示数据运算的符号称为运算符。运算符所用到的操作数个数，称为运算符的目数。例如，“＋”运算符需要两个操作数，因此它是双目运算符。将变量、常量等用运算符连接在一起，就构成了表达式，如n＋5、4－3＋1。实际上，单个的变量、常量也可以称为表达式。表达式的计算结果称为表达式的值。如表达式4－3＋1的值是2，是整型的。如果f是一个浮点型变量，那么表达式f的值就是变量f的值，其类型是浮点型。

C语言运算操作符有赋值运算符、算术运算符、逻辑运算符、位运算符等，C语言常用运算操作符如表4.3所列。

表4.3 C语言常用运算操作符

操作说明	语 法	操作说明	语 法
加法运算	a＋b	前置自减运算	－－a
前置自加运算	＋＋a	后置自减运算	a－－
后置自加运算	a＋＋	乘法运算	a＊b
负号	－a	除法运算	a/b
减法运算	a－b	模运算(取余)	a％b

其中，求余数的运算符％也称为模运算符，它是双目运算符，两个操作数都是整数类型，a％b的值就是a除以b的余数。除法运算符还有一些特殊之处，即如果a、b是两个整数类型的变量或者常量，那么a/b的值是a除以b的商。例如，表达式5/2的值是2，而不是2.5。

C语言关系运算符运算的结果是整型，值只有两种：0或非0。0代表关系不成立；非0代表关系成立。比如表达式3＞5，其值是0，代表该关系式不成立，即运算结果为假；表达式3＝＝3，其值是非0，代表该关系成立，即运算结果为真。至于非0值到底是多少，C语言没有规定，编程时也不需要关心这一点。C语言中，总是用0代表“假”，用非0代表“真”。C语言关系运算符如表4.4所列。

表4.4 C语言关系运算符

操作说明	语 法	操作说明	语 法
小于比较	a＜b	大于或等于比较	a＞＝b
小于或等于比较	a＜＝b	不等于	a！＝b
大于比较	a＞b	等于	a＝＝b

C语言逻辑运算符如表4.5所列。

对于逻辑与、逻辑或，若通过表达式a即可得出结果，则可省去表达式b的判断，此为短路径操作。例如，n && n++，若n=0，则由n为假，判断结束返回假(0值)，而不做n++运算。

C语言提供了位运算的操作，实现对某个变量中的某一位(bit)进行操作。例如，判断某一位是否为1，或只改变其中某一位，而保持其他位都不变。位运算的操作数是整数类型(包括long、int、short、unsigned int等)或字符型，位运算的结果是无符号整数类型。C语言位运算符如表4.6所列。

表4.5 C语言逻辑运算符

<table>
<tr><th>操作说明</th><th>语　法</th></tr>
<tr><td>逻辑非</td><td>!a</td></tr>
<tr><td>逻辑与</td><td>a&&b</td></tr>
<tr><td>逻辑或</td><td>a||b</td></tr>
</table>

表4.6 C语言位运算符

<table>
<tr><th>操作说明</th><th>语　法</th></tr>
<tr><td>按位与</td><td>&</td></tr>
<tr><td>按位或</td><td>|</td></tr>
<tr><td>按位异或</td><td>^</td></tr>
<tr><td>取反</td><td>~</td></tr>
<tr><td>左移</td><td><<</td></tr>
<tr><td>右移</td><td>>></td></tr>
</table>

左移运算规则是按二进制形式把所有的数字向左移动相应的位数，高位移出(舍弃)，低位的空位补0。而对于汇编程序，左移运算会将移出位存储在进位标志中。

右移运算规则是按二进制形式把所有的数字向右移动相应的位数，低位移出(舍弃)，高位的空位补0，或者补符号位(即正数补0，负数补1)，这与编译器有关。而对于汇编程序，右移运算也同样会将移出位存储在进位标志中。

具体应用中，如通过掩码置变量某一位为1，或者清零，则可以通过以下两种方式进行操作：

① 直接按位操作。

```
P5OUT = 0x04;              //P5OUT = 0000 0100
P5OUT |= 0x04;             //等效于 P5OUT = P5OUT | 0x04,结果 P5OUT = XXXX X1XX
P5OUT &= ~0x08;            //P5OUT = XXXX 0XXX(X 表示无关)
```

② 对位掩码进行常量定义，使用符号常量位操作。

```
#define BIT0    (0x0001)    //十六进制 16 位写法,配置到端口或寄存器是低 8 位有效
#define BIT1    (0x0002)
#define BIT2    (0x0004)
#define BIT3    (0x0008)

P5OUT = 0x04;               //P5OUT = 0000 0100;
P5OUT |= BIT2;              //推荐用法 P5OUT = XXXX X1XX
P5OUT &= ~BIT2;             //推荐用法 P5OUT = XXXX 0XXX
P5OUT |= BIT0|BIT1;         //P5OUT = XXXX XX11
P5OUT |= BIT0 + BIT1;       //推荐用法 P5OUT = XXXX XX11
```

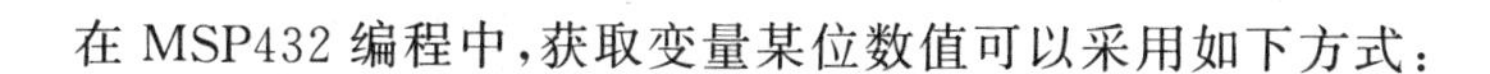

在MSP432编程中，获取变量某位数值可以采用如下方式：

```
a = P5IN& 2;//读取 P4.2 位的值到变量 a 中
```

赋值运算符用于对变量进行赋值或者运算赋值操作。a+=b等效于a=a+b，但是前者执行速度比后者快。常用赋值运算符如表4.7所列。

表4.7　C语言赋值运算符

操作说明	语　法	操作说明	语　法
基本赋值运算	a=b	复合乘法赋值运算	a*=b
复合加法赋值运算	a+=b	复合除法赋值运算	a/=b
复合减法赋值运算	a-=b	复合取模赋值运算	a%=b

C语言运算还有一个特点，即若参与运算量的类型不同，则先转换成同一类型，然后再进行运算，并遵循以下规则：

① 转换按数据长度增加的方向进行，以保证精度不降低。如int型和long型运算时，先把int型转成long型后再进行运算。

➢ 若两种类型的字节数不同，转换成字节数高的类型。

➢ 若两种类型的字节数相同，且一种有符号，一种无符号，则转换成无符号类型。

② 所有的浮点运算都是以双精度进行的，即使仅含float单精度变量运算的表达式，也要先转换成double型，再作运算。

③ char型和short型参与运算时，必须先转换成int型。

④ 在赋值运算中，如果赋值号两边变量的数据类型不同时，则赋值号右边变量的类型将转换为左边变量的类型。如果右边变量的数据类型长度比左边长时，则将丢失一部分数据，这样会降低精度，丢失的部分按四舍五入向前舍入。

C语言中表达式的所有运算按照表4.8所列的优先级进行。

表4.8　C语言运算符优先级

优先级	操作符	描　述
最高	()、[]、->	类型转换、下标操作、指针元素访问
	!、~、+、-、&	单目运算
	*、/、%	乘、除、取模
	+、-	加、减
	<<、>>	左移、右移
	<<=、>>=	关系运算符
	==、!=	关系运算符

续表 4.8

<table>
<tr><th>优先级</th><th>操作符</th><th>描　述</th></tr>
<tr><td></td><td>&</td><td>位与</td></tr>
<tr><td></td><td>^</td><td>位异或</td></tr>
<tr><td></td><td>|</td><td>位或</td></tr>
<tr><td></td><td>&&</td><td>逻辑与</td></tr>
<tr><td></td><td>||</td><td>逻辑或</td></tr>
<tr><td></td><td>?</td><td>条件表达式</td></tr>
<tr><td></td><td>=、+=、-=、*=、/=、%=、&=、|=、^=、<<=、>>=</td><td>赋值运算</td></tr>
<tr><td>最低</td><td>,</td><td>逗号运算</td></tr>
</table>

4.4 外设驱动库

TI官方发布的MSP432外设驱动库(Peripheral Driver Library)为用户提供了一套完善的外设驱动程序——MSP432 DriverLib。类似大多数库函数，MSP432 DriverLib对编程人员屏蔽了与MCU相关的细节，无须烦琐地配置寄存器，极大地方便了用户，使得开发程序变得更加高效，代码质量更高。这种针对硬件外设的驱动库，可以理解为操作系统内的驱动程序，它对硬件外设进行了功能抽象，为用户提供了操作接口。其不仅简化了用户面对烦琐的硬件外设内部“细节操作”(如寄存器定义)，还有利于程序的移植。对于嵌入式软件开发者，这种方法非常值得借鉴、使用和学习。

4.4.1 DriverLib综述与使用方法

对于长期从事项目开发的人员来说，程序代码中如果反复使用寄存器操作会使代码行的数量非常庞大，可读性也非常低。为了便于开发，大多数微控制器芯片开发商都会推出与开发有关的应用程序接口(Application Programming Interface，API)。API是一些预先定义的函数，目的是提供应用程序和开发人员基于某软件或硬件得以访问一组例程的能力，而又无须访问源码，或理解内部工作机制的细节。

这些API可以大大提高编写代码的效率，TI把包含这些API的集合称之为驱动库(DriverLibrary，DriverLib)，使用驱动库内的资源可以配置、控制、处理MSP432开发板上所有硬件外设。驱动库为程序员提供了“软件层”，这样写代码时可以用更高效的方法访问寄存器。

驱动库也提供了对ARM处理器外设的直接操作，包括嵌套向量中断控制器(NVIC)、内存保护单元(MPU)等。从内容上看，DriverLib主要是一些宏定义、子函数以及以定义结构体的组合，这些已定义的数据存放在 MSP432 的 ROM 中。使用 DriverLib 中的 API，用户可以在 MSP 的家族产品（MSP430）中编写出更有效、更直观的代码。

为了对驱动库中的内容做直观的描述，本书中提到的库函数就是指驱动库已定义的函数，不仅仅是这些函数，其他一些宏定义也可以帮助用户编写出更容易分享的代码。例如，以下代码片段都将实现将 VLO 时钟进行四分频，并设置 MCLK 为时钟源。

传统访问寄存器的方法：

```
CSKEY = 0x695A;
CSCTL1 | = SELM_1|DIVM_2;
CSKEY = 0;
```

库函数实现方法：

```
CS_initClockSignal(CS_MCLK, CS_VLOCLK_SELECT, CS_CLOCK_DIVIDER_32);
```

通过以上代码不难发现，对于软件工程师来说，库函数可读性更高，并且在编程时更容易实现其要求。TI 其他系列微控制器也都提供了这种编程方法。

4.4.2 DriverLib 的其他特性

1. MSP432 驱动库继承性

由于 MSP432 微控制器平台中有许多模块的研发是基于 TI 之前发布的 MSP430 平台，因此，许多模块操作在 MSP430 和 MSP432 之间是共通的。换句话说，MSP432 在模块的开发上集成了 MSP430 的某些特性，为了兼顾对以往 MSP430 产品的开发。TI 专门做了一个“兼容层”同时为 MSP430 和 MSP432 驱动库的使用提供帮助。在 MSP430 与 MSP432 中共享的模块有：AES256、COMP_E、CRC32、GPIO、EUSCI_A_SPI、EUSCI_A_UART、EUSCI_A_I2C、EUSCI_B_SPI、PMAP、REF_A、RTC_C、Timer_A、WDT_A。MSP432 开发时，使用这些继承驱动库只需要将此头文件添加即可，如使用 WDT_A 时则只需如下操作：

```
#include <wdt_a.h>
```

添加了文件后，用户就可以访问继承所有 MSP430 驱动库中的 API。此外，MSP432 版本的驱动库 API 已被简化和重新构造，如在 5XXMSP430 设备上挂起看门狗模块，API 是这样使用的：

```
WDT_A_hold(WDT_A_BASE);
```

2. 驱动库和中断程序

虽然驱动库提供了丰富的代码资源，但是在某些应用上并不满足“智能”开发的要求。例如，中断处理器就不在驱动库中，驱动库只是对中断做管理、使能、禁用的操作，但实际上，中断服务程序的授权开发则由程序员完成。以下是通过中断处理器"使用"驱动库。

```
void port6_isr(void)
{
    uint32_t status = GPIO_getEnabledInterruptStatus(GPIO_PORT_P6);
    GPIO_clearInterruptFlag(GPIO_PORT_6, status);
    If(status & GPIO_PIN7)
    {
    If(powerStates[curPowerState] == PCM_LPM3)
        {
            curPowerState = 0;
        }
        stateChange = true;
    }
}
```

3. 模块使用合理性

驱动库中的每个对象仅仅作用于设计时所需的那些模块。在开发交互模块时，开发者就需要考量库函数的应用合理性。例如，将电源模式改变至一个伴随PCM状态的低频率，用户就必须确认CS模块有合适的频率(低频率要求系统频率不得超过128 kHz)。

如果单独调用以下函数，那么将造成MCLK大于128 kHz，导致系统错误。

```
PCM_setPowerState(PCM_AM_LF_VCORE1);
```

上面代码出错的原因是由于驱动库不会考虑整个系统的频率，所以在设计程序时，还必须调用其他有关函数，因此，完整的代码应为：

```
CS_setReferenceOscillatorFrequency(CS_REFO_128khz);
CS_initClockSignal(CS_MCLK,CS_REFOCLK_SELECT,CS_CLOCK_DIVIDER_1);
PCM_setPowerState(PCM_AM_LF_VCORE1);
```

4. DriverLib存储位置

本章开头曾提到，驱动库存放于微控制器的ROM中。这样存放的意义在于程序员不必考虑位于Flash存储器前的内存就可以直接使用。此外，对于一个优化级别较高的程序，用户使用驱动库可以大大降低应用对内存占用的要求。

访问ROM中驱动库的资源和使用rom.h头文件一样简便，然后使用以ROM_为前缀的形式替代一般API调用形式。例如，从PCM.c模块中取出API改变电源状态为PCM_AM_DCDC_VCORE1可以这样写：

```
PCM_setPowerState(PCM_AM_DCDC_VCORE1);
```

在包含 rom.h 文件后，需要将 ROM 等同意义的 API 加上 ROM_前缀，才可以使用这些函数如：

```
ROM_PCM_setPowerState(PCM_AM_VCORE1);
```

大部分驱动库中的 API 都放置在 ROM 中，由于架构的限制，一些 API 并不包含在 ROM 里。另外，在 ROM 编程完毕后，任何 bug 的修正都会附加到 API 上。此时，就需要使用 Flash 中的 API，为了解决此问题，TI 专门设计了一种"智能应用"，如果用户添加了 rom_map.h 的头文并在驱动库中 API 的前面加上 MAP_前缀，那么头文件将自动使用预处理的宏并以此来决定选择使用 ROM 还是 Flash 中的 API。例如，以上的代码可以替代为：

```
MAP_PCM_setPowerState(PCM_AM_DCDC_VCORE1);
```

4.5 MSP432 硬件开发工具

为了便于用户开发和学习 MSP432 单片机，TI 推荐基于 MSP432 的开发套件 MSP432P401R(LaunchPad)。该评估套件开发板上整合了仿真器，剔除了针对非专业开发人员的一些不必要的功能，支持几乎所有 TI 推出的 ARM 设备的衍生产品。同时，为了更好地辅助学习 MSP432 开发板上的资源，本节将对实验扩展板进行介绍。

4.5.1 MSP432P401R(LaunchPad)实验开发板简介

MSP432P401R 开发板是 MSP432 家族系列的第一款产品，其芯片引脚如图 4.32 所示，使用具备低功耗性能的 ARM Cortex-M4F 内核，主要特性如下：

- 低功耗 ARM Cortex-M4F 处理器；
- 48 MHz 系统时钟；
- 256 KB Flash 内存，64 KB SDRAM，32 KB MSP 软件库 ROM；
- 4 个带有捕获/比较/PWM 输出的 16 位定时器，2 个 32 位定时器及 1 个实时时钟；
- 8 个串行通信通道(I^2C、SPI、UART 以及 IrDA)；
- 模拟设备包含 14 位逐次逼近型 ADC、电容式触碰功能、比较器；
- 数字设备包含 AES256 加密模块、CRC32 循环冗余检查模块、DMA 直接内存访问模块。

在开发过程中，如果芯片厂商只提供普通的引脚图那么对开发人员的使用会造成不便，所以 MSP432P401R 开发板还提供了与芯片相关的电路图，如图 4.33 所示。

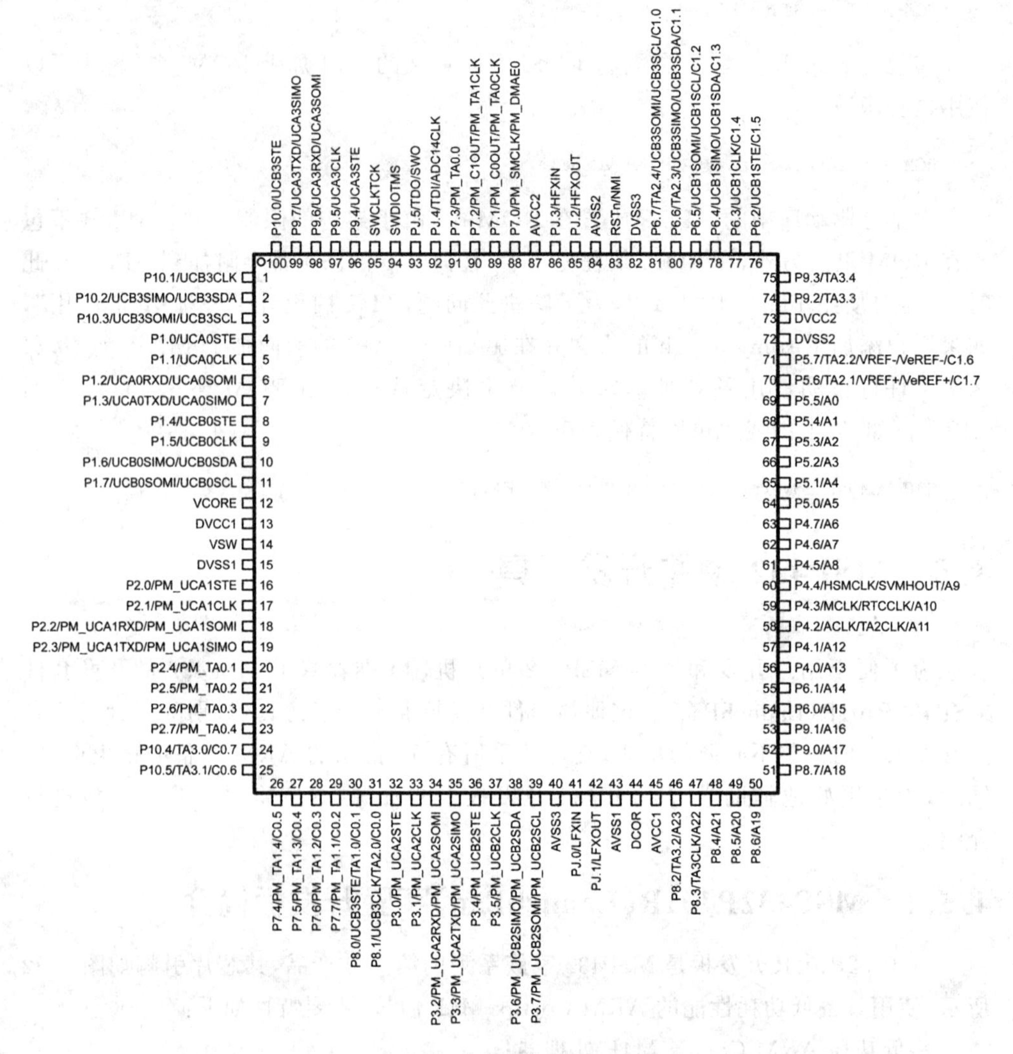

图 4.32 MSP432微控制器引脚图

本书使用的MSP432开发板为评估板硬件，结构上可以分为两个部分：调试检测单元和开发应用单元，它们通过电源、UART、SWD接口相互连接，如图4.34所示。

1. 开发应用单元

MSP432开发应用单元包含：MCU reset按键、48 MHz晶振（Crystal）、MSP432微控制器、40针开发板标准引脚BoosterPack，以及与用户交互使用的按键S1、S2，发光二极管LED1、LED2。整个开发应用单元如图4.35所示。

和以往TI发布的评估板类似，MSP432P401R也提供了BoosterPack（BP），它是位于LaunchPad开发板上的一组接插件插口。实际上，BP就是将MSP432微控制

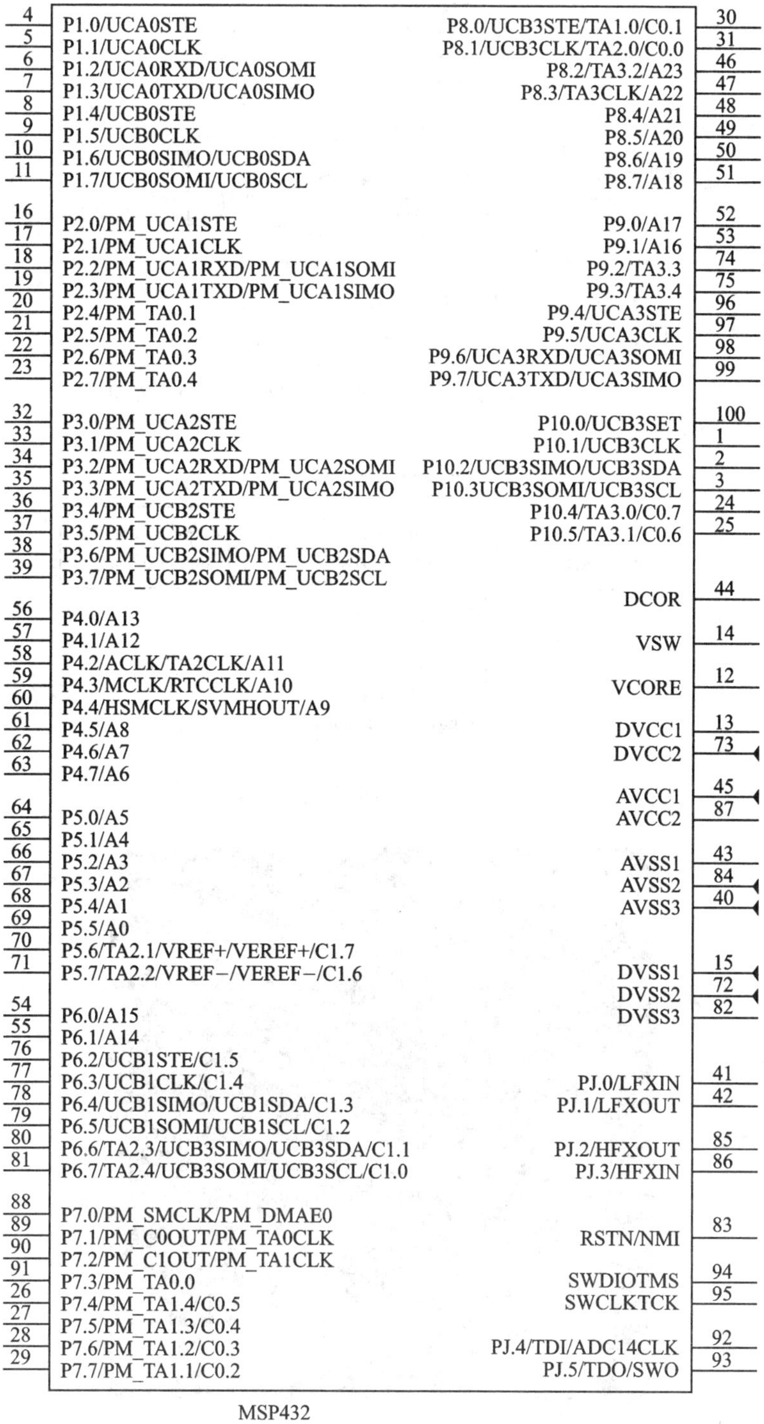

引脚	左侧信号	右侧信号	引脚
4	P1.0/UCA0STE	P8.0/UCB3STE/TA1.0/C0.1	30
5	P1.1/UCA0CLK	P8.1/UCB3CLK/TA2.0/C0.0	31
6	P1.2/UCA0RXD/UCA0SOMI	P8.2/TA3.2/A23	46
7	P1.3/UCA0TXD/UCA0SIMO	P8.3/TA3CLK/A22	47
8	P1.4/UCB0STE	P8.4/A21	48
9	P1.5/UCB0CLK	P8.5/A20	49
10	P1.6/UCB0SIMO/UCB0SDA	P8.6/A19	50
11	P1.7/UCB0SOMI/UCB0SCL	P8.7/A18	51
16	P2.0/PM_UCA1STE	P9.0/A17	52
17	P2.1/PM_UCA1CLK	P9.1/A16	53
18	P2.2/PM_UCA1RXD/PM_UCA1SOMI	P9.2/TA3.3	74
19	P2.3/PM_UCA1TXD/PM_UCA1SIMO	P9.3/TA3.4	75
20	P2.4/PM_TA0.1	P9.4/UCA3STE	96
21	P2.5/PM_TA0.2	P9.5/UCA3CLK	97
22	P2.6/PM_TA0.3	P9.6/UCA3RXD/UCA3SOMI	98
23	P2.7/PM_TA0.4	P9.7/UCA3TXD/UCA3SIMO	99
32	P3.0/PM_UCA2STE	P10.0/UCB3SET	100
33	P3.1/PM_UCA2CLK	P10.1/UCB3CLK	1
34	P3.2/PM_UCA2RXD/PM_UCA2SOMI	P10.2/UCB3SIMO/UCB3SDA	2
35	P3.3/PM_UCA2TXD/PM_UCA2SIMO	P10.3UCB3SOMI/UCB3SCL	3
36	P3.4/PM_UCB2STE	P10.4/TA3.0/C0.7	24
37	P3.5/PM_UCB2CLK	P10.5/TA3.1/C0.6	25
38	P3.6/PM_UCB2SIMO/PM_UCB2SDA		
39	P3.7/PM_UCB2SOMI/PM_UCB2SCL	DCOR	44
56	P4.0/A13		
57	P4.1/A12	VSW	14
58	P4.2/ACLK/TA2CLK/A11		
59	P4.3/MCLK/RTCCLK/A10	VCORE	12
60	P4.4/HSMCLK/SVMHOUT/A9		
61	P4.5/A8	DVCC1	13
62	P4.6/A7	DVCC2	73
63	P4.7/A6		
64	P5.0/A5	AVCC1	45
65	P5.1/A4	AVCC2	87
66	P5.2/A3	AVSS1	43
67	P5.3/A2	AVSS2	84
68	P5.4/A1	AVSS3	40
69	P5.5/A0		
70	P5.6/TA2.1/VREF+/VEREF+/C1.7		
71	P5.7/TA2.2/VREF−/VEREF−/C1.6	DVSS1	15
54	P6.0/A15	DVSS2	72
55	P6.1/A14	DVSS3	82
76	P6.2/UCB1STE/C1.5		
77	P6.3/UCB1CLK/C1.4	PJ.0/LFXIN	41
78	P6.4/UCB1SIMO/UCB1SDA/C1.3	PJ.1/LFXOUT	42
79	P6.5/UCB1SOMI/UCB1SCL/C1.2		
80	P6.6/TA2.3/UCB3SIMO/UCB3SDA/C1.1	PJ.2/HFXOUT	85
81	P6.7/TA2.4/UCB3SOMI/UCB3SCL/C1.0	PJ.3/HFXIN	86
88	P7.0/PM_SMCLK/PM_DMAE0		
89	P7.1/PM_C0OUT/PM_TA0CLK	RSTN/NMI	83
90	P7.2/PM_C1OUT/PM_TA1CLK		
91	P7.3/PM_TA0.0	SWDIOTMS	94
26	P7.4/PM_TA1.4/C0.5	SWCLKTCK	95
27	P7.5/PM_TA1.3/C0.4		
28	P7.6/PM_TA1.2/C0.3	PJ.4/TDI/ADC14CLK	92
29	P7.7/PM_TA1.1/C0.2	PJ.5/TDO/SWO	93

MSP432

图 4.33　芯片原理图

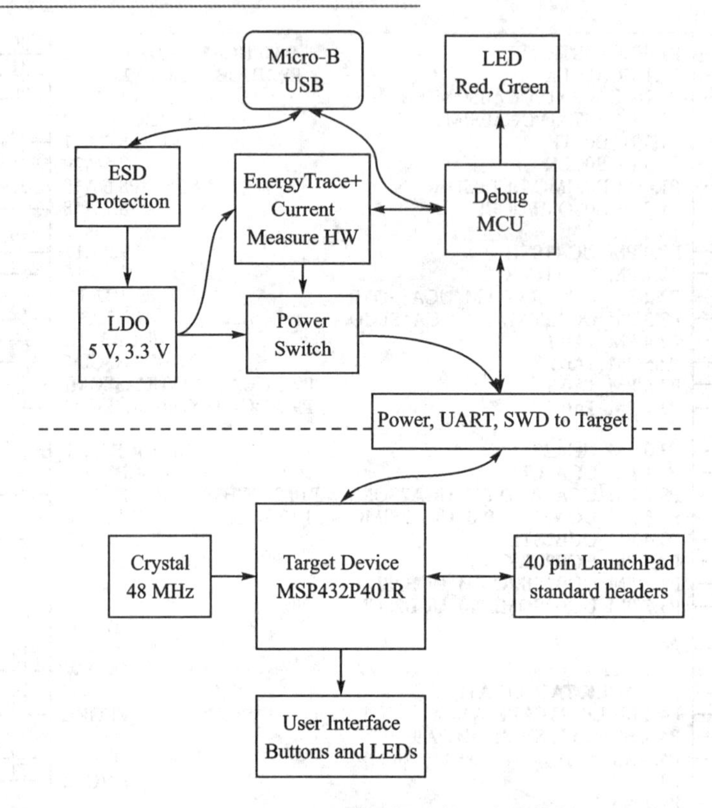

图 4.34　MSP432P401R 调试与开发结构图

图 4.35　开发应用单元板图

器芯片上的部分引脚进行扩展并允许用户制作不同的应用板插在上面开发。对于BP上的引脚和布局，TI有标准的定义，对外形尺寸和每一个引脚的功能都做了详细的规定和说明，如图4.36所示。

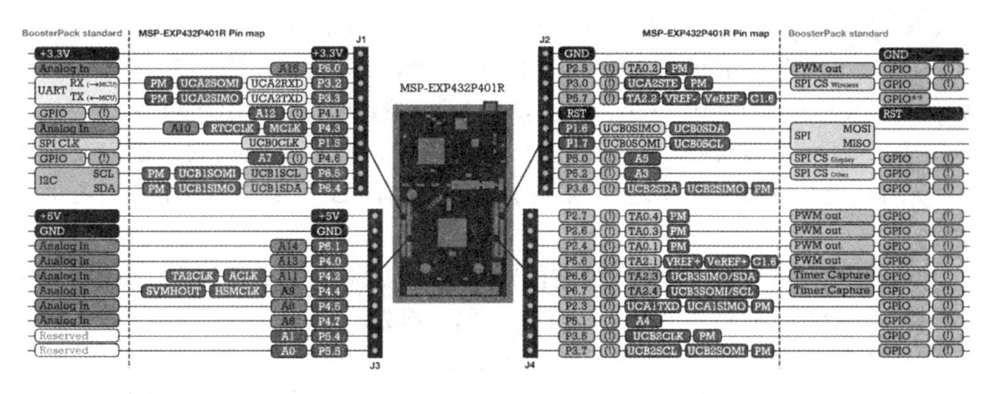

图 4.36　BP 上的引脚和布局

2. 调试检测单元

调试检测主要包含静电保护单元（ESD Protection）、线性稳压器（LDO）、能耗跟踪及电流检测单元（EnergyTrace＋ Current Measure HW）、电源开关（Power Switch）、调试 MCU（Debug）。

为了易于开发和控制成本，TI开发板的评估套件都在开发板上整合了仿真器，它剔除了针对非专业开发人员的一些不必要的功能。MSP432P401R板上的仿真器称为XDS110－ET，如图4.37所示使用此仿真器成本低廉又可以支持几乎所有TI推出的ARM设备的衍生产品（TI的衍生产品门类众多，可以按照需求在TI官网上查询）。

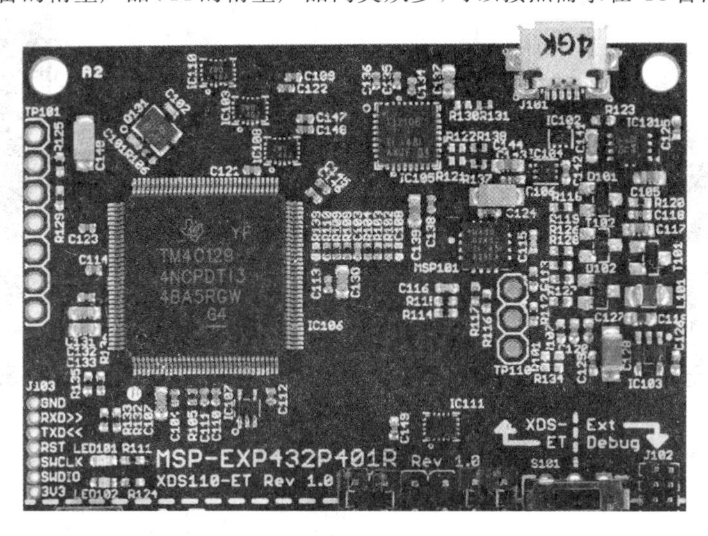

图 4.37　XDS110－ET 仿真模块

XDS110－ET模块可以作为独立模块使用，隔离该器件功能由S101开关和相关的跳线选择实现。

仿真模块允许用户选择是否让XDS110-ET与MSP432P401R连接。可以通过开关S101选择XDS110－ET接通MSP432上的SWD信号。

“5V”“3V3”跳线表示MSP432使用何种电源，“5V”表示使用USB的VBUS电源；“3V3”表示在XDS110－ET范围中使用LDO器件输出的VBUS电源。

“RTS＞＞”跳线可用来对硬件进行流控制，MCU可以使用它来确定是否准备好从PC上接收数据。双箭头指的是信号方向。此跳线是UART通道的一部分。

“CTS＜＜”跳线也用来对硬件进行流控制，PC通过仿真器使用它表示MCU是否准备接收数据。此跳线也是UART通道的一部分。

“RXD”与“TXD”表示UART接收与发送控制跳线。

仿真模块中的能耗跟踪(EnergyTrace＋)技术对于低功耗实验很有意义。此技术是一种基于能耗代码的分析工具，用来检测和显示应用程序能耗的特征，以此来帮助系统实现超低功耗的优化。

MSP432使用能耗追踪技术可以在程序代码运行时，实时监测内部设备状态。该技术也可以在开发环境内(CCS)实现，在应用调试期间，能耗跟踪技术可以通过专门的应用程序窗口来显示，如图4.38所示。

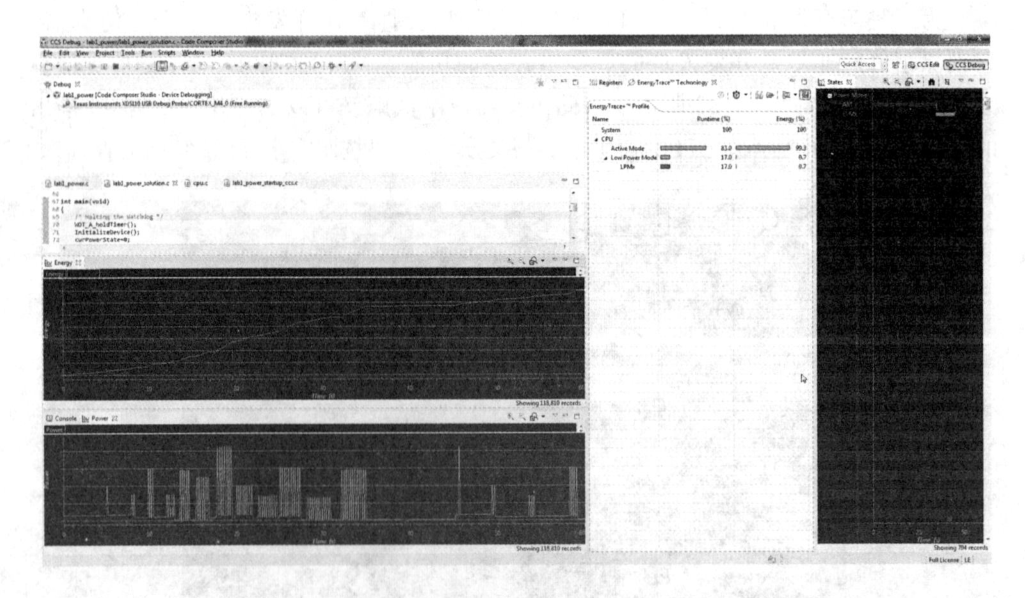

图4.38 EnergyTrace＋调试界面

4.5.2 DY-LaunchBoard通用口袋实验板简介

上一节提到了TI的LaunchPad为开发人员提供了BoosterPack(BP)扩展插口，用户使用这些插口时只要按照接口的定义就可以按实际需要设计出不同的嵌入式系统硬件方案。本节主要介绍与MSP432P401R开发板配套使用的LaunchBoard扩展板资源。

1. DY-LaunchBoard硬件规格及功能单元

DY-LaunchBoard实验板是基于TI的一系列LaunchPad而设计的通用口袋扩展板，是LaunchPad口袋实验平台的主要组成部分，适合TI所有规格的LaunchPad，具有两个特点：一是体积小巧，外形独特；二是能够脱离实验室仪器自行学习，方便、易用，不仅可以进行一般的MCU、单片机的实验，还可以进行课程设计和项目开发。口袋扩展板的功能框如图4.39所示。

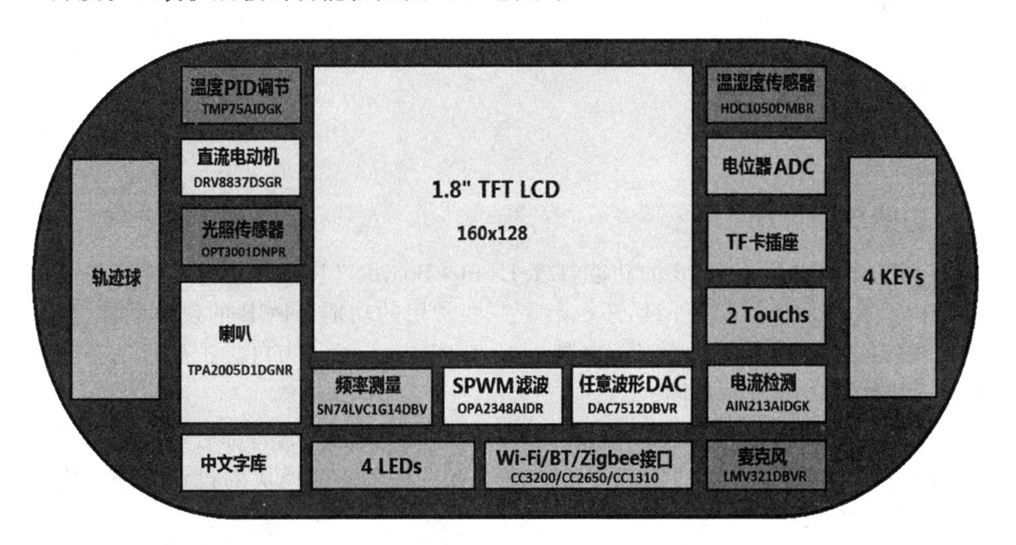

图4.39 DY-LunchBoard口袋扩展板功能框图

DY-LaunchBoard口袋板基本包括了单片机所有的功能，可以开展MCU、单片机等所有功能的实验。PCB设计紧凑，按照功能划分，布局清晰，易于学习。硬件规格如下：

- 2个触摸键；
- 4个独立的按键：
- 4个LED指示灯；
- 轨迹球；
- 128×160点阵式TFT LCD；

➢ GB2312 中文字库，16×16 点阵；
➢ Audio 语音的播放和录制；
➢ TF 卡存储；
➢ 圆盘式电位器；
➢ 12 位 DAC；
➢ 双运算放大器；
➢ 施密特反相器；
➢ 温度传感器，带闭环控制；
➢ 光照传感器；
➢ 温湿度传感器；
➢ 直流电机；
➢ 麦克风；
➢ 立体声放大器
➢ 喇叭；
➢ 电流监测；
➢ UART 无线模块扩展；
➢ 测试点。

2. 功能单元介绍

为了充分发挥 LaunchPad 的功能，DY-LaunchBoard 口袋板的设计功能尽量齐全，既包括了 MCU 的全部的外设，还扩展了一些常用的功能。PCB 的设计紧凑、合理，按照功能区域布局，清晰、易用。如图 4.40 和图 4.41 所示为口袋扩展板的正面 PCB 布局图和背面 PCB 布局图。

DY-LaunchBoard 通用口袋实验板的 PCB 是按照功能布局，每部分的功能针对不同的 LaunchPad 有着不同的实现方法。接下来对每个功能模块的设计思路和实现方案做简单的介绍。

(1) 按键和触摸单元

得益于 MSP432P401 系列单片机 I/O 的专门设计，仅需一块表面绝缘的铜皮，无须任何其他外部元件，便可以实现电容触摸按键。MSP432P401 系列单片机的全部 GPIO 口都支持零外部元件的电容触摸。DY-LaunchBoard 口袋板做了 4 个按键和 2 个触摸键，按键连接在 P6.1、P4.0、P4.1 和 P4.2 端口，触摸键连接在 P6.1、P4.2 和 P4.1 端口。为了避免对触摸产生干扰，对接在 P6.1、P4.2 和 P4.1 上的按键简化，只要按键不按下，对触摸没有任何影响，也就是说，当作触摸键实验的时候，按键不要按下。接在 P4.0 上的按键 K4 是一个完整的按键解决方案，具有上拉和硬件防抖动的功能，这部分的原理图如图 4.42 所示。

(2) LED 指示单元

按键和 LED 指示是最基本的输入和输出设备，DY-LaunchBoard 上设有 4 个

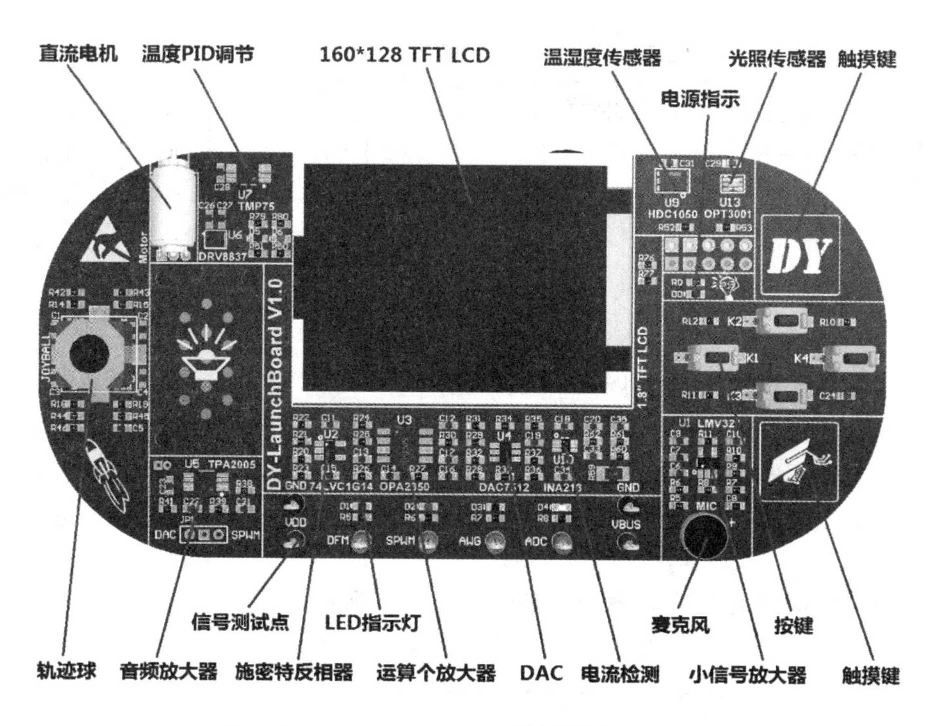

图4.40　DY-LaunchBoard口袋扩展板正面布局图

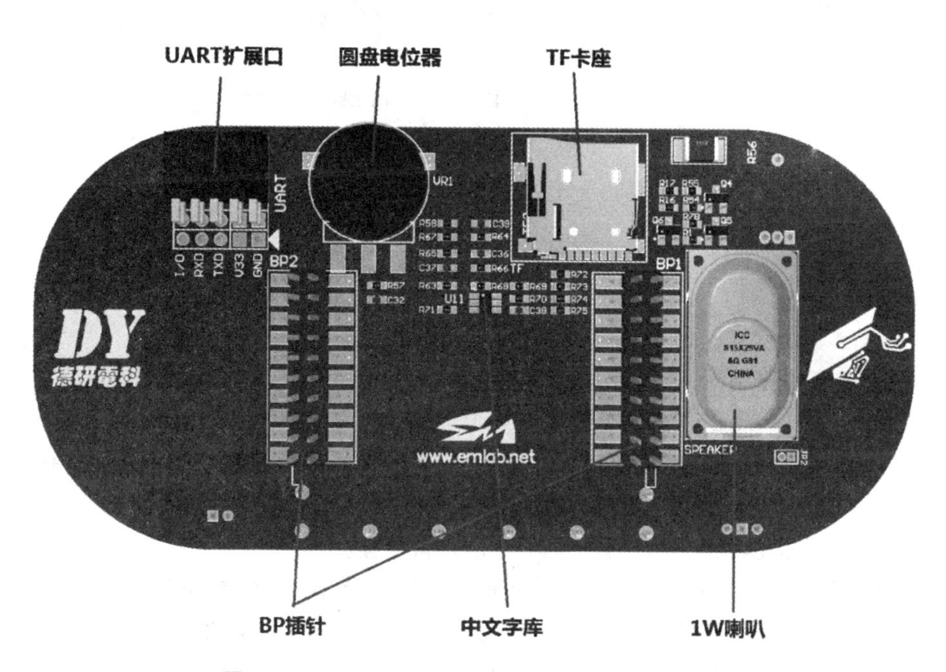

图4.41　DY-LaunchBoard口袋扩展板背面布局图

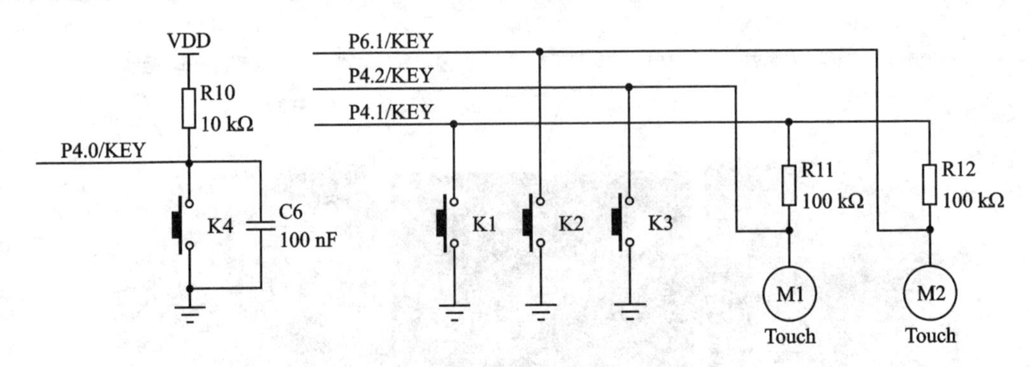

图 4.42　触摸和按键部分原理图

LED 指示灯。按键的功能可以自定义，分别连接在 P5.5、P5.4、P3.7 和 P3.6 端口，显示红、绿、蓝、黄四种颜色，由于现在大多是高亮 LED，口袋板用 GPIO 口直接驱动。LED 代表的意义也是可以自定义的，当然，本书中会提供一套默认的功能和指示。

本单元的功能比较简单，按键原理图如图 4.43 所示。

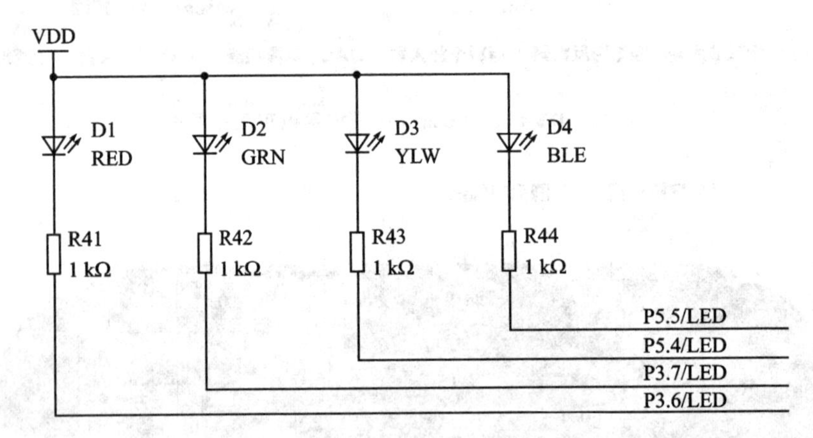

图 4.43　按键单元的原理图

(3) 电流检测单元

DY-LaunchBoard 口袋板设计了电流检测功能，采用 INA213 随时监控开发板的功耗。INA213 是电压输出电流并联监控器，此监控器能够感测共模电压上 −0.3～+26 V 的压降，与电源电压无关；提供 500 倍固定增益，零漂移架构的低偏移使得在整个分流上能够感测的最大压降低至 10 mV 满量程。

这些器件由一个 +2.7～+26 V 的单电源供电，汲取一个 100 μA 的最大电源电流。所有版本温度范围为额定扩展温度范围（−40～+125 ℃），并采用 SC70 封装。

通过具有 ADC 功能的 GPIO 端口，检测 INA213 的输出电压，就可以计算出整个开发板的功耗，这部分的电路如图 4.44 所示。

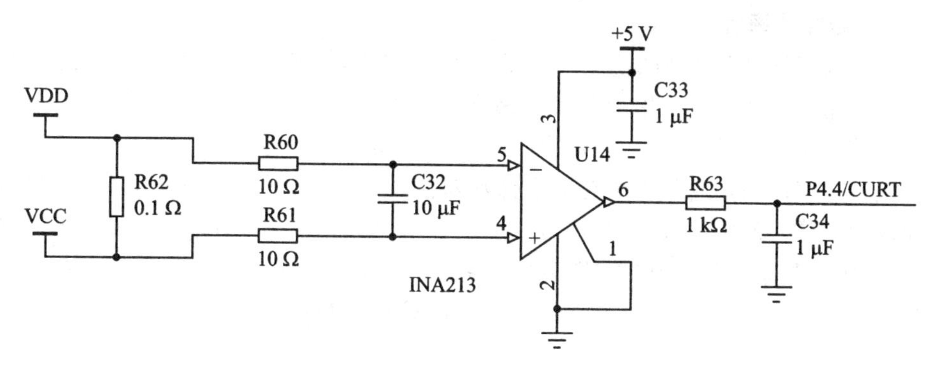

图 4.44　电流检测电路原理图

(4) 运放单元

运算放大器(简称“运放”)是具有很高放大倍数的电路单元,是一个从功能的角度命名的电路单元,是最重要的模拟电路元件。随着半导体技术的发展,大部分的运放是以单芯片的形式存在的。运放的种类繁多,广泛应用于电子行业当中。

PWM 技术是数字技术应用的一个重要方法,特别是在电机控制等领域,很多以前必须用模拟方法实现的电路,现在都逐渐被数字 PWM 技术等效取代。在 PWM 等效过程中,模拟滤波器在其中扮演着重要的角色。PWM 波形,借助由运放构成的有源低通滤波器,数字 PWM 便可转变为模拟信号。虽然越来越多的数字取代了模拟,但滤波器的设计将长期是模拟技术最后坚守的阵地。

如图 4.45 所示,由 OPA2350 双运放构成了一个二阶有源低通滤波器,第一个运放用于产生偏执电压。滤波器元件参数的计算,可借助 TI 公司的滤波器设计软件 FilterPro。滤波器用于对 P5.7 输出的 PWM 滤波,波形可以通过 SPWM 端子用示波器观看,也可以通过 P4.5 的 ADC 采样并显示在 LCD 上,同时还可以驱动喇叭,通过声音判断 SPWM 的变化。

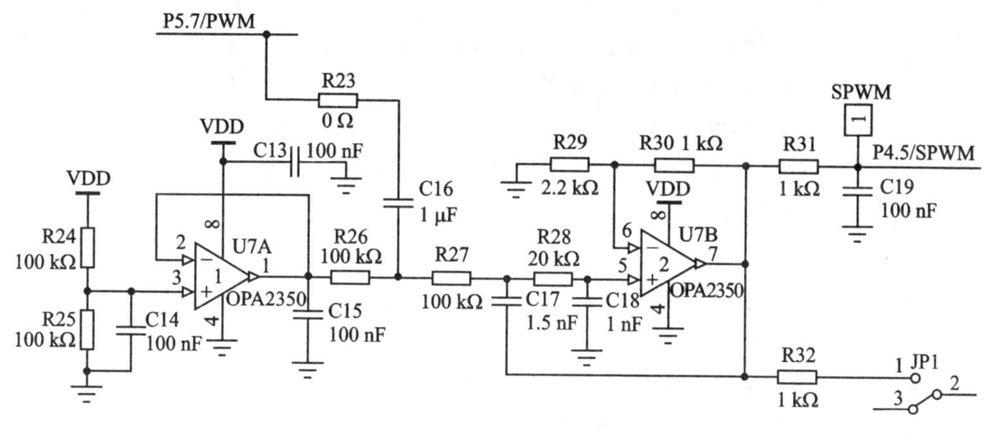

图 4.45　SPWM 与运放滤波器单元原理图

(5) 数字频率计单元

数字频率计(DFM)是采用数字电路制作而成的,能实现对周期性变化信号频率测量的电路。频率计主要用于测量正弦波、矩形波、三角波和尖脉冲等周期信号的频率值。其扩展功能可以测量信号的周期和脉冲宽度。

数字频率计最常用的方法是电子计数器法,数字计数式频率计能直接计数单位时间内被测信号的脉冲数,然后以数字形式显示频率值。这种方法测量精确度高、快速,适合不同频率、不同精确度测频的需要。电子计数器测频有两种方式:一是直接测频法,即在一定闸门时间内测量被测信号的脉冲个数;二是间接测频法,如周期测频法。

开发板上设计了一个利用电子计数器法实现的数字频率计,通过 74HC1G14 施密特反相器构成了一个频率计,用于波形的整形和波形频率的测量,原理图如图 4.46 所示。其默认为测量 CPU 的 P5.7 引脚产生的波形的频率,拆掉 R20 即可测量从 DFM 端子接入的任意波形的频率。

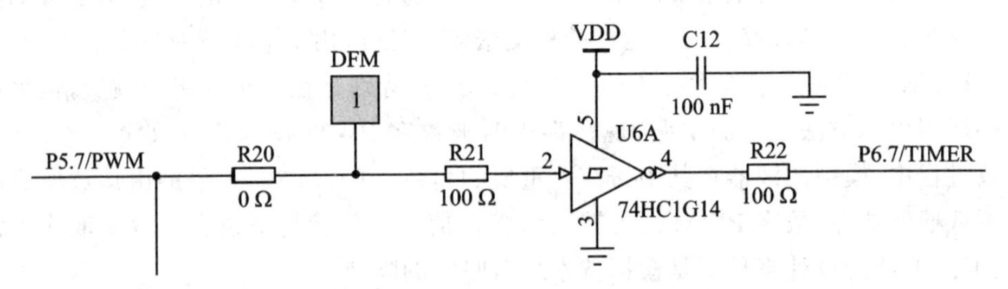

图 4.46　数字频率计单元原理图

(6) TFT 显示单元

在以 MCU 为核心的嵌入式应用中,友好的人机交互界面起着十分重要的作用,实现了中文窗口,解决了参数的输入、显示、修改和保存。

MSP432P401 芯片没有专用的 LCD 接口,但是芯片的速度较快,自身功能比较强大,所以最好选择一个点阵式 LCD,可以显示任意的文字和图形。同时由于 MSP432P401 LP 上的 I/O 资源很有限,并口的 TFT-LCD 会占用很多 I/O 资源,所以选择一个串口的 TFT-LCD 是最合适的。DY-LaunchBoard 开发板上选择了一个 3 128×160 点阵的串行接口 TFT-LCD。显示单元的原理图如图 4.47 所示。

(7) 字库扩展单元

为了方便在 LCD 上显示的汉字,DY-LaunchBoard 板上配置了一个字库芯片 GT20L16S1Y。GT20L16S1Y 是一款内含 16×16 点阵的汉字库芯片,支持 GB2312 国标简体汉字(含有全国信息技术标准化技术委员会合法授权)、ASCII 字符。排列格式为竖置横排。用户可以通过字符内码,利用芯片手册提供的方法计算出该字符点阵在芯片中的地址,从该地址连续读出字符点阵信息。字库单元原理图如图 4.48 所示。

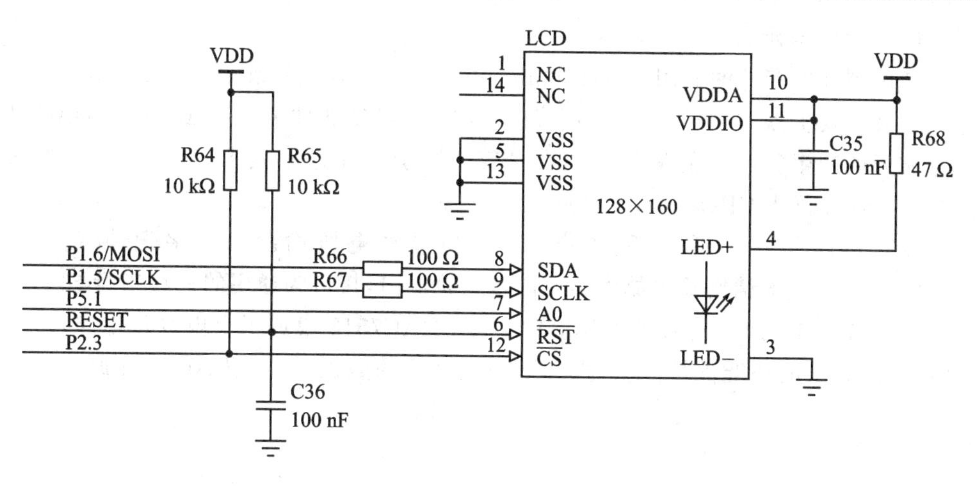

图 4.47　LCD 显示单元的原理图

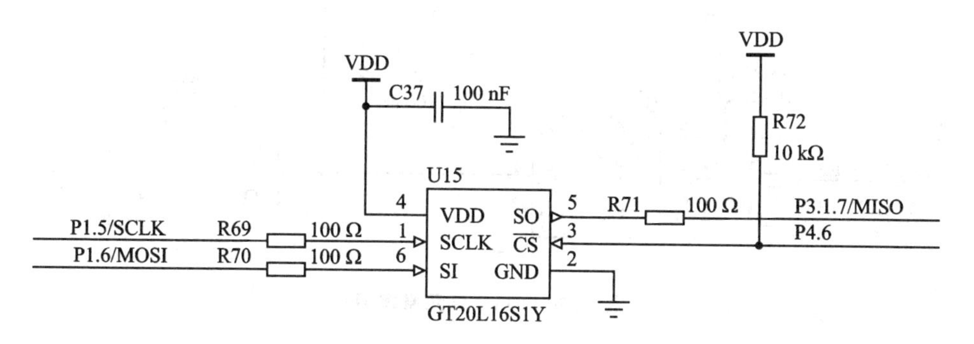

图 4.48　字库单元原理图

(8) 电位器单元

ADC 是实际应用中经常被用到的外设，特别是在传感器、测量仪器、自动监测等设备中。利用 MSP432P401 自带的 ADC 功能，通过圆盘电位器调节电压，实验的结果还可以显示在 LCD 上。ADC 单元原理如图 4.49 所示。

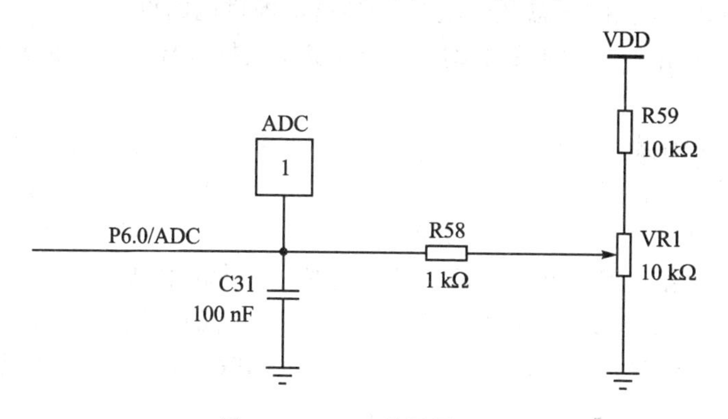

图 4.49　ADC 单元原理图

(9) DAC单元

考虑到开发套件的通用性，DY-LaunchBoard开发板上扩展了一片DAC，并可用于任意波形发生器(AWG)。其采用TI的12位DAC器件DAC7512，实现DAC及任意波形的产生。产生的信号可以在AWG端子上通过示波器观看，还可以通过P6.5的ADC读入CPU，经过处理后显示在LCD上。

DAC7512是一种低功耗、单电源、12位缓冲电压输出的数字/模拟转换器(DAC)。其内置的精密输出放大器允许轨到轨输出，接口为通用的三线串行SPI，兼容QSPI和DSP接口，时钟速率达30 MHz。DAC7512集成了上电复位电路，确保DAC输出0 V时还能保持数据，直到下一个有效的数据进来。DAC单元原理图如图4.50所示。

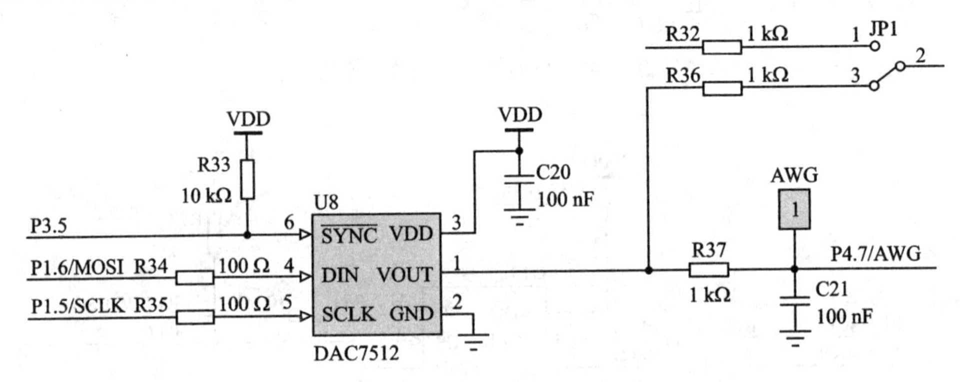

图4.50　DAC单元原理图

(10) 拾音单元

为体现MSP432系列MCU的高性能，DY-LaunchBoard开发板增加了音频采集功能，采用LMV321小信号放大器，对从麦克风过来的信号经放大后输入MCU的ADC端口。

LMV321采用CMOS结构，单电源供电，电压范围2.7～5.0 V，轨对轨的操作可改善信噪性能，超低的静态电流，适合于便携电池供电的设备。

此方案可应用于音频的录制，对讲机等，麦克风拾音放大单元原理图如图4.51所示。

MSP432系列微处理器都不含I^2S音频专用接口，音频的播放采用DAC的输出模式，专用的扬声器音频放大器TPA2005D1负责音频的放大，然后送入喇叭。

TPA2005D1是一款新型的1.4 W单声道无滤波器D类音频功率放大器。该D类音频功率放大器仅需三个外部元件(两个电阻、一个电容)即可工作，无须输出滤波器，而效率却高达85%以上，非常有助于延长便携设备的电池寿命，该器件采用小尺寸封装并具有超级噪声抑制能力，从而使其成为GPRS和3G蜂窝电话设计人员的理想选择。

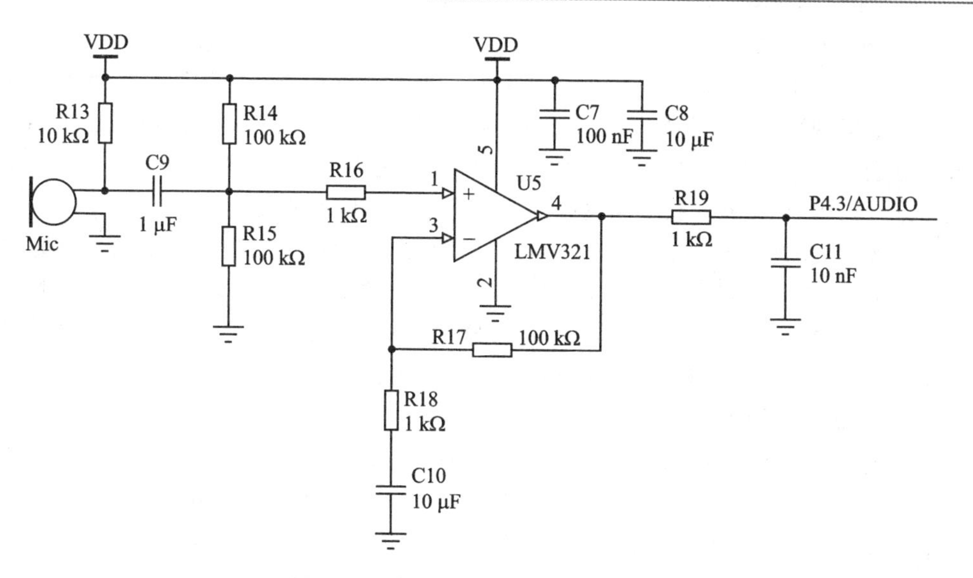

图 4.51　麦克风拾音放大单元原理图

音频放大原理图如图 4.52 所示。

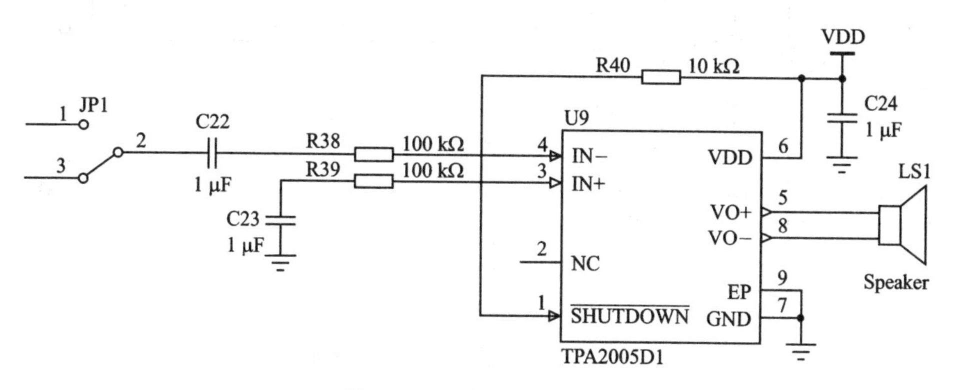

图 4.52　音频放大原理图

(11) 传感器单元

传感器(Sensor)是一种检测装置,能感受到被测量的信息,并能将感受到的信息,按一定规律变换成为电信号或其他所需形式的信息输出,以满足信息的传输、处理、存储、显示、记录和控制等要求。它是实现自动检测和自动控制的首要环节。

传感器已成为现代生活中的重要组成部分,早已渗透到诸如工业生产、宇宙开发、海洋探测、环境保护、资源调查、医学诊断、生物工程,甚至文物保护等极其广泛的领域。可以毫不夸张地说,从茫茫的太空,到浩瀚的海洋,以至各种复杂的工程系统,几乎每一个现代化项目,都离不开各种各样的传感器。

DY-LaunchBoard 口袋板上也设计了几个传感器,通过学习传感器的使用方法,以及这几个传感器的应用,可以扩展到其他类型的传感器上。

1) 温度传感器

DY-LaunchBoard 口袋板上配置了一个 TI 的温度传感器 TMP75。TMP75 是一款工业级的数字温度传感器，I^2C 接口，内部具有 9～12 位 ADC 分辨率，温度值的最高分表率为 0.062 5 ℃，I^2C 通信的时钟频率高达 400 kHz，TMP75 有 3 个可选的逻辑地址引脚，允许同时接 8 个这样的器件而不发生地址冲突。

TMP75 还包含了一个开漏输出(OS)引脚，当温度超过编程限制的值时该输出有效。TMP75 可配置成不同的工作模式。它可设置成在正常工作模式下周期性地对环境温度进行监控，或进入关断模式将器件功耗降至最低。OS 输出有 2 种可选的工作模式：OS 比较器模式和 OS 中断模式。OS 输出可选择高电平或低电平有效。错误状态和设定范围可编程，并可激活 OS 输出。

温度传感器单元的原理图如图 4.53 所示，温度传感器的背面有一个"加热"电阻，可提高 TMP75 的温度，这部分通过 PWM 端口实现闭环控制，可作为温度的 PID 调节。此方案可用于温控的场合，如电烤箱、豆浆机、电热炉、老化实验箱等。

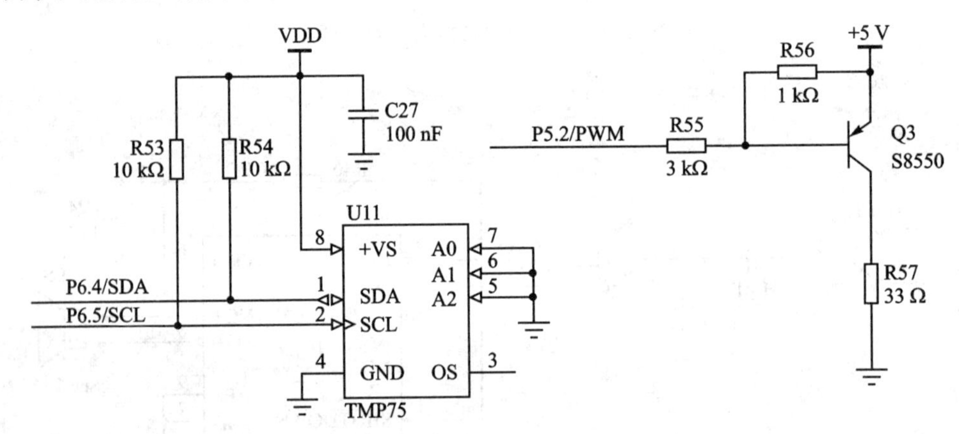

图 4.53　温度传感器单元原理图

2) 光照传感器

光感应单元主要是由光敏电阻器和数字光照传感器组成，光敏电阻器是利用半导体的光电导效应制成的一种电阻值随入射光的强弱而改变的电阻器，又称为光电导探测器。常用的光敏电阻是入射光强，电阻减小；入射光弱，电阻增大。

数字光照传感器采用 OPT3001，此传感器用于测量可见光的密度。传感器的光谱响应与人眼的视觉响应紧密匹配，具有很高的红外线阻隔作用。

OPT3001 是一款可像人眼般测量光强的单芯片照度计。OPT3001 器件兼具精密的频谱响应和较强的 IR 阻隔功能，因此能够像人眼般准确测量光强且不受光源影响。对于为追求美观效果而需要将传感器安装在深色玻璃下的工业设计而言，较强的 IR 阻隔功能还有助于保持高精度。OPT3001 专门针对构建具有人眼体验的系统而设计，是人眼匹配度低且红外阻隔能力差的光电二极管、光敏电阻或其他环境光传感器的首选理想替代产品。

OPT3001 测量范围可达 0.01 lx～83 klx，且内置满量程设置功能，无须手动选择满量程范围。此功能允许在 23 位有效动态范围内进行光测量。

光感应单元原理图如图 4.54 所示。

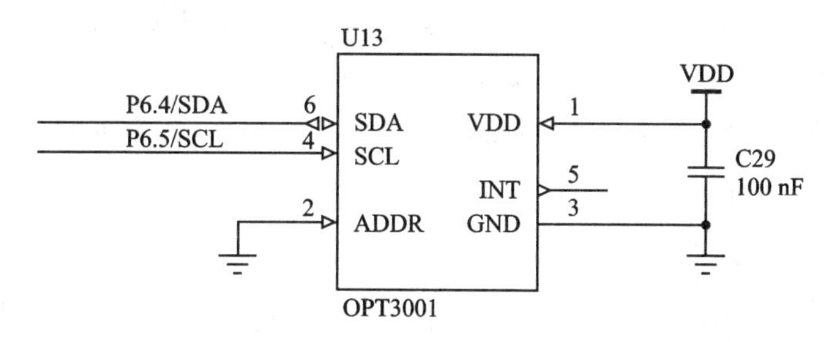

图 4.54　光感应单元原理图

3）温湿度传感器

HDC1050/1080 是一款具有集成温度传感器的数字湿度传感器，其能够以超低功耗提供出色的测量精度。该器件是基于新型电容式传感器来测量湿度的。湿度和温度传感器均经过出厂校准。HDC1050/1080 凭借超紧凑型封装简化了电路板设计。HDC1050/1080 支持较宽的工作电源电压范围，相比其他解决方案，该器件可为各类常见应用提供高品质、低成本和低功耗的优势。该器件的湿度和温度传感器均经过出厂校准，可在－40～＋125 ℃温度范围内进行检测。

此方案可应用于天气预测、塑料大棚温湿度测量、智能宠物屋、家庭环境监测等，温湿度传感器单元原理图如图 4.55 所示。

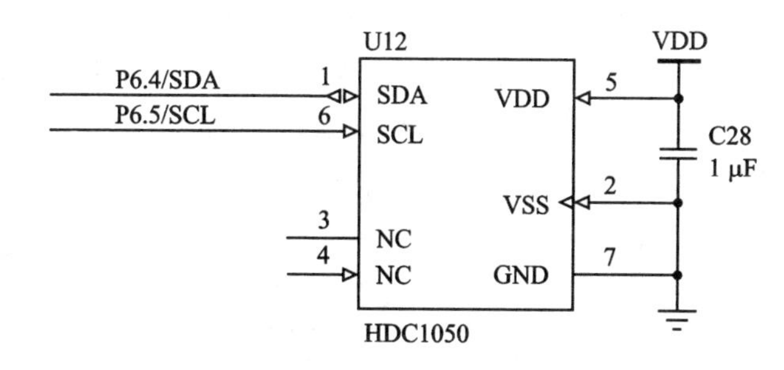

图 4.55　温湿度传感器单元原理图

（12）电机驱动单元

电机驱动是 MSP432 系列微处理器很容易实现的功能，配合 TI 的专用电机驱动芯片 DRV8837，为玩具、打印机及其他机电一体化应用提供了一款双通道桥式电机驱动器解决方案。

该器件具有两个 H 桥驱动器，并能够驱动两个直流（DC）电刷电机、一个双极性步进电机、螺线管或其他电感性负载。每个 H 桥的输出驱动器模块由 N 沟道功率

MOSFET组成,这些MOSFET被配置成一个H桥,以驱动电机绕组。每个H桥都包括用于调节或限制绕组电流的电路。

借助正确的PCB设计,DRV8837的每个H桥能够连续提供高达1.5 A RMS(或DC)的驱动电流(在25 ℃和采用一个5 V VM电源时)。每个H桥可支持高达2 A的峰值电流。在较低的VM电压条件下,电流供应能力略有下降。

为了节约成本,板载的直流电机和步进电机用同一个DRV8837驱动,由P2.6和P2.7的PWM信号分别显现正反转,同时使用LED指示,如图4.56所示。

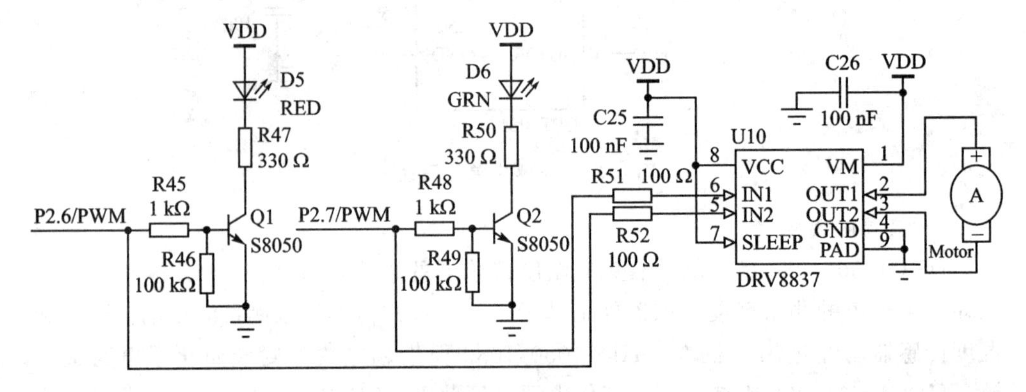

图4.56 直流电机驱动原理图

(13) TF卡存储单元

MSP432系列MCU内部资源和功能较多,可以实现文件系统等高级应用。本单元的主要功能,就是使用TF卡实现文件的读/写操作。

TF卡也叫MircoSD卡,与SD卡的引脚操作几乎完全一致,只是体积缩小了。作为一种非常流行的存储器,学习如何用单片机控制SD卡将很有意义。此外,还可同时学习SPI通信协议,以及几乎无限扩大MCU的存储空间。

如图4.57所示,TF卡的SPI通信接口串入100 Ω的电阻,可减少SPI通信切换时信号的干扰,信息的读取更可靠。

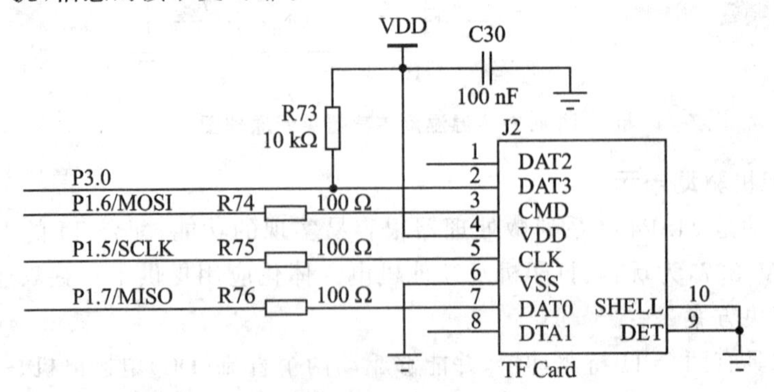

图4.57 TF存储卡单元原理图

(14) 轨迹球

轨迹球是另外一种类型的操作导航键,其工作原理与机械式鼠标工作原理相似,通过滚轮运动传动X和Y方向的转轴,通过固定在转轴上的多极充磁磁体转动,对相应的霍尔元件发出信号,从而确定运动轨迹。内部结构也与鼠标类似,不同的是轨迹球工作时球在上面,直接用手拨动,而球座固定不动。由于是无接触的传感信号,不会出现磨损的情况。此方案可用于手机的方向按键、MP4的方向按键、笔记本电脑和多媒体设备的导航按键等。

轨迹球的轨迹信号经过霍尔元件AN8841B后,输出数字脉冲信号,分别接入到MSP432P401的P2.4、P2.5、P5.6和P6.6的定时器捕捉引脚,当轨迹球向一个方向转动的时候,相应的方向端就会产生脉冲信号,通过定时器捕捉到的脉冲信号,判断方向。中间还有一个普通按键,接在P5.0接口。轨迹球部分原理图如图4.58所示。

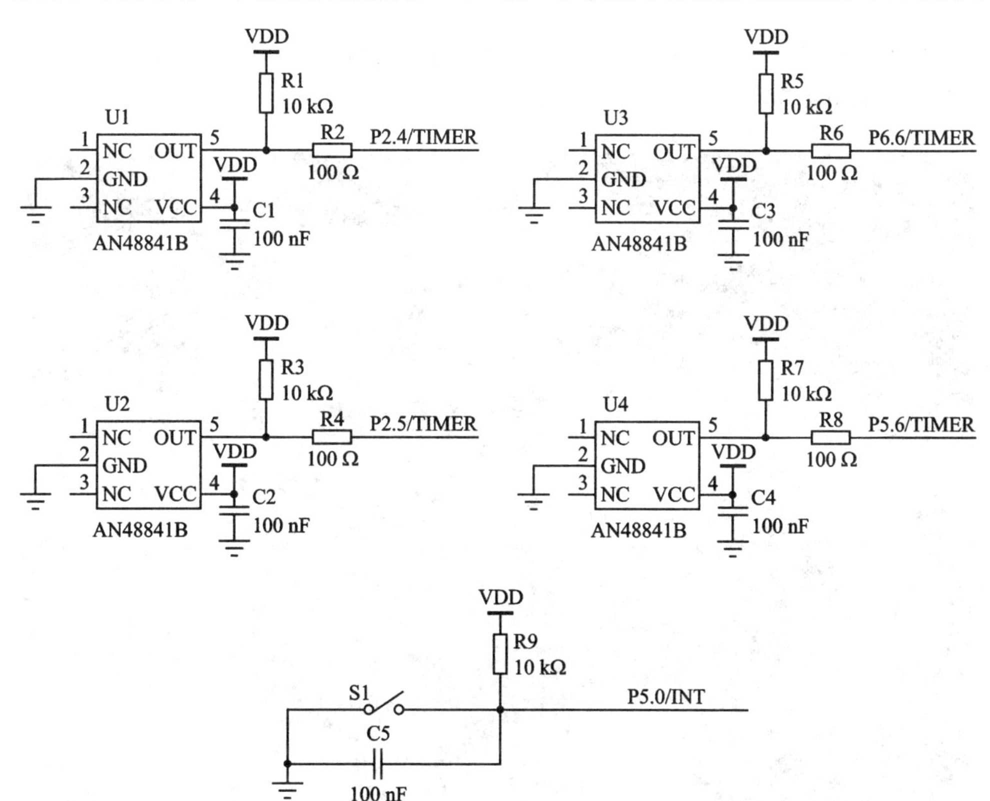

图4.58 轨迹球部分原理图

(15) UART接口

MSP432微处理器的连通性(Connectivity)是其重要的特性,除了MCU自带的通信接口,无线接口扩展也是现在应用经常需要的。DY-LaunchBoard口袋板设计了UART扩展接口,便于实现无线连接。

TI提供了一系列的无线技术解决方案，包括Wi-Fi、BlueTooth、Zigbee、Sub-1 GHz等芯片，基于这些芯片还可以做几种无线模块，既支持UART透传，又支持全功能的二次开发。UART扩展原理图如图4.59所示。

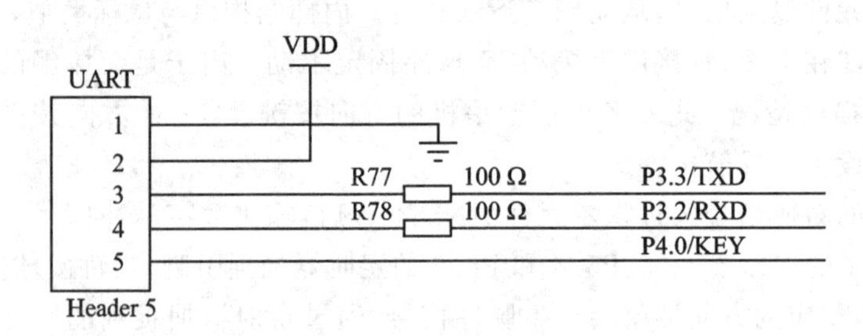

图4.59 UART扩展原理图

以上单元模块经软件仿真及片上调试均可达到设计要求。DY-LaunchBoard的最终实物如图4.60所示。

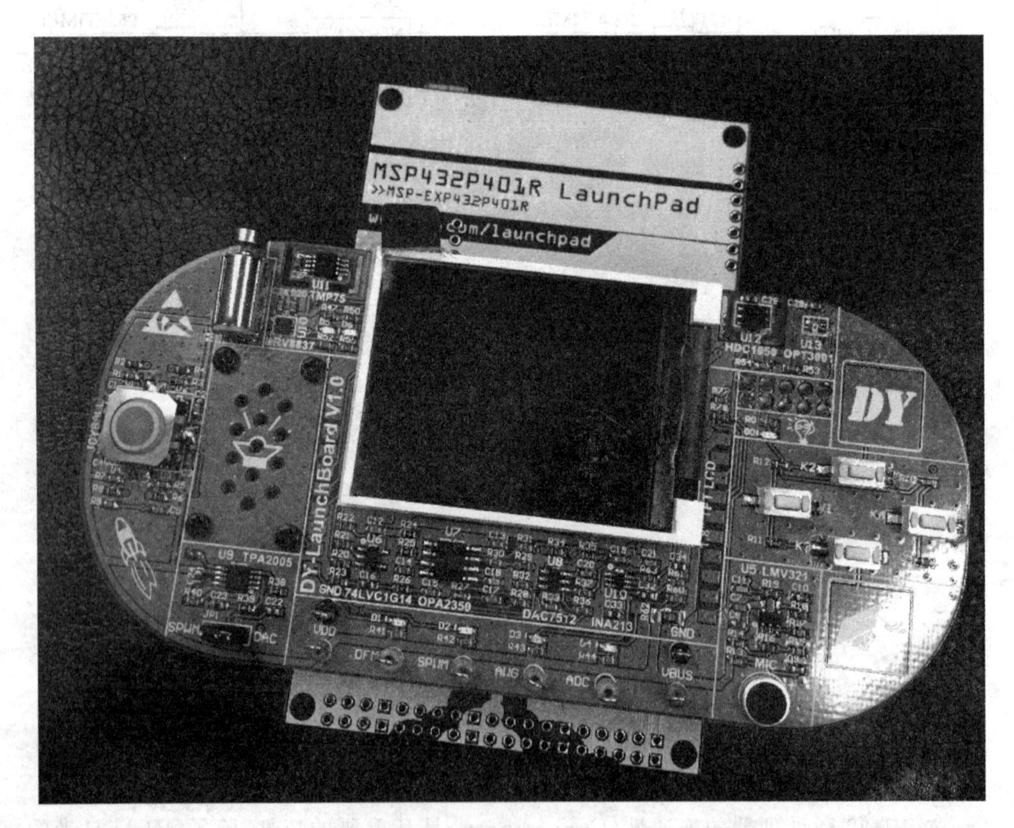

图4.60 MSP432P401R DY-LaunchBoard开发板

4.6　本章小结

本章介绍了MSP432常用的软硬件开发工具，详细描述了IAR和CCSv6两个工具的软件安装，以及软件使用过程中的新建工程、导入已有工程、配置、调试等操作流程。

结合单片机自身的编程特点，本章对嵌入式C语言与普通C语言的差异做了描述，包括常用数据类型、单片机编程中常用的预处理指令、宏定义及条件编译指令等。本章介绍了MSP432 DriverLib的使用，该驱动库使编程者不必关心具体的寄存器，让设计开发程序变得更加高效，代码质量更高。

本章最后介绍了TI推荐的一款MSP432开发套件。

4.7　思考题

1. MSP432的常用开发工具有哪些？
2. 如使用MSP432，写出其C文件的一般结构。
3. ＃include＜my. h＞和＃include"my. h"两种文件包含的差异是什么？
4. 如何使用条件编译，使相邻两段代码只有一段执行？
5. 如何使用MSP432 DriverLib配置GPIO，使P2.0～P2.7为输出？
6. 如何使用MSP432 DriverLib配置定时器，并在GPIO口上输出固定频率的方波信号？
7. 如何使用MSP432 DriverLib配置UART口，并编写一个函数以发送字符串？
8. TI推荐的MSP432开发板有哪些？说明其性能和适用范围。

第 5 章

MSP432 单元功能实验

经过前几章的学习，我们对 MSP432 的特性有了深入的学习和了解，掌握了 MSP432 固件库的基本理论和使用方法，并对 MSP432 应用开发的软件和硬件平台进行了学习和配置。接下来，我们将通过实例，逐步深入地学习基于固件的 MSP432 的实战开发。MSP432 的内外部资源都非常丰富，按照由浅入深的学习原则，本章将带领大家从 MSP432 的单元功能的应用入手，一步步深入学习。其中每个实例都配有详细的原理、实施步骤、现象解析以及程序开发代码，为读者进行更复杂的开发做基础性和理论性的准备。

5.1 GPIO 应用实验

GPIO 是 MSP432 微控制器中最基本、最重要的外设模块之一。MSP432 具有丰富的端口资源，使其不仅可以直接用于 MSP432 的输入/输出，而且还可以为 MSP432 的应用提供必需的控制信号。本实验主要学习片上数字 I/O 端口的工作机制、操作及其固件库函数的使用方法。其中，GPIO 固件库函数包含在 driverlib/gpio.c 中，而 driverlib/gpio.h 包含了库函数的所有定义。

5.1.1 GPIO 点亮 LED

1. 实验要求与目的

用 GPIO 函数设计程序代码配置 GPIO(P1.0)输出模式并输出高电平点亮 LED1；熟悉 GPIO 库函数的使用方法以及 GPIO 上寄存器的基本使用原理和编程方法；掌握常用的 GPIO 寄存器的操作方法。

2. 原理分析

从 MSP432 芯片来看有多达 100 个引脚，其中，大部分引脚都具备复用功能，此次实验直接使用开发板上的 P1.0 LED1 作为输出元器件。由芯片引脚电气示意图可知，它是由 4 号物理引脚输出的，同时 P1.0 还具备 UCA0STE 的复选功能，如图 5.1 所示。

要用 GPIO 点亮一个 LED 首先需要对电路原理图进行分析，MSP432P401 微控

		MSP1
P1.0_LED1	4	P1.0/UCA0STE
P1.1_BUTTON1	5	P1.1/UCA0CLK
P1.2_BCLUART_RXD	6	P1.2/UCA0RXD/UCA0SOMI
P1.3_BCLUART_TXD	7	P1.3/UCA0TXD/UCA0SIMO
P1.4_BUTTON2	8	P.14/UCB0STE
P1.5_SPICLK_J1.7	9	P1.5/UCB0CLK
P1.6_SPIMOSI_J2.15	10	P1.6/UCB0SIMO/UCB0SDA
P1.7_SPIMISO_J2.14	11	P1.7/UCB0SOMI/UCB0SCL

图5.1　芯片引脚电气示意图

制器的P1.0引出一条导线经过一个JP8跳线和一个阻值为470 Ω的电阻R7到达发光二极管LED1正极并由LED1负极接地完成电路，如图5.2所示。这里的跳线帽(Jumper)J8实际上就是一种物理上能够使两个开路端闭合的金属插头，如图5.3所示。

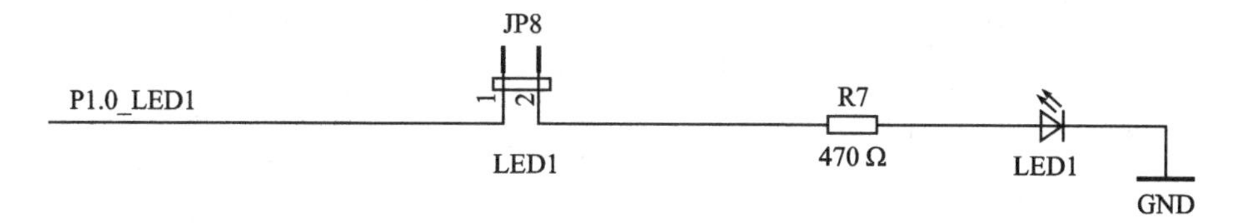

图5.2　LED控制电路原理图

图5.3　从开发板上取下的跳线帽

由于二极管的正向导通特性，我们知道需要在P1.0上输出产生一个高电平才能使LED1点亮。这就需要通过软件配置GPIO引脚的输出方式实现，如图5.4所示。其次，GPIO引脚提供多种函数，它们的配置都使用MSPWare GPIO模块。函数提供建立使能、输入/输出引脚功能，也可对它们设置中断还可读取引脚的状态。对于输入/输出的内部逻辑原理只需参考TI给出的GPIO原理图即可。

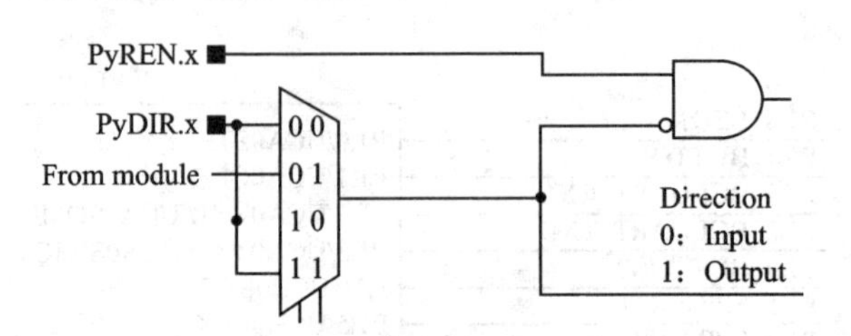

图 5.4 GPIO 输入/输出方式结构

3. 实验步骤与结果

```
#include "driverlib.h"                                        //调用库函数头文件
void main()
{
    MAP_WDT_A_holdTimer();                                    //挂起看门狗
    MAP_GPIO_setAsOutputPin(GPIO_PORT_P1,GPIO_PIN0);
//开发板 P1.0 口设置成输出口
    MAP_GPIO_setOutputHighOnPin(GPIO_PORT_P1,GPIO_PIN0);
//设置 P1.0 以高电平输出
    while(1);                                                 //程序在此保持循环
}
```

需要注意的是“MAP_GPIO_setAsOutputPin(GPIO_PORT_P1,GPIO_PIN0);”此语句只是将 P1.0 设置为输出模式并没有实际输出高电平。

此外,以上程序也可使用寄存器对 P1 端口进行操作。

```
#include "driverlib.h"
void main()
{
    MAP_WDT_A_holdTimer();
    P1DIR|= BIT0;                                   //P1.0 设置成输出方向
    P1OUT|= BIT0;                                   //P1.0 高电平输出
    while(1);
}
```

其中,“P1DIR|=BIT0;”是将 BIT0 寄存器的 8 位同 P1DIR 寄存器进行按位与运算并将运算结果赋给 P1DIR,实际上,这样的运算结果并不影响 P1DIR 上的其他位。

代码完成后,单击图标或者使用快捷键 Ctrl+F7 对代码进行编译。编译无误后,可在 Build 窗口中观察到编译通过信息,如图 5.5 所示。

连接 USB 数据传输线至开发板并单击图标或者使用快捷键 Ctrl+D 对代码进行调试和下载。调试下载过程出现下载窗口如图 5.6 所示。在调试下载过程中尽

Messages
gpio_toggle_output.c
Done. 0 error(s), 0 warning(s)
Build
Debug Log
Build

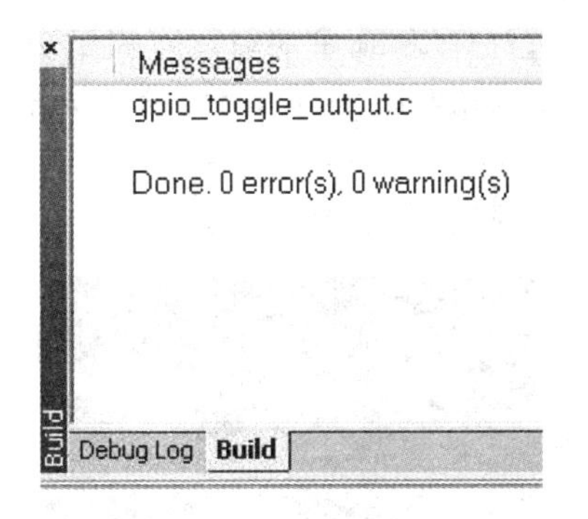

图 5.5 编译信息显示窗口

可能避免移动开发板，防止因振动引起 USB 口接触不良，进而导致程序下载失败。

Busy
Starting debugger session: Flashing
Downloading: Downloading
Cancel
Busy
Starting debugger session: Loading debug file

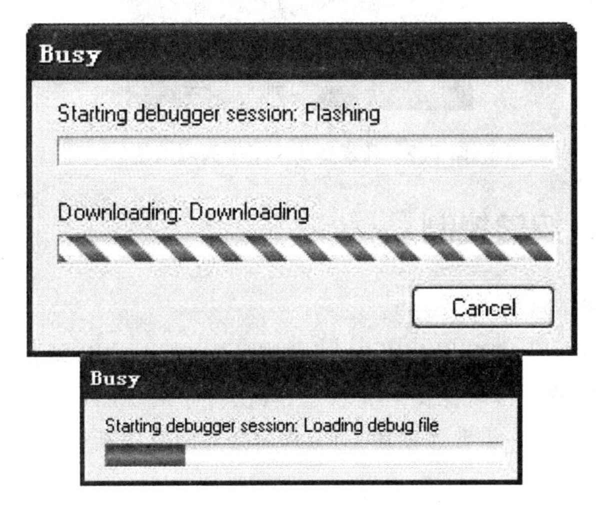

图 5.6 调试下载显示窗口

程序调试下载完成显示窗口如图 5.7 所示，调试工具栏如图 5.8 所示。

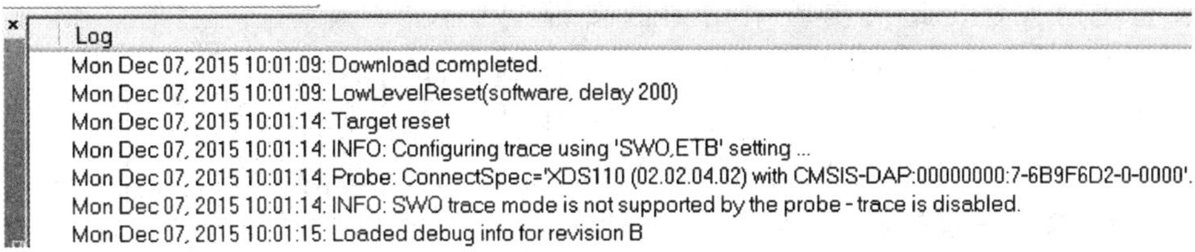

Log
Mon Dec 07, 2015 10:01:09: Download completed.
Mon Dec 07, 2015 10:01:09: LowLevelReset(software, delay 200)
Mon Dec 07, 2015 10:01:14: Target reset
Mon Dec 07, 2015 10:01:14: INFO: Configuring trace using 'SWO,ETB' setting ...
Mon Dec 07, 2015 10:01:14: Probe: ConnectSpec='XDS110 (02.02.04.02) with CMSIS-DAP:00000000:7-6B9F6D2-0-0000'.
Mon Dec 07, 2015 10:01:14: INFO: SWO trace mode is not supported by the probe - trace is disabled.
Mon Dec 07, 2015 10:01:15: Loaded debug info for revision B

图 5.7 程序调试下载完成显示窗口

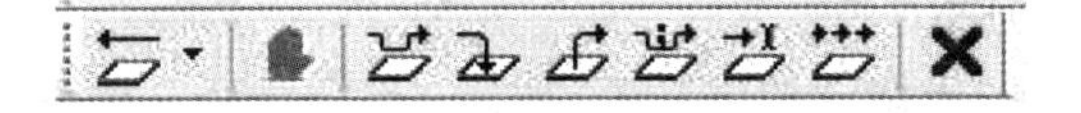

图 5.8 调试工具栏

单击(go)按钮全速运行程序，在全速运行时程序实际已“写入”微控制器。此时调试工具栏中的调试中断按钮激活以方便程序在运行时插入调试点，如不需调试则单击按钮即可。

观察开发板上 LED1 实现结果，如图 5.9 所示。

图 5.9　开发板上 LED1 实现结果

5.1.2　GPIO 按键控制

1. 实验要求与目的

通过使用 MSP432 开发板上的 P1.1 按键控制 P1.0 LED 输出亮灭，即实现按下按键 LED 点亮，释放按键时保持点亮状态，再次按下时 LED 熄灭；用两种编程方法实现按键消抖功能，进一步熟悉使用 GPIO，学会 GPIO 中断操作，同时掌握 SysTick 中断延时的基本操作。

2. 原理分析

在 5.1.1 小节中已介绍了 GPIO 输出的基本使用方法。此次实验中用到的按键 BUTTON1，它的一端接在 MSP432 芯片的 P1.1 引脚上，P1.1 作为输入，P1.0 为 LED1 输出；按键的另一端则接地，如图 5.10 所示。

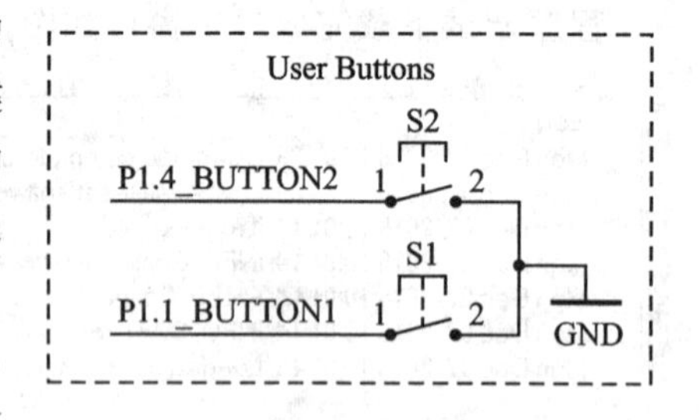

图 5.10　BUTTON1 按键电路图

由于按键一端接通芯片，当芯片上电时，应配置 P1.1 为 GPIO 输入，当按键弹起时输入为高电平，按下按键输入为低电平。

(1) 软硬件消抖分析

实验中使用的按键为微动按键开关，如图 5.11 所示。它在使用过程中，因其机械特性，在使用时，会产生抖动，一般抖动时间为 3～5 ms 不等。这是因为按键按下瞬间会产生抖动，抖动波形如图 5.12 所示。在实际的抖动波形中有两个抖动时段——按下抖动与释放抖动。

图 5.11　微动按键开关

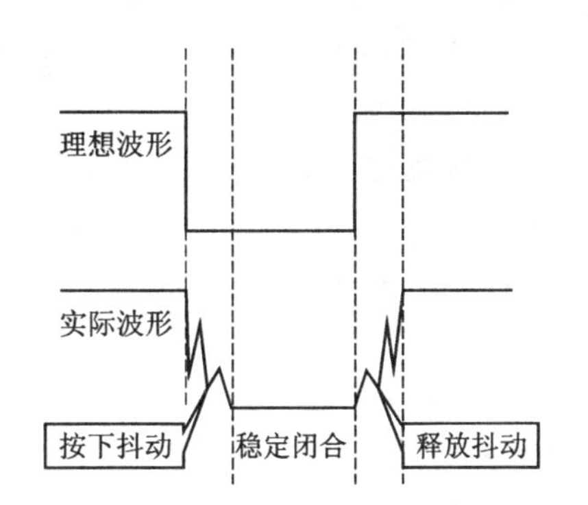

图 5.12　抖动波形图

控制 LED 需要按键有效闭合，如果不进行消抖，就会引起误操作。一般的消抖操作可以分为硬件消抖和软件消抖。

硬件消抖即在按键开关两端并联一个电容，对抖动进行滤波。电容的大小与所在电路特性有关，如图 5.13 所示。

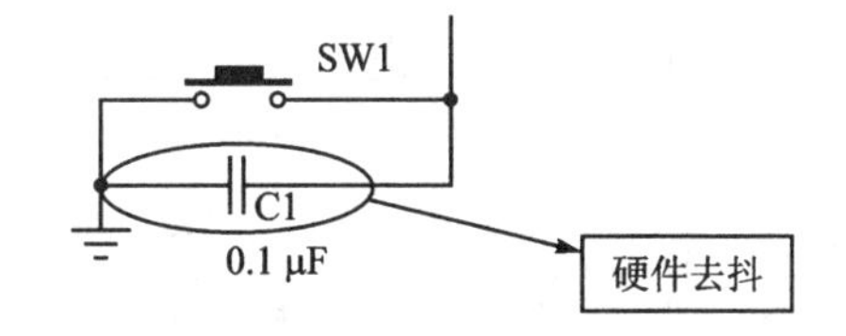

图 5.13　硬件去抖原理图

软件消抖则有多种方法。一般地，在芯片检测到按键按下时，利用一个延时函数 delayms()，让 CPU“跑完”这段抖动的时间，以达到消抖的目的。这种方法在一定程度上消耗了芯片的资源，作为高性能芯片要充分考虑到其工作价值，不能为了一个小功能而“独占”其可用资源。这里介绍另外一种消抖方法，定时器消抖。本次实验利用 SysTick 定时器计时来“覆盖”抖动延时。

(2) 定时器操作入门

SysTick 定时器是 MSP432 微控制器中一个比较特殊的定时器。只要使能 SysTick，定时器时钟就会从重载值处朝着零值向下计数。在下一个时钟周期，重新载入 STRVR 寄存器中的值，同时，时钟接着向下计数。清除 STRVR 寄存器的值将在下一次向下计数时禁用。当计数器计数至零时，COUNT 寄存器的状态 status 位就会置位。在 COUNT 位有读取时即清零。

写入 STCVR 寄存器将清除 COUNT 寄存器的状态 status 位。写入时并不会触发 SysTick 的异常。一旦有读取，当前值就是访问寄存器时寄存器内的值。

与其他中断处理器不同。SysTick 中断处理器不需清除 SysTick 中断源（标志），这是因为当 SysTick 中断处理器调用时，它由 NVIC 自动清除。

一般地，SysTick 初始化过程包含以下操作步骤：

① 向 STRVR 写入值。

② 通过向 STCVR 写入任意值清除 STCVR 原来的值。

③ 根据操作配置STCSR寄存器。

SysTick定时器使用系统时钟，本实验使用的系统时钟为默认时钟。关于默认时钟具体设置可以参考MSP432P401R开发工具文档中的“时钟”章节，这里不做赘述，我们可以从中找到默认时钟配置，如表5.1所列。

表5.1 默认时钟设置

时 钟	默认时钟源	默认频率	描 述
MCLK	DCO	3 MHz	主时钟 向CPU和外设提供时钟源
HSMCLK	DCO	3 MHz	子系统主时钟 向外设提供时钟源
SMCLK	DCO	3 MHz	低速子系统主时钟 向外设提供时钟源
ACLK	LFXT(或REFO没有晶振时)	32.768 kHz	辅助时钟 向外设提供时钟源
BCLK	LFXT(或REFO没有晶振时)	32.768 kHz	低速后备域时钟 提供LPM外设

表5.1中，系统提供的默认时钟为3 MHz的MCLK主时钟(默认时钟不分频)，实验时按照此时钟设置SysTick计数值，即消抖需要5 ms，写入STRVR寄存器值为15 000。

3. 实验步骤与结果

整个实验可用如图5.14所示的流程图表示，其中S1为接通至P1.1的按键。

程序代码如下：

```
#include "driverlib.h"
int main(void)
{
  MAP_WDT_A_holdTimer();
  MAP_GPIO_setAsOutputPin(GPIO_PORT_P1, GPIO_PIN0);
  MAP_GPIO_setAsInputPinWithPullUpResistor(GPIO_PORT_P1, GPIO_PIN4);
    //输入/输出口初始化
  while(1)
  {
    while(!MAP_GPIO_getInputPinValue(GPIO_PORT_P1,GPIO_PIN4))
    {
      MAP_SysTick_setPeriod(15000);
      //SysTick初始化，当检测到按键按下时，延迟5 ms消抖
      MAP_SysTick_enableModule();              //开始计数
```

```
        while((MAP_SysTick_getValue()&15000)); //计数至零再次判断是否按下
        MAP_SysTick_disableModule();
        if(!MAP_GPIO_getInputPinValue(GPIO_PORT_P1,GPIO_PIN4))
            {
               MAP_GPIO_toggleOutputOnPin(GPIO_PORT_P1, GPIO_PIN0);
               //确认有效按键,P1.0 输出翻转
               while(!MAP_GPIO_getInputPinValue(GPIO_PORT_P1,GPIO_PIN4));
               //按键如果没有释放,则循环保持
               MAP_SysTick_setPeriod(15000);
               MAP_SysTick_enableModule();
               while((MAP_SysTick_getValue()&15000));
               //按键释放延迟 5 ms 消抖
               MAP_SysTick_disableModule();
               //关闭 SysTick,下一次按键将会重新配置初始化
               MAP_GPIO_setAsInputPinWithPullUpResistor(GPIO_PORT_P1, GPIO_PIN4);
               //释放按键时 P1.1 状态为高电平
            }
      }
   }
}
```

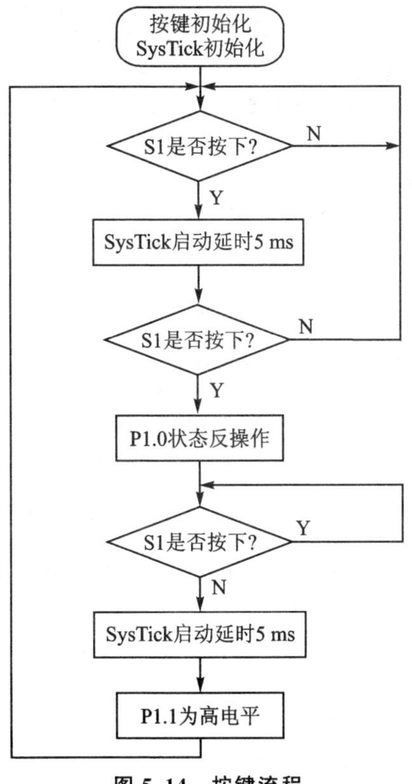

图 5.14　按键流程

实验主要使用SysTick完成对按键按下与释放时两次消抖。程序虽然使用了MSP432片内SysTick，但是仅仅使用了它的计时功能，并未进入中断程序，对实现任务没有影响，这样设置的好处在于可以在SysTick计时中，通过中断程序完成其他操作。对于以往"独占式"延时，则意味着处理器只能"做一件事"。

同时，相比于Timer32等其他定时器，SysTick的独特之处在于它开启中断后不需清除中断标志，下一次便可自动进入中断。

需要注意的是，通过语句"while((MAP_SysTick_getValue() & 15000));"使SysTick计数置0后，下一条语句"MAP_SysTick_disableModule();"禁用了SysTick，此时，SysTick停止计时，如果下一次有需要使用到SysTick时，那么只需重新写入STRVR值就又可以重新使用。

此外，程序可以通过GPIO中断处理的方式来检测按键按下与否的状态。具体代码如下：

```
#include "driverlib.h"
volatile uint32_t status;
int main(void)
{
    MAP_WDT_A_holdTimer();
    MAP_GPIO_setAsOutputPin(GPIO_PORT_P1, GPIO_PIN0);
    MAP_GPIO_setAsInputPinWithPullUpResistor(GPIO_PORT_P1, GPIO_PIN1);
    MAP_GPIO_clearInterruptFlag(GPIO_PORT_P1, GPIO_PIN1);
    //初始化,使用中断检测按键时,需要将中断标志清除
    MAP_GPIO_enableInterrupt(GPIO_PORT_P1, GPIO_PIN1);
    MAP_Interrupt_enableInterrupt(INT_PORT1);
    //使能 P1.1 中断
    while (1)
    {
        MAP_PCM_gotoLPM3();
    }
}
/* GPIO 中断服务程序 */
void gpio_isr(void)
{
    status = MAP_GPIO_getEnabledInterruptStatus(GPIO_PORT_P1);
    //一旦有按键按下就进入中断
    if(status & GPIO_PIN1)
    {
        MAP_SysTick_disableModule();
        MAP_SysTick_setPeriod(15000);
        MAP_SysTick_enableModule();
```

```
            while((MAP_SysTick_getValue()&15000));
            MAP_SysTick_disableModule();
            MAP_SysTick_enableInterrupt();
            if(!MAP_GPIO_getInputPinValue(GPIO_PORT_P1,GPIO_PIN1))
            {//进入中断后,此时不能再以获取 status 值判断按下
                MAP_GPIO_toggleOutputOnPin(GPIO_PORT_P1, GPIO_PIN0);
                while(!MAP_GPIO_getInputPinValue(GPIO_PORT_P1,GPIO_PIN1));
                MAP_SysTick_setPeriod(15000);
                MAP_SysTick_enableModule();
                while((MAP_SysTick_getValue()&15000));
                MAP_GPIO_setAsInputPinWithPullUpResistor(GPIO_PORT_P1, GPIO_PIN1);
            }
        }
    MAP_GPIO_clearInterruptFlag(GPIO_PORT_P1, status);
    //完成 LED 操作后在退出中断程序前清除中断标志
}
```

使用硬件消抖可以使程序更加简便,只要在中断程序中,反复侦测对应GPIO口的状态即可。中断服务程序只需检测GPIO状态即可,中断程序可直接实现对LED1.0的控制,代码如下:

```
void gpio_isr(void)
{
status = MAP_GPIO_getEnabledInterruptStatus(GPIO_PORT_P4);
    if(status & GPIO_PIN0)
    {
        MAP_GPIO_toggleOutputOnPin(GPIO_PORT_P1, GPIO_PIN0);
    }
MAP_GPIO_clearInterruptFlag(GPIO_PORT_P4, status);
}
```

以上程序使用不同方法均实现了每按一次按键,对LED1.0进行亮灭的控制。

5.2 定时器实验

在设备中,常常需要对驱动的外部事件进行计数/定时,以及对PWM信号、上/下沿时刻的捕获等,这些都需要借助定时/计数器来实现。在MSP432P401R芯片中采用了多种定时器,包括:定时器A、32位定时器、看门狗定时器、系统定时器和实时时钟定时器。本节通过几个具体实例就这些定时器模块的特点及其固件库函数与使用进行简单介绍。这些模块的固件库函数及其头文件分别位于下列文件之中:driverlib/timer_a.c与riverlib/timer_a.h;driverlib/systick.c与driverlib/systick.h;

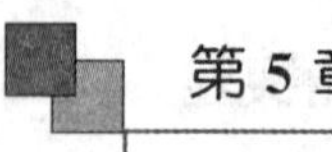

driverlib/timer32.c 与 driverlib/timer32.h；driverlib/wdt.c 与 driverlib/wdt.h；driverlib/ref_a.c 与 driverlib/ref_a.h。

5.2.1 Timer32 控制 LED 灯闪烁

1. 实验要求与目的

使用 Timer32 模块中相关库函数写出程序，试调用中断程序，实现 LED1 以 1 s 间隔闪烁；学会 Timer32 定时器和中断的简单操作，初步认识系统时钟，进一步认识 GPIO。

2. 实验原理

通过配置 Timer32 产生 1 s 的中断，每次进入中断程序使 LED1 电平状态取反，来实现“闪烁”的效果。程序要做的工作包含配置系统时钟、定时器以及中断向量表等。

(1) 微控制器系统时钟配置及应用

任何一个微控制系统都离不开时钟系统的支持，本实验仅介绍使用到的 LEXTCLK 和 MCLK。根据 MSP432P 系列技术手册，系统时钟可以分为 LEXTCLK、VLOCLK、DCOCLK、MODCLK、HFXTCLK、SYSOSC。其中，LFXTCLK 为低频率振荡器(LFXT)，可以用来产生 32.768 kHz 低频率或 32 kHz 以下的时钟信号。在使用旁路模式时，此时钟可由外部方波信号以小于或等于 32 kHz 驱动。同时，时钟模块提供 5 种主要的系统时钟信号：ACLK、MCLK、HSMCLK、SMCLK、BCLK。

一些外设模块可直接使用 MCLK。与程序和时钟配置有关的寄存器如下：

- 时钟系统访问寄存器 CSACC，高 16 位保留，低 16 位可用，寄存器可用位字段 CSKEY 对 CSTCLx、CSIE、CSSETIFG、CSCLRIFG 寄存器进行加锁或解锁设定。
- 时钟系统控制寄存器 CSCTLx(x=0～3)，这 4 个寄存器可以分别对时钟进行定义，用来配置时钟初始化。
- 时钟系统时钟使能寄存器 CSCLKEN，对所选择时钟使能。

为了达到间隔 1 s 定时，采用 Timer32 定时器来实现，MSP432P401R 中包含很多定时器，如 Timer32、TimerA、RTC 等。定时器在一个微控制器系统中的角色也很重要，一般按照系统要求选择合适的定时器。Timer32 定时器包含两个可编程的 32 位/16 位向下倒数计时器，此模块可在计数至 0 时产生中断，其特征如下：

- 两个任意配置 32 位/16 位大小的独立计时器。
- 三种不同计时模式。
- 可将输入时钟进行 1、16、256 分频。
- 每个计时器可独立产生中断，也可以同时组合产生中断。

(2) Timer32定时器特征运行模式

除上述特征外，Timer32还有三种运行模式：自由运行模式、周期定时器模式和单次定时器模式。

自由运行模式(默认模式)：第3章提到计数器计数至0时，继续从寄存器内的最大值开始倒计时。

周期定时器模式：计数器以一定间隔产生中断并在计数至0时重新载入最初设定的值。此模式将在实验中使用。

单次定时器模式：计数器只产生一次中断。在重新编程前，如果计时至0时，则定时器挂起。这一步操作可通过清除One shot Count bit寄存器的值，使计时器与自由运行模式和周期运行模式一样继续计数，这步操作还可以通过向Load Value寄存器中写值完成。

在微控制器系统中，有一项非常重要的任务——中断服务程序(Interrupt Service Routines)一般称为中断程序，程序运行过程中一旦遇到中断信号就会“暂停”程序，马上触发中断程序，当中断程序处理完毕后再重新回到程序“暂停”处继续执行，中断信号可以由外设触发或者异常触发。Timer32作为MSP432P401R的外设之一就可以产生中断信号。

前文曾提到计数器最高有效进位可检测计数器是否计数到0，它是判断中断标志的依据，与中断操作有关的寄存器如下：

1) 定时器控制寄存器(T32CONTROL)

该寄存器为32位，主要用于对指定定时器的控制。该寄存器中的常用位是这样定义的：ENABLE使能定时器，MODE定时器工作模式选择，IE中断使能位，PRESCALE预分频位，SIZE在16/32位间选择定时器操作方式，ONESHOT选择定时器是否以单次模式工作。

2) 定时器数值载入寄存器(T32LOAD)

该寄存器为32位，计时器装载这个寄存器里的值并从这个值开始向下倒计数。当周期模式使能且当前计数到0时，这个值用以重新载入计数器。直接向寄存器写入值，当前计数立刻在TIMCLK的上升沿重置新的值，此时TIMCLK由TIMCLKEN使能。同时，如果向T32BGLOAD寄存器写入值则寄存器内的值也会被覆盖，但是当前计数并不受影响。在使能TIMCLK的上升沿前，如果把数值写入T32LOAD和T32BGLOAD寄存器中，则会发生如下情况：

- 在下一次使能TIMCLK触发沿时，写入到T32LOAD的值将替代当前计数值。
- 每次计数器计数至0时，当前计数值会使用已写入到T32BGLOAD寄存器的值来重置。

3) 中断清除寄存器(T32INTCLR)

只要有数值写入该寄存器则清除计数器中中断输出。

(3) 中断向量表与 NVIC

一个复杂的微控制器的系统在运行时会产生多种中断(信号),可以是由异常所触发的中断,也可以是由外设触发的中断。处理这些中断需要遵循一定的顺序,否则就将造成系统的紊乱,第 2 章曾提到 Cortex-M4 内核包含一个嵌套向量中断控制器(NVIC),该器件的作用就是用来控制管理不同的中断信号,让中断程序有序运行,其操作方法如下:

中断操作的顺序(优先级)是由各种外设模块产生中断信号所对应的中断号表示的。它们集合在一个名为中断向量表(Nested Vector Interrupt Table)的代码中,此时通过 Interrupt_enableInterrupt()函数来使能对应的外设中断,在 MSP432 启动程序中断向量表中,可以看出预先定义的中断号,如图 5.15 所示。

```
__root const uVectorEntry __vector_table[] @ ".intvec" =
{
    { .ptr = (uint32_t)systemStack + sizeof(systemStack) },
                                            // The initial stack pointer
    ResetISR,                               // The reset handler
    NmiSR,  void IntDefaultHandler()        // The NMI handler
    FaultISR,                               // The hard fault handler
    IntDefaultHandler,                      // The MPU fault handler
    IntDefaultHandler,                      // The bus fault handler
    IntDefaultHandler,                      // The usage fault handler
    0,                                      // Reserved
    0,                                      // Reserved
    0,                                      // Reserved
    0,                                      // Reserved
    IntDefaultHandler,                      // SVCall handler
    IntDefaultHandler,                      // Debug monitor handler
    0,                                      // Reserved
    IntDefaultHandler,                      // The PendSV handler
    IntDefaultHandler,                      // The SysTick handler
    IntDefaultHandler,                      // PSS ISR
    IntDefaultHandler,                      // CS ISR
    IntDefaultHandler,                      // PCM ISR
    IntDefaultHandler,                      // WDT ISR
    IntDefaultHandler,                      // FPU ISR
    IntDefaultHandler,                      // FLCTL ISR
    IntDefaultHandler,                      // COMP_E0_MODULE ISR
    IntDefaultHandler,                      // COMP_E1_MODULE ISR
    IntDefaultHandler,                      // TA0_0 ISR
    IntDefaultHandler,                      // TA0_N ISR
    IntDefaultHandler,                      // TA1_0 ISR
    IntDefaultHandler,                      // TA1_N ISR
```

图 5.15 部分中断向量表

由于本次实验使用 Timer32 作为外设来产生中断,故应选取它所对应的中断号作为参数。库函数可以这样写:"MAP_Interrupt_enableInterrupt(INT_T32_INT1);"其中"INT_T32_INT1"表示 Timer32 定时器 1 产生的中断所对应的中断号。实际上,NVIC 在向量表中包含 64 个中断,前 16 位为系统异常或保留,外部中断 56 个是可用中断。

中断控制器应用程序接口为 NVIC 提供大量函数。函数用于提供使能禁用中断、寄存器、中断处理器、设置中断优先级等。

中断处理器可以用一种或两种方法配置，即编译时的静态配置和运行时的动态配置。中断处理器静态配置由位于应用启动程序表（startup）的中断处理器表完成。一旦静态配置完成，在微处理器响应中断前（包括外设在内的所有中断使能要求），中断必须由 NVIC 通过 Interrupt_enableInterrupt()函数予以使能。对于中断处理器预取值（假设值也在 Flash 中），由于堆栈操作（写入 SRAM 的操作）可以和中断表取值（从 Flash 中读取操作）并行完成，静态配置中断表提供最快的中断响应时间。

此次实验，我们采用静态配置来完成配置中断处理器。双击打开本例的 msp432_startup_ewarm.c 启动程序表，并在此文件中添加代码“extern void Timer32IsrHandler(void);”如图 5.16 所示。

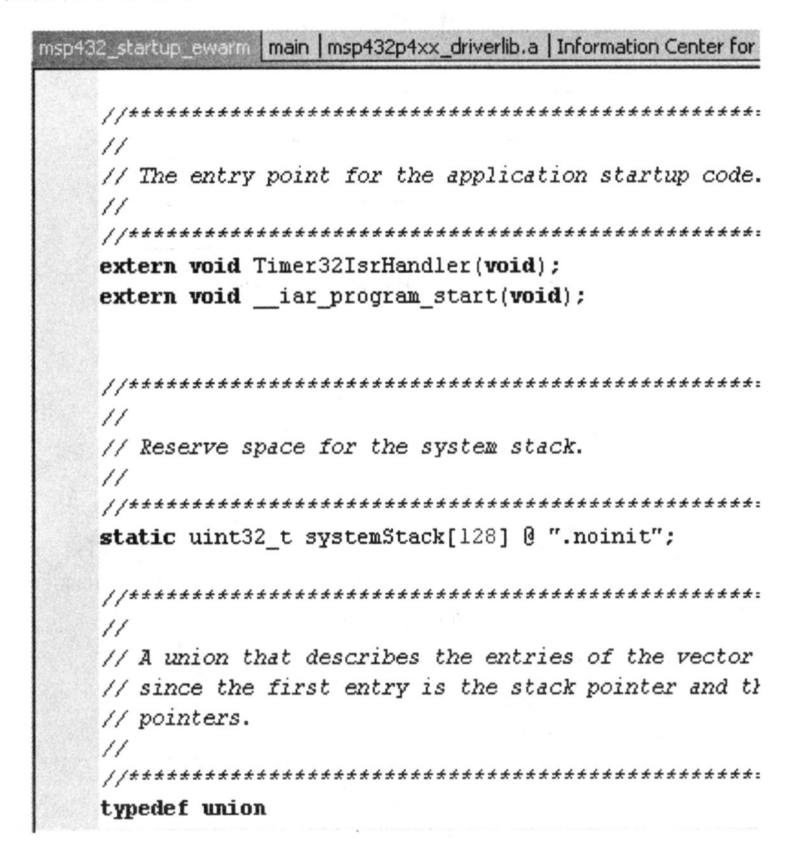
```
msp432_startup_ewarm | main | msp432p4xx_driverlib.a | Information Center for

//*****************************************************
//
// The entry point for the application startup code.
//
//*****************************************************
extern void Timer32IsrHandler(void);
extern void __iar_program_start(void);


//*****************************************************
//
// Reserve space for the system stack.
//
//*****************************************************
static uint32_t systemStack[128] @ ".noinit";

//*****************************************************
//
// A union that describes the entries of the vector
// since the first entry is the stack pointer and th
// pointers.
//
//*****************************************************
typedef union
```

图 5.16　代码添加窗口

另外，中断可以在运行时使用 Inter_registerInterrupt()函数来配置（或者在每个独立驱动器模拟）。使用 Inter_registerInterrupt()函数时，中断必须在此之前使能。在使用每个模拟独立驱动器时，Interrupt_enableInterrupt()由驱动器调用而非应用程序调用。由于堆栈操作（写入 SRAM 的操作）和中断处理器表的获取（从 SRAM

读取操作)必须是按顺序执行,所以在中断运行时再进行配置会对中断响应时间造成短时间延时。读者可自行使用方法调试,这里不再说明。

中断处理器运行时要求在SRAM配置一个空间大小为1 kb的中断处理表(从SRAM头部开始)。如果不这样做则会导致在处理中断时错误取出向量地址。向量表则是在一个名为"vtable"的块,必须用一个适当的脚本来连接。

3. 实验步骤与结果

设计流程图如图5.17所示。

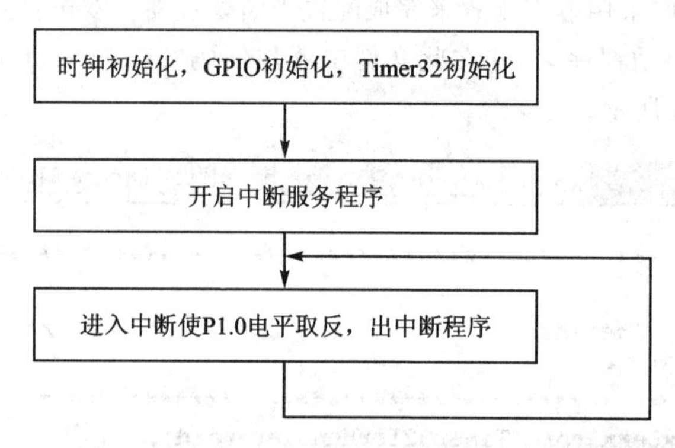

图5.17 LED灯闪烁实验流程图

程序代码如下:

```
#include "msp.h"
#include "driverlib.h"
int main(void)
{
    MAP_WDT_A_holdTimer();                                    // 关闭看门狗
    MAP_CS_initClockSignal(CS_MCLK,CS_LFXTCLK_SELECT,CS_CLOCK_DIVIDER_1);
    //时钟初始化,配置为LFXTCLK,MCLK,不分频。
    MAP_GPIO_setAsOutputPin(GPIO_PORT_P1,GPIO_PIN0);
    MAP_GPIO_setOutputLowOnPin(GPIO_PORT_P1,GPIO_PIN0);
    //GPIO口设置为P1.0低电平输出
    MAP_Timer32_initModule(TIMER32_0_MODULE,TIMER32_PRESCALER_1,TIME R32_32BIT,
                        TIMER32_PERIODIC_MODE);
    //Timer32选择Timer0定时器。定时器预分频为1倍,32位大小,周期运行模式
    MAP_Timer32_setCount(TIMER32_0_MODULE,0x8000);
    //Timer0中装入初值0x8000,
    MAP_Interrupt_enableInterrupt(INT_T32_INT1);
    //使能Timer32中断服务程序
    MAP_Timer32_enableInterrupt(TIMER32_0_MODULE);     //使能Timer32中断
    MAP_Timer32_startTimer(TIMER32_0_MODULE,false);
```

```
        //启动 Timer32 定时器,反复循环计数
        while (1)
        {
            __sleep();
        }
    }
    void Timer32IsrHandler(void)     //中断服务程序
    {
        MAP_Timer32_clearInterruptFlag(TIMER32_0_MODULE);
        //清除 Timer32 中断标志
        MAP_GPIO_toggleOutputOnPin (GPIO_PORT_P1,GPIO_PIN0);
        //以开关方式触发 P1.0
    }
```

程序为了使LED1以1 s的间隔闪烁。Timer32设置成周期模式非单次运行模式,不分频,32位计数器里装了初值0x8000,则计数值设定为32 768。系统时钟源为LFXTCLK,它的频率为32 768 Hz,不进行分频。由这些参数可以使Timer32每隔1 s产生一次中断,并进入中断程序。

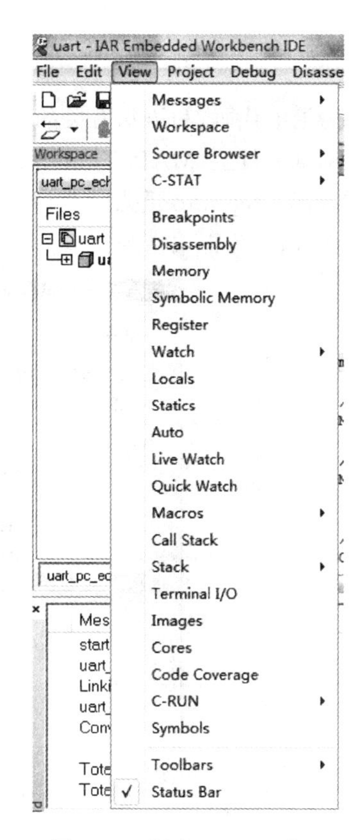

图 5.18 调出Register窗口

对以上程序进行下载调试,调试过程中,单击工具栏中 (next statement)图标,可以使程序按语句逐条逐步运行。在此过程中,单击菜单栏中的View→Register(见图5.18),可以查看有关寄存器的值。

单击图标使调试运行至语句“MAP_Timer32_setCount(TIMER32_0_MODULE,0x8000);”并查看Timer32寄存器的值,箭头所指为当前暂停所在的代码行,此时前一条语句执行的寄存器操作全部完成,如图5.19所示。

程序中,添加了“MAP_GPIO_toggleOutputOnPin (GPIO_PORT_P3,GPIO_PIN6);”是让Timer32每一次进入中断程序对输出P3.6电平进行“取反运算”,这条语句也可以通过“P3OUT^=BIT6;”来实现。在MSP外设驱动库说明里是这样描述这条函数语句的“Modified bits of PxOUT register Returns None”,即修改某端口的输出寄存器。

在调试中为了更好地观察电平的变化情况,在调试时打开汇编窗口,程序代码已

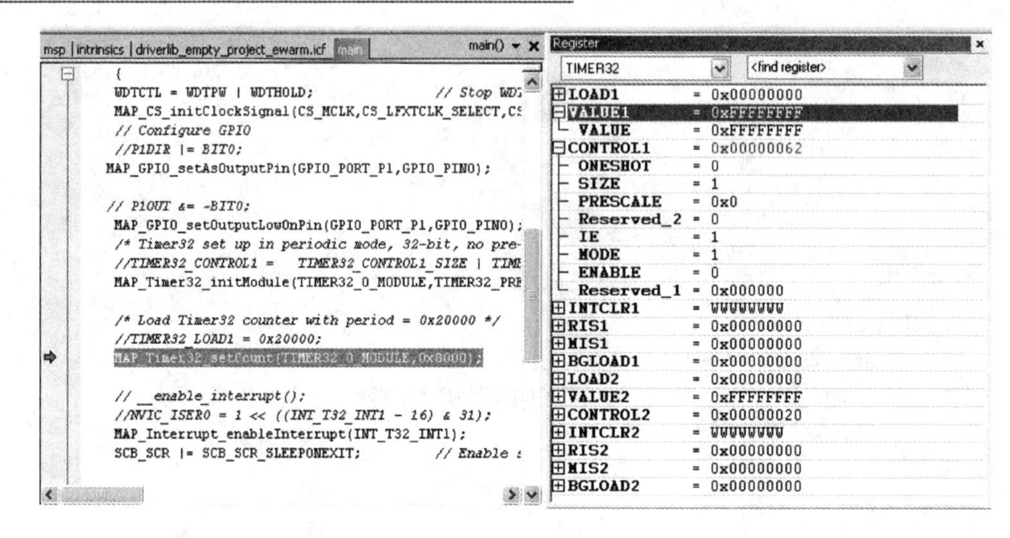

图 5.19 调试窗口

拆分为汇编代码，和语句有关的指令操作就更加清晰。此时要进入中断程序调试，就要在调试运行至“MAP_Timer32_startTimer(TIMER32_0_MODULE,false);”语句时，单击 step into 进入子程序或中断运行，同时单击菜单 View→Disassembly。如图 5.20 所示为汇编指令窗口。

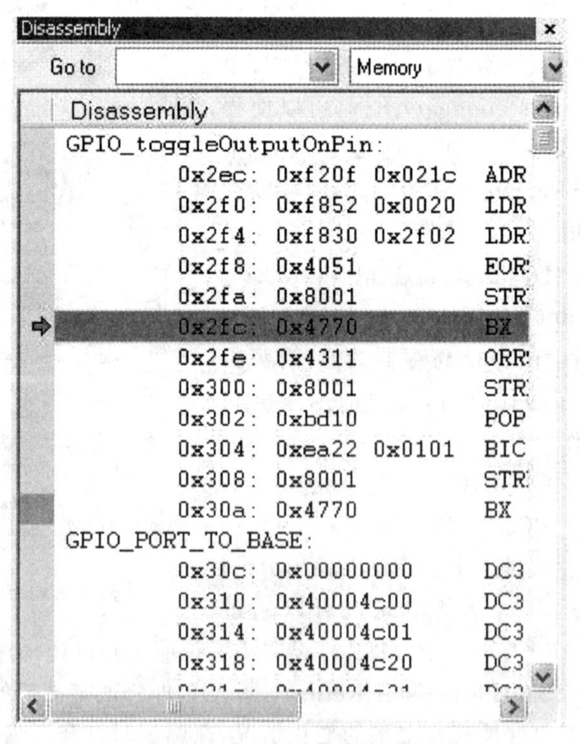

图 5.20 汇编指令窗口

图 5.20 中箭头所指的这一行是说明程序调试并暂停在这条指令。同时在 Register 窗口里选择 DIO 观察 GPIO 的变化，如图 5.21 所示。

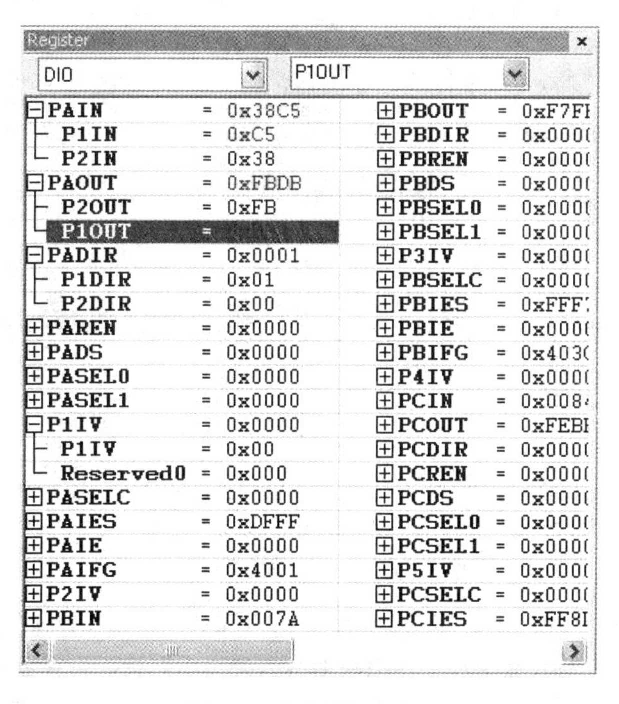

图 5.21　寄存器调试窗口

此时，DIO 表中 P1OUT 的值为 0xDB，开发板上对应的 P1.0 LED1 为点亮状态。要观察下一次中断状态我们可以在 Disassembly 窗口中设置断点（游标 cursor），具体操作是：在 Disassembly 窗口中将鼠标移至想要暂停的指令处并左击，此时会出现红色游标标识，如图 5.22 所示。

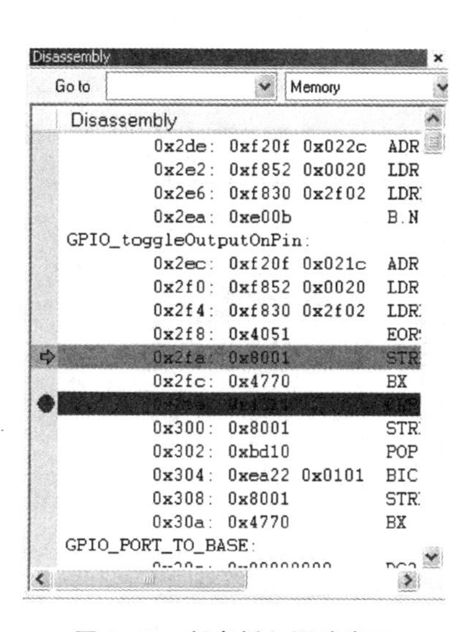

图 5.22　断点插入调试窗口

游标设置完后，单击工具栏中的 run to cursor 将程序运行至游标。同时观察 P1OUT 的值和 LED1 的状态，如图 5.23，此时 P1OUT 的值为 0xDA，LED1 熄灭。

单击全速运行程序，口袋板上 LED1 以 1 s 间隔闪烁。

在实际调试中，中断程序里“MAP_Timer32_clearInterruptFlag(TIMER32_0_MODULE);”是不可缺少的。CPU 在执行代码时，返回中断服务程序(ISR)前，ISR 必须确认相关外设中断源的标志已清除。如

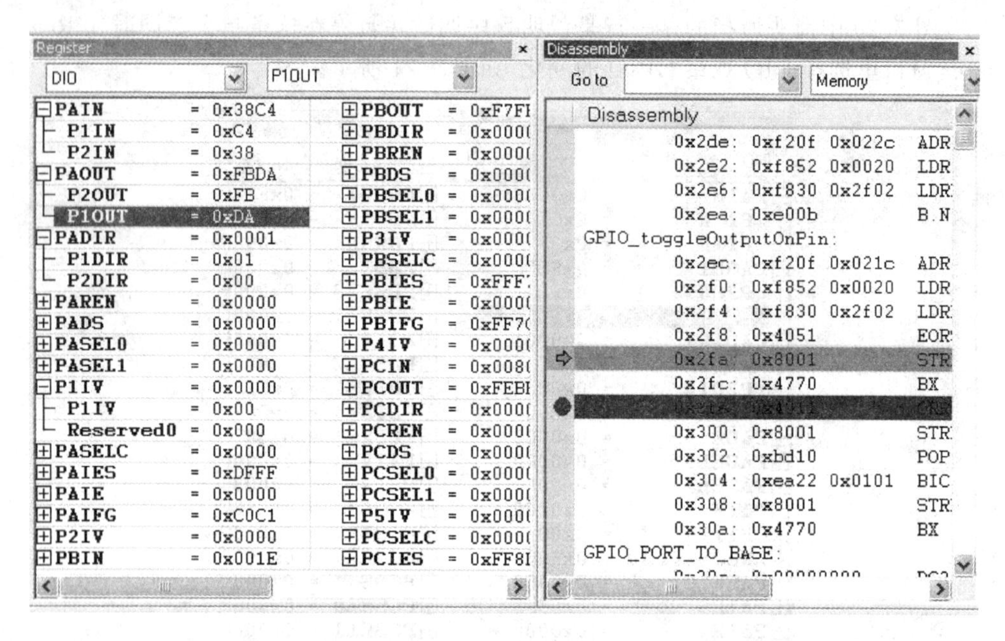

图 5.23 P1OUT 调试运行状态

果不这样做，即使中断已由 ISR 处理，那么同样的中断可能会因新发生事件而错误终止。由于在执行写入命令和正在把映射写入外设中断标志寄存器时存在几个周期的延时，因此我们推荐在退出 ISR 前，执行写入操作后等待几个周期。另外，应用程序可以具体读取中断标志确定它在退出 ISR 前清除标志。

此实验也可使用寄存器编程实现，代码如下：


```
#include "msp.h"
#include "driverlib.h"
int main(void)
{
    WDTCTL = WDTPW | WDTHOLD;
    CSKEY = 0x695A;                    //对时钟控制器解锁
    CSCTL1 = 0;
    //MCLK 时钟选择，MCLK 分频，LFXT 时钟系统选择所在寄存器
    P1DIR | = BIT0;
    //P1.0 输出
    P1OUT & = ~BIT0;
    //P1.0 低电平输出
    TIMER32_CONTROL1 = TIMER32_CONTROL1_SIZE | TIMER32_CONTROL1_MODE;
    //32 位 Timer，不分频，周期模式
    TIMER32_LOAD1 = 0x8000;
    //32 768 Hz 产生 1 s 中断所需载入的值
```

```
    NVIC_ISER0 = 1 << ((INT_T32_INT1 - 16) & 31);
    //使能 Timer32 定时器 0 产生中断
    SCB_SCR |= SCB_SCR_SLEEPONEXIT;
    //退出中断服务程序时使能休眠
    TIMER32_CONTROL1 |= TIMER32_CONTROL1_ENABLE | TIMER32_CONTROL1_IE;
    //使能 Timer32 中断
    while (1)
    {
        __sleep();
    }
}
void Timer32IsrHandler(void)
{
    TIMER32_INTCLR1 |= BIT0;                    //清除 Timer32 的中断标志
    P1OUT ^= BIT0;                              //每次进入中断对 P1.0 取反操作
}
```

以上代码经调试下载后，可同样实现任务要求。其中，“CSKEY＝0x695A;”是必须的，按照 MSP 的操作手册，必须同时对 CSKEY 的 16 位写入值才能使 CSCTL 等寄存器可以操作，这个值就是 0x695，如表 5.2 所列。

表 5.2 时钟控制器描述

位	名　称	类　型	默认值	描　述
31～16	已保留	R(只读)	0h	保留位，读取为 0
15～0	CSKEY	R/W(读/写)	A596h	写入 CSKEY = xxxx_695Ah 可以解除 CSCTL0、CSCTL1、CSCTL2、CSCTL3、CSCTL4、CSCTL6、CSIE、CSSETIFG 以及 CSCLRIFG 寄存器

此外，理解“NVIC_ISER0＝1<<((INT_T32_INT1－16) & 31);”这条语句首先要知道 NVIC_ISER0 的解释。在 MSP432P401r.h 头文件中是这样描述的，NVIC_ISER0 是一个宏定义产生的变量，同时将 0～31 号中断请求设置为使能的寄存器(32 位)。MSP432 中断的前 16 号为保留或异常中断，Timer32 定时器 1 中断号 INT_T32_INT1＝41，如图 5.24 所示，由于 Timer32 为外部中断，所以需要把前 16 号中断减去，与 32 位 NVIC_ISER0 进行位与运算并将得到的数左移 25 位，(注意它所响应的 ISR 请求号是 25)这时 NVIC_ISER0＝0x2000000，NVIC 控制器会把放置在第 25 位的这个中断请求 Timer32 中断开启，外部中断请求即得到响应。

下载完成后，P3.6 LED1 以 1 s 间隔亮灭。

```
// External interrupts
#define INT_PSS          (16)    /* PSS IRQ */
#define INT_CS           (17)    /* CS IRQ */
#define INT_PCM          (18)    /* PCM IRQ */
#define INT_WDT_A        (19)    /* WDT_A IRQ */
#define INT_FPU          (20)    /* FPU IRQ */
#define INT_FLCTL        (21)    /* FLCTL IRQ */
#define INT_COMP_E0      (22)    /* COMP_E0 IRQ */
#define INT_COMP_E1      (23)    /* COMP_E1 IRQ */
#define INT_TA0_0        (24)    /* TA0_0 IRQ */
#define INT_TA0_N        (25)    /* TA0_N IRQ */
#define INT_TA1_0        (26)    /* TA1_0 IRQ */
#define INT_TA1_N        (27)    /* TA1_N IRQ */
#define INT_TA2_0        (28)    /* TA2_0 IRQ */
#define INT_TA2_N        (29)    /* TA2_N IRQ */
#define INT_TA3_0        (30)    /* TA3_0 IRQ */
#define INT_TA3_N        (31)    /* TA3_N IRQ */
#define INT_EUSCIA0      (32)    /* EUSCIA0 IRQ */
#define INT_EUSCIA1      (33)    /* EUSCIA1 IRQ */
#define INT_EUSCIA2      (34)    /* EUSCIA2 IRQ */
#define INT_EUSCIA3      (35)    /* EUSCIA3 IRQ */
#define INT_EUSCIB0      (36)    /* EUSCIB0 IRQ */
#define INT_EUSCIB1      (37)    /* EUSCIB1 IRQ */
#define INT_EUSCIB2      (38)    /* EUSCIB2 IRQ */
#define INT_EUSCIB3      (39)    /* EUSCIB3 IRQ */
#define INT_ADC14        (40)    /* ADC14 IRQ */
#define INT_T32_INT1     (41)    /* T32_INT1 IRQ */
```

图 5.24 中断号宏定义

5.2.2 TimerA 实现呼吸灯

1. 实验要求与目的

使用 TimerA 模块中相关库函数产生 PWM 信号；通过进入 TimerA 中断方式，实现 P1.0 LED1 产生呼吸灯效果；掌握定时器 TimerA 的使用方法，熟悉 TimerA 工作模式；认识 TimerA 与其他定时器的异同；了解输出 PWM 信号的基本原理；认识 TimerA 在比较模式下，产生中断的过程；学会使用简单的比较模式输出 PWM 信号。

2. 实验原理

在实验开始之前，需认识两个名词：脉冲宽度调制和占空比。

脉冲宽度调制(Pulse Width Modulation，PWM)，指按一定规律改变脉冲序列的脉冲宽度(占空比值)，调节输出量和波形的一种调制方式，常用来输出矩形 PWM 信号。PWM 信号常用于电机的控制。

占空比(Duty Cycle)，指在一串理想的脉冲序列中，正脉冲的持续时间与脉冲总周期的比值，如脉冲宽度为 1 ms，一个信号周期为 4 ms，则此时脉冲序列占空比为 25%。

呼吸灯的原理是利用 PWM 信号的特点，连续快速地调节占空比，由于每个定时器周期的时间很短，肉眼无法感知快速调节的占空比而产生的信号跳变，通过合理的编程实现 LED 由暗变亮，由亮变暗的过程，从视觉上产生的“呼吸”的效果。

(1) TimerA 定时器特征

在第 3 章中简要介绍了 TimerA 定时器，现在详细说明这些特性。MSP432 芯片直接提供可以输出 PWM 信号的设备 TimerA。MSP432 含有 4 个 TimerA 模块(TimerA0～TimerA3)。MSP432 开发板上 P7.6，P7.7 为 TimerA1 模块输出口，如图 5.25 所示。由于 P7.6、P7.7 并未连接 LED，需要通过其他端口输出信号实现呼吸灯效果。选用 P1.0 LED1 实现实验要求。

P7.0	88	P7.0/PM_SMCLK/PM_DMAE0
P7.1	89	P7.1/PM_C0OUT/PM_TA0CLK
P7.2	90	P7.2/PM_C1OUT/PM_TA1CLK
P7.3	91	P7.3/PM_TA0.0
P7.4	26	P7.4/PM_TA1.4/C0.5
P7.5	27	P7.5/PM_TA1.3/C0.4
P7.6	28	P7.6/PM_TA1.2/C0.3
P7.7	29	P7.7/PM_TA1.1/C0.2

图 5.25 TimerA1 硬件引脚

TimerA 与 Timer32，其 SysTick 定时器的区别在于，它不仅可以作为简单的计时器也可以输出 PWM 信号，还可以通过内部寄存器捕获/比较寄存器产生中断。TimerA 可以在一个定时器计数周期中产生多次中断。

TimerA 定时器是一个配备 5 个捕获/比较寄存器的 16 位定时器/计数器，支持多种捕获/比较，PWM 信号输出，间断计时，同时具备扩展中断功能。在计数器溢出情况下可产生中断也可由捕获/比较寄存器产生中断。TimerA 的特点如下：

- 具备 4 种模式的 16 位异步定时器/计数器；
- 可配置和选择的时钟源；
- 5 个可配置的捕获/比较寄存器(利用一个 TimerA 定时器最多可同时输出 7 组不同的 PWM)；
- 可配置输出 PWM 信号；
- 异步锁定输入、输出。

TimerA 内部工作逻辑如图 5.26 所示。

整个工作逻辑图解释了 TimerA 的一些特性。与 Timer32 时钟源不同的是，TimerA 计数器时钟信号只能选择 ACLK、SMCLK 信号，或者来自外部 TAxCLK 或者 INCLK。时钟源由 TASSEL 位进行选择。选定的时钟源可以直通定时器或者由 ID 位进行 2、4、8 倍分频，还可由 TAIDEX 位进行 2、3、4、5、6、7、8 倍进一步分频。TACLR 设置后定时分频器就将重置。

(2) TimerA 中常用寄存器说明

- TAxR：是 16 位定时/计数寄存器，随时钟信号的上升沿增减(增减由操作模式决定)。TAxR 可由软件读或写。计数器在溢出时还可以产生一次中断。

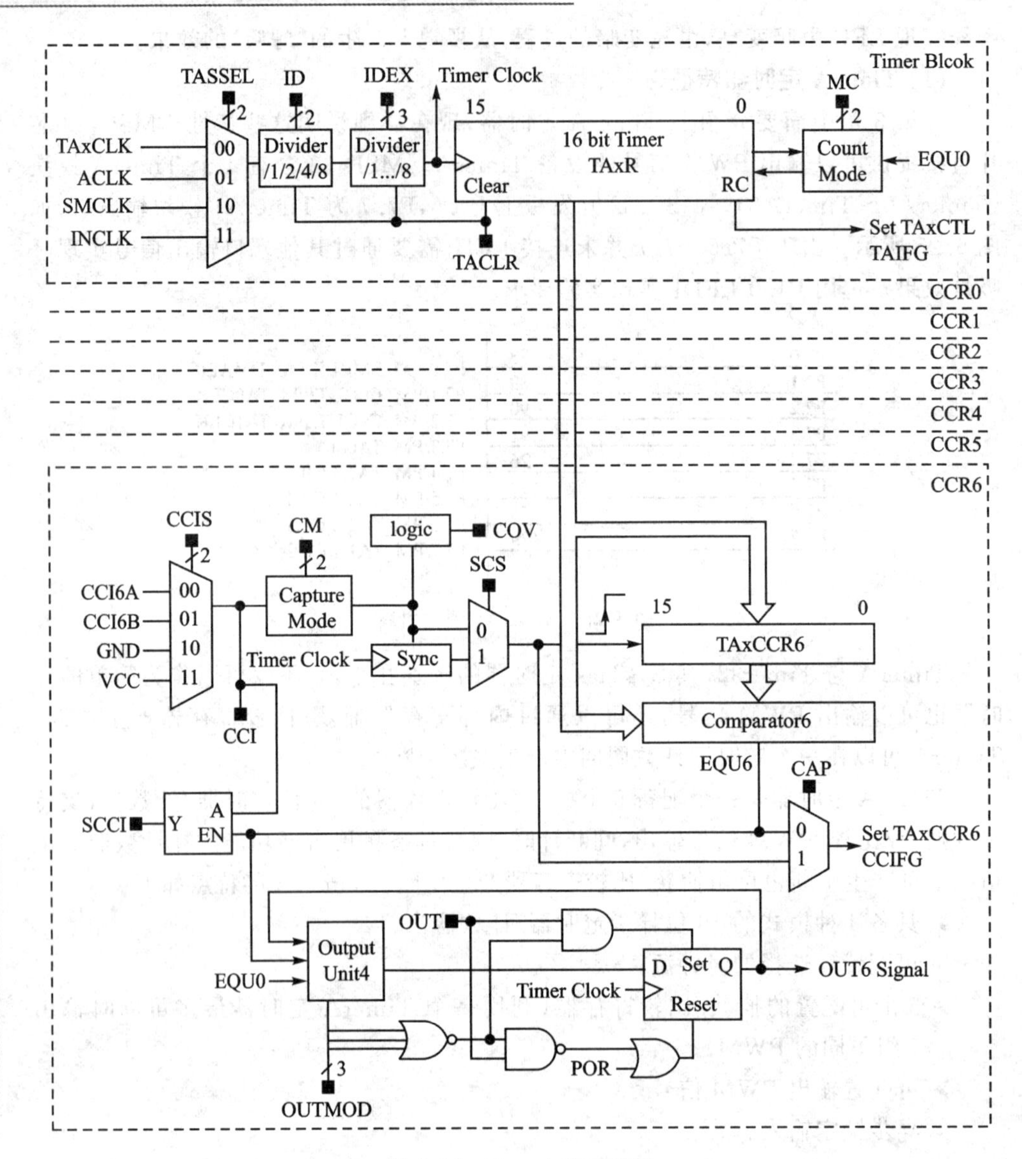

图 5.26　TimerA 内部逻辑

TAxR 的值可通过 TACLR 位清除。设置 TACLR 同时也清除时钟分频器以及计数器上/下方向模式。

对应库函数用法如下：

```
uint16_t Timer_A_getCounterValue(uint32_t timer)
```

获取当前计数器的计数值。

➢ TAxCTL：控制寄存器，TASSEL 选择定时器时钟源，ID 选择分频倍数，MC 选择工作模式，TACLR 清除定时器数值等，TAIE 定时器使能，TAIFG 定时器中断标志。

➢ TAxCCTLn(n=0～6)：捕获/比较控制寄存器。CCIE 捕获/比较中断使能，CCIFG 捕获/比较中断标志。

➢ TAxCCRn(n=0～6)：捕获/比较寄存器。TAxCCR0 用来和 TAxR 的值比较。

➢ TAxIV：TimerA 中断向量寄存器。主要确定 TimerA 模块的中断源。

要使用 TimerA，首先需要对其进行配置。在 MSP432 库函数文件中，用结构体类型定义了一些配置参数。这些代码位于 timer_a. h 的头文件中，这对于在初始化功能较多的定时器 TimerA 非常有用。在开发当前微控制器系统项目时也鼓励开发人员使用不同的工作模式，结构体内的参数也不同，例如，“const Timer_A_UpModeConfig * config”。MSP 函数库使用了指针对 TimerA 中的不同配置的结构体进行调用。这些指针分别指向对应操作的结构体，结构体内则调用了宏定义产生的标识来使用需要的配置寄存器，从而提高代码的使用率，如图 5.27 所示。

```
typedef struct _Timer_A_UpModeConfig
{
 uint_fast16_t clockSource;
 uint_fast16_t clockSourceDivider;
 uint_fast16_t timerPeriod;
 uint_fast16_t timerInterruptEnable_TAIE;
 uint_fast16_t captureCompareInterruptEnable_CCR0_CCIE;
 uint_fast16_t timerClear;
} Timer_A_UpModeConfig;

#define TIMER_A_TAIE_INTERRUPT_ENABLE                    TAIE
#define TIMER_A_TAIE_INTERRUPT_DISABLE                   0x00
```

图 5.27 定义的结构体与宏定义的寄存器

配置 TimerA 定时器需要注意：

① 当模式控制位 MC>{0}且时钟源激活时，定时器才开始计数。

② 当定时器模式置于增计数或者减计数模式时，将 0 写入 TAxCCR0 定时器就会停止。定时器只要把一个非 0 值写入 TAxCCR0 就将重新启动。此时，定时器开始从 0 向上增加计数。

这里的 TimerA 指的是 TACTL 寄存器中模式控制位 MC 控制定时器工作方式。定时器有 4 种模式：停止、增加计数、连续以及增减计数模式。操作模式由 MC 位进行选择。

其中，增加模式 TAxCCR0 不能为 0FFFF，定时器计数到 TAxCCR0 自动归零，同时产生定时器中断标志 TAIFG，计数至 CCR0－1 时产生 CCIFG 标志，如图 5.28 所示。

连续模式，连续模式的 TAxCCR 即为 0FFFF。在此模式下，捕获/比较寄存器 TAxCCR0 与其他捕获/比较寄存器工作方式相同，仅计数至零时产生 TAIFG 中断标志如图 5.29 所示。

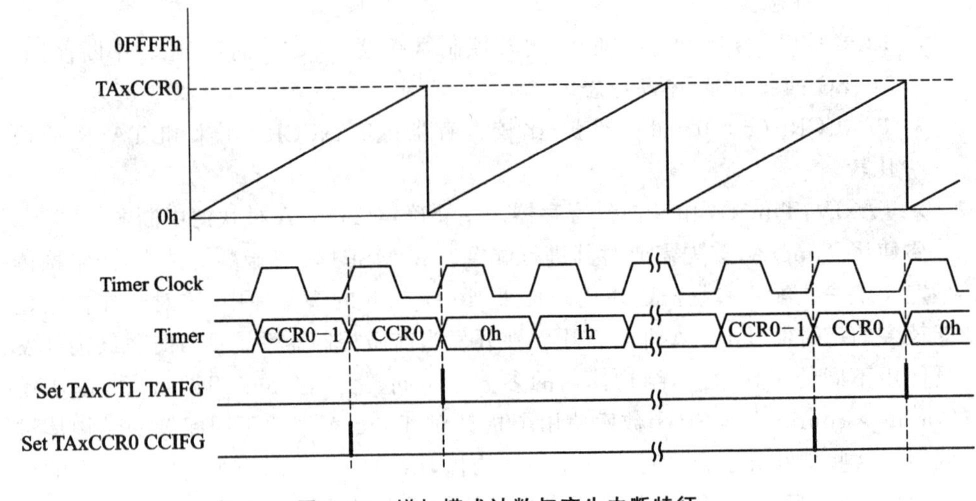

图 5.28 增加模式计数与产生中断特征

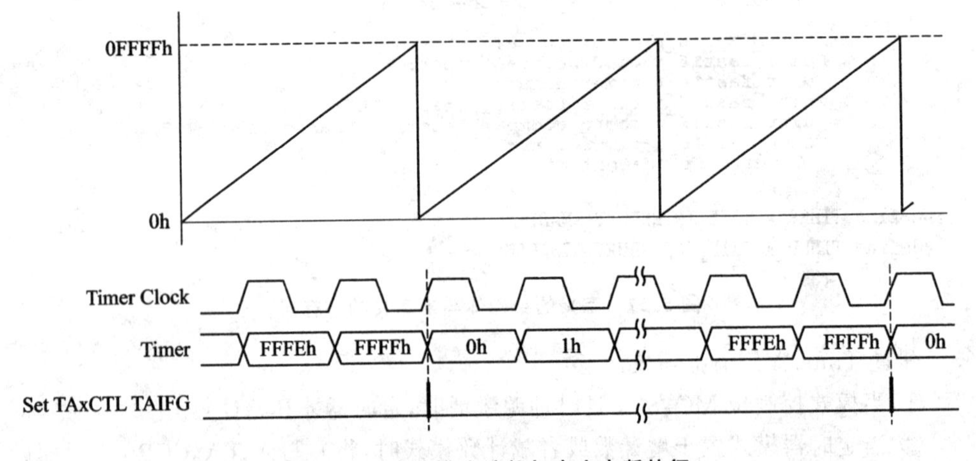

图 5.29 连续模式计数与产生中断特征

增减计数模式，TAxCCR0 不能等于 0FFFF，计数至 TAxCCR 时改变计数方向，产生的周期为 TAxCCR 值的两倍。此模式中，计数方向锁定，允许定时器停止并以相同的方向重新启动。如果不需要这样，则可以设置 TACLR 位来清除方向，TACLR 同时也清除 TAxR 值和定时器分频器的值。

在一个周期中 TAxCCR0 中断标志和 TAIFG 中断标志仅设置一次，并由半个定时器周期分隔。当计数器从 TAxCCR0−1 计数至 TAxCCR0 时，CCIF 中断标志设置，当定时器完成 0001 至 0000 向下计数时 TAIFG 设置，如图 5.30 所示。

配置完定时器模式后，还需要配置输出模式来产生 PWM 信号。TimerA 有捕获与比较两种信号处理方式，比较模式用来输出 PWM 信号，该模式还可以制定时间间隔产生中断，TAxCCL 寄存器中 CAP 位等于 0 时为比较模式，当 TAxR 当前计数

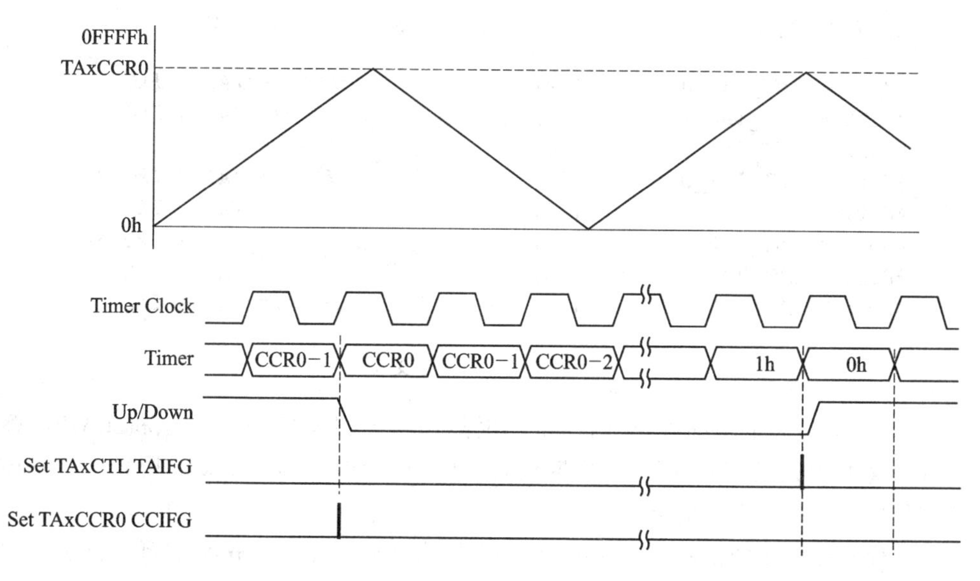

图 5.30　增减计数模式计数与产生中断特征

值等于 TAxCCRn 时。除此之外还将自动做下述工作：

- 中断标志 CCIFG 置位；
- 内部信号 EQUn=1；
- EQUn 根据输出模式影响输出特性；
- 输入信号 CCI 值锁存入 SCCI 位。

TimerA 中包括了输出单元，该单元位于每个捕获/比较模块中。输出单元用来产生输出 PWM 等调制信号，每个输出单元都有 8 个操作模式按照 EQU0 和 EQUn 信号来产生不同信号。读者可以自行查阅第 3 章中涉及的操作模式。

当定时器正向下计数时，此时改变 TAxCCR0 值，定时器仍然向下计数至零。新的周期在计数器计至零后才生效。

此外还要注意，当定时器向上计数时，此时改变 TAxCCR0 值，新的周期大于或等于当前周期或者大于当前计数值，定时器在向下计数前先计数至新的周期。

实验需要在中断程序中处理输出状态，这涉及 TimerA 中断及中断向量的操作，有两个中断向量与 16 位 TimerA 模块有关，它们是：

- TAxCCR0 CCIFG 对应的 TAxCCR0 中断向量；
- TAIFG 和其他 CCIFG 标志对应的 TAxIV 中断向量。

在捕获模式下，只要当定时器值捕获写入 TAxCCRn 寄存器时，就会使 CCIFG 置位。

在比较模式下，如果 TAxR 计数至有关 TAxCCRn 值，就将 CCIFG 置位。软件同样可以对 CCIFG 置位或清零。当对应的 CCIE 置位时，所有 CCIFG 标志都会请求进入中断。MSP432 头文件中对 TimerA 中断向量的定义(一个定时器有两个向量),如图5.31所示。

```
#define INT_TA0_0        (24)          /* TA0_0 IRQ */
#define INT_TA0_N        (25)          /* TA0_N IRQ */
#define INT_TA1_0        (26)          /* TA1_0 IRQ */
#define INT_TA1_N        (27)          /* TA1_N IRQ */
#define INT_TA2_0        (28)          /* TA2_0 IRQ */
#define INT_TA2_N        (29)          /* TA2_N IRQ */
#define INT_TA3_0        (30)          /* TA3_0 IRQ */
#define INT_TA3_N        (31)          /* TA3_N IRQ */
```

图5.31　中断定义

其中,中断向量寄存器(中断向量产生器)TAxCCRy CCIFG标志和TAIFG标志有较高的优先级,并为同一个中断向量。中断向量寄存器TAxIV用来确定具体的信号标志所提出中断请求。

高优先级使能的中断会在TAxIV寄存器中产生一个数。这个数可以添加到程序计数中用来自动进入某个合适的软件服务程序。禁用TimerA中断不影响TAxIV的值。

任何对TAxIV寄存器的读或写访问,都自动重置最高优先级的中断标志。如果另一个中断标志信号置位,那么程序在完成首个中断后立刻产生另一个中断。例如:如果TAxCCR1和TAxCCR2 CCIFG标志都已置位,那么中断服务程序就会访问TAxIV寄存器,TAxCCR1 CCIFG自动重置。在完成TAxCCR1 CCIFG中断服务程序后,TAxCCR2 CCIFG标志产生另一个中断。

3. 实验步骤与结果

呼吸灯流程图,如图5.32所示。

程序代码如下:

```
#include "driverlib.h"
#include <stdbool.h>
#defineTIMER_PERIOD 10000
#define DUTY_CYCLE1    0
volatile uint16_t   j;
volatile bool direction;
/*定义说明:TimerA计数周期10 000,CCR1 = 0,direction占空比方向判断标志,
j占空比更新值 */
const Timer_A_UpModeConfig upConfig =
{
        TIMER_A_CLOCKSOURCE_SMCLK,
        TIMER_A_CLOCKSOURCE_DIVIDER_1,
        TIMER_PERIOD,
```

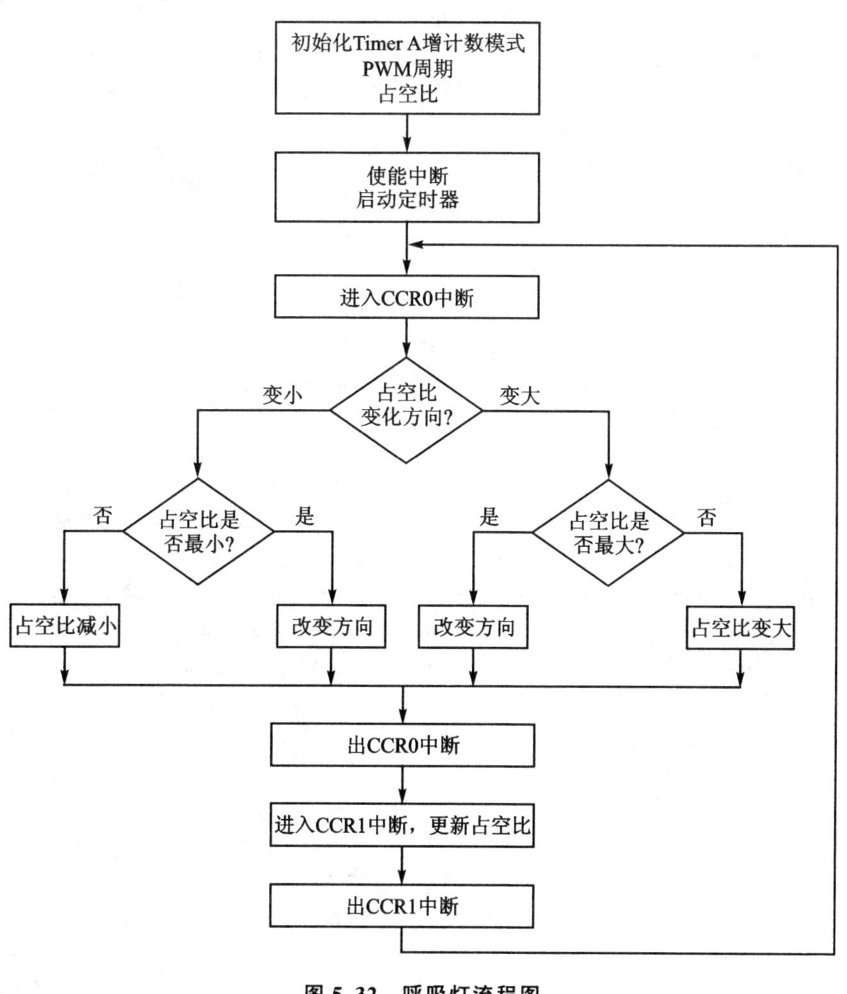

图 5.32　呼吸灯流程图

```
        TIMER_A_TAIE_INTERRUPT_DISABLE,
        TIMER_A_CCIE_CCR0_INTERRUPT_ENABLE,
        TIMER_A_DO_CLEAR


};
const Timer_A_CompareModeConfig compareConfig_PWM1 =
{
        TIMER_A_CAPTURECOMPARE_REGISTER_1,
        TIMER_A_CAPTURECOMPARE_INTERRUPT_ENABLE,    //CCR1 中断使能
        TIMER_A_OUTPUTMODE_TOGGLE_SET,       //本次实验并不使用 TimerA1 输出端口,
                                             //输出模式可任意
        DUTY_CYCLE1
};
```

```
/*函数库中定义了两个结构体方便初始化，两个结构体都为常量。
本实验使用的时钟源为 SMCLK，不分频（也可以定义其他时钟源，但要注意计时周期不能太长
否则造成视觉“穿帮”。由于 TAIFG 和 CCR1 为同一个中断向量，为了防止中断处理混乱关闭 TAIE，
只需要开启 CCIE 中断。CCR0 中断必须开启来响应一个计时周期结束）*/
int main(void)
{
    direction = 1;
    MAP_WDT_A_holdTimer();
    MAP_GPIO_setAsOutputPin(GPIO_PORT_P1,GPIO_PIN0);
    MAP_GPIO_setOutputLowOnPin(GPIO_PORT_P1,GPIO_PIN0);
    MAP_Timer_A_configureUpMode(TIMER_A1_MODULE, &upConfig);
    //调用了 upConfig 里的指针变量
    MAP_Timer_A_initCompare(TIMER_A1_MODULE, &compareConfig_PWM1);
    j = MAP_Timer_A_getCaptureCompareCount(TIMER_A1_MODULE,
                                 TIMER_A_CAPTURECOMPARE_REGISTER_1);
    //获取比较寄存器的值 CCR1，每次进入中断改变 j
    MAP_Interrupt_enableInterrupt(INT_TA1_0);//激活中断向量 CCR0
    MAP_Interrupt_enableInterrupt(INT_TA1_N);//激活中断向量 CCR1
    MAP_Timer_A_startCounter(TIMER_A1_MODULE, TIMER_A_UP_MODE);
    while (1);
}
void TA1_0isr()
{
MAP_Timer_A_clearCaptureCompareInterrupt(TIMER_A1_MODULE,
                                TIMER_A_CAPTURECOMPARE_REGISTER_0);
MAP_GPIO_toggleOutputOnPin(GPIO_PORT_P1,GPIO_PIN0);
if(direction == 1){
              j = j + 16;
              if(j == 10000){
                     direction = 0;
                     }
              }
        else{
              j = j - 16;
              if(j == 0){
                   direction = 1;
                   }
              }
}
//CCR0 中断判断占空比变化方向，并确定下一个周期 CCR1 的值
void TA1_Nisr()
```

```
{
MAP_Timer_A_clearCaptureCompareInterrupt(TIMER_A1_MODULE,
                                          TIMER_A_CAPTURECOMPARE_REGISTER_1);
MAP_GPIO_toggleOutputOnPin(GPIO_PORT_P1,GPIO_PIN0);
MAP_Timer_A_setCompareValue(TIMER_A1_MODULE,
                            TIMER_A_CAPTURECOMPARE_REGISTER_1,j);
}
//CC1 中断更新下一周期 CCR1 的值
```

最后来分析本次实验时钟特征。SMCLK 低速子系统主时钟，使用 HSMCLK 时钟源作为自己的时钟源，它可以将 HSMCLK 分成 1、2、4、8、16、32、64、128 分频，SMCLK 频率受限于 HSMCLK 最大额定频率的一半，并可以通过软件由外部模块选择。

由于程序第一次进入 CCR0 的中断，所以将 P1.0 拉高，这是因为初始阶段，这里将 GPIO P1.0 拉低。因此，在第一次进入 CCR1 中断后(CCR1＝0 时，即占空比最大，LED 输出最暗)，P1.0 拉低。运行程序时，LED 首先由暗变亮。

CCR1＝0 时，初始电平低，占空比为零。

开发板上电后，下载程序，LED1 灯由暗变亮，再由亮变暗，循环往复。

5.2.3 TimerA 直接输出实现呼吸灯

1. 实验要求与目的

使用 TimerA 输出口直接输出编程实现呼吸灯；熟练掌握 TimerA 的输出方式、工作方式，以及 TimerA 中断向量的具体使用方法。

2. 实验原理

在 5.2.2 小节的基础上，利用 TimerA 增减计数工作方式直接在对应的输出端口上输出有效信号。5.2.2 小节中，使用了 TimerA 增加的工作模式并使它启用两个中断 CCR0 与 CCR1 交替控制实现呼吸灯。为了简化实验，更好地理解 TimerA 的输出方式，本次实验使用了 MSP432 开发板直接输出 PWM 信号至扩展板 DY-LaunchBoard 上的 D5 红色 LED。

使用另一种方式输出 PWM

5.2.2 小节已列出了 TimerA 口可以输出 PWM 信号的 8 种方式。此次实验，使用 Toggle/Set 输出方式来输出 PWM，它由 MSP432 连接至内部 TimerA0 的 GPIO P2.6 引脚直接输出。如图 5.33 所示，TA0.1 表示 TimerA0 的 CCR1 寄存器输出 PWM。

DY-LaunchBoard 连接至 MSP432 的电路图(局部)，如图 5.34 所示。

P2.6 连接至三极管 Q1 的基极，D5 红色 LED 二极管负极连接至 Q1 的集电极，

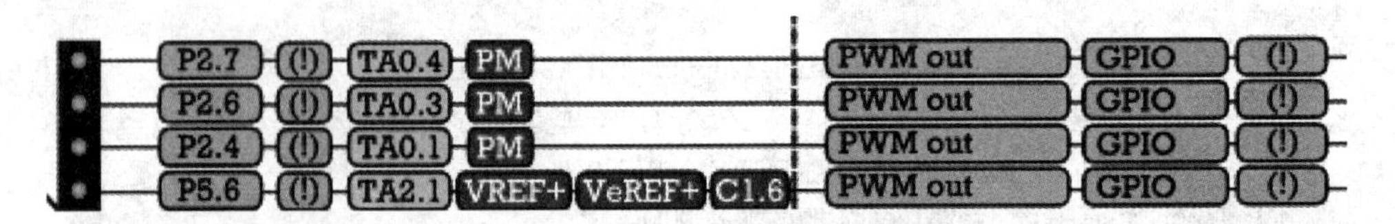

图 5.33　TimerA0、GPIO 输出引脚

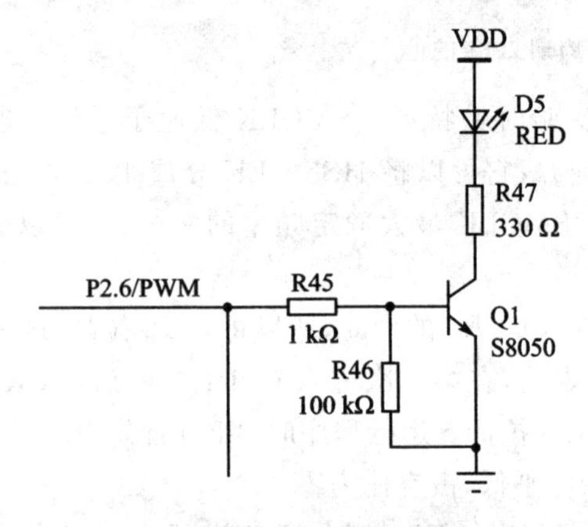

图 5.34　控制电路原理图

正极连接 VDD。从电路原理分析，当 Q1 基极产生高电平信号时，LED 不导通；输出低电平时 LED 导通点亮。

实验中 TimerA0 直接控制 P2.6 端口输出，使用增减计数模式，Toggle/Set 方式输出，具体输出方式特性如图 5.35 所示。很显然，此输出方式下定时器计数至 TAxCCR2 时将在输出口产生信号跳变。

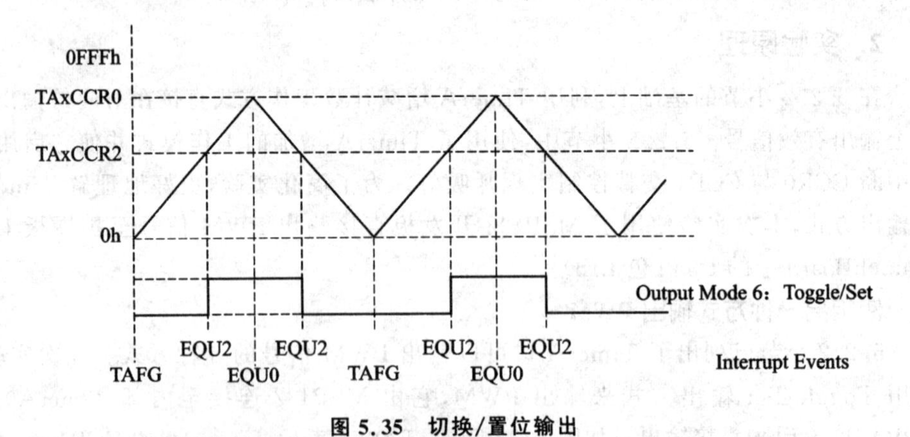

图 5.35　切换/置位输出

3. 实验步骤与结果

连接扩展板 DY-LaunchBoard 至 MSP432 开发板，注意安装方向。

画出实验流程图，如图 5.36 所示。

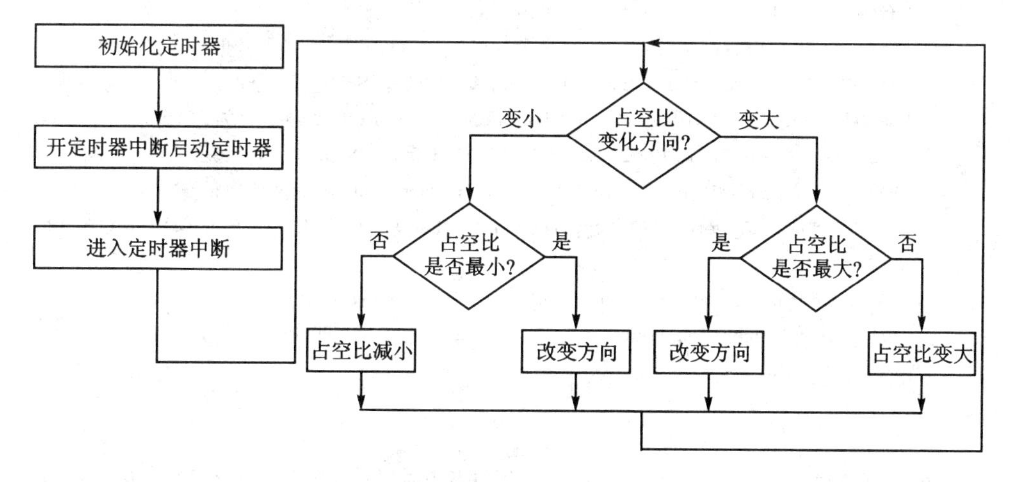

图 5.36　呼吸灯直接输出流程图

程序代码如下：

```
#include "driverlib.h"
#include "stdbool.h"
#define TIMER_PERIOD 1600          //为了使实验现象明显，设置定时器周期为 1 600
#define DUTY_CYCLE1 0
volatile bool direction;
volatile uint16_t j;
const Timer_A_UpDownModeConfig upDownConfig =
{
        TIMER_A_CLOCKSOURCE_SMCLK,
        TIMER_A_CLOCKSOURCE_DIVIDER_1,
        TIMER_PERIOD,
        TIMER_A_TAIE_INTERRUPT_ENABLE,           //定时器中断开启
        TIMER_A_CCIE_CCR0_INTERRUPT_DISABLE,
        TIMER_A_DO_CLEAR

};
const Timer_A_CompareModeConfig compareConfig_PWM1 =
{
        TIMER_A_CAPTURECOMPARE_REGISTER_3,
        TIMER_A_CAPTURECOMPARE_INTERRUPT_DISABLE,
        TIMER_A_OUTPUTMODE_TOGGLE_SET,           //定时器输出模式 Toggle/Set
        DUTY_CYCLE1
};
```

```
int main(void)
{   direction = 1;
    MAP_WDT_A_holdTimer();
    MAP_GPIO_setAsPeripheralModuleFunctionOutputPin(GPIO_PORT_P2,
    GPIO_PIN6 , GPIO_PRIMARY_MODULE_FUNCTION);     //TA0.3 输出口为 P2.6
    MAP_Timer_A_configureUpDownMode(TIMER_A0_MODULE, &upDownConfig);
    MAP_Timer_A_initCompare(TIMER_A0_MODULE, &compareConfig_PWM1);
    j = MAP_Timer_A_getCaptureCompareCount(TIMER_A0_MODULE,TIMER_A_CAPTURECOMPARE_
    REGISTER_1);
    MAP_Interrupt_enableInterrupt(INT_TA0_N);     //使能中断向量
    MAP_Timer_A_startCounter(TIMER_A0_MODULE, TIMER_A_UPDOWN_MODE);
    while(1);

}
void TA0_Nisr()                          //定时器中断判断每次周期占空比变化方向
{MAP_Timer_A_clearInterruptFlag(TIMER_A0_MODULE);
if(direction == 1){
                    j++;
                    if(j == 1600)
                        {
                            direction = 0;
                        }
                   }
if(direction == 0){
                    j--;
                    if(j == 0)
                    {
                        direction = 1;
                    }
          }
MAP_Timer_A_setCompareValue(TIMER_A0_MODULE,
                            TIMER_A_CAPTURECOMPARE_REGISTER_3,j);
}
```

实验实现D5红色LED呈现由暗到亮，由亮到暗的呼吸灯效果。

5.2.4　PWM转换输出SPWM

1. 实验要求与目的

进一步熟悉TimerA定时器的使用方法，了解SPWM信号调制原理，并用TimerA转换输出SPWM调制信号；掌握SPWM调制信号计算方法，利用等效SPWM输出信号替代等效正弦波信号。

2. 实验原理

SPWM 信号调制原理

正弦脉宽调制(Sinusoidal PWM,SPWM),是一种利用调制 PWM 信号占空比输出等效正弦波的一种方法,主要运用在交流调速、直流输出、变频电源等领域。早期使用模拟电路与数字电路等硬件来实现 SPWM 输出,但由于其控制电路复杂,实时调节能力差等原因,现在已经通过单片机技术来实现。

SPWM 的主要原理是冲量相等而形状不同的窄脉冲加在具有惯性的环节上时,其效果基本相同。它利用脉冲宽度按照对应正弦规律变化而和正弦波等效的 PWM 波形,即 SPWM 波形控制逆变电路中开关器件的通断,使其输出的脉冲电压的面积与所希望输出的正弦波在相应区间内的面积相等,通过改变调制波的频率和幅值即可调节逆变电路输出电压的频率和幅值。这种调制算法称为等面积法。

等面积法实际是将一个正弦波分为 N 等份,把每一等份的正弦波曲线和横轴所包围的面积用一个与此面积相等的等高(幅值相等)矩形脉冲代替,如图 5.37 所示。

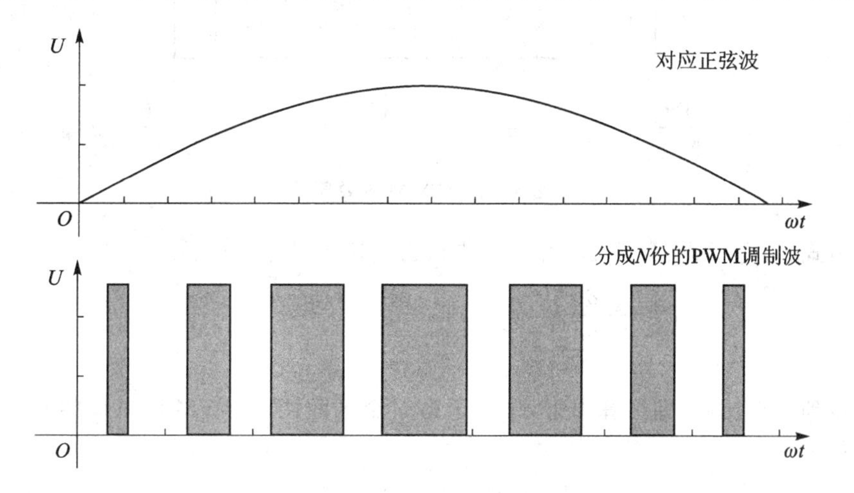

图 5.37　SPWM 等面积法原理

就某个时间区间来分析,如图 5.38 所示,设正弦电压为 $U_0=U_m\sin\omega t$,以 1.6 V 将正弦波分成上下半周,即峰峰值 U_m 为 3.3 V,PWM 幅值为 $U_p=3.3$ V。利用面积等效法正弦波小块面积 S_1 与对应脉冲面积 S_2 相等的原则,将正弦波的正半周分为 N 等份,则每一等份的宽度为$\dfrac{\pi}{\omega N}$,计算出半个周期内 N 个不同的脉宽值 δ。相关公式如下:

$$S_1=U_m\int_{\frac{(k-1)\pi}{\omega N}}^{\frac{k\pi}{\omega N}}\sin\omega t\,dt=\frac{1}{\omega}U_m\left[\cos\frac{(k-1)\pi}{N}-\cos\frac{k\pi}{N}\right]\tag{1}$$

$$S_2=\delta\cdot 3.3\tag{2}$$

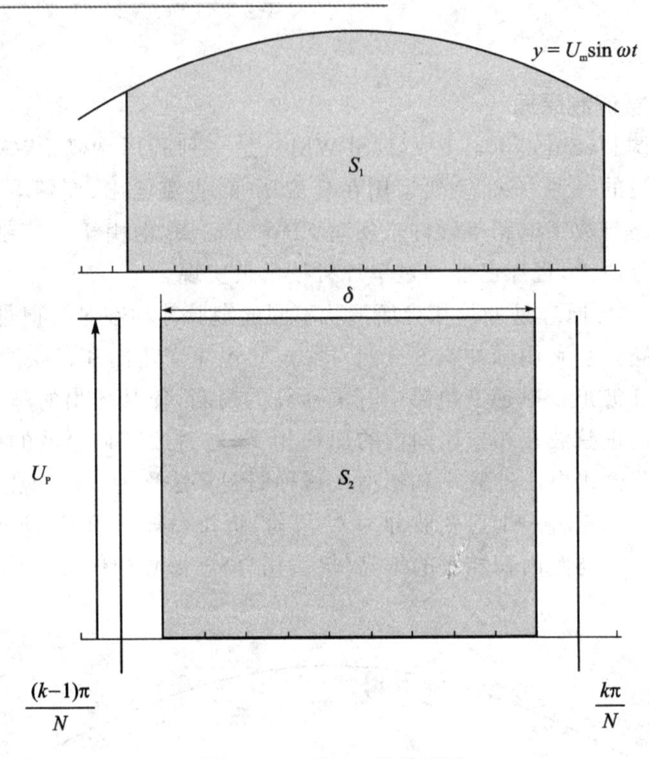

图 5.38　SPWM 等效原理

由式(1)等于式(2)，$U_m = 3.3$ V，求得占空比 P

$$P = \frac{\delta}{\frac{\pi}{\omega N}} = \frac{N}{\pi}\left[\cos\frac{(k-1)\pi}{N} - \cos\frac{k\pi}{N}\right] \tag{3}$$

得到占空比后，即可算出第 $k-1$ 至第 k 个区间调制 PWM 所对应的 CCR 寄存器的值 D。

$$D = P \times T_{\text{PWM}}$$

3. 实验步骤与结果

① 按照实验要求实验流程如图 5.39 所示。

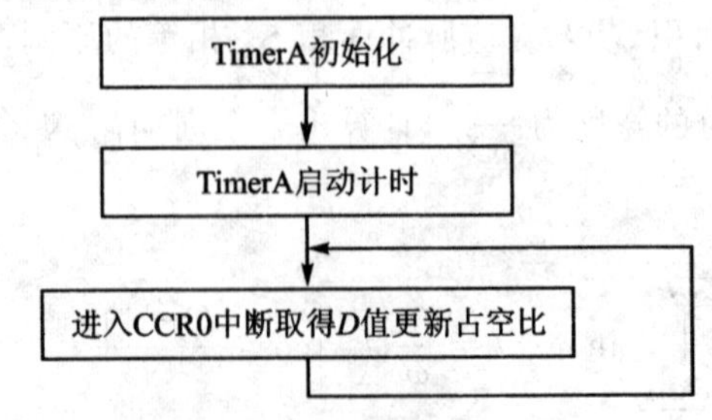

图 5.39　PWM 转换 SPWM 流程

② 连接 DY-LaunchBoard 扩展板至 MSP432。

③ 烧写程序。

④ 将示波器正极探头连接至 SPWM 输出端口，负极探头接地，观察波形。

⑤ 调整合适数值挡位观察波形。

程序代码如下：

```
#include "driverlib.h"
#define TIMER_PERIOD 300      //正弦波 1 ms,1kHz
#define DUTY_CYCLE1 0
volatile uint16_t i[20] = {24,70,115,195,228,256,277,291,
299,299,291,277,256,228,195,115,70,24};
volatile uint16_t j,k;
volatile uint32_t q;
const Timer_A_UpModeConfig upConfig =
{
        TIMER_A_CLOCKSOURCE_SMCLK,
        TIMER_A_CLOCKSOURCE_DIVIDER_1,
        TIMER_PERIOD,
        TIMER_A_TAIE_INTERRUPT_DISABLE,          //定时器中断开启
        TIMER_A_CCIE_CCR0_INTERRUPT_ENABLE,
        TIMER_A_DO_CLEAR


};
const Timer_A_CompareModeConfig compareConfig_PWM1 =
{
        TIMER_A_CAPTURECOMPARE_REGISTER_2,
        TIMER_A_CAPTURECOMPARE_INTERRUPT_DISABLE,
        TIMER_A_OUTPUTMODE_TOGGLE_SET,          //定时器输出模式 Toggle/Set
        DUTY_CYCLE1
};
int main(void)
{   k = 0;
    MAP_WDT_A_holdTimer();
    MAP_GPIO_setAsPeripheralModuleFunctionOutputPin(GPIO_PORT_P5,
    GPIO_PIN7, GPIO_PRIMARY_MODULE_FUNCTION);     //TA0.1 输出口为 P2.4
    MAP_Timer_A_configureUpMode(TIMER_A2_MODULE, &upConfig);
    MAP_Timer_A_initCompare(TIMER_A2_MODULE, &compareConfig_PWM1);
    MAP_Interrupt_enableInterrupt(INT_TA2_0);     //使能中断向量
    MAP_Timer_A_startCounter(TIMER_A2_MODULE, TIMER_A_UP_MODE);
    while(1);
}
```

```
void TA2_0isr()                         //进入中断刷新占空比值
{
MAP_Timer_A_clearCaptureCompareInterrupt(TIMER_A2_MODULE,TIMER_A_CAPTURECOMPARE_
REGISTER_0);
j = i[k];
k++;
if(k == 20)
{k = 0;}
MAP_Timer_A_setCompareValue(TIMER_A2_MODULE,TIMER_A_CAPTURECOMPARE_REGISTER_2,j);
}
```

实验中,SPWM周期为1 000 Hz,对应CCR0的值为300(时钟默认3 MHz)。占空比样本数N取20,程序中定义了一个包含20个元素的一维数组,将事先计算好的数值按顺序放入该数组中,每次进入中断获取更新的占空比所对应的CCR2值。中断处理程序虽然采用直接套用公式计算CCR2值,但每次进出中断仍要尽可能快,用数组取值对于生成波形更精确。此外,理论上虽然N取值越大输出正弦波的精度会越高,但必须考虑输出正弦波的频率以及幅度等因素,否则也有会一定程度的失真。

下载程序后,连接示波器CH1至SPWM输出口,观察到波形,如图5.40所示。

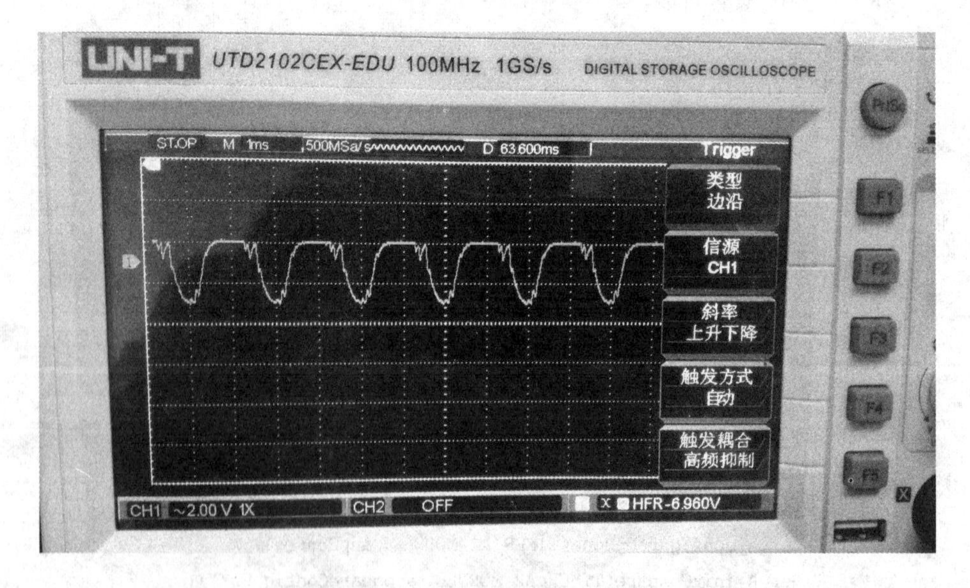

图5.40 SPWM最终输出波形

示波器调节"1 ms/div,~2.00 V"。图5.40中,输出波形虽有一定程度的失真,但峰峰值3.3 V,频率1 000 Hz基本满足要求。

5.2.5 TimerA 捕获测量频率

1. 实验要求与目的

学习 TimerA 的另一个功能——捕获；使用信号发生器输出方波信号；利用捕获原理设计代码实现频率测量实验；熟悉定时器捕获原理，全面掌握 TimerA 内部 CCR 寄存器的使用方法，合理运用中断程序。

2. 实验原理

TimerA 除了包含比较功能模块的寄存器，这些寄存器还包含着捕获功能。捕获功能简单说就是“抓取”信号的功能。该功能常应用在信号周期测量或脉宽测量上。

使用 TimerA 时，当 TAxCCTL 寄存器中 CAP=1 时，选为捕获模式。捕获模式用来记录时间事件。此模式可用来计算速度或时间测量。捕获输入 CCIxA 和 CCIxB 同时连接至外部引脚或内部信号。CCI 引脚位置可查看开发板说明书，它们由 CCIS 位选择。CM 位选择捕获边沿类型：上升、下降或者混合。捕获发生在已选择的输入信号边沿上。如果捕获发生，则会触发以下事件：

① 定时器值复制送入 TAxCCRn 寄存器。

② CCIFG 中断标志置位。

由此可知，操作时只需要选择需要的寄存器就可直接使用，CCIxA 与 CCIxB 在 MSP432 开发板上的引脚描述以 TA2 模块为例，如表 5.3 所列。

表 5.3 GPIO 端口上映射 TimerA 功能（略表）

设备输入引脚或内部信号	模块输入信号	模块对象	模块输出信号	设备输出引脚或输入信号
P4.2/ACLK/TA2CLK/A11	TACLK 定时器时钟	Timer	N/A(不适用)	N/A
ACLK 内部信号	ACLK			
SMCLK 内部信号	SMCLK			
可触碰电容 I/O，0 号端口内部信号	INCLK			
⋮	⋮	⋮	⋮	⋮
P6.6/TA2.3/UCB3SIMO/UCBSDA/C1.1	CCI3A	CCR3 比较寄存器 3	TA3	P6.6/TA2.3/UCB3SIMO/UCBSDA/C1.1 TA2_C3 内部信号
TA3_C3 内部信号	CCI3B			
DVss	GND			
DVcc	Vcc			
⋮	⋮	⋮	⋮	⋮

表 5.3 中第一栏为输入信号，第二栏为模块输入端，实验时，MSP432 并未将所有引脚扩展出来，因此，观察开发板后，选择 P6.6 端口为捕获输入口它对应的是 CCR3 比较寄存器。

输入信号电平可以在任何时间由 CCI 位读取出来。设备可包含连接至 CCIxA 和 CCIxB 的各种不同信号。

对定时器时钟来说，捕获信号可为异步信号并引发跟随条件。拉高 SCS 位，使捕获信号与下一个定时器时钟同步。TI 建议 SCS 置位并同步捕获信号与定时器时钟，如图 5.41 所示。

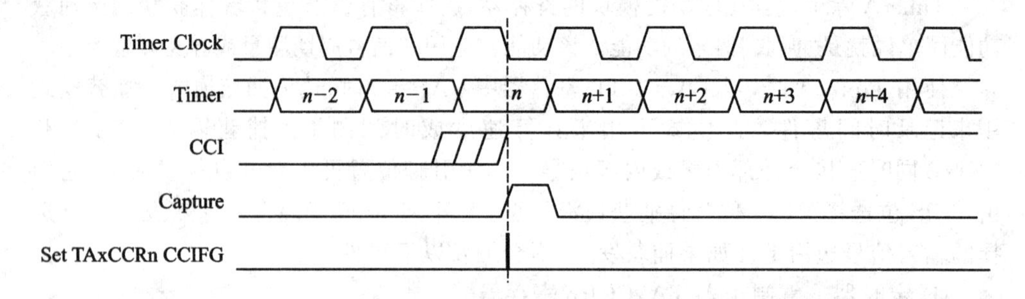

图 5.41　捕获信号

溢出逻辑是由每个捕获/比较寄存器提供以此来表示在第一次捕获的数值被读取前第二次捕获是否完成。一旦完成，第二次捕获 COV 位就会在此时置位。COV 必须由软件重置，如图 5.42 所示。

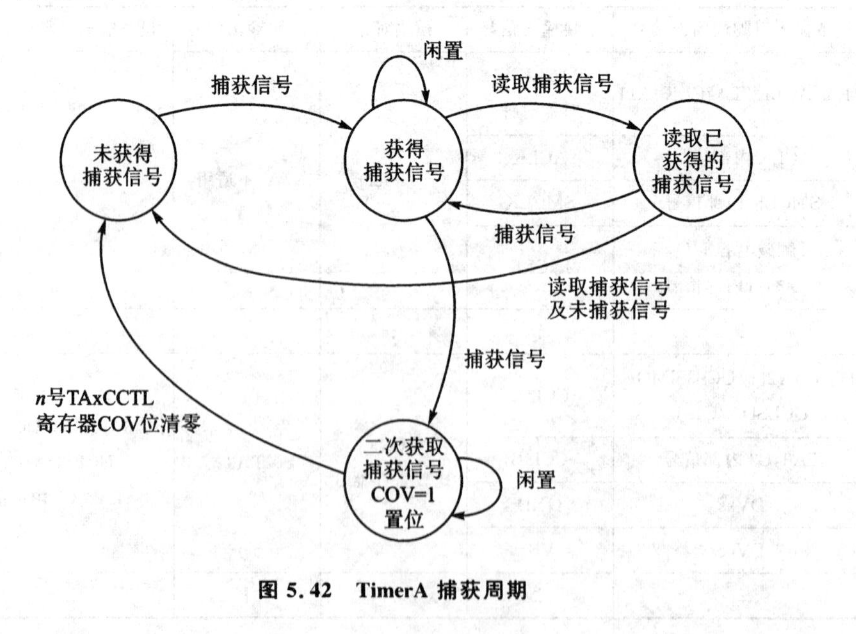

图 5.42　TimerA 捕获周期

捕获可以由软件初始化，CMx 位可设置为在混合的边沿上进行捕获。接着软件设置 CCIS1＝1，同时触发位 CCIS0 用在 Vccx 信号和 GND 信号间进行切换。

捕获模式输出与比较模式输出的选择方式一致。

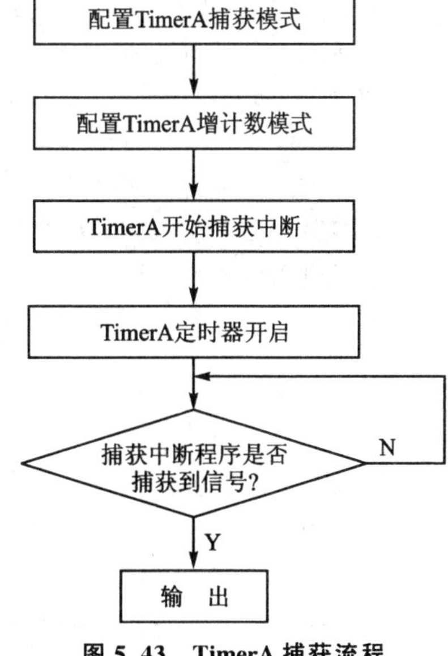

图 5.43　TimerA 捕获流程

3. 实验步骤与结果

① 将信号发生器输出方波信号。

② 画出实验流程图，如图 5.43。

③ 编写实验代码。

④ MSP432 下载程序上电并调试。

根据 MSP432 引脚图 5.44，选用 TA2.3 作为捕获定时器，CCIxA 捕获输入引脚为 P6.6，同时定义捕获中断输出口为 P3.6。因此，实验时信号发生器"＋"端输出至 P6.6，"－"端连接 GND，示波器"＋"端连接至 P3.6，"－"端连接至 GND。

P6.6_CAPTURF_J4.36　80　P6.6/TA2.3/UCB3SIMO/UCB3SDA/C1.1

P6.7_CAPTURF_J4.35　81　P6.7/TA2.4/UCB3SOMI/UCB3SCL/C1.0

图 5.44　捕获映射引脚

程序代码如下：

```
#include "driverlib.h"
const Timer_A_CaptureModeConfig captureConfig_1 =
{
        TIMER_A_CAPTURECOMPARE_REGISTER_3,
        //选择 CCI3A 为捕获输入对应 P6.6
        TIMER_A_CAPTUREMODE_RISING_AND_FALLING_EDGE,
        //应用时需要注意选择不同的捕获模式
        TIMER_A_CAPTURE_INPUTSELECT_CCIxA,
        //捕获输入端选择，也可以为 CCIxB
        TIMER_A_CAPTURE_SYNCHRONOUS,
        TIMER_A_CAPTURECOMPARE_INTERRUPT_ENABLE,
        TIMER_A_OUTPUTMODE_TOGGLE

};
const Timer_A_UpModeConfig upConfig =
```

```
{
        TIMER_A_CLOCKSOURCE_SMCLK,
        TIMER_A_CLOCKSOURCE_DIVIDER_1,
        6000,          //3 MHz 时钟，增计数模式，TA 频率为 500 Hz
        TIMER_A_TAIE_INTERRUPT_DISABLE,
        TIMER_A_CCIE_CCR0_INTERRUPT_DISABLE,
        TIMER_A_DO_CLEAR

};
int main()
{
    MAP_WDT_A_holdTimer();
    MAP_GPIO_setAsPeripheralModuleFunctionOutputPin(GPIO_PORT_P6,
    GPIO_PIN6, GPIO_PRIMARY_MODULE_FUNCTION);  //P6.6 为复选口，选择 TA2.3
    MAP_Timer_A_configureUpMode(TIMER_A2_MODULE, &upConfig);
    MAP_Timer_A_initCapture(TIMER_A2_MODULE,&captureConfig_1);

    MAP_GPIO_setAsOutputPin(GPIO_PORT_P3,GPIO_PIN6);
    MAP_GPIO_setOutputLowOnPin(GPIO_PORT_P3,GPIO_PIN6);

    MAP_Interrupt_enableInterrupt(INT_TA2_N);//打开 CCIxA 中断
    MAP_Timer_A_startCounter(TIMER_A2_MODULE, TIMER_A_UP_MODE);
    while(1);
}
void TA2_Nisr()
{
    MAP_Timer_A_clearCaptureCompareInterrupt(TIMER_A2_MODULE,
                                        TIMER_A_CAPTURECOMPARE_REGISTER_3);
    MAP_GPIO_toggleOutputOnPin(GPIO_PORT_P3,GPIO_PIN6);
}
```

调试时，信号发生器输出口峰峰值调节至3.3 V，占空比50%，频率1 kHz，输出方波。程序中，将捕获模式选为上升沿/下降沿模式。这是因为，P3.6作为输出时，如果以上升沿触发，进入一次捕获中断，则P3.6的状态取反，这样当一个捕获周期输入到示波器时，频率将为原周期的一半，所以，为了达到频率的同步输出需将捕获模式选择上升沿/下降沿。

在没有示波器的情况下，可通过每次捕获中断时TA2R寄存器里的值，计算出捕获到的信号频率。实验最终输出如图5.45所示，当改变信号发生器频率时，示波器频率读数保持一致。

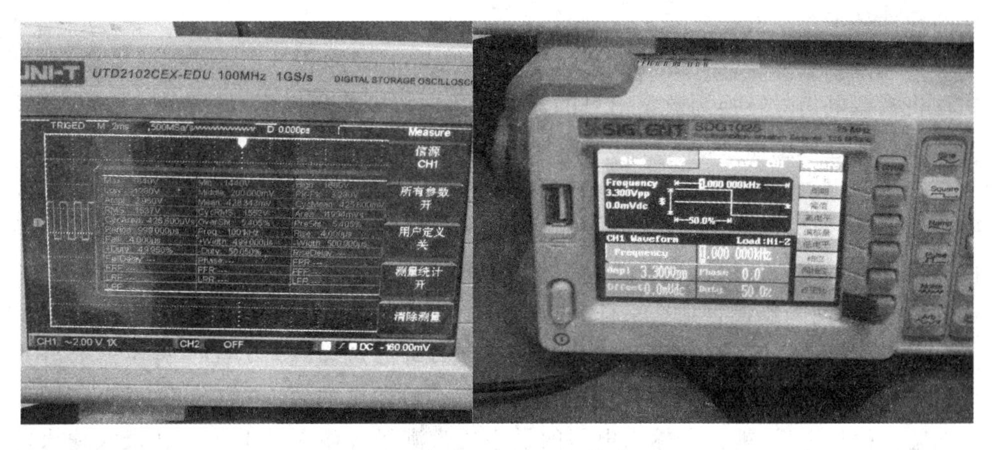

图 5.45　示波器上获取的捕获信号

5.3　ADC 控制电位器输出实验

模/数转换器（Analog to Digital Converter，ADC）是电子设备中必备的重要部件，用于将模拟信号转变成微控制器可以识别的数字信号，包括采样、保持、量化和编码 4 个过程。MSP432 家族包含一个 14 位的 ADC14 模块，支持快速 14 位模/数转换。本节将通过实验学习 ADC14 模块的特点，以及基于 ADC14 固件库的编程与测试方法。

1. 实验要求与目的

使用 MSP 片上外设 ADC14 的 A0 端口采样转换输入电压（由电位器控制），并将转换结果输出至 TimerA0 中 CCR1 寄存器增减计数模式工作，实现对 D5 的 LED 进行亮暗控制；学会 ADC14 的常用的工作方式；熟悉 ADC14 采样转换原理、转换格式等；运用 ADC14 进行中断处理。

2. 实验原理

(1) 模/数转换基本原理

模拟量：信号的幅值随着时间变化而连续变化的量就是模拟量，现实中存在各种模拟量，如温度、压力、位移、图像等都是模拟量。又比如，电子线路中模拟量通常包括模拟电压和模拟电流，生活用电 220 V 正弦波就属于模拟电压，随着负载大小的变化，其电流大小也跟着变化，这里的电流信号也属于模拟电流。

数字量：对于单片机系统，在内部运算时用的全部为数字量 0 和 1。因此在操作单片机时，人类无法直接使用这些模拟电信号。当用数字量表示同一个模拟量时，数字位数可以多也可以少，位数越多则表示精度越高，位数越少则表示精度越低。在理想条件下，要将模拟量完全转换为数字量，就需要无穷多的位来表示。但实际上，这样的硬件是不存在的。

本次实验所涉及的片上外设为ADC14(Analog to Digital Converter)模块，它是一种将模拟电信号转换为数字信号的器件。之前提到的很多模拟量温度、压力、位移等都可以通过传感器(Sensor)成为模拟电信号。

在ADC转换中，因为输入的模拟信号在时间上是连续的，而输出的数字信号代码是离散的，所以ADC转换器在进行转换时，必须在一系列选定的瞬间对输入的模拟信号进行采样。这里就涉及ADC的一个重要性能参数——采样率，每次所谓“选定的瞬间”的间隔越接近那么采样率越高。

其次，ADC的另一个重要参数——分辨率，可以这样理解，ADC转换器的分辨率以输入二进制数的位数表示。从理论上讲，n 位输出的ADC能区分 2^n 个不同等级的输入模拟电压，能区分输入电压的最小值为满量程输入的 $1/2^n$。在最大输入电压一定时，输出位数越多，量化单位越小，分辨率越高。如某ADC输出为8位二进制数，输入信号最大值为5 V，那么这个转换器能区分输入信号的最小电压为19.53 mV($5\ \text{V}\times 1/2^8 \approx 19.53\ \text{mV}$)。再如，ADC输入模拟电压变化范围为$-10\sim+10$ V，转换器为8位，若第一位用来表示正、负号，其余7位表示信号幅值，则最末一位数字可代表80 mV模拟电压($10\times 1/2^7 \approx 80\ \text{mV}$)，即转换器可以分辨的最小模拟电压为80 mV。

ADC还有两个重要性能参数——转换时间和转换误差。

ADC从转换控制信号到来开始，到输出端得到稳定的数字信号所经过的时间，称为转换时间。

转换误差是转换阶段ADC的一个重要参数，它表示ADC实际输出的数字量与理论输出数字量之间的差别。在理想情况下，输入模拟信号所有转换点应当在一条直线上，但实际的特性做不到这点。转换误差是指实际的转变点偏离理想特性的误差，一般用最低有效位来表示。一般误差为≤0.5LSB，表明实际输出的数字量和理论上应得到数字量之间的误差小于最低位的一半。但在实际使用中，使用环境发生变化时，转换误差也发生变化。

介绍了以上ADC的两个重要参数后，我们用一张图来表示ADC的工作流程，如图5.46所示。

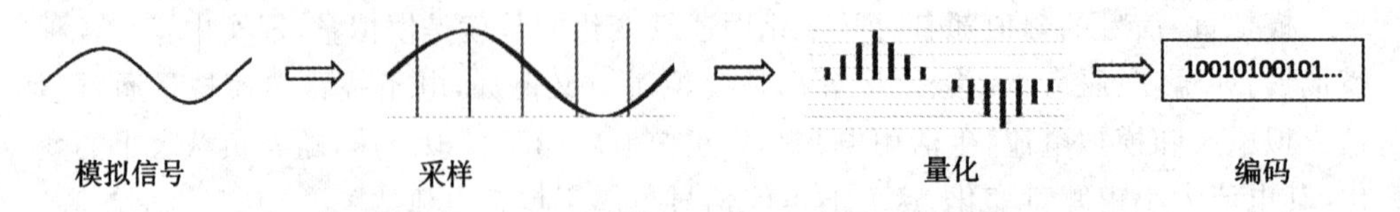

图5.46 ADC工作流程

需要补充的是，要正确无误地用采样信号来表示模拟信号，必须满足采样定理：$f_s \geq 2f_{max}$，这里的 f_s 为采样频率，f_{max} 为输入信号的最高频率的分量频率(具体为对信号傅里叶分解之后的最高谐波频率，不能理解为“重复频率”)。

当然在 ADC 工作时采样频率符合要求以后，ADC 每次进行的转换时间也相应缩短了，这就要求转换电路必须具备更快的工作速度。但也不能无限制地提高采样频率，通常要视具体硬件而定。这样做的原因是每次把采样电压转换为相应的数字量都需要一定的时间，所以每次采样以后，必须把采样电压保持一段时间。可见，进行 ADC 转换时所用的输入电压，实际上是每次采样结束时的 V_i（输入电压）值。

(2) 采样保持电路原理

第 3 章提到 ADC 包含采样保持电路，不仅仅是 MSP432 中的 ADC14 外设，其他 ADC 产品也具备类似特征，从采样保持电路可知，采样和保持进行了分时操作，即“收到一次信号完成一次转换”，接收和转换分开处理的过程。当然，我们在操作时感觉不到它的存在，是因为 ADC14 每次从采样到转换完成能在很短的时间内完成。

在很多情况下，待测信号都是经过隔离后进入 ADC 输入端，这样一来由 S1、S2、C_{SH} 组成的开关电容电路就会产生电荷注入效应，即随着模拟开关的打开或关断，少量电荷可从数字控制线上通过电容耦合至模拟信号通路，对运放的输出带来“不良影响”，如图 5.47 所示。

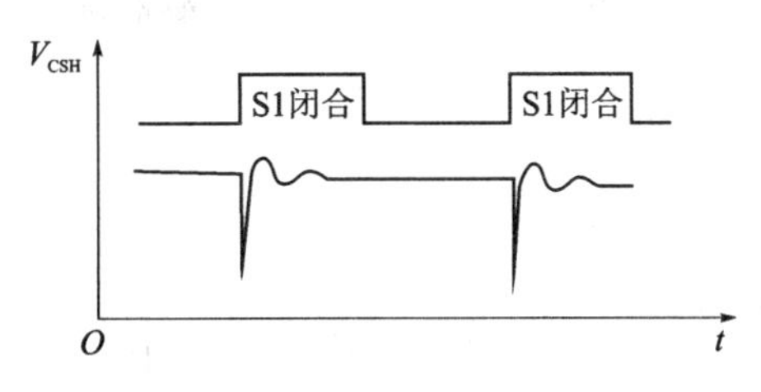

图 5.47 电荷注入效应

“不良影响”具体表现为：S1 闭合瞬间，运放对 C_{SH} 充电，由于充电电流不可能无限大，所以 V_{out} 一定会被拉低。

运放负反馈希望保持 V_{out} 不变，于是会加大输出电压值。随着 C_{SH} 被充满，V_{CSH} 会超过 V_{in} 的值，形成一个过冲，运放又会反馈降低 V_{CSH}，由此形成振铃，振铃来源于变压器漏感和寄生电容引起的阻尼振荡。由于变压器的初级有漏感，当电源开关管由饱和导通到截止关断时会产生反电动势，反电动势又会对变压器初级线圈的分布电容进行充放电，从而产生阻尼振荡，即产生振铃。变压器初级漏感产生反电动势的电压幅度一般都很高，其能量也很大，如不采取保护措施，反电动势一般都会把电源开关管击穿，同时反电动势产生的阻尼振荡还会产生很强的电磁辐射，不但对机器本身造成严重干扰，对机器周边环境也会产生严重的电磁干扰。

从以上解释中可知，振铃在一定程度上产生了电噪声，要解决这个问题通常采取抗混叠低通滤波电路（有的简述为低通滤波电路），如图 5.48 所示。

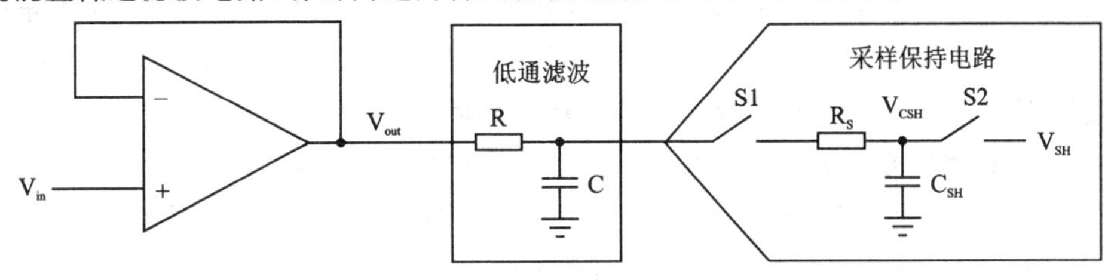

图 5.48 低通滤波电路

① RC引入后,运放与开关电容电路隔离开,振铃现象可大大缓解。

② 由于 V_{CSH} 电压与 V_{in} 永远有差值(模拟电压连续变化),为保证采样误差小于0.5LSB(0.5个最低有效位值),S1闭合充电时间需足够长。

③ RC的引入会延长充电时间,所以RC取值要特别注意。

(3) ADC采样模式配置

本次实验使用DY-LaunchBoard上的电位器VR1控制电压,它连接至MSP432 P6.0单端,P6.0为ADC14中A15采样输入口,如图5.49和图5.50所示。

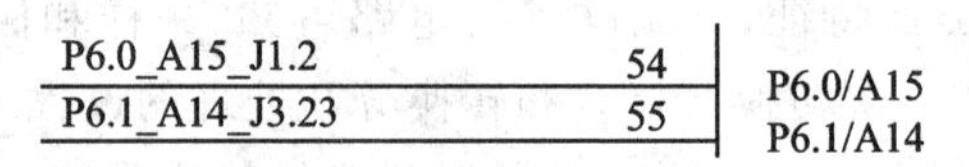

图5.49 ADC14采样引脚

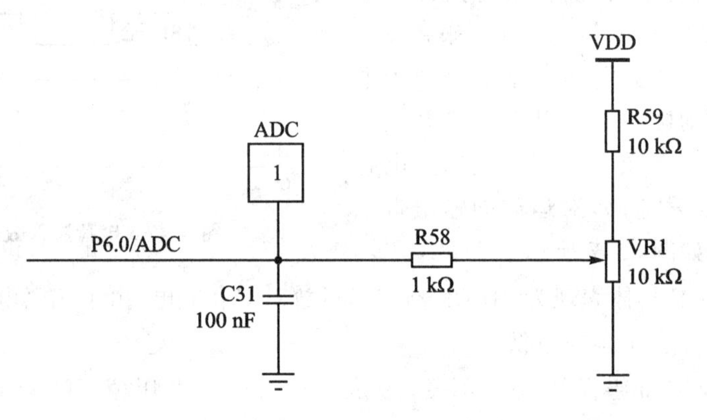

图5.50 ADC14外部电位器模块

只要VR1的阻值有变化,VDD上输入P6.0的电压值即发生变化。由ADC负责采样转换后,把转换结果传给TimerA0中的CCR1寄存器,TimerA0以不同占空比调节P2.4上LED的明暗。

ADC有4种采样模式,实验采用单通道单次转换模式,将ADC14CONSEQ位设置成00即可。在采样转换时序上,实验采用脉冲采样模式。这里进一步说明脉冲采样过程,如图5.51所示。

当ADC14SHP=1时选为脉冲采样模式。SHI信号用来触发采样定时器。ADC14CTL0寄存器中ADC14SHT0x和ADCSHT1x位控制采样定时器所确定的SAMPCON采样周期 t_{sample}。当等待参考电压(基准电压)和内部缓冲器处理时,采样定时器保持SAMPCON为高(基准电压使用时),同时为已编程的时间 t_{sample} 和ADC14CLK做同步。总采样时间为 t_{sample} 加上ADC14RDYIFG变为高电平的时间。如果ADC内部基准缓冲器使用,则还要加上 t_{sync}(与ADC14CLK同步的时间)。

ADC14CTL0寄存器中其他控制位的关系是:ADC14SHTx位以4倍ADC14CLK选择采样时间。采样定时器可编程范围为4~192个ADC14CLK周期。

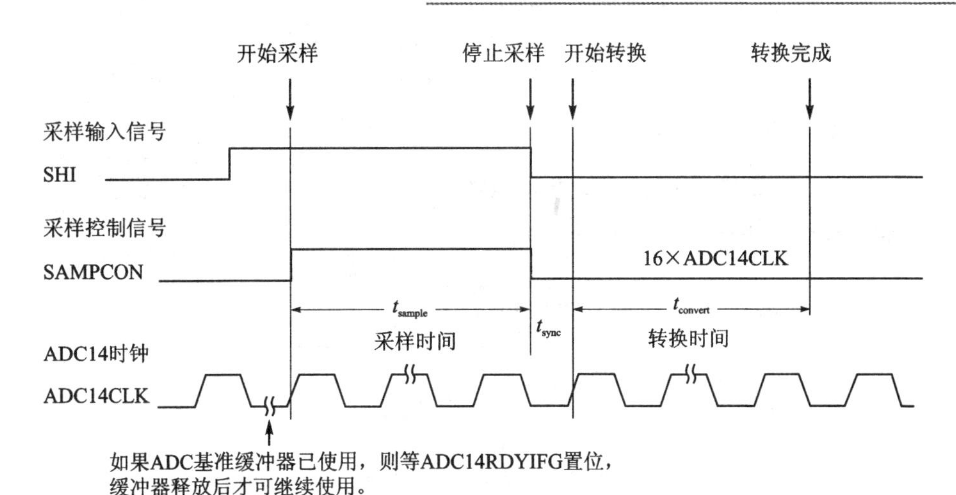

图 5.51　脉冲采样时序图

ADC14SHT0x 为 ADC14MCTL8～ADC14MCTL23 选择采样时间，ADC14SHT1x 为 ADC14MCTL0～ADC14MCTL7 以及 ADC14MCTL24～ADC14MCTL31 选择采样时间。转换时钟逻辑如图 5.52 所示。

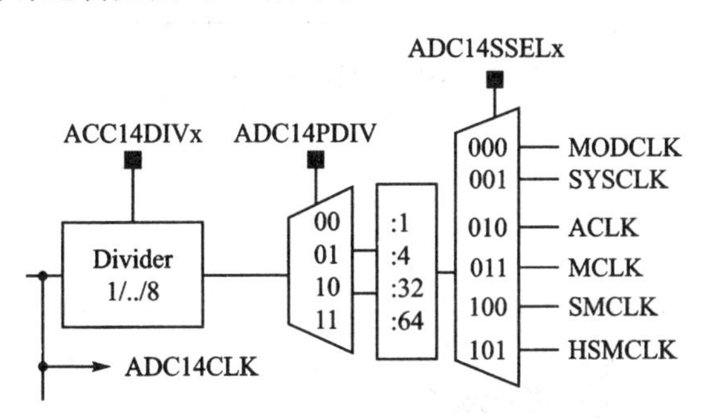

图 5.52　转换时钟逻辑

只要选择脉冲采样模式，则 ADC14CLK 既可作为转换时钟又可作为采样周期使用。ADC14 时钟源通过使用 ADC14SSELx 位来选择。输入时钟可以通过 ADC14PDIV 位进行 1、4、32、64 分频并且可继续使用 ADC14DIV 位 1～8 倍分频。ADC14CLK 可能的信号源为 MODCLK、SYSCLK、ACLK、SMCLK 和 HSMCLK。

在转换结束前，必须确认 ADC14CLK 选择的时钟处于激活状态。在转换中如果移除时钟，那么操作不能完成，任何转换结果也都将失效。

由于 ADC14 为 14 位转换器可将一次模拟输入转换成 14 位数，在单端模式下，输入信号转换数字信号后的数字量 N_{ADC} 和 1LSB 大小为：

$$N_{ADC}=16\ 384\times\frac{V_{in+}-V_{R-}}{V_{R+}-V_{R-}}$$

$$1\text{LSB}=\frac{V_{\text{R+}}-V_{\text{R-}}}{16\ 384}$$

3. 实验步骤与结果

将 DY-Launch Board 与 MSP 开发板连接。

画出实验流程图，如图 5.53 所示。

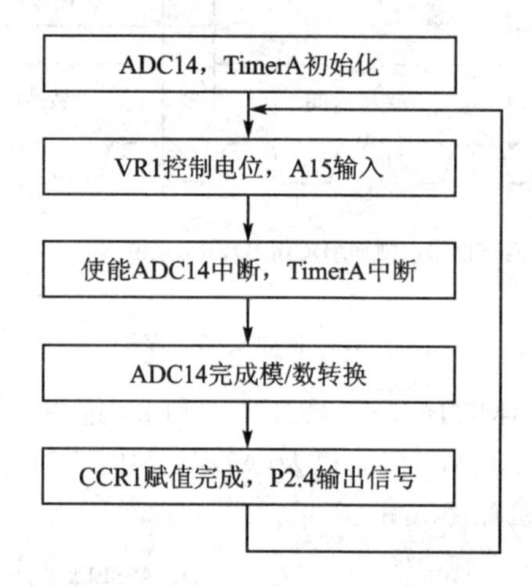

图 5.53　ADC14 采样输出程序流程

程序代码如下：

```
#include "driverlib.h"
#include <stdint.h>
#define TIMER_PERIOD 16384      //TimerA 计数值设置 14 位和 ADC 的转换范围一致
#define DUTY_CYCLE1 0
static volatile uint16_t curADCResult;
/* TA 定义增减计数模式，TimerA 中断启用，这里可以参考 5.2.3 小节 */
const Timer_A_UpDownModeConfig upDownConfig =
{
        TIMER_A_CLOCKSOURCE_SMCLK,
        TIMER_A_CLOCKSOURCE_DIVIDER_1,
        TIMER_PERIOD,
        TIMER_A_TAIE_INTERRUPT_ENABLE,
        TIMER_A_CCIE_CCR0_INTERRUPT_DISABLE,
        TIMER_A_DO_CLEAR
};
const Timer_A_CompareModeConfig compareConfig_PWM1 =
{
        TIMER_A_CAPTURECOMPARE_REGISTER_3,
        TIMER_A_CAPTURECOMPARE_INTERRUPT_DISABLE,
```

```
        TIMER_A_OUTPUTMODE_TOGGLE_SET,  //定时器输出模式 Toggle/Set 输出 PWM
        DUTY_CYCLE1
    };
    /* TA 初始化 */
    void init_TA()
    {
        MAP_GPIO_setAsPeripheralModuleFunctionOutputPin(GPIO_PORT_P2,
        GPIO_PIN6 , GPIO_PRIMARY_MODULE_FUNCTION);   //TA0.3 输出口为 P2.6
        MAP_Timer_A_configureUpDownMode(TIMER_A0_MODULE, &upDownConfig);
        MAP_Timer_A_initCompare(TIMER_A0_MODULE, &compareConfig_PWM1);
    }
    /* ADC14 初始化 */
    void init_ADC()
    {
        curADCResult = 0;//初始化当前转换结果
        MAP_ADC14_enableModule();
    MAP_ADC14_initModule(ADC_CLOCKSOURCE_SMCLK, ADC_PREDIVIDER_1,
    ADC_DIVIDER_4,0);
        MAP_GPIO_setAsPeripheralModuleFunctionInputPin(GPIO_PORT_P6,
    GPIO_PIN0,GPIO_PRIMARY_MODULE_FUNCTION);
        MAP_ADC14_configureSingleSampleMode(ADC_MEM15, true);
        //注意 ADC 转换存储器 ADC_MEM15
        MAP_ADC14_configureConversionMemory(ADC_MEM15, ADC_VREFPOS_AVCC_VREFNEG_VSS,
ADC_INPUT_A15, false);
        /* 配置采样定时器 */
        MAP_ADC14_enableSampleTimer(ADC_MANUAL_ITERATION);
        /* 使能转换并开启 ADC 转换触发器 */
        MAP_ADC14_enableConversion();
        MAP_ADC14_toggleConversionTrigger();
        /* Enabling interrupts */
        MAP_ADC14_enableInterrupt(ADC_INT15);
    }
    int main(void)
    {
        MAP_WDT_A_holdTimer();
        init_TA();
        init_ADC();
        MAP_Interrupt_enableInterrupt(INT_ADC14);   //使能中断向量
        MAP_Interrupt_enableMaster();
    MAP_Interrupt_enableInterrupt(INT_TA0_N);
    MAP_Timer_A_startCounter(TIMER_A0_MODULE, TIMER_A_UPDOWN_MODE);
```

```
    while (1)
    {
    }
}
/* ADC 中断处理程序，只要电位器 VR1 改变位置就调用该程序，返回值由 ADC_MEM15 完成 */
void adc_isr(void)
{
    uint64_t status = MAP_ADC14_getEnabledInterruptStatus();
    MAP_ADC14_clearInterruptFlag(status);
    if (ADC_INT15 & status)      //如果信号有效更新转换结果
    {
        curADCResult = MAP_ADC14_getResult(ADC_MEM15);
        MAP_ADC14_toggleConversionTrigger();
    }
    else
        MAP_Timer_A_setCompareValue(TIMER_A0_MODULE,
                    TIMER_A_CAPTURECOMPARE_REGISTER_3,curADCResult);
}
/* 每次 VR1 位置变化意味着转换结果的变化，把这个值装入 CCR4 */
void TA0_Nisr()
{
    MAP_Timer_A_clearInterruptFlag(TIMER_A0_MODULE);
    MAP_Timer_A_setCompareValue(TIMER_A0_MODULE,
                    TIMER_A_CAPTURECOMPARE_REGISTER_3,curADCResult);
}
```


将代码下载至芯片，由于 VR1 并非直连至 P6.0，在 VR1 与 P6.0 之间还有一个电阻 R58 见图 5.50，又因为 ADC14 转换有一定误差，所以转换值结果最小不为 0。同时由于 TimerA0 工作在增减计数模式，理论上当 CCR1 越接近 0 时输出越大(LED 更亮)，CCR1 越接近 16 384 时输出越小(LED 更暗)。

调节电位器 VR1，DY-LaunchBoard 上 D5(LED)明暗随电位器的位置变换而变化。

5.4　基于 SPI 的通信操作实验

增强型通用串行通信接口(enhanced Universal Serial Communication Interfaces，简称 eUSCI)，包括 eUSCI_A 和 eUSCI_B，支持带有一个硬件模块的多种串行通信模式。本实验主要学习外围接口(Synchronous Peripheral Interface，简称 SPI)的基础知识和为简化 SPI 操作的固件库函数的使用方法。其中，SPI 的固件库函数包含在 driverlib/ spi.c 中，而 driverlib/spi.h 包含了库函数的所有定义。

5.4.1 DAC7512 操作

1. 实验要求与目的

使用 eUSCIB 模块 SPI 通信方式控制扩展板上 DAC7512 芯片并输出 0～+1.65 V 方波信号并使用示波器检测输出波形的频率；了解 SPI 通信中 4 线通信原理，熟练掌握 3 线通信方法；学会分析 DAC 工作原理、时序图；掌握 DAC 输出多种模拟信号。

2. 实验原理

(1) 数/模转换基本原理

DAC 数字模拟转换器——数/模转换器，是一种将数字信号转换为模拟信号（以电流、电压或电荷的形式）的设备。它的原理是将二进制代码按位数组合起来表示通过该器件处理输出模拟信号。对于有权码，每位代码都有一定的权，为了将数字量转换成模拟量，必须将每一位的代码按其权的大小转换成相应的模拟量，然后将这些模拟量相加，即可得到与数字量成正比的总模拟量，从而实现数/模转换，如图 5.54 所示。

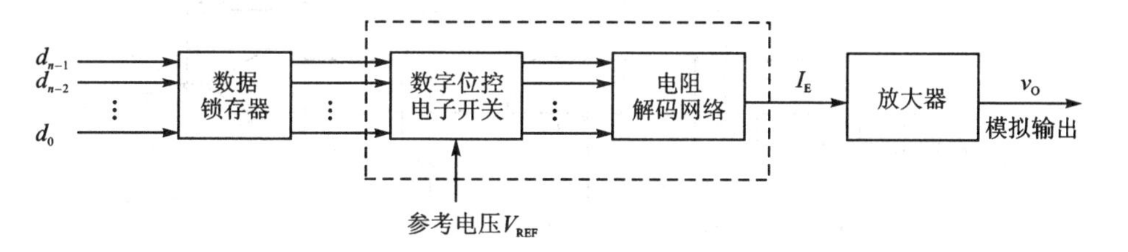

图 5.54 数/模转换原理

一个输入为三位二进制数的 DAC 的输入/输出关系与转换特性如图 5.55 所示，它具体而形象地反映了 DAC 的基本功能。

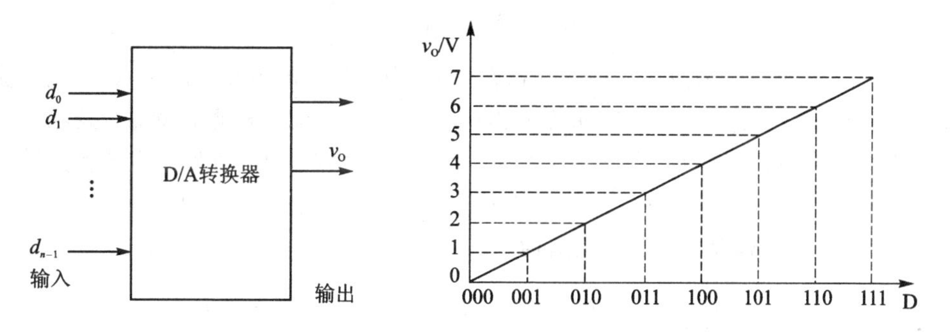

图 5.55 DAC 输入/输出关系与转换特性

由二进制转十进制的原理可知，给定任意的无符号 n 位二进制数（$d_{n-1}d_{n-2}\cdots d_1d_0$），其中 d_{n-1} 最高有效位（MSB），d_0 为最低有效位（LSB），其对应的十进制数应

为 $d_{n-1}\times2^{n-1}+d_{n-2}\times2^{n-2}+\cdots+d_1\times2^1+d_0\times2^0$。其中，$2^{n-1}$，$2^{n-2}$，…，$2^1$，$2^0$ 为对应位的位权。

数字量转换为模拟量的过程就是将数字量(二进制数)的每一位按权的大小转换为相应的模拟量，然后将代表各位的模拟量相加的过程，由此过程得到的结果就是与该数字量成正比的模拟量。若输入数字量为 $d_{n-1}d_{n-2}\cdots d_1d_0$，输出模拟量为 u_0，则模/数转换关系为

$$u_0=k(d_{n-1}\times2^{n-1}+d_{n-2}\times2^{n-2}+\cdots+d_1\times2^1+d_0\times2^0)$$

式中：k 为比例系数或转换系数，该系数与转换时的参考电压 V_{ref} 有关。

转换网络的核心是DAC的核心，直接影响着转换器的精度。转换网络的基本类型有加权网络(包括权电阻网络、权电容网络)和T形网络(包括T形电阻网络、倒T形电阻网络)，在此基础上，还有各种改进型网络，如加权网络和梯形电阻网络并用结构、分段梯形电阻网络等。

目前DAC常用的是倒T形电阻网络，其原因是倒T形电阻网络流过各支路的电流恒定不变，故在开关状态变化时不需电流建立时间，所以该电路转换时间快，尖峰脉冲干扰小，因此被广泛使用。n 位倒T形电阻网络DAC如图5.56所示。

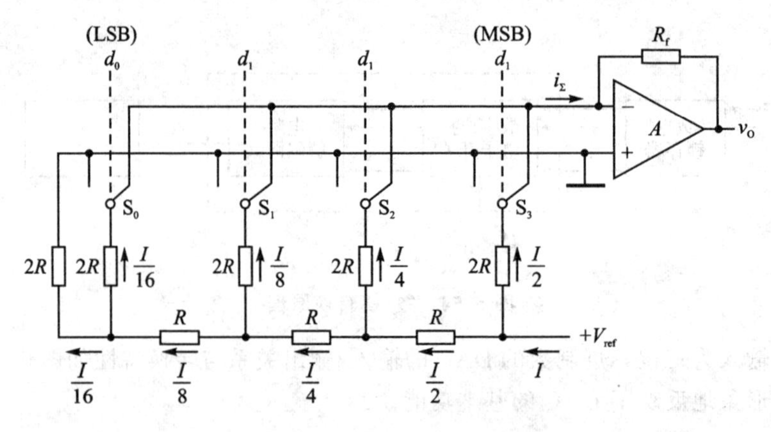

图5.56 倒T形电阻网络

T形电阻网络也称为 $R-2R$ 网络，在该网络中任意节点向左看，等效电阻均为 $2R$，并且电流每流过一个节点，就等分为两路相等的电流。根据运算放大器的"虚短"(也称为"虚地"特性)不论模拟开关的状态如何变化，流过各支路的电流都是确定的且分别为 $I/2$，$I/4$，$I/8$，…，$I/2^n$。基准电压 V_{ref} 提供总电流 $I=V_{ref}/R$。

因此，流入运算放大器的总电流为

$$i_0=\frac{V_{ref}}{2^nR}(2^{n-1}d_{n-1}+2^{n-2}d_{n-2}+\cdots+2^1d_1+2^0d_0)$$

当运算放大器的反馈电阻 $R_f=R$ 时，根据运算放大器的"虚断"特性，其输出电压为 u_0 为

$$u_0 = -i_0 R_f = -i_0 R = \frac{V_{ref}}{2^n}(2^{n-1}d_{n-1} + 2^{n-2}d_{n-2} + \cdots + 2^1 d_1 + 2^0 d_0)$$

上式结果 u_0 就是数字量到模拟量的转换结果。

从以上描述可知，模拟开关和电阻网络是DAC的核心部件。根据这两部分物理实现不同可将DAC分成不同的类型。按照模拟开关的实现电路不同，可分为CMOS开关型DAC、双极开关型DAC、EAC电流开关型DAC。这3种不同的实现方式都可以实现开关功能，其主要差异在开关的状态转换速度上，这样就影响着它们的转换时间。在这3种模拟开关中，CMOS开关型DAC的转换速度最低，ECL电流开关型DAC转换速度最高，双极开关型DAC居中。

MSP432P401R片上外设并没有提供可直接使用的DAC器件，因此，学习DAC时我们通过外接使用专门的DAC芯片——DAC7512，下面就介绍这款芯片的主要特征：

- 12位缓冲电压输出数/模转换器。
- 微电能操作：5 V，135 μA。
- 掉电时：5 V，200 nA；3 V，50 nA。
- 电源支持：+2.7～+5.5 V。
- 上电重置为0 V。
- 3种掉电模式功能。
- 配备施密特触发器的低功耗串行接口。
- 片内输出缓冲放大器，轨对轨操作。
- SYNC中断功能。

本实验使用SOT23-6封装的DAC7512芯片，内部结构电路如图5.57所示。

图5.57中有6个引脚，它们的定义如下：

SYNC：电平触发控制输入（低电平有效）。输入数据时作帧同步信号。此信号变为低时，使能输入转换寄存器，与此同时数据在紧接的时钟下降沿送入。DAC在接下去的第16个时钟周期后开始新的一帧数据转换。但在时钟信号处于下降沿时如果SYNC变高，SYNC的上升沿则成为中断信号，写入时序将忽略。

V_{out}：模拟输出端口。允许轨对轨操作（双极性输出）。

GND：接地。

V_{DD}：输入电压，+2.7～+5.5 V（MSP432提供+3.3 V）。

D_{IN}：串行数据输入口。数据以16位方式在时钟信号的下降沿存入16位输入转换寄存器。

SCLK：串行时钟输入。数据传输率最高30 MHz。

DAC7512使用CMOS方式实现内部模拟开关，内部结构包含一个后端输出缓存放大器的DAC。该器件没有基准电压输入口，因此供电口接通的 V_{DD} 为基准电压，其内部结构电路如图5.58所示。

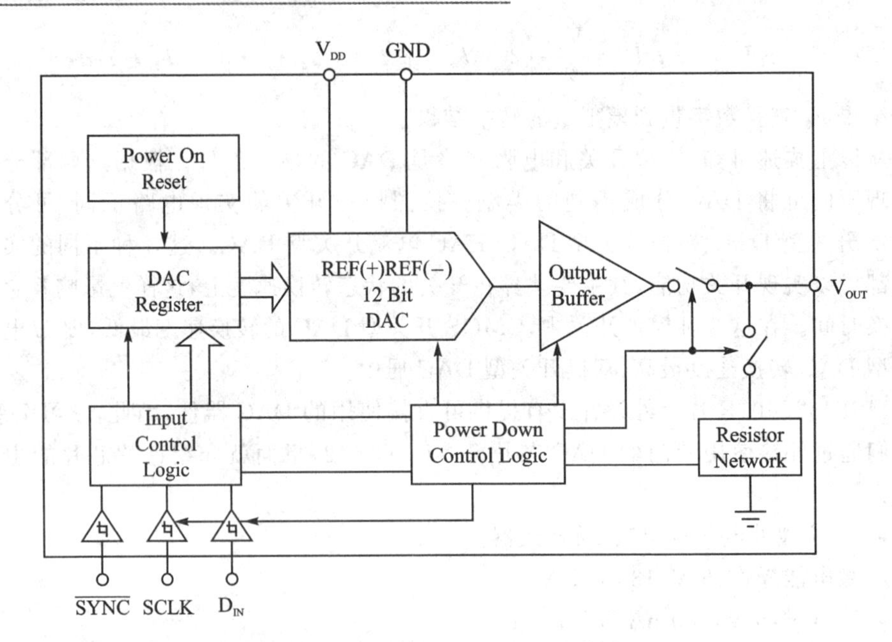

图 5.57　DAC7512 内部结构电路

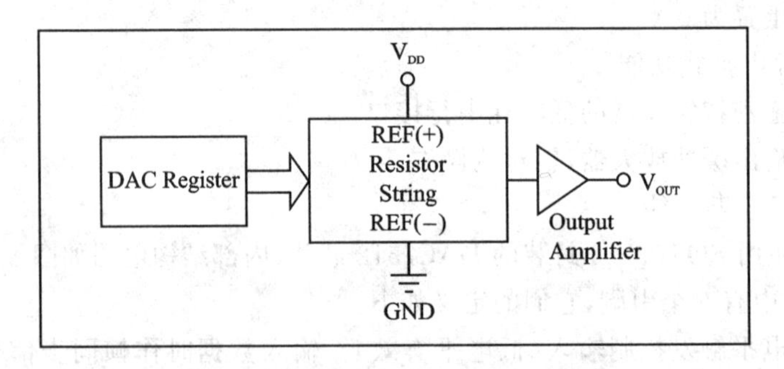

图 5.58　输出缓存放大器内部结构电路

电阻网络中每个电阻 R 阻值相同。和上述原理一样，当编码载入 DAC 寄存器后就确定了关闭哪个节点上的开关，将电压送入到输出放大器，如图 5.59 所示。

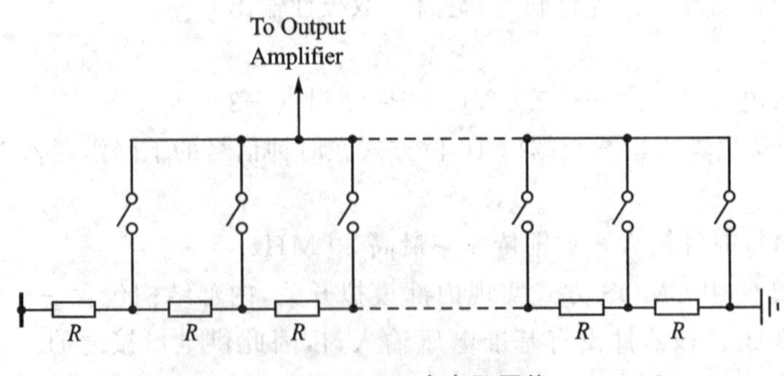

图 5.59　DAC 中电阻网络

D_{IN} 端为输入代码，因此理想的输出电压为

$$V_{out} = V_{DD} \times \frac{D}{4\ 096}$$

D 为输入代码的十进制数，由于 DAC7512 为 12 位转换器，因此它的转换范围是 0～4 095。

同时，DAC7512 具备一个三线的串行接口（SYNC、SCLK、和 D_{IN}），此接口可以与 SPI、QSPI 以及 Microwire 接口标准和 DSP 兼容。与 MSP432 通信时 DAC7512 使用了 SPI 的连接方式，一个标准的写操作时序图，如图 5.60 所示。

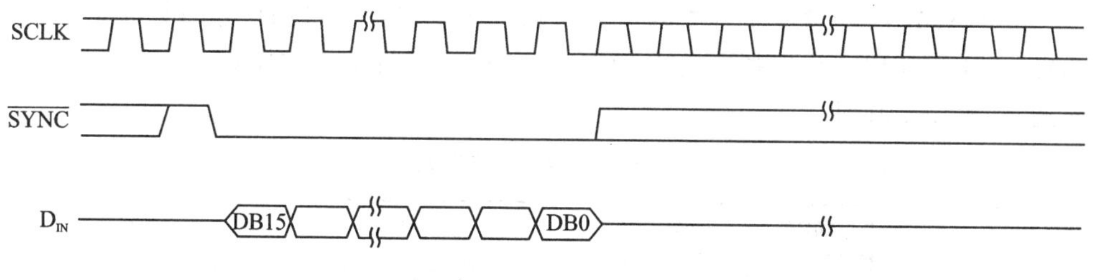

图 5.60 写操作时序

写时序通过 SYNC 线置低发出（写）信号开始。D_{IN} 线上的数据在 SCLK 的下降沿存入 16 位转换寄存器。串行时钟最高可以设置为 30 MHz 以适用高速 DSP。在串行时钟的第 16 个下降沿，数据的最后一位存入，完成已编程的功能（如改变 DAC 寄存器中的值或操作模式的改变）。

同时，SYNC 线可以保持高或低。不管何种情况，都要在下一次写时序前保持 SYNC 为高至少 33 ns，这样才能使 SYNC 可以初始化下一次写时序。由于 SYNC 缓冲器在高电平时比低电平消耗更多的电流，所以如果需要几个写时序间以最低功耗操作时，则 SYNC 在空闲时需保持为低。同样，如之前所述，SYNC 还必须再次置高才能保证下一次写入。

对于初次使用该芯片还要需要注意以下事项：

① 在正常写时序时，SYNC 线需保持为低至少 16 个 SCLK 下降沿。在最后一个下降沿完成数据更新，但是，如果 SYNC 在 SCLK 的第 16 个下降沿前置高，则表示写时序中断。同时，转换寄存器被重置，写时序也视为无效。DAC 寄存器中的内容不会更新，操作模式也不会改变，如图 5.61 所示。

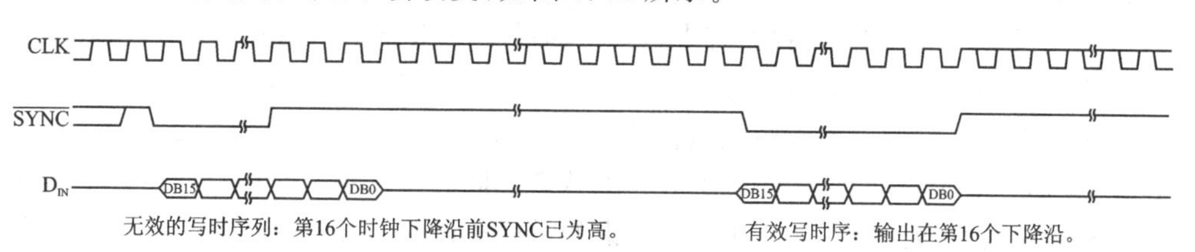

图 5.61 正常写时序

② 输入缓存寄存器为一个 16 位的寄存器。开始的两位不必考虑；接下去的两位 PD1 和 PD0 是两个控制位，控制着何种操作模式（正常模式或三种掉电模式）；剩余的 12 位为数据位，这些数据在 SCLK 的第 16 个下降沿送入到 DAC 寄存器，如图 5.62 所示。

DB15															DB0
×	×	PD1	PD0	D11	D10	D9	D8	D7	D6	D5	D4	D3	D2	D1	D0

图 5.62 输入缓存器数据格式

③ DAC7512 包含 4 个独立的操作模式这些模式可通过两位进行设置（PD1 和 PD2）。PD1 与 PD0 设置掉电模式，PD1＝0，PD0＝0 时为正常模式。其余模式不做赘述，如表 5.4 所列。

表 5.4 DAC 工作模式

DB13	DB12	操作模式
0	0	正常操作
0	1	输出端连接 1 kΩ 电阻接地
1	0	输出端连接 100 kΩ 电阻接地
1	1	高阻态

④ 上电重置。DAC7512 的另一个特征是上电重置。在上电期间该功能控制着输出电压。一旦给 DAC 上电，DAC 寄存器内全部置零同时输出电压也为零。DAC 将等待第一个有效写时序的到来。

以上介绍了 DAC7512 的工作原理，但如何将所需数据送入到 DAC 寄存器中是通信所要解决的问题。根据 DAC7512 说明文档可知，接口可以使用 SPI、QSPI 以及 Microwire 接口标准与其他器件通信。本实验使用了三线的 SPI 接口与 MSP432 相连。

(2) SPI 工作原理

前面的章节提到了名为 SPI 的通信方式，下面具体说明这种通信方式的特征，一个标准的 SPI 连线图（见图 5.63），eUSCI（高级通用串行总线）模块主机与外部器件通信。3 线与 4 线 SPI 接口区别在于 UCxSTE 接口是否连线。

当主机要发送数据时，数据首先送入传输缓存器（Transmit Buffer）中，如果发送移位寄存器（Transmit Shift Register）空闲就将 UCxTXBUF 中的数据移入到该寄存器中。下一个时钟上升沿时发送移位寄存器从 UCxSIMO 引脚处发送数据，起始位是 MSB 还是 LSB 取决于 UCMSB 位的状态。同时从设备双向接收移位寄存器从 UCxSOMI 发送；紧接着 UCxCLK 下降沿的时候从设备的接收移位寄存器收到了主设备发送过来的数据，同时主设备接收移位寄存器也接收到了从设备发送过来的数据。当一个字符被完整接收到时，数据从主设备的接收移位寄存器中移到了

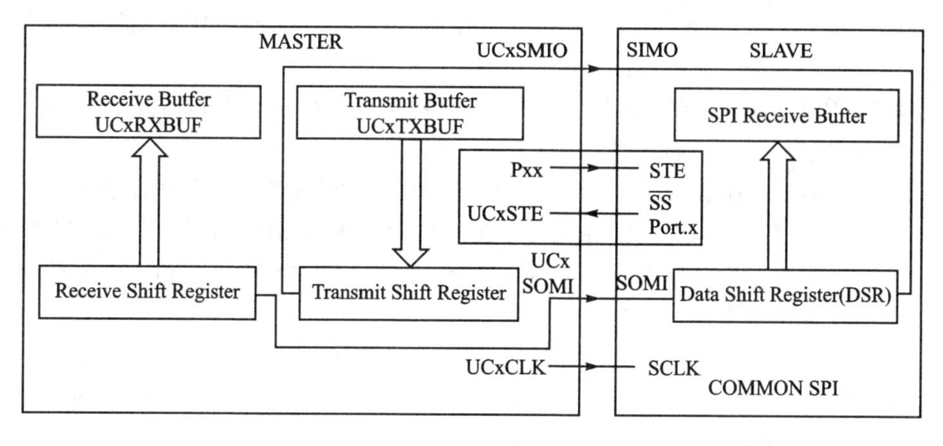

图 5.63 SPI 连线图

UCxRXBUF 中，同时接收中断标志位 UCxRXIFG 置位。

使用 4 线模式时，允许多个主设备在一条总线上。这个模式不支持 3 线模式。结合已介绍的 SPI 特征，分析一下本实验的连线。DY-LaunchBoard 上 DAC7512 的连线结构如图 5.64 所示。

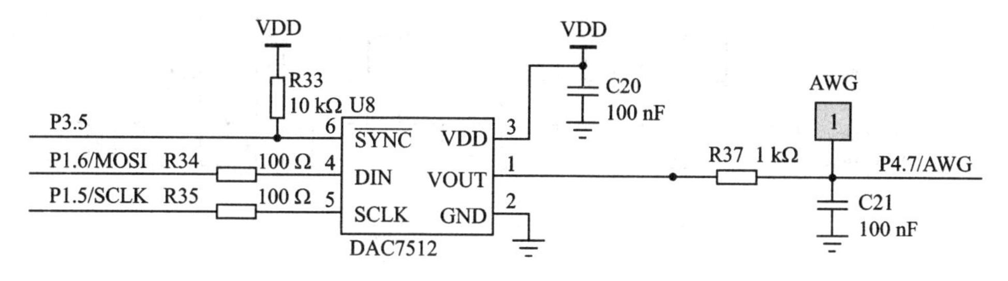

图 5.64 DAC 外部连线结构

由图 5.64 可知，DAC7512 并不包含专门的 UCxSTE 接口，同时，它只包含一个数据口 MOSI 即主机（MSP432）输出，从机（DAC7512）输入，和一个时钟接口 SCLK。但 DAC 并不需要将数据返回 MSP432，这样就省去了 SOMI 的接口。这说明 DAC 通信使用了 3 线的工作模式。P3.5 接口对应 DAC 的 SYNC 信号。因此，在控制 DAC 时，只需按照它的时序图来写程序就可以了。

(3) SPI 常用寄存器

- UCxCTLW 寄存器：包括时钟相位、极性的配置，MSB 或 LSB 优先发送选择、字符长度配置，主从机配置，3 线、4 线模式选择，同步异步模式选择，时钟源选择等。
- UCxBRW 寄存器：位传输速率控制寄存器，可以对位时钟预分频器设置。
- UCxSTATW 寄存器：状态寄存器，包括侦听使能，帧错误标志，过度运行错误标志，eUSCI 忙状态。

- UCBxTXBUF 寄存器：发送缓存寄存器，可由用户访问并使数据等待送入到发送转换寄存器后进行发送。
- UCBxRXBUF 寄存器：接收缓存寄存器，接收数据缓存器包含从接收转换寄存器中最后收到的字符。
- UCBxIE 寄存器：中断使能寄存器，包括使能发送中断和接收中断使能。
- UCBxIFG 寄存器：中断标志寄存器，包括发送中断标志，它仅当 UCxTXBUF 为空时才置位该标志位。接收中断标志，当 UCxRXBUF 收到一个完整字符时设置该标志位。

上述寄存器中有一项配置和时钟的相位、极性有关，它对于时钟信号控制是十分重要的。UCxCTLW 中 UCCKPH 与 UCCKPL 位的组合可以产生 4 种不同的时序波形，每种情况如图 5.65 所示。

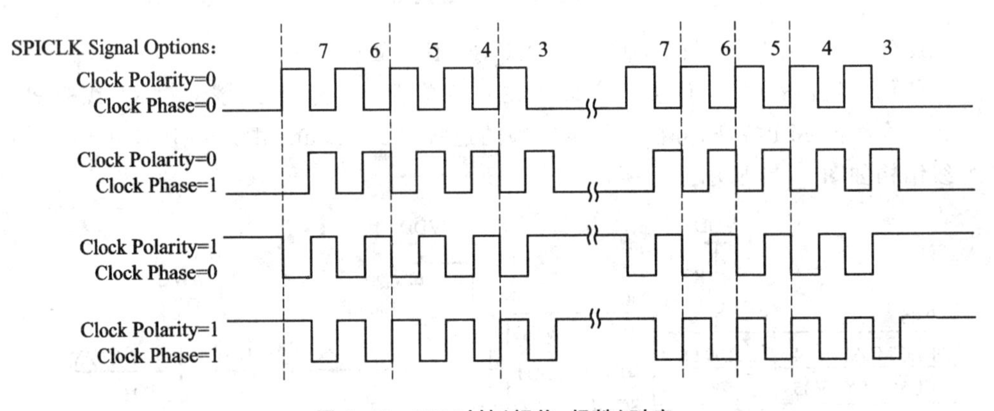

图 5.65　SPI 时钟(相位、极性)时序

3. 实验步骤与结果

① 连接 DY-LaunchBoard 至 MSP432 口袋板。

② 将 DY-LaunchBoard 上 DAC/SPWM 选择跳线选择至 DAC。

③ 打开示波器将正极性探针接在 AWG/P4.7 引脚上。

④ 画出本实验程序流程图，如图 5.66 所示。

⑤ 编写程序并下载至开发板芯片，观察输出波形。

程序代码如下：

```
#include "driverlib.h"
volatile uint16_t txdata;                          //定义发送数据变量
volatile uint8_t temp,ii;                          //定义临时变量
const eUSCI_SPI_MasterConfig spiMasterConfig =
{
        EUSCI_B_SPI_CLOCKSOURCE_ACLK,              //ACLK 时钟源，也可设定为 SMCLK
        32768,                                     //ACLK = LFXT = 32.768 kHz
```

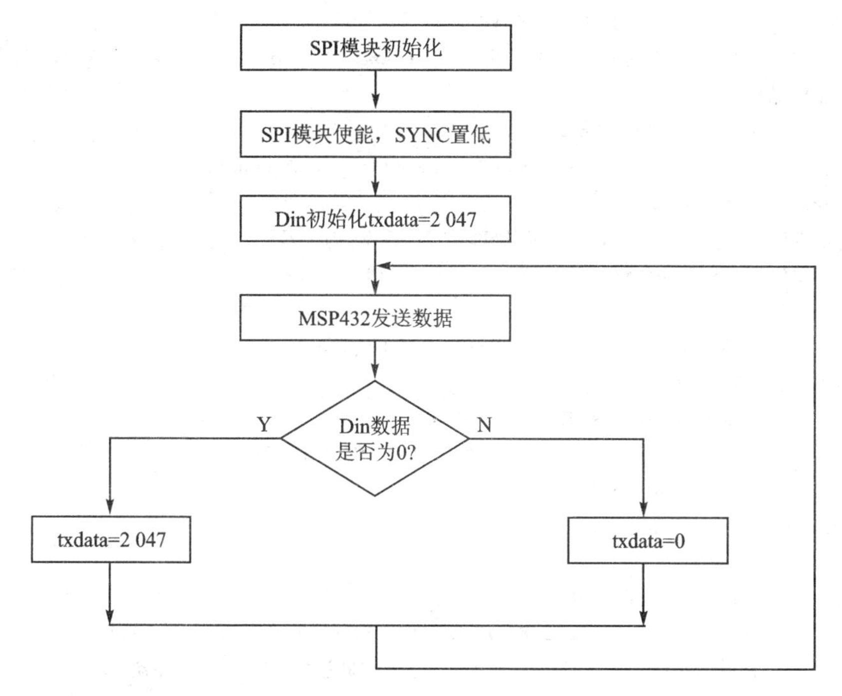

图5.66　DAC、SPI通信输出流程

```
        0,                                              //SPI时钟
        EUSCI_B_SPI_MSB_FIRST,                          //MSB优先发送
        EUSCI_B_SPI_PHASE_DATA_CHANGED_ONFIRST_CAPTURED_ON_NEXT,
        //默认时钟相位
        EUSCI_B_SPI_CLOCKPOLARITY_INACTIVITY_HIGH,      //高电极性
        EUSCI_B_SPI_3PIN                                //3线模式
};//调用SPI结构体,设置SPI通信eUSCIB模块,时钟相位,SPI时钟这里可以任意
void delayus()      //延时函数
{
  for(ii = 0;ii<25;ii++);
}
int main(void)
{
    txdata = 2047;      //输出1.65 V对应DAC转换数据
    MAP_WDT_A_holdTimer();
    MAP_GPIO_setAsPeripheralModuleFunctionOutputPin(GPIO_PORT_PJ,
            GPIO_PIN0 | GPIO_PIN1,GPIO_PRIMARY_MODULE_FUNCTION);
    MAP_CS_setExternalClockSourceFrequency(32768,0);
    MAP_CS_initClockSignal(CS_ACLK,CS_LFXTCLK_SELECT,CS_CLOCK_DIVIDER_1);
//SPI时钟初始化
```

```
    MAP_CS_startLFXT(CS_LFXT_DRIVE0);
//调用此 LFXT 低速晶振前,必须先调用 CS_setExternalClockSourceFrequency()函数,设置
//外部晶振
    MAP_GPIO_setAsPeripheralModuleFunctionInputPin(GPIO_PORT_P1,
            GPIO_PIN5|GPIO_PIN6,GPIO_PRIMARY_MODULE_FUNCTION);
//32.768 kHz 晶振选中
    MAP_GPIO_setAsOutputPin(GPIO_PORT_P3,GPIO_PIN5);
    MAP_SPI_initMaster(EUSCI_B0_MODULE,&spiMasterConfig);
    //SPI 主机初始化
    MAP_GPIO_setOutputHighOnPin(GPIO_PORT_P3,GPIO_PIN5);
//DAC 芯片要求 SYNC 先置高
    MAP_SPI_enableModule(EUSCI_B0_MODULE);
    MAP_GPIO_setOutputLowOnPin(GPIO_PORT_P3,GPIO_PIN5);
    //SYNC 置低表示 DAC 准备接收数据
while(1)
    {
        temp = txdata>>8;
        MAP_SPI_transmitData(EUSCI_B0_MODULE,temp);//先发送高字节 8 位
        delayus();//每次发完必须延时,等待数据进入 DAC 输入缓存器
        temp = txdata&0x00ff;
        MAP_SPI_transmitData(EUSCI_B0_MODULE,temp);//后发送低字节 8 位
        if(txdata == 0)
            txdata = 2047;
        else
            txdata = 0;
        delayus();
        MAP_GPIO_setOutputHighOnPin(GPIO_PORT_P3,GPIO_PIN5);
        //一次写入后,要更新数据时再将 SYNC 拉高,表示要写新数据
        delayus();//保持大于 33 ns 的高电平确保下一次写入无误
        MAP_GPIO_setOutputLowOnPin(GPIO_PORT_P3,GPIO_PIN5);
    }
}
```

为了达到实验要求,SPI 工作需要设定合适的时钟。由于在配置时 UCxCTLW 寄存器中 USSELx 位只可选择 SMCLK 与 ACLK 两种时钟源。而 ACLK 使用时涉及到外部晶振,故需设置外接端口选中外接晶振。MSP432 开发板有两个外接晶振频率分别为 32.768 kHz 的低频率晶振和 48 MHz 的高频率晶振,如图 5.67 所示,它们接在名为 PJ 端口的不同引脚上,使用时选通对应端口即可。

在写程序时还要注意,由于 SPI 通信时一次只能发一字节的 8 位数据,但 DAC 输入缓存器是一个 16 位寄存器,这就说明不能一次完成数据的写入。因此需要将发送的 16 位分成两字节发送。在发送完一字节时,由于 DAC 内部输入缓存器接收数

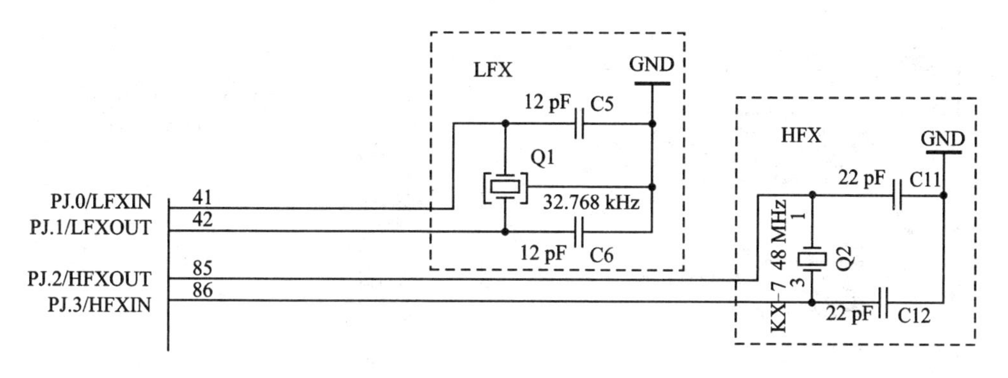

图 5.67　MSP432 外部晶振接线

据的速度没有 MSP432 执行的速度快，因此发完一字节后，稍作延时接着发下一字节。

两字节发送完毕后，表示 DAC 更新了一次 D_{in} 口的输入数据，即开始一次数/模转换。此时程序在将 SYNC 拉高表示要再进行一次写更新操作。如此循环，DAC 就不断地更新模拟输出。在延时的过程中，程序使用了 delayus()函数。这种方法在其他参考书中也经常出现。具体延时时间是这样计算的，调试程序时，在 delayus()这条语句处设置断点，在它的下一句代码处也设置断点。程序运行至 delayus()后打开 register 面板选择 Current CPU Registers，观察 CYCLECOUNTER 数值，该数值表示 CPU 的周期计数器，当前值为 1 571，如图 5.68 所示。

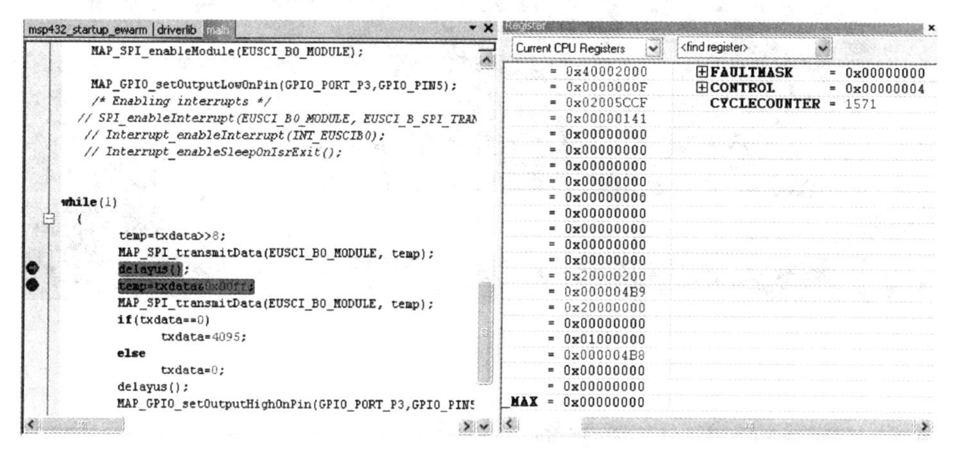

图 5.68　CPU 计数周期开始

继续运行程序至下一条语句，此时值为 2 743，如图 5.69 所示，将这个数值减去上一步的数值乘以时钟指令周期即为一条语句所消耗的时间。delayus()在 30 μs 左右，大于 SYNC 建立时所需的 33 ns。

示波器探头连接至 P4.7 模拟输出口后，观察到波形如图 5.70 所示，电压值在 0～+1.65 V 互相切换。

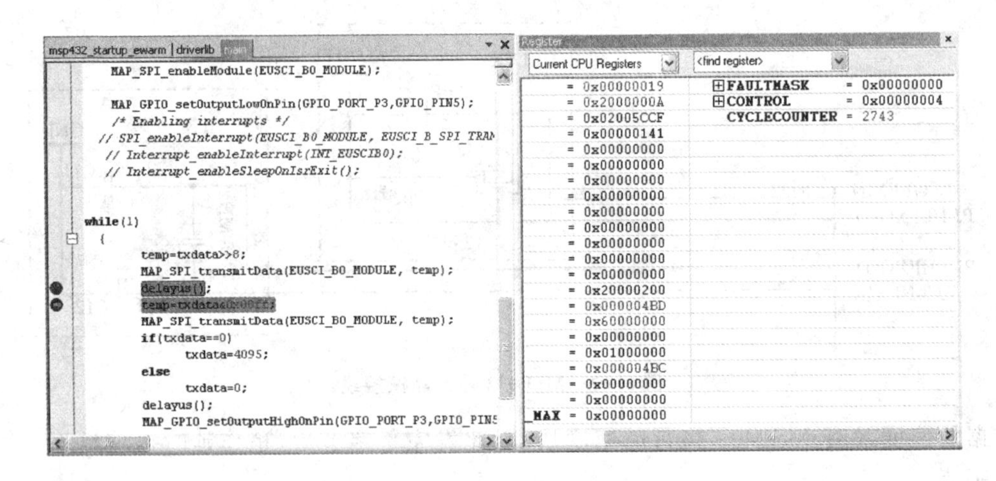

图 5.69 CPU 计数周期结束

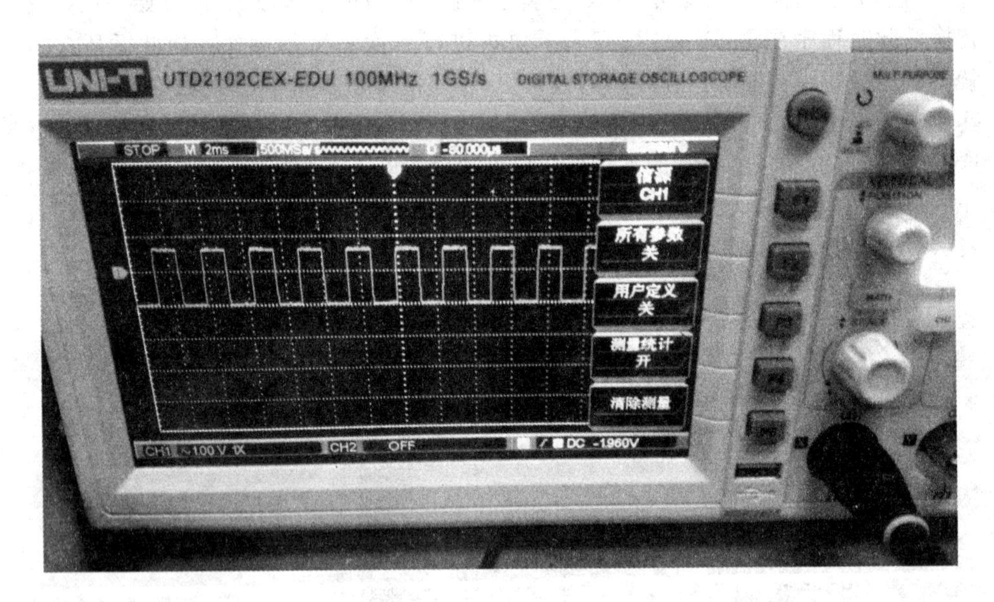

图 5.70 DAC 模拟输出

5.4.2 ST3375 LCD 液晶输出字符

1. 实验要求与目的

学会编写代码操作 ST3375 液晶屏幕，同时掌握 SPI 字库芯片原理，并在液晶屏上输出有效字符；进一步掌握 SPI 通信方式；掌握液晶屏操作的时序图原理；熟悉液晶屏操作的基本命令、字库芯片。

2. 实验原理

整个实验的原理是，首先需将字符编码发送给字库芯片，字符编码由字库芯片处理后输出至液晶，液晶接收数据后，将最终字符显示在液晶屏上。因此，需要熟悉字库芯片和液晶（驱动器）两者的原理。两者的工作流程可以用一张图来表示，如图5.71所示。

图5.71 液晶输出文字流程

要使液晶屏输出有效字符，首先，需要对字库芯片进行操作。为了便于操作，字库芯片也使用了SPI的通信方式，它的连接方式如图5.72所示，DY扩展板上使用的是GT20L16S1Y字库芯片。

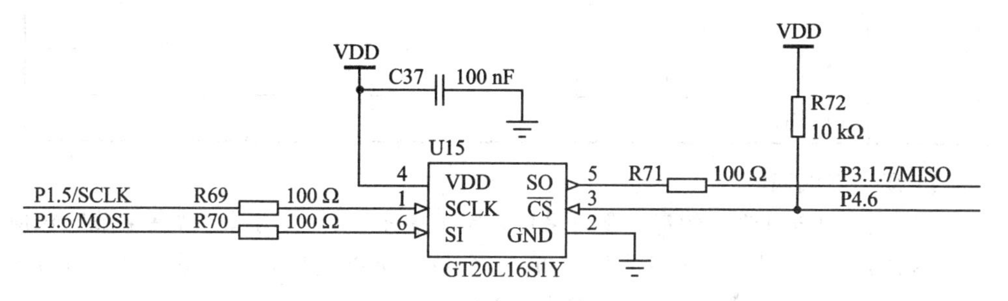

图5.72 字库芯片外部连线结构

各引脚说明如下：

SCLK：SPI时钟。

SI：SPI数据输入，该信号用来把数据输入串行芯片，数据在时钟的上升沿移入。

SO：SPI数据输出，该信号用来把数据从芯片串行移出，数据在时钟的下降沿移出。

CS：片选信号，所有串行数据传输开始于CS的下降沿，CS在传输期间保持为低电平，在两条指令间保持为高电平。

GND：接地。

VDD：+3.3 V。

输出内容格式如表5.5所列。

其中ASCII字符和GB2312代表的是两种计算机编码系统，ASCII用于英语字符，GB2312编码适用于汉字处理、汉字通信等系统之间的信息交换，通行于中国，新加坡等地也采用此编码。

(1) GB2312编码特征

这里简要介绍一下GB2312编码。GB2312编码范围：A1A1～FEFE，其中汉字编码范围:B0A1～F7FE。GB2312 编码是第一个汉字编码国家标准,由中国国家标准总局于 1980 年发布,1981 年 5 月 1 日开始使用。GB2312 编码共收录汉字 6 763 个,其中一级汉字 3 755 个,二级汉字 3 008 个。同时,GB2312 编码收录了包括拉丁字母、希腊字母、日文平假名及片假名字母、俄语西里尔字母在内的 682 个全角字符。编码特征如下:

1) 分区表示

GB2312 编码对所收录字符进行了“分区”处理,共 94 个区,每区含有 94 个位,共 8 836 个码位,这种表示方式也称为区位码。

表 5.5 字符内容格式

点阵 / 字符集 字符数		等宽字符					不等宽字符	
		5×7 5×10	7×8	8×16	8×16 粗体	15×16	16 点 Arial	16 点 Times
ASCII 字符		96	96	96	96		96	96
GB2312	汉字					6 763+376		
	扩展字符					126		

2) 双字节编码

GB2312 规定对收录的每个字符采用两字节表示,第一个字节为“高字节”,对应 94 个区;第二个字节为“低字节”,对应 94 个位。所以它的区位码范围是:0101～9494。区号和位号分别加上 0xA0 就是 GB2312 编码。例如最后一个码位是 9494,区号和位号分别转换成十六进制是 5E5E,0x5E + 0xA0 = 0xFE,所以该码位的 GB2312 编码是 FEFE。

为了验证双字节编码,可通过 IAR 自带的仿真器来验证。具体操作如下:

① 新建 IAR 工程文件。

② 右击工程,选择 Debugger, 如图 5.73 所示在 Driver 下拉列表框中选择 Simulator,然后单击 OK 按钮,该仿真器为“离线”仿真,即脱离单片机在 PC 上执行仿真。

③ 输入代码进行调试,测试代码如下:

```
#include "stdio.h"
#include "msp432.h"
char *str = "中";
char *k;
uint16_t gbcode;//GB2312 汉字由一个高字节和一个低字节组成,故定义为 16 位无符号
                //整型
void main()
{
    while(1)
```

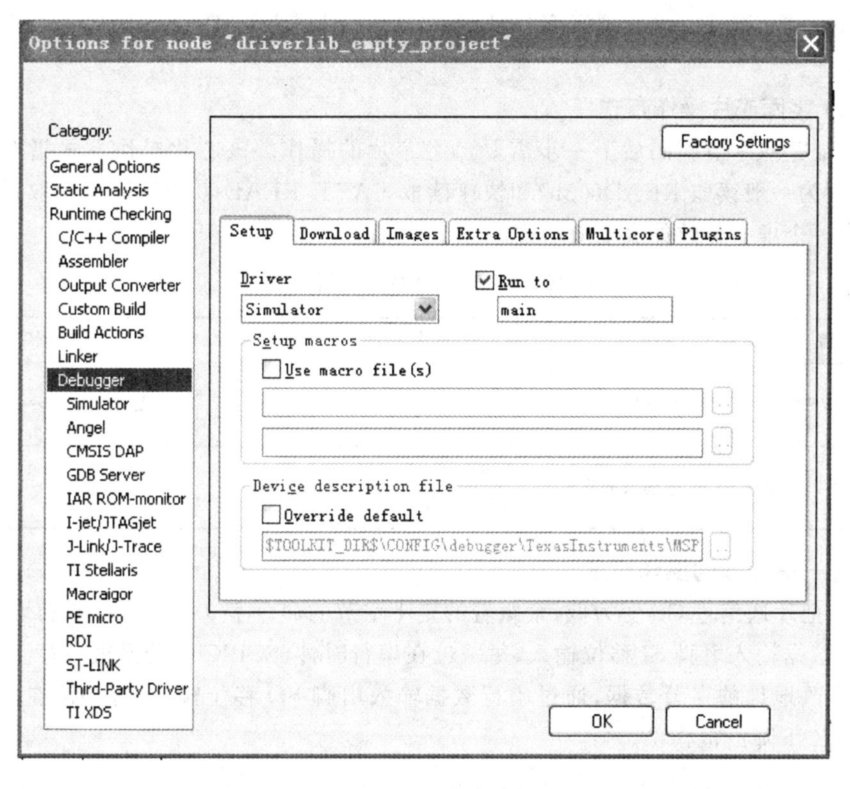

图 5.73 PC 仿真选择

```
        {
            *k = *(str+1);
            gbcode = ((*(str) << 8)& 0xff00) | (*(str+1) & 0x00ff);
        }
}
```

④ 按下 Ctrl+F7 编译并下载，在“gbcode= *((*(str)<<8)&0xff00)”这行插入断点，如图 5.74 所示。

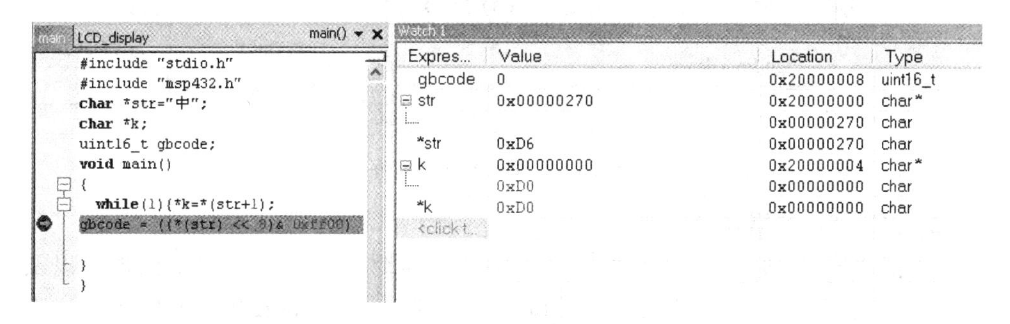

图 5.74 编码调试验证

通过以上测试不难发现汉字“中”的GB2312编码为D6D0。此编码也可在网上查询验证。

(2) 字库芯片操作方式

验证完双字节编码后下一步需要熟悉芯片的操作。该芯片操作方式指令有两个,分别为一般读取READ(03h)和快速读取FAST_READ(0Bh),快速读取操作时还包含一个虚字节数如表5.6所列。

表5.6 字库芯片操作指令

指　令	描　述	指令码(一个字节)		地址字节数	虚字节数	数据字节
READ	一般读取字节	0000 0011	03h	3	无	1～∞
FAST_READ	高速读取字节	0000 1011	0Bh	3	1	1～∞

1) 一般读取的操作顺序

① 把片选信号CS变为低,紧跟着的是1字节的命令字03h和3字节的地址,通过串行数据输入引脚SI移位输入,每一位在串行时钟(SCLK)上升沿被锁存。

② 改地址的字节数据,通过串行数据输入引脚SO移位输出,每一位在串行时钟SCLK下降沿被移出。

③ 读取字节数据后,把片选信号CS变高,结束本次操作。

如果片选信号CS继续保持为低,则下一个地址的字节数据继续通过串行数据输出引脚SO移位输出,操作时序如图5.75所示。

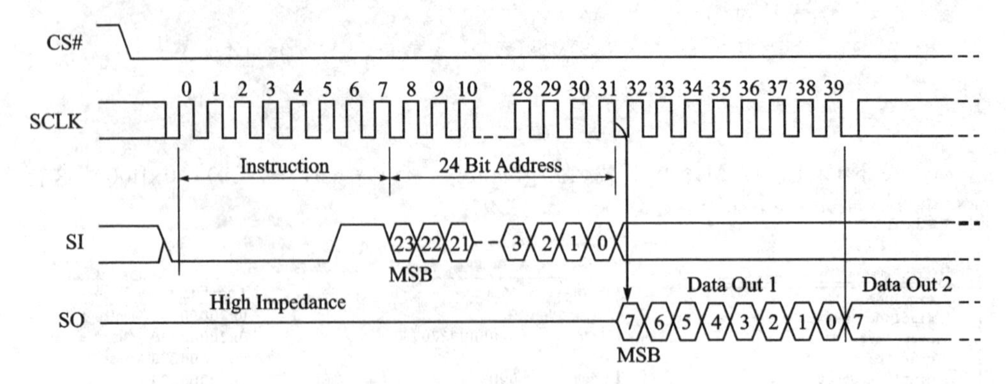

图5.75 字库一般操作时序

2) 快速读取的操作顺序

① 把片选CS变为低,紧跟着的是1字节的命令字0Bh和3字节的地址以及1字节的虚字节,通过串行数据输入引脚SI移位输入,每一位在串行时钟SCLK上升沿被锁存。

② 该地址的字节数据通过串行数据引脚 SO 移位输出，每一位在串行时钟 SCLK 下降沿被移出。

③ 如果片选信号 CS 继续保持为低，则下一个地址的字节数据继续通过串行数据输出引脚 SO 移位输出。

如果不需要继续读取数据，则把片选信号 CS 变为高，结束本次操作，操作时序如图 5.76 所示。

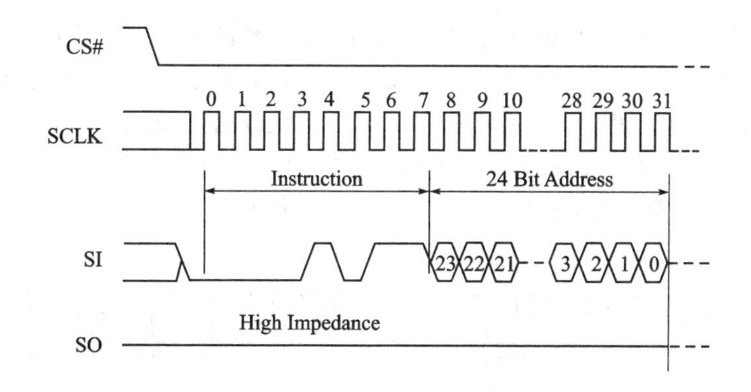

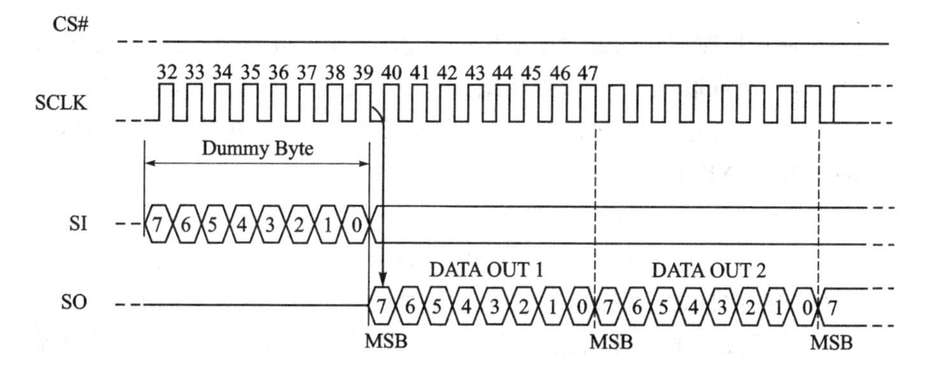

图 5.76 字库快速读取时序

了解了如何操作芯片方式后，就可以取芯片内对应的 GB2312 编码地址，一个地址对应一个汉字，其算法如下：

- GBCode 表示汉字内码。
- MSB 表示汉字内码 GBCode 的高 8 位。
- LSB 表示汉字内码 GBCode 的低 8 位。
- Address 表示汉字或 ASCII 字符点阵在芯片中的字节地址。
- BaseAdd 说明点阵数据在字库芯片中的起始地址。

计算方法如下：

```
BaseAdd = 0;
If(MSB == 0xA9&&LSB >= 0xA1)
    Address = (282 + (LSB - 0xA1)) * 32 + BaseAdd;
Else if(MSB >= 0xA1&&MSB <= 0xA3&&LSB >= 0xA1)
    Address = ((MSB - 0xA1) * 94 + (LSB - 0xA1)) * 32 + BaseAdd;
Else if(MSB >= 0xB0&&MSB <= 0xF7&&LSB >= 0xA1)
    Address = ((MSB - 0xB0) * 94 + (LSB - 0xA1) + 846) * 32 + BaseAdd;
```

计算得到 Address 后就可将这个数值送入字库芯片"告诉"芯片想要输出的字符，经过芯片处理后将数据输出至液晶驱动器。需要注意的是，从时序图中，除去一个必须的 0x0b 操作指令，实际只传输了 24 位地址数据，也就是说 Address 中的最高 8 位数据不需要发送。在定义时 Address 必须定义成一个大于 24 位的 int 型变量，因此最合适的类型只有 uint32_t 型，那么在设计代码时需要"优化"这最高 8 位不需要的数据，如图 5.77 所示。

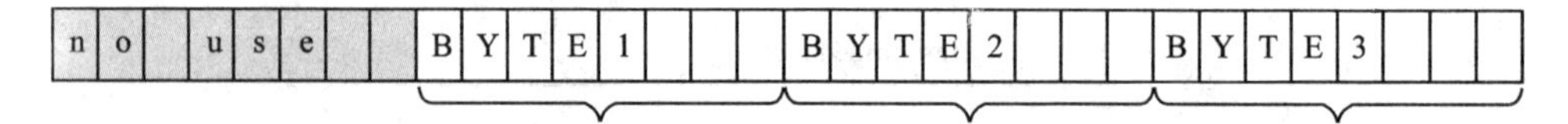

图 5.77　字库接收数据格式

实验时，使用快速读取的方式来操作字库芯片，如读取一个 15×16 点阵汉字需要 32 字节，则连续读取 32 字节数据后结束一个汉字点阵数据的读取操作。这个过程由字符芯片向 SPI 返回数据完成。代码设计只需将 SPI 上的数据依次接收即可。

3) ST3375LCD 简介

每个汉字在芯片中是以汉字点阵取字模的形式存储的，每个点用一个二进制位表示，存 1 的点，当显示时可以在屏幕上显示亮点；存 0 的点，在屏幕上不显示。点阵排列格式为竖置横排，即一字节的高位表示下面的点，低位表示上面的点(如果用户按照 16 位总线宽度读取点阵数据，则要注意高低字节顺序)，排满一行后再排下一行。这样点阵信息按上述规则将出现对应汉字。

LCD 液晶屏可以显示多种汉字排列格式，实验使用 15×16 点阵显示格式(其他格式参考字库芯片说明书)。15×16 点阵汉字的信息需要 32 字节来表示。该 15×16 点阵汉字的点阵数据是竖置横排的，具体排列结构如图 5.78 所示。

按照以上原理，要在液晶上输出一个有效字符，必须先写 0～15 字节，写完之后还要注意第 15 字节的最后一位所在坐标，一般的做法是第 16 字节所在的列必须与第 0 字节的列"对齐"，否则一个汉字的上半部分和下半部分是对不起来的。

ST3375 液晶驱动器是一个包含帧存储器的液晶，最大支持 132×RGB×162 点的 262k 色彩输出。同时，液晶内部芯片可以直接和外部微处理器连接，支持 SPI、8 位、9 位、16 位和 18 位并行接口。显示数据可以存储在片上 132×162×18 位的显示存储数据 RAM 中。在没有外部操作时钟，用最小的功耗也可以实现——显示数据

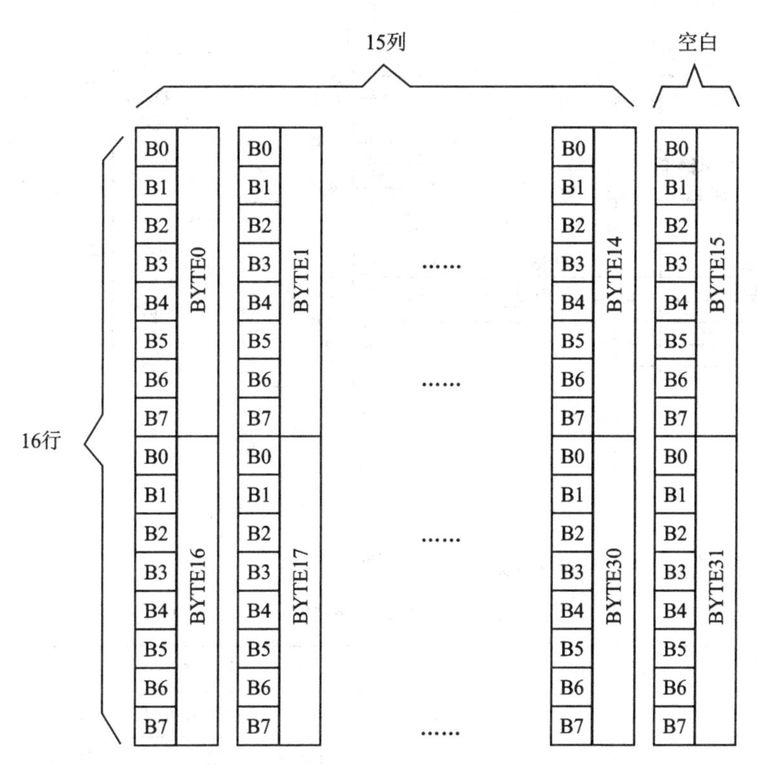

图 5.78　15×16 点阵汉字排列格式

RAM 的读/写操作。

液晶的核心是内部包含一块 132×162×18 位的显示数据 RAM。132 表示显示的行数点，162 则表示显示的列数点，18 则表示可输出的色彩位数。

在前面的实验中，已介绍了 SPI 的通信方式，此次实验进一步介绍 SPI 的使用方法。LCD 液晶虽使用 SPI 通信协议进行数据传输，但在操作时，还需要遵从液晶说明书进行操作。LCD 接线时使用了内部“4 线”的方式，如图 5.79 所示。由图可知，实际上 LCD 与 MSP432 通信时少了 SOMI 线，因此整个液晶只采用“写”操作。

各引脚说明如下：

SDA：SPI 数据输入/输出口。

SCLK：SPI 时钟。

A0：显示数据/命令选择引脚，说明书中用 D/C 表示。

$\overline{\text{RST}}$：复位。

$\overline{\text{CS}}$：片选引脚。

VDDA：电源口。

① ST3375LCD 电源模式与写操作。

LCD 液晶工作时，还可以设置不同的电源等级模式以此最有效地使用电源，

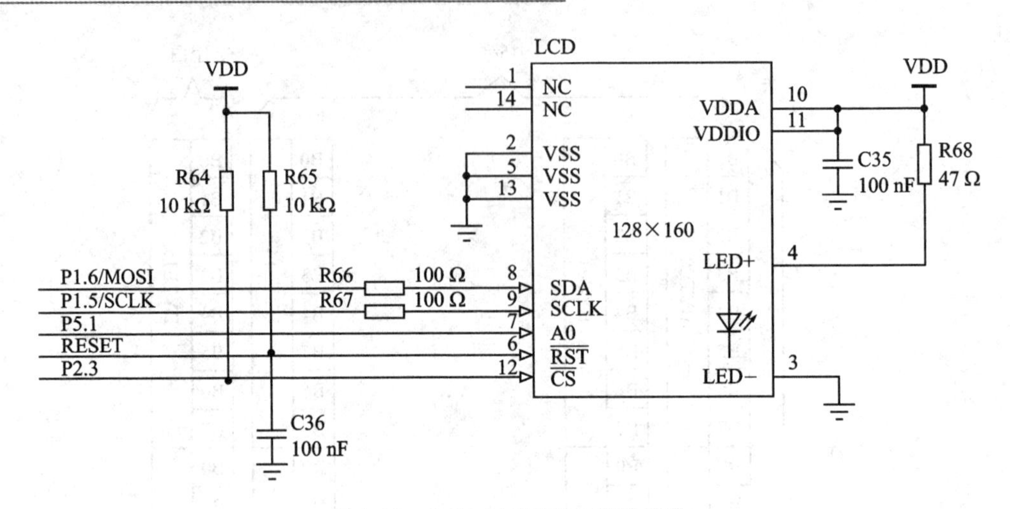

图 5.79　LCD 与 MSP432 芯片连线

ST3375 的电源等级模式说明，如表 5.7 所列。

表 5.7　ST3375 电源等级表

电源等级	定　义	描　述
1	正常模式(全显示)	空闲模式关闭，呼出状态，显示最大可以达到 262 144 色彩
2	部分显示模式	空闲模式关闭，呼出状态，显示最大可以达到 262 144 色彩
3	正常模式(全显示)	空闲模式关闭，呼出状态，显示最大仅 8 色彩
4	部分模式	空闲模式关闭，呼出状态，显示最大仅 8 色彩
5	睡眠模式	DC-DC 转换器，内部晶振和面板驱动电路停止。仅通过 VDDI 电源提供 MCU 接口和存储器工作。存储器内容安全
6	关闭模式	VDD 与 VDDI 不适用

上文已确认实验只采用液晶“写”操作，这就需要了解液晶命令写模式，写模式意味着微控制器向 LCD 驱动器写入命令和数据。图 5.80 中 LCD 内部采用了 4 线串行接口方式(SDA、SCLK、CS、DC)，数据包包含一个将要发送的字节和一个 D/CX 控制位，该位通过 D/CX 引脚发送。如果 D/CX 为低，则发送字节解释成命令字节。如果 D/CX 为高，则发送字节存储在显示数据 RAM(写命令存储器)中，该字节或作为参数存储在命令寄存器中。

任何指令可以以任何顺序发送至驱动器，但 MSB 优先发送。串行接口当 CSX 为高时初始化。此时，对 SCL 时钟或 SDA 数据并无影响。CSX 的一个下降沿使能串行接口，表示开始发送数据。写时序还可以参考 4 线的数据格式，如图 5.80 所示。

CSX 为高时，SCL 时钟状态可以忽略，器件串行接口完成初始化。在 CSX 的一个下降沿，SCL 可以为高或为低。SDA 在 SCL 的上升沿完成取样。D/CX 表示字节是写命令(D/CX＝0)还是写数据(D/CX＝1)。4 线模式时，SCL 第 8 个上升沿

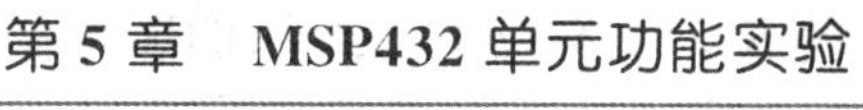

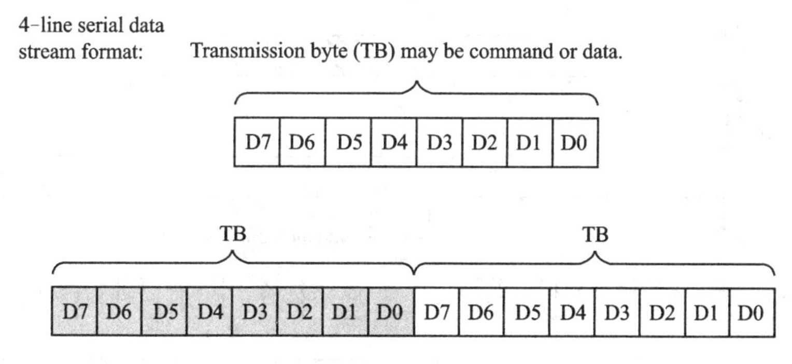

图5.80 4线数据格式

D/CX完成采样。如果在最后一位的命令/数据字节后，则CSX仍保持低电平。串行接口将在后一个字节的D7位并在其之后那个SCL上升沿完成取样。LCD 4线操作时序如图5.81所示。

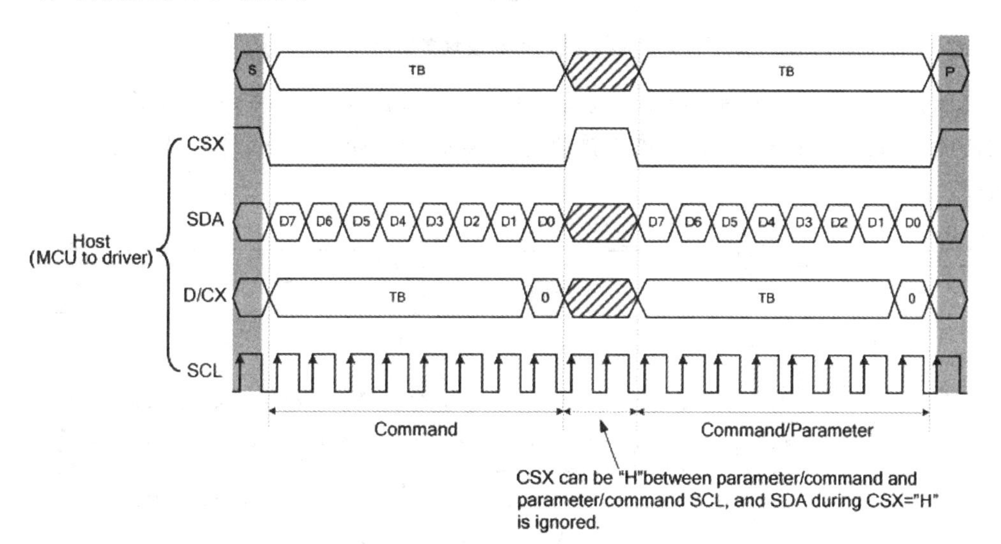

图5.81 LCD 4线操作时序

② 数据发送中断及恢复。

如果在发送命令中，帧存储数据或多参数命令数据传输时因RESX脉冲中断，此时D0位的数据尚未完成发送，液晶驱动器将抛弃之前的已发送的位并重置接口，这是为了在片选CSX在RESX为高后再次接收数据做准备，如图5.82所示。

③ 数据发送暂停。

当发送一条命令，帧存储数据或多参数命令数据时可以在数据传输时唤醒暂停功能。如果片选线在一个完整的帧存储数据字节后释放或者在多数据已完成发送下释放，则LCD驱动器将等待并继续保持帧存储数据或参数数据发送在该暂停点。

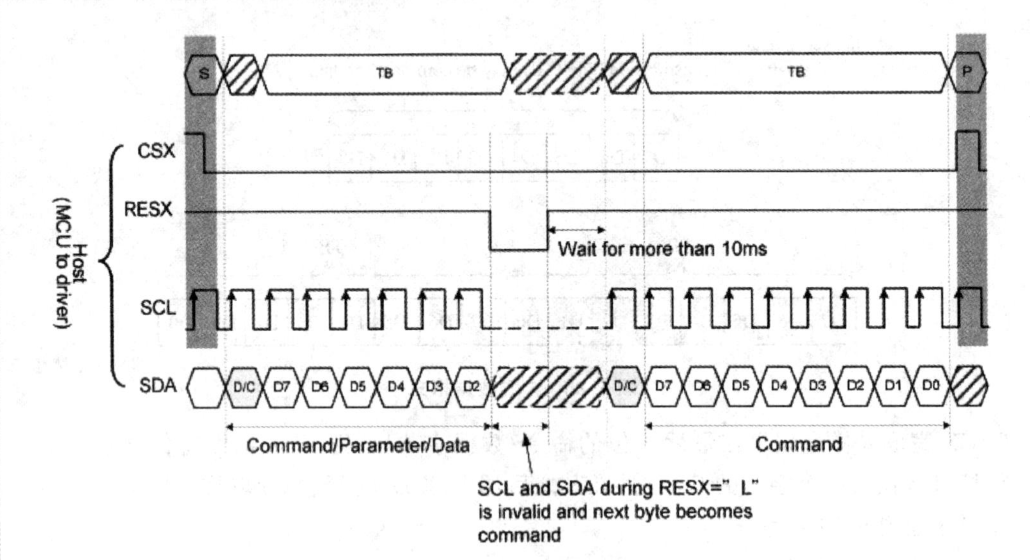

图 5.82　LCD 中断及恢复时序

如果片选线在一个命令字节发送完成后释放，那么显示模块只要在片选线下一次使能时，就可以接收命令参数或接收一条新命令。如图 5.83 所示为主机控制时序。

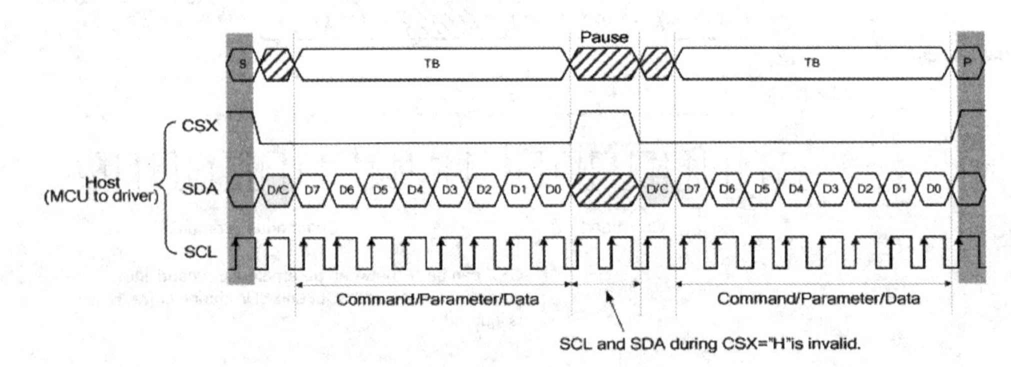

图 5.83　主机控制时序

④ 数据传输模式与色彩编码。

模块中显示 RAM 包含 3 种色彩模式传输数据，即每个像素 12 位色彩，每个像素 16 位色彩和每个像素 18 位色彩。数据格式可以通过两种方法下载如帧存储器格式。

方法 1：

将要发送至帧存储器的图片数据以连续帧写入的方式进行，该方式中，每次帧存储器都被写满，帧存储器指针会重置于起始写入点并在下一帧写入，如图 5.84 所示。

方法 2：

图片数据在每个帧存储器末尾送入，图片数据后的一条命令将被发送来停止对

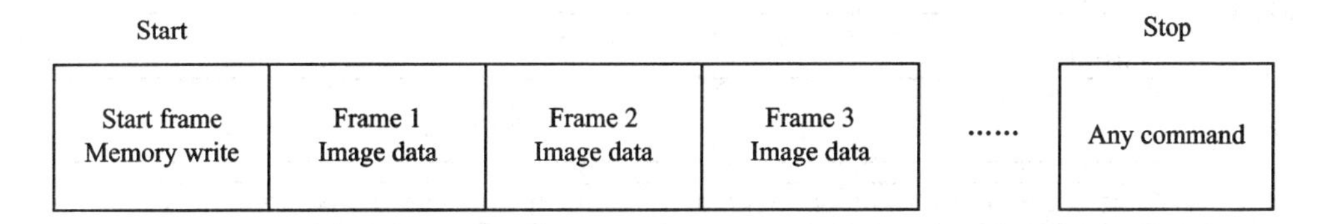

图 5.84 帧存储器格式(方法 1)

帧存储器的写入操作。然后开始存储器写入命令发送,一个新的帧开始下载,如图 5.85 所示。

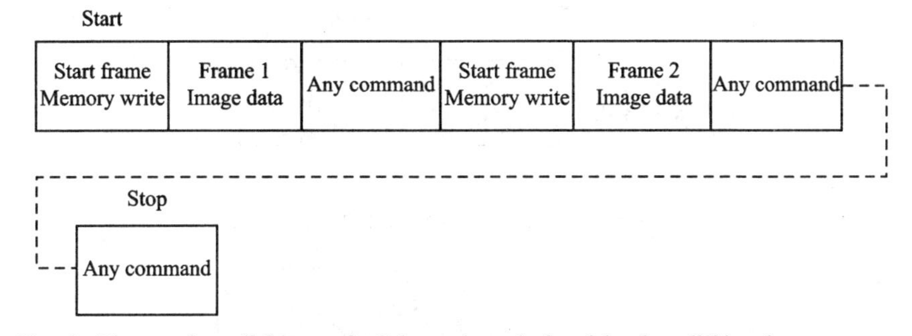

Note 1: These apply to all data transfer Color modes on both serial and parallel interfaces.

Note 2: The frame memory can contain both odd and even number of pixels for both methods. Only complete pixel data will be stored in the frame memory.

图 5.85 帧存储器格式(方法 2)

液晶数据还有一项重要内容——色彩编码,色彩编码值越大色彩越丰富(这里只介绍 4 线串行口),色彩编码有三种制式,即 4K、65K 以及 262K。使用 4K 制式时,采用 RGB4-4-4 位格式输入;使用 65K 制式时,采用 RGB5-6-5 位格式输入;使用 262K 制式时,采用 RGB6-6-6 位格式输入。图 5.86 以 65K 色彩为例描述了该色彩模式下的写时序格式,在使用 65K 制式前,还需要在液晶命令 COLMOD 设置地址(3AH)写入数据 05h。

⑤显示数据 RAM。

显示模块包含一块 132×162×18 位色彩的典型 SRAM,总共 384 912 位存储器允许片上以 18 位(262K 色彩)存储一张 132×RGB×162 的图像。当面板同步读取且接口在帧存储器相同的位置读或写时,对显示没有任何视觉上的影响,如图 5.87 所示。

显示地址映射的存储器,如图 5.88 所示。使用 128×RGB×160 方法,设置 GM[1:0]="11",SMX=SMY=SRGB='0'。

使用液晶时,液晶初始化操作是必不可少的,初始化操作包含正常显示打开或部分模式打开。当使用 128×RGB×160 方法时,设置 GM[1:0]="11"。

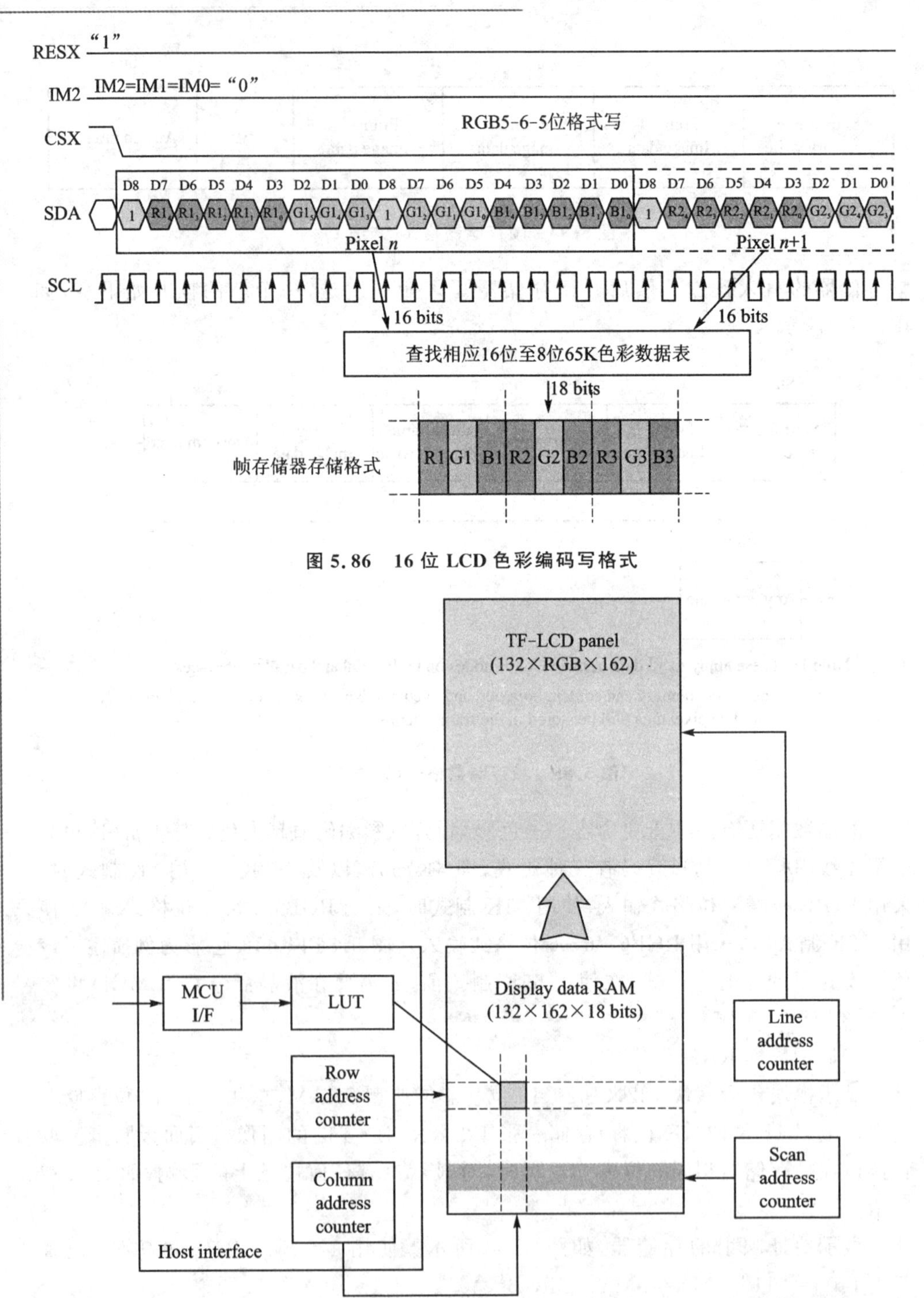

图5.86 16位LCD色彩编码写格式

图5.87 显示数据RAM组织结构

Pixel 1	Pixel 2	------	Pixel 127	Pixel 128

Gate Out	Source Out		S7	S8	S9	S10	S11	S12	------	S385	S386	S387	S388	S389	S390		
	RA		RGB=0		RGB=1	RGB=0		RGB=1	RGB Order	RGB=0		RGB=1	RGB=0		RGB=1	SA	
	MY='0'	MY='1'														ML='0'	ML='1'
2	0	159	R0	G0	B0	R1	G1	B1	------	R126	G126	B126	R127	G127	B127	0	159
3	1	158							------							1	158
4	2	157							------							2	157
5	3	156							------							3	156
6	4	155							------							4	155
7	5	154							------							5	154
8	6	153							------							6	153
9	7	152							------							7	152
¦	¦	¦	¦	¦	¦	¦	¦	¦	¦	¦	¦	¦	¦	¦	¦	¦	¦
154	152	7							------							152	7
155	153	6							------							153	6
156	154	5							------							154	5
157	155	4							------							155	4
158	156	3							------							156	3
159	157	2							------							157	2
160	158	1							------							158	1
161	159	0							------							159	0
	CA	MX='0'	0			1			------	126			127				
		MX='1'	127			126			------	1			0				

图 5.88 显示地址映射格式

此模式中，帧存储器的内容包含一个(00h～7Fh)的列指针和一个(00h～9Fh)的页指针显示区域。如果要在最左端的顶上角的点显示，就要保存点数据(列指针，行指针)＝(0,0)如图5.89所示。

⑥ 地址计数器。

地址计数器设置RAM显示数据的地址，此地址可用来读/写。数据是以像素为单位写入RAM阵列驱动器中。按照数据格式，一或两个像素数据被收集。只要像素数据信息完成了“写访问”，它就会在RAM中激活。地址指针会寻找RAM中的位置。RAM地址范围从X＝0至X＝131(83h)以及Y＝0至Y＝161(A1h)。超出范围的地址无效。数据在写入RAM之前，必须先定义一个窗体大小。该窗体可以通过命令寄存器XS、YS编写代码并确定开始地址以及XE、YE确定结束地址。

例如要全屏写入，窗体可以定义为XS＝0，YS＝0以及XE＝127，YE＝161。

使用垂直地址模式(MV＝1)时，Y地址一个字节接着一个增加，在最后的Y地址写入后，Y地址回卷至YS(Y开始地址处)同时X增加至下一列地址。水平模式(MV＝0)时，X地址一字节接着一字节增加。在最后的X地址写入后，X回卷至XS(X开始地址处)同时Y增加至下一行地址。在两个地址都写入到最后时(X＝XE，Y＝YE)地址指针回卷至开始地址(X＝XS，Y＝YS)。

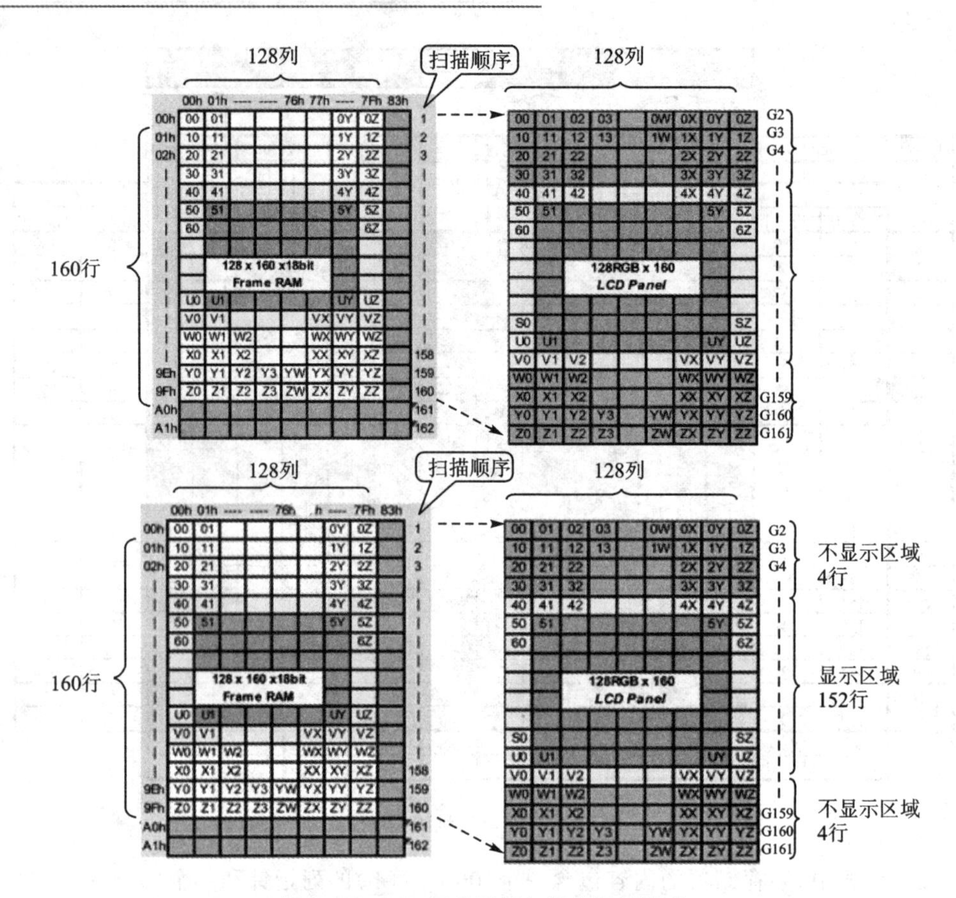

图5.89　LCD正常显示与部分显示模式

为了灵活使用各种显示结构，CASET、RASET以及MADCTL定义了MX和MY，它们对应了X地址与Y地址的镜像。如果要MX、MY以及MV改变必须重新向RAM写入。

⑦ 常用液晶操作命令和数据。

从以上信息获知，使用液晶前我们先要定义一个"窗体"，这个"窗体"的作用是确定显示的范围。同时，这个窗体的定义须了解一些常用的操作命令以及这些命令的原理，下面介绍涉及点在液晶中位置控制的常用命令。

MADCTL存储数据访问控制：该命令下的参数包括MY(行地址顺序)、MX(列地址顺序)、MV(行/列互换)、ML(垂直刷新顺序)、RGB(RGB/BGR顺序)、MH(水平刷新顺序)的定义。实验时，数据字节使用0x00c8即MY、MX、RGB位置1。

CASET列地址设置：该命令是指，如果要显示一个字符必须先设置列地址，一个字符的列最大可占16位即[15:0]，但是列开始字节XS的值必须小于列结束字节XE的值。同时只要送入RAMWR命令，XS和XE的值就会起作用。写数据时需要注意的是，显示字符所占的像素。命令中的值即表示帧存储器内的一列。

RASET 行地址设置：该命令是指，如果要显示一个字符必须先设置行地址，一个字符的行最大可占16位即[15:0]，但是行开始字节YS的值必须小于行结束字节YE的值。同时只要送入RAMWR命令YS和YE的值就会起作用。命令中的值即表示帧存储器内的一行。

RAMWR 存储器写入：可将设置的参数写入液晶驱动器中的存储器，主要用于液晶显示像素点数量的设置。

除了以上显示点的命令以外，下面继续介绍液晶初始化所需命令(部分)。

SWRESET：软件重置，可以使液晶从睡眠状态切换。

SLPOUT：可以关闭液晶睡眠模式，并开始扫描地址。

FRMCTRL1、FRMCTRL2、FRMCTRL3：此命令用来控制液晶的帧率。

INVCTR：用于进行显示反转控制，如行列转换等。

PWCTR1、PWCTR2、PWCTR3、PWCTR4、PWCTR5：用于设置电源模式控制，此设置可以有效控制能耗。

VMCTRL：VCOM电压的设置。

GMCTRP1、GMCTRP2：液晶GAMMA特性设置。

CASET、RASET：列地址设置、行地址设置。

INVOFF：关闭反转显示。

MADCTL：存储数据访问。

COLMOD：定义接口像素模式。可定义的像素色彩模式有12、16、18位模式。

DISPON：打开液晶显示。

NORON：正常显示模式开启，此命令返回显示至正常模式(部分显示模式关闭)退出此模式输入命令12h。

3. 实验步骤与结果

① 连接DY-launchBoard扩展板至MSP432。

② 根据字库芯片以及液晶驱动器工作原理画出程序流程图，如图5.90所示。此次实验涉及的代码量较多，这里仅说明关键代码。

(1) 数据类型定义(字库芯片部分)

```
typedef enum __FontType_             //枚举所有芯片支持的文字和字体
{
    GB2312_15x16,
    ASCII_7x8,
    GB2312_8x16,
    ASCII_8x16,
    ASCII_5x7,
    ASCII_Arial,
    ASCII_8x16_Bold,
```

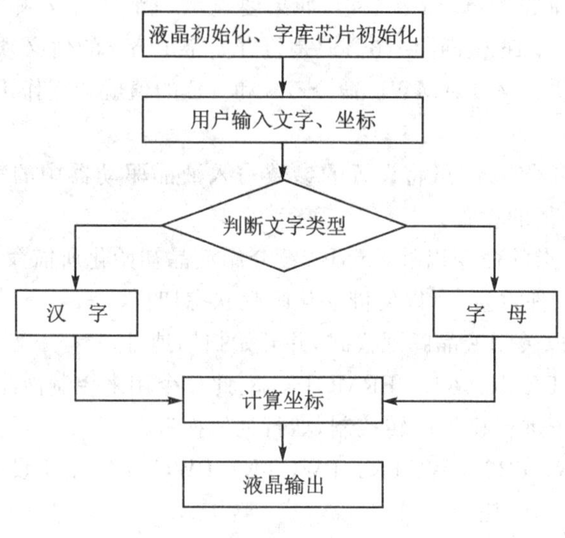

图 5.90　程序流程

```
    ASCII_TimesNewRoman
} FontType;

typedef struct __FontSize_//定义输出文字的字体、行和列便于程序调用
{
    FontType name;
    int font_column;
    int font_row;
} FontSize;
```

(2) 字库程序算法部分

```
uint32_t GT20GetFontAddr(FontType fontType,uint16_t fontCode)
//字库芯片内部地址计算,此算法可参考字库芯片说明
{
    uint32_t fontAddr,baseAddr;
    uint16_t addrMSB,addrLSB;

    addrMSB = (fontCode >> 8) & 0xFF;
    addrLSB = fontCode & 0xFF;

    switch (fontType)
    {
    case GB2312_15x16:
        baseAddr = 0;
        if ((addrMSB == 0xA9) && (addrLSB >= 0xA1))
```

```
            fontAddr = (282 + (addrLSB - 0xA1 )) * 32 + baseAddr;
        else if ((addrMSB >= 0xA1) && (addrMSB <= 0xA3) && (addrLSB >= 0xA1))
            fontAddr = ((addrMSB - 0xA1) * 94 + (addrLSB - 0xA1)) * 32 + baseAddr;
        else if ((addrMSB >= 0xB0) && (addrMSB <= 0xF7) && (addrLSB >= 0xA1))
            fontAddr = ((addrMSB - 0xB0) * 94 + (addrLSB - 0xA1) + 846) * 32 + baseAddr;
        break;
    case ASCII_7x8:
        baseAddr = 0x66c0;
        if ((fontCode >= 0x20) && (fontCode <= 0x7E))
            fontAddr = (fontCode - 0x20 ) * 8 + baseAddr;
        break;
    case GB2312_8x16:
        baseAddr = 0x3B7D0;
        if ((fontCode >= 0xAAA1) && (fontCode <= 0xAAFE))
            fontAddr = (fontCode - 0xAAA1 ) * 16 + baseAddr;
        else if((fontCode >= 0xABA1) && (fontCode <= 0xABC0))
            fontAddr = (fontCode - 0xABA1 + 95) * 16 + baseAddr;
        break;
    case ASCII_8x16:
        baseAddr = 0x3B7C0;
        if ((fontCode >= 0x20) && (fontCode <= 0x7E))
            fontAddr = (fontCode - 0x20) * 16 + baseAddr;
        break;
    case ASCII_5x7:
        baseAddr = 0x3BFC0;
        if ((fontCode >= 0x20) && (fontCode <= 0x7E))
            fontAddr = (fontCode - 0x20) * 8 + baseAddr;
        break;
    case ASCII_Arial:
        baseAddr = 0x3C2C0;
        if ((fontCode >= 0x20) && (fontCode <= 0x7E))
            fontAddr = (fontCode - 0x20) * 34 + baseAddr;
        break;
    case ASCII_8x16_Bold:
        baseAddr = 0x3CF80;
        if ((fontCode >= 0x20) && (fontCode <= 0x7E))
            fontAddr = (fontCode - 0x20 ) * 16 + baseAddr;
        break;
    case ASCII_TimesNewRoman:
        baseAddr = 0x3D580;
        if ((fontCode >= 0x20) && (fontCode <= 0x7E))
```

```
            fontAddr = (fontCode - 0x20) * 34 + baseAddr;
        break;
        }
        return fontAddr;
    }


    void GT20Read(FontType fontType, uint16_t unicode, uint8_t * font_column, uint8_t *
font_row, uint16_t * fontBuffer)
    //字库芯片读取已计算出的芯片地址
    {
        uint32_t spiWriteBuffer, spiReadBuffer;
        uint32_t fontAddr;
        uint16_t fontBufferLen;

        //向芯片写指令
        GPIO_setOutputLowOnPin(FONT_CS_PORT,FONT_CS_PIN);
        fontAddr = GT20GetFontAddr(fontType, unicode);
         fontBufferLen = (fontSize[fontType]. font _ row * fontSize[fontType]. font _
column)/16;
        spiWriteBuffer = 0x0b;                        //芯片快速读取
        FONT_SPI_writebyte(spiWriteBuffer);
        spiWriteBuffer = ((fontAddr >> 16) & 0xFF);
        FONT_SPI_writebyte(spiWriteBuffer);
        spiWriteBuffer = ((fontAddr >> 8) & 0xFF);
        FONT_SPI_writebyte(spiWriteBuffer);
        spiWriteBuffer = (fontAddr & 0xFF);
        FONT_SPI_writebyte(spiWriteBuffer);     //芯片读取完毕
        while(EUSCI_B_SPI_BUSY == EUSCI_B_SPI_isBusy(FONT_USCI_BASE));
        //等待芯片输出数据
        while (fontBufferLen -- )
        {
            spiReadBuffer = LCD_SPI_readbyte();
             * fontBuffer = spiReadBuffer & 0xFF;
            spiReadBuffer = LCD_SPI_readbyte();
             * fontBuffer = (( * fontBuffer) | ((spiReadBuffer & 0xFF) << 8));
            fontBuffer ++ ;
        }//字库芯片数据发送完毕
        while(EUSCI_B_SPI_BUSY == EUSCI_B_SPI_isBusy(FONT_USCI_BASE));
```

```
    GPIO_setOutputHighOnPin(FONT_CS_PORT,FONT_CS_PIN);
    * font_column = fontSize[fontType].font_column;
    * font_row = fontSize[fontType].font_row;

}
```

(3) 数据定义(液晶部分)

```
FontSize fontSize[] = {//每个字体实际所占像素大小
    { GB2312_15x16            ,  16, 16 },   // Hanzi
    { ASCII_7x8               ,   7,  8 },   // 'd be square
    { GB2312_8x16             ,   8, 16 },
    { ASCII_8x16              ,   8, 16 },   // Alphabet
    { ASCII_5x7               ,   5,  7 },
    { ASCII_Arial             ,   0,  0 },
    { ASCII_8x16_Bold         ,   8, 16 },
    { ASCII_TimesNewRoman     ,   0,  0 },
};
```

(4) 液晶输出算法(汉字部分)

```
void LCD_font2hanzi(uint16_t x,uint16_t y,uint8_t font_column,uint8_t font_row,
uint8_t  * fontbuffer,uint16_t pointColor,uint16_t backColor)
//计算文字相对应的输出坐标,将值传递给液晶即可
{

    int i,j;
    unsigned char uctemp;
    uint16_t xBuf = 0;
    xBuf = x;                                  //备份x坐标值
    for(i = 0;i<font_row;i ++ )
    {
        uctemp = fontbuffer[i];
        for(j = 0;j<font_column;j ++ )
        {

            if(uctemp & 0x01)               //液晶需判断哪些是需要输出的点
            {LCD_ST7735_TFT_fontpixel(x, y, White);}              //液晶底层命令操作
            else
            {LCD_ST7735_TFT_fontpixel(x, y, Black);}
            uctemp >> = 1;
            x ++ ;
```

```
        }
        x = xBuf;
        y ++ ;
    }

    for(i = font_row;i<font_row * 2;i ++ )
    {
        uctemp = fontbuffer[i];
        for(j = 0;j<font_column;j ++ )
        {
            if(uctemp & 0x01)
            {LCD_ST7735_TFT_fontpixel(x + font_row/2, y - font_column, White);}
            else
            {LCD_ST7735_TFT_fontpixel(x + font_row/2, y - font_column, Black);}
            uctemp >> = 1;
            x ++ ;
        }
      x = xBuf;
        y ++ ;
    }

}

void LCD_ChineseDisplay(unsigned int x, unsigned int y,uint16_t ucHanZi)
{
    int t;
    uint8_t font_row,font_column;
    uint16_t fontBuffer[50];
    uint8_t font_buffer[50];
    GT20Read(GB2312_15x16, ucHanZi, &font_column, &font_row, fontBuffer);
//调用之前字库发送的数据
    for(t = 0;t<font_row;t ++ )
    {
    font_buffer[t * 2] = fontBuffer[t] & 0xff;
    font_buffer[t * 2 + 1] = (fontBuffer[t]>>8) & 0xff;
    }
    LCD_font2hanzi(y,x,font_column,font_row,font_buffer,Black,White);
}
```

在 LCD 屏幕中的(0,0)位置输出黑底白字的“德州仪器”，如图 5.91 所示。

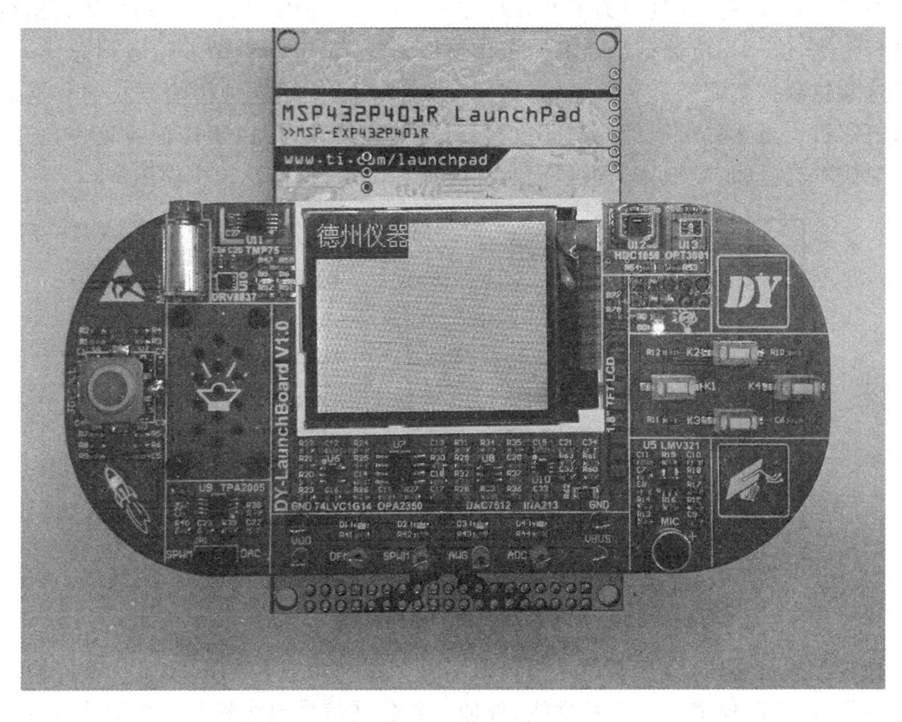

图 5.91　字符输出结果

5.5　简单的 UART 通信实验

增强通用串行通信接口(enhanced Universal Serial Communication Interface A,简称 eUSCI_A),可在同一个硬件模块下支持多路串行通信模式。通过本实验学习异步 UART 模式的操作,以及 UART 模块固件库函数的使用方法。UART 固件库函数包含在 driverlib/uart.c 中,而 driverlib/uart.h 包含了库函数的所有定义。

1. 实验要求与目的

使用 MSP432 上 UART——eUSCI_A 模块作为通信设备,与 PC 进行相互通信,并由 PC 发送数据至 MSP432,再由 MSP432 将收到的数据返回给 PC,实现数据的接收和发送;熟悉 UART 的通信原理、UART 的工作时序、UART 产生中断相关的寄存器等。

2. 实验原理

单片机与外部设备通信时,有多种方式如:SPI、UART、I²C 等。MSP432 包含了以上的通信方式,本次实验围绕 UART 方式展开。

一般地,通信方式有并行和串行两种方式。就目前来说,大多数单片机系统使用串行通信方式较多。这是因为虽然并行方式可以将数据字节的各位用多条数据线同时进行传送,但每一位数据都需要一条传输线,以一字节为例的8位数据总线,一次传送这8位数据就需要8条数据线,如图5.92所示,使用这种传输方式的有早期的并口打印机。虽然并行通信控制简单,相对传输速度快,但由于传输线较多,长距离传送时成本高且收、发双方的各位同时接收存在困难,目前已很少使用。

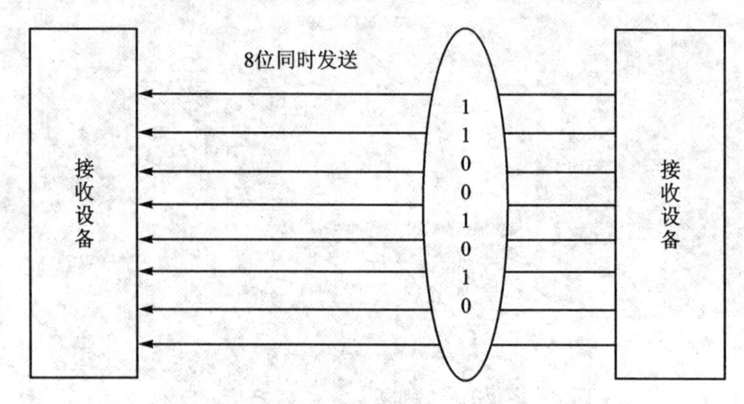

图5.92 并行通信方式

相对于并行通信,串行通信是将数据字节分成一位一位的形式在一条传输线上逐个地传送,此时仅需要一条数据线,外加一条公共信号地线和若干控制信号线。因为一次只能传送一位,所以对于一字节的数据,至少要分8位才能传送完毕,如图5.19所示。

图5.93 串行通信方式

(1) 异步串行通信和同步串行通信

串行通信又可以分为两种方式:异步串行通信和同步串行通信。

异步串行通信是指通信的发送与接收设备使用各自的时钟控制数据的发送和接收的通信过程。为使双方收、发协调,要求发送和接收设备的时钟尽可能一致,如图5.94所示。

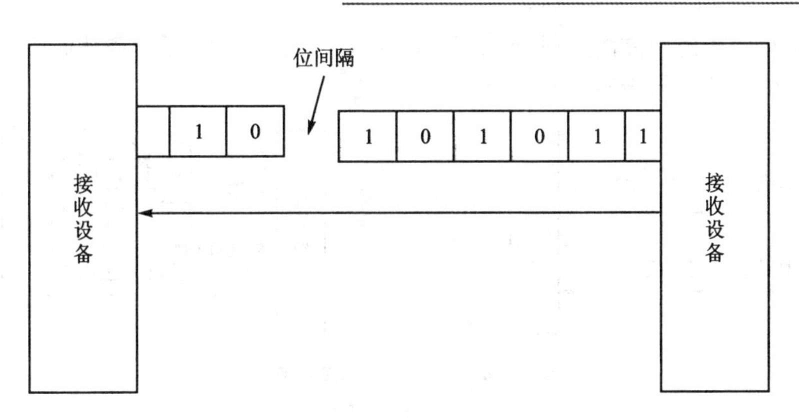

图 5.94 异步串行通信

异步通信是以字符 characters(构成的帧 frame)为单位进行传输的,字符与字符之间的间隙(非特定时间)是任意的,但每个字符中的各位是以固定的时间传送的,即字符之间不一定有"位间隔"的整数倍关系,但同一字符内的各位之间的距离均为"位间隔"的整数倍。

异步通信一帧字符信息由4部分组成:起始位、数据位、奇偶校验位和停止位,如图 5.95 所示。MSP432 传输时可以不包括奇偶校验位。

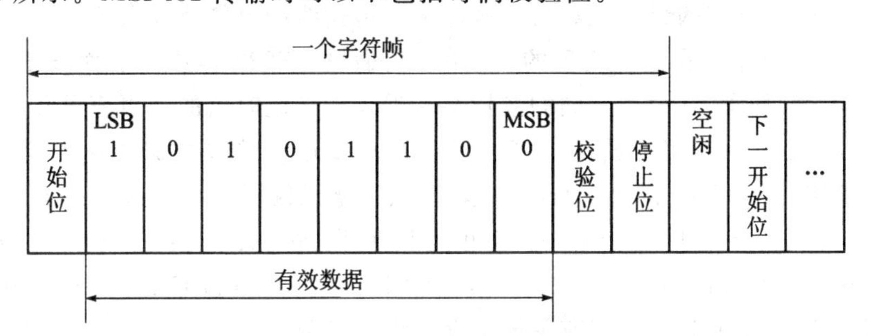

图 5.95 异步通信帧格式

异步通信的特点:不要求收发双方时钟严格一致,实现容易,设备开销较小,但每个字符要附加2~3位,用于起止位、校验位和停止位,各帧之间还有间隔,因此传输效率不高。单片机与计算机之间常用这种通信方式。

奇偶校验,在发送数据时,数据位尾随的一位为奇偶检验位。奇校验时,数据中1的个数与校验位1的个数之和应为奇数;偶校验时,数据中1的个数与校验位1的个数之和应为偶数。接收字符时,对1的个数进行校验,若发现不一致,则说明传输数据过程中出现了差错。一般地,我们可以通过中断重新对出错的字节再进行发送。

同步串行通信方式,要求发送方时钟对接收方时钟的直接控制,使双方达到完全同步。此时,传输的数据的位之间的距离均为"位间隔"的整数倍,同时传送的字符不留间隙,即保持位同步关系,也保持字符同步关系。发送方对接收方的同步可以通过外同步和自同步两种方法实现，如图 5.96 所示。工作时同步还要遵从面向字符的同步格式或面向位的同步格式。

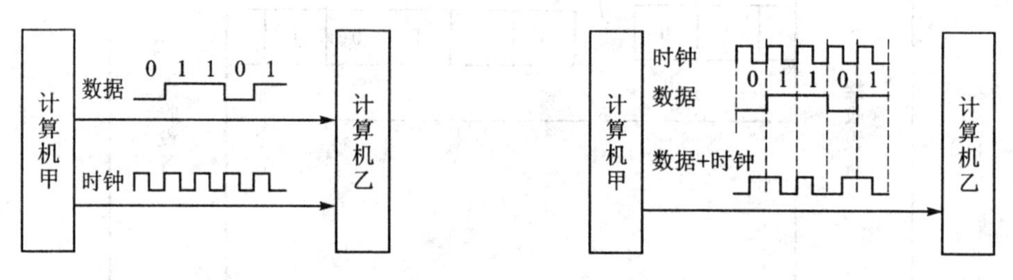

图 5.96 外同步与自同步原理

串行通信还有一个特征：通信制式，通信制式分为单工、半双工、全双工。

- 单工，指数据传输仅能向一个方向，不能实现反向传输。
- 半双工，指数据传输可以沿两个方向，但需要分时进行。
- 全双工，指数据可以同时进行双向传输。

(2) 波特率设置与 UART 模块寄存器

波特率是单片机或计算机在串口通信时的速率，它定义为每秒传输二进制代码的位数(包含起始位、停止位、数据位)，1 波特=1 位/秒(1 bps)。串行接口或终端直接传输串行信息位流的最大距离与传输速率及传输线的电气特性有关。

UART 硬件接口是这样实现的，51 单片机通过 RS232 芯片与单片机 TTL 电平实现电路转换，程序上，使用不同的波特率时需要考虑定时器的溢出值以及所使用的晶振频率，这是因为在串行通信中，收、发双方对发送或接收数据的速率要有约定。同样的，MSP432 单片机也要进行相应运算，只是德州仪器公司在这方面提供了一个比较方便的方法给用户，具体内容可以访问网站 http://software-dl. ti. com/msp430/msp430_public_sw/mcu/msp430/MSP430BaudRateConverter/index. html，快速获取一定晶振下和波特率有关的寄存器设定参数。

硬件方面，MSP432 也简化使用了串口通信，其片上直接设计了能实现串口通信的电路，通信端口则连通 XDS110 仿真器。MSP432 提供了 4 个串口的硬件模块 eUSCI_A，根据 MSP432 的概况，这 4 个 UART 模块还包含波特率自动侦测。

调试时，只需直接将 USB 接口和 PC 主机连接就可以实现 UART 的通信，TI 将实现这个功能的接口称为“背通道”，用这个通道还支持硬件的流控制(RTS 和 CTS)，UART 背通道还可用来建立开发时需要 GUI 和 PC 通信的其他程序。

此外，通信仿真时，主机端会产生一个虚拟的 COM 端口来和 UART 通信。用户可以使用任何应用程序和 COM 端口连接，包括终端应用程序，如 Hyperterminal 或 Docklight，实验时，用串口助手来验证通信即可。

UART 模块 eUSCI_A 常用寄存器包括：

UCAxCTLW 控制字寄存器：配置奇偶校验位，MSB 或 LSB 优先发送，数据位长度，1 位或 2 位停止位配置，是否选择自动波特率侦测，同步或异步模式选择，

eUSCI_A 时钟源选择，接收错误字符中断使能位，暂停接收字符中断使能等。

UCAxBRW 波特率控制字寄存器：设置波特率生成器的时钟分频器。

UCAxMCTLW 调制控制字寄存器：该寄存器主要设置和波特率有关的参数，过采样模式使能，这些参数由 TI 官方提供的网站计算获取。

UCAxSTATW 状态寄存器：多用于产生中断，检测 UART 工作时的状态，侦听使能，帧错误标志，超流量错误标志，奇偶校验错误标志，终止侦测标志，接收错误标志等。

UCAxRXBUF 接收缓冲寄存器：存放接收缓冲数据。

UCAxTXBUF 发送缓冲寄存器：存放发送缓冲数据。

UCAxIE 中断使能寄存器：可设定发送完成，发送起始，发送时和接收时使能的寄存器。

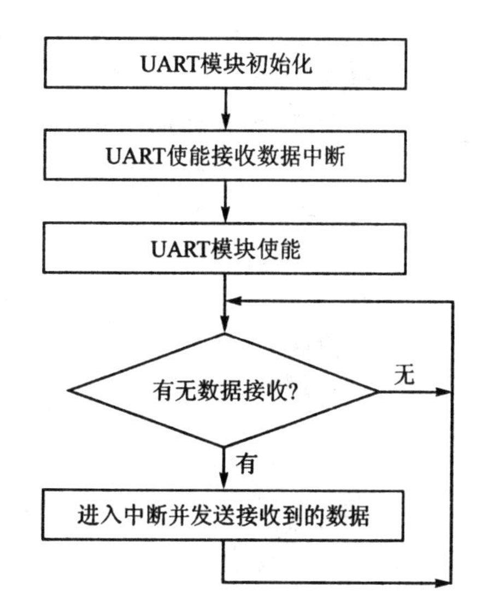

图 5.97　UART 工作流程

3. 实验步骤与结果

① 下载并安装串口调试助手

② 连接 MSP432 的 USB 端口至 PC。

③ 按实验要求写出程序流程图，如图 5.97 所示。

④ 编写程序，数据线连接至 USB 口，下载程序，串口助手设置 MSP432 连接的 COM 口，并进行发送调试。

程序代码如下：

```
#include "driverlib.h"
#include <stdint.h>
#include <stdbool.h>
const eUSCI_UART_Config uartConfig =
{
        EUSCI_A_UART_CLOCKSOURCE_SMCLK,     //SMCLK Clock Source
        26,                                 //BRDIV = 26
        1,                                  //UCxBRF = 1
        0,// UCxBRS = 0,
//晶振设定 4 MHz,波特率 9 600,以上参数由 TI 提供程序运算获得
        EUSCI_A_UART_NO_PARITY,             //不设定奇偶校验位
        EUSCI_A_UART_MSB_FIRST,             //MSB 高位优先发送
        EUSCI_A_UART_ONE_STOP_BIT,          //设置一个停止位
        EUSCI_A_UART_MODE,                  //选择 UART mode
```

```
        EUSCI_A_UART_OVERSAMPLING_BAUDRATE_GENERATION  //过采样生成波特率
};
int main(void)
{
    MAP_WDT_A_holdTimer();
    MAP_GPIO_setAsPeripheralModuleFunctionInputPin(GPIO_PORT_P1,
            GPIO_PIN1 | GPIO_PIN2 | GPIO_PIN3, GPIO_PRIMARY_MODULE_FUNCTION);
    CS_setDCOCenteredFrequency(CS_DCO_FREQUENCY_3);
    MAP_UART_initModule(EUSCI_A0_MODULE, &uartConfig);
    MAP_UART_enableModule(EUSCI_A0_MODULE);
    //配置并使能模块
    MAP_UART_enableInterrupt(EUSCI_A0_MODULE, EUSCI_A_UART_RECEIVE_INTERRUPT);
    //只使用接收中断
    MAP_Interrupt_enableInterrupt(INT_EUSCIA0);
    MAP_Interrupt_enableMaster();
    while(1)
    {
    }
}
void euscia0_isr(void)
{
    uint32_t status = MAP_UART_getEnabledInterruptStatus(EUSCI_A0_MODULE);
    MAP_UART_clearInterruptFlag(EUSCI_A0_MODULE, status);
     if(status & EUSCI_A_UART_RECEIVE_INTERRUPT)  //再次判断是否真的收到数据
    {
      MAP_UART_transmitData(EUSCI_A0_MODULE, MAP_UART_receiveData(EUSCI_A0_MOD-
                          ULE));              //一旦UART收到数据立刻发送
    }
}
```


UCxBRF、UCxBRS参数来自本节初提到的网站，查询结果如图5.98所示。

按上文所述，XDS110仿真器提供与应用程序调试的UART虚拟接口。在PC上显示为“Class Auxiliary Data Port”，XP系统的具体操作：右击“我的电脑”→“属性”→“设备管理器”，查看端口XDS110 Class Application/User UART(COM3)，XDS110 Class Auxiliary Data Port(COM4)。

打开串口调试助手，选择对应参数并选择开启。在发送窗口输入“uart test”观察到接收窗口输出同样的内容，如图5.99所示。

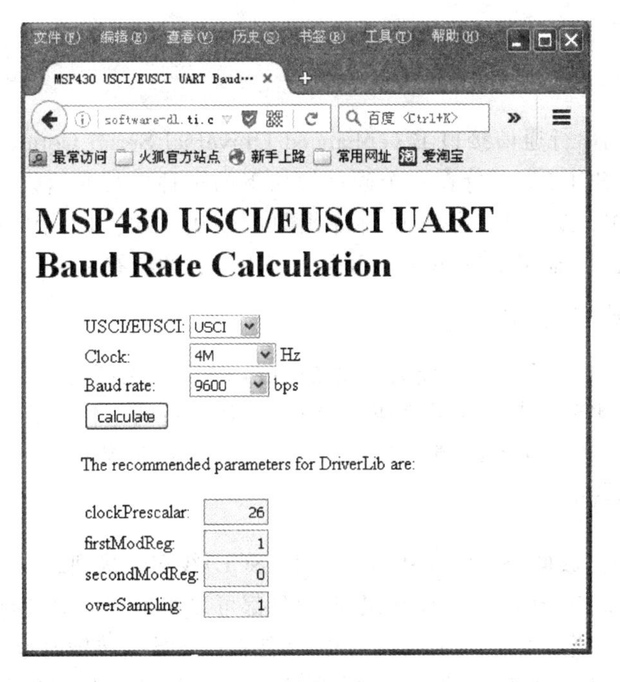

图 5.98　波特率参数计算界面

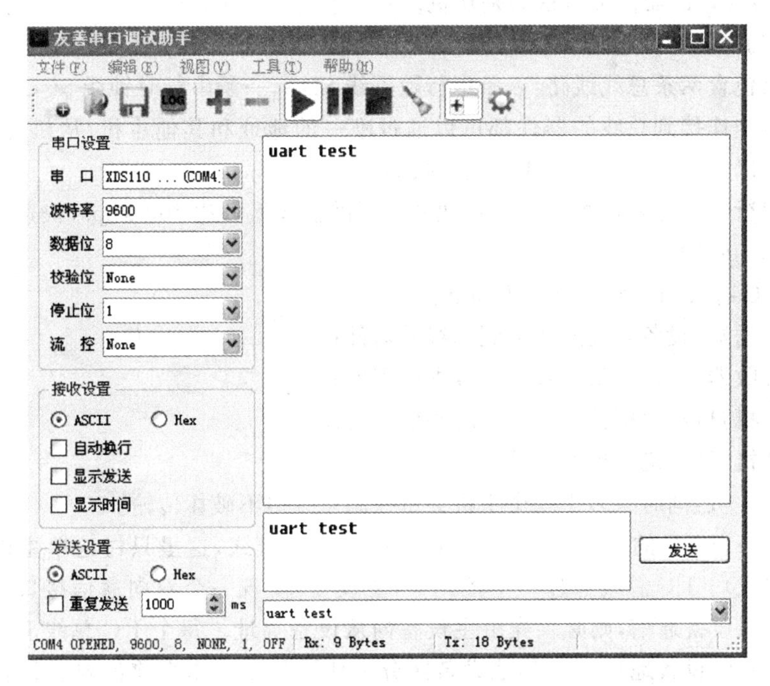

图 5.99　串口调试助手

5.6 基于I²C通信的温度传感器测温实验

增强型通用串行通信接口B (enhanced Universal Serial Communication Interface B,简称eUSCI_B) 支持在一个硬件模块下的多种串行通信模式。本实验学习I²C模式的操作，以及I²C模块固件库函数的使用方法。I²C固件库函数包含在driverlib/I2C.c中，而driverlib/I2C.h包含了库函数的所有定义。

1. 实验要求与目的

使用MSP432上I²C模块作为主设备接收，TMP75温度传感器作为I²C从设备发送温度参数，实现两者间的通信；熟悉I²C主、从设备的工作方式，I²C发送接收的通信特征，I²C工作时序等；熟悉TMP75传感器发送原理、数据输出特征。

2. 实验原理

I²C通过串行数据(SDA)线和串行时钟 (SCL)线在连接到总线的器件间传递信息。每个器件都有一个唯一的地址识别，而且都可以作为一个发送器或接收器(由器件的功能决定)。除了发送器和接收器外，器件在执行数据传输时也可以被看作是主机或从机。主机是初始化总线的数据传输并产生允许传输的时钟信号的器件。此时，任何被寻址的器件都被认为是从机。

I²C的主要特征包括：

- 只包含两条总线线路：一条串行数据线SDA，一条串行时钟线SCL。
- 每个连接到总线的器件都可以通过唯一的地址和其他主机/从机通信，主机可以作为主机发送器或主机接收器。
- 串行的8位双向数据传输位速率在标准模式下可达100 kbps，快速模式下可达400 kbps。

与I²C有关的一些主要术语如下：

- 发送器(设备)：发送数据到总线的器件；
- 接收器(设备)：从总线接收数据的器件；
- 主机：启动数据传送并产生时钟信号的设备；
- 从机：被主机寻址的器件；
- 多主机：同时有多于一个主机尝试控制总线但不破坏传输。

下面补充I²C的工作原理(注：I²C支持多主机模式，这里只讨论单主机模式下的工作方式)。I²C总线通过一个控制器(主设备)实现一个双向通信接口。如果主设备要和从设备通信，则必须先由主设备向从设备寻址。每个I²C总线上的设备都有一个专门的设备地址来和其他设备区分。从设备在工作之前都要进行相应的配置，通常通过主设备访问从设备的内部寄存器映射地址完成。对于任何设备都有一个或多个寄存器用来保存数据，并可对这些数据进行读/写。

I^2C 物理接口包含时钟线(SCL)和数据线(SDA)。它们都必须通过一个上拉电阻和 Vcc 连接。上拉电阻的大小由 I^2C 线上的电容决定。数据传输初始化在总线空闲时完成,停止信号发出后,总线上 SCL 和 SDA 为高电平视作空闲。

(1) 主从设备通信 I^2C 操作步骤

① 主设备需要向从设备发送(写)数据时:

- 主设备发送一个开始信号同时向从设备发送寻址。
- 主设备向从设备发送数据。
- 主设备用停止信号终止发送。

② 主设备需要向从设备接收(读)数据时:

- 主设备发送一个开始信号同时向从设备发送寻址。
- 主设备向从设备上的指定寄存器发送接收请求。
- 主设备接收从设备发出的数据。
- 主设备通过停止信号终止接收。

通过以上介绍,当一个从设备要和主设备通信时,首先要由主设备来对从设备进行配置管理并"告诉"从设备该做什么,原因很简单,从设备并不能"主动联系"主设备。

上述所提到的开始、停止信号都由主设备发出,它的时序如图 5.100 所示。

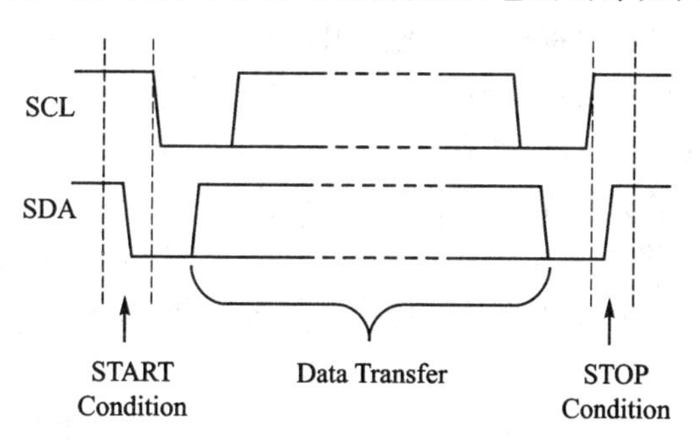

图 5.100 I^2C 起始与停止时序

当 SCL(时钟线)为高时,SDA(数据线)的一个下降沿表示开始信号;当 SCL 为高时,SDA 的一个上升沿表示停止信号。

主设备发出开始信号后,接着就发送一字节的数据(该数据可以是从设备地址、从设备寄存器地址,或者其他有效数据),发送时从最高有效位先开始,只要在开始信号和停止信号发出期间,可以传输任意数量的字节数据。但是在 SCL 为高电平期间,SDA 线必须保持稳定,如果 SCL 为高,SDA 有变化则说明控制命令发出(开始或停止信号),如图 5.101 所示。

一字节传输完毕后,接收设备会产生一个确认信号(ACK)。该确认信号发送后,才能接着下一字节的接收,在接收设备发送确认信号前,发送设备必须释放 SDA,接收设备在一字节数据后的一个时钟内拉低 SDA,表示确认接收到一字节数

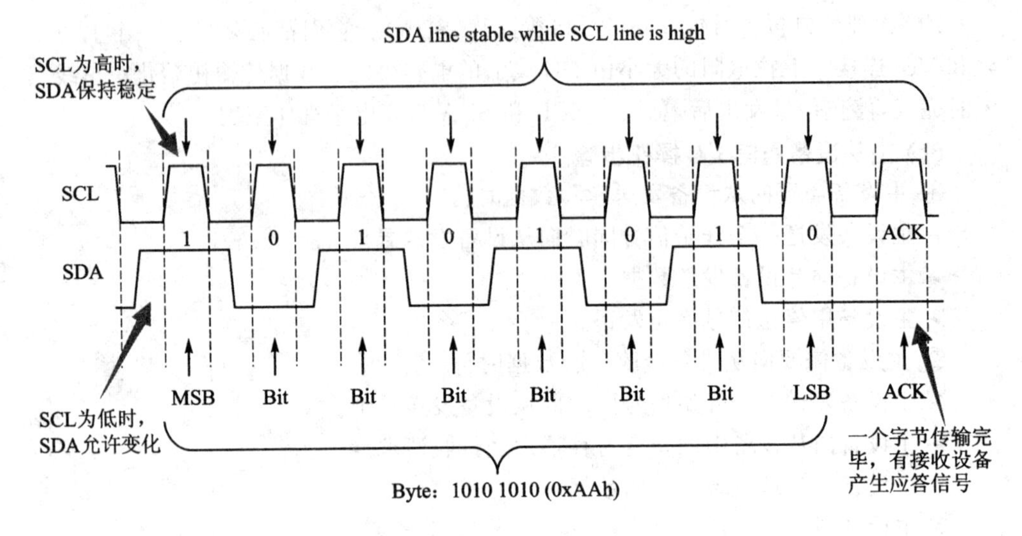

图 5.101　I^2C 工作时序

据。如果此时SDA仍然为高则表示为未确认（NACK），产生未确认的原因如下：

① 由于接收设备正在处理实时操作而没有准备开始与主设备通信所导致的不能接收或者发送。

② 在传输期间，接收设备得到了不能识别的命令或者数据。

③ 在传输期间，接收设备不能接收更多的数据字节。

④ 主设备接收已完成读取数据并通过NACK将此“告诉”从设备。

了解了 I^2C 的工作原理后，下面就此次实验的TMP75和MSP432通信原理做简要描述。本次实验将MSP432作为主设备（器件）接收数据，P6.4口连接SDA，P6.5口连接SCL。TMP75作为从设备接口与之对应，如图5.102所示。

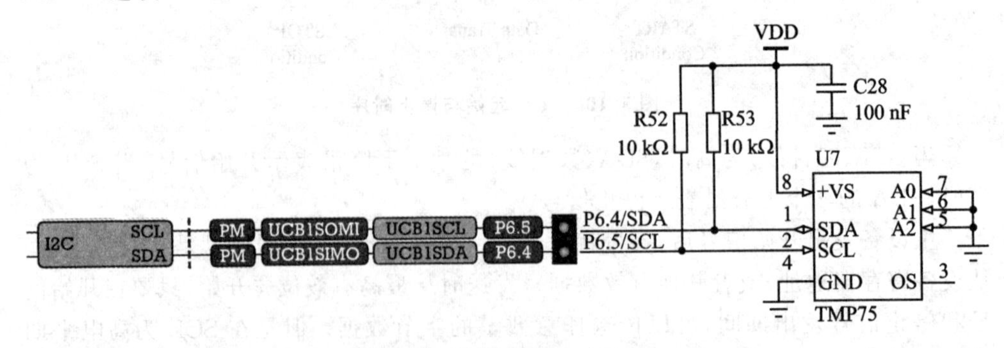

图 5.102　MSP432上 I^2C 引脚映射与TMP75引脚

地址端口有多种接法，也可以参考TMP75的说明书，如表5.8所列，在同一条 I^2C 上最多支持8个TMP75传感器。由于扩展板上仅有一个TMP75器件，地址选择端口A0、A1、A2接地，此时地址为0x48。

表 5.8 TMP75 地址

A2	A1	A0	从机地址
0	0	0	1001000
0	0	1	1001001
0	1	0	1001010
0	1	1	1001011
1	0	0	1001100
1	0	1	1001101
1	1	0	1001110
1	1	1	101111

为了进一步实现 TMP75 与 MSP432 通信，可以查看 TMP75 为从设备读取（发送）模式时序图，如图 5.103 所示。

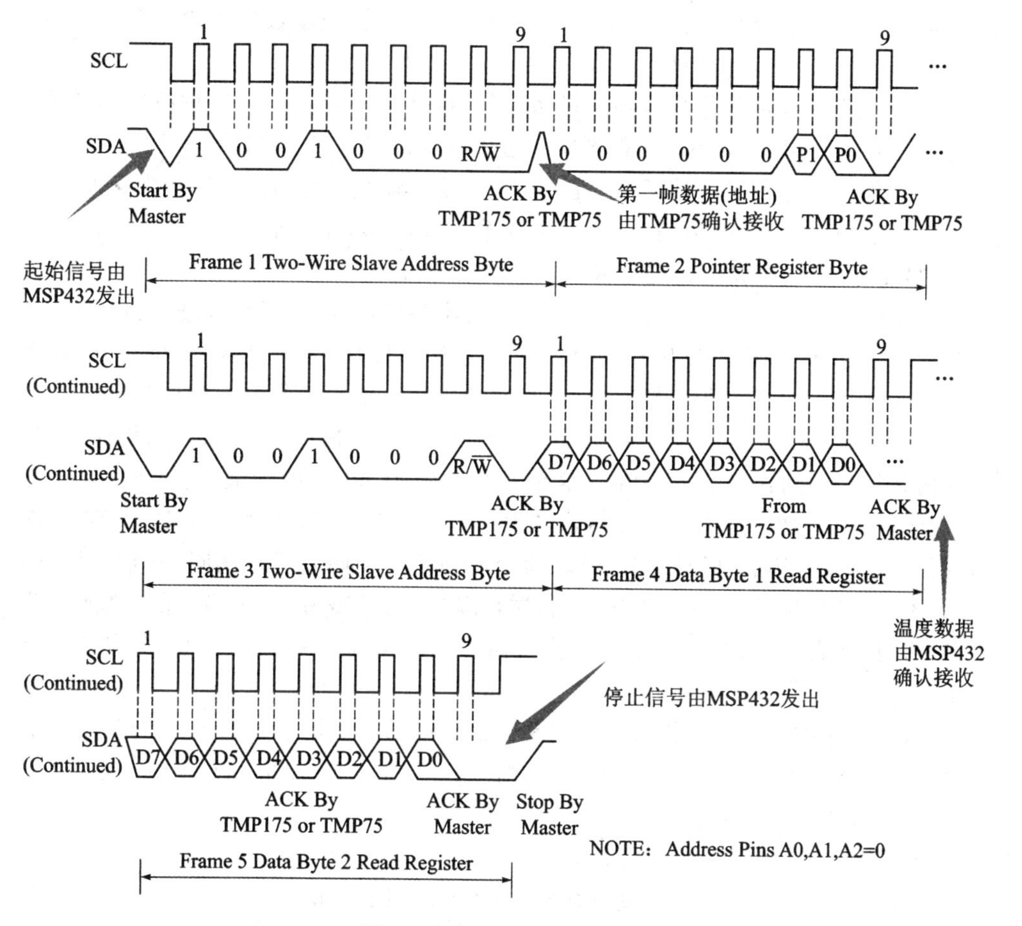

图 5.103 TMP75 工作时序

按照时序图,工作流程分析如下:

① 由主机发出开始信号,启动I^2C总线。图中SCL为高电平期间,SDA出现下降沿则为启动信号,此时,具有I^2C总线接口的从设备会检测到该信号。

② 主机发送信号后,再发出寻址信号。图5.103中第一帧数据TMP75(从设备)为7位地址。寻址信号由一字节组成,高7位为地址,最低位为方向位,用来表明主机与从设备的数据传输方向。方向位为0,表示主机对从设备进行写操作。

③ 主机发送地址时,总线上的每个从设备(如果连接了多个从设备)都将这7位地址与自己的地址进行比较,如果相同,则认为正被主机寻址,根据R/W位将自己确定为发送器或接收器。这里很显然,需要MSP432作为接收设备,TMP75作为发送设备。同时,寻址完毕之后,从设备会向主机返回一个确认信号表示是否已完成寻址。对于这个确认信号,I^2C是这样规定的,每传送一字节数据(地址或命令),都要有一个应答信号,以确定数据传送是否被对方收到。应答信号由接收设备产生,在SCL信号为高电平期间,接收设备将SDA拉为低电平,表示数据传输正确,产生应答(ACK)。

④ 主机发送寻址信号并得到从设备应答(确认信号)后,便可以进行数据传输,每次一字节,但每次传输都应在得到应答信号再进行下一字节传送。

⑤ 在全部数据传送完毕后,主机(接收方)发送停止信号,即在SCL为高电平期间,SDA上产生一个上升沿信号,停止时序详见图5.103中最后一帧。

(2) TMP75内部寄存器与存储格式

仔细观察TMP75的时序图后,整个“读操作”中第一帧数据为寻址“写操作”,第二帧也是“写操作”,这是因为从TMP75中读取数据操作时,通过这个“写操作”来确定接下来的“读操作”往哪个寄存器“读”,而最后写入的值存放在TMP75中的指针寄存器(Pointer Register)。这样做的意义是:为了对“读操作”改变寄存器指针,一个新的值必须写入到指针寄存器中。这个过程通过R/W位的置低(写入)对从设备(TMP75)操作完成。主机接下去可以产生一个START起始信号并通过R/W位置高(读取),再发送从器件地址完成读取命令的初始化。如果反复从同一个寄存器读取,则不必持续向指针寄存器发送数据,这是因为TMP75在下一次写操作之前指针寄存器保持着它里面的值。TMP75指针寄存器与其他寄存器的关系,如图5.104所示。

TMP75中的这个8位指针寄存器是向给出的数据(温度数据)寄存器开放一个地址空间。指针寄存器用了两个最低有效位来确认哪个数据寄存器用来响应一个读或写操作,如表5.9所列。

指针寄存器中有4种配置方法,其中:

Temperature Register:温度寄存器,主要输出温度数据。

Configuration Register:配置寄存器,控制温度输出转换时间和精度。

T_{LOW} Register、T_{HIGH} Register:设置温度上下限。

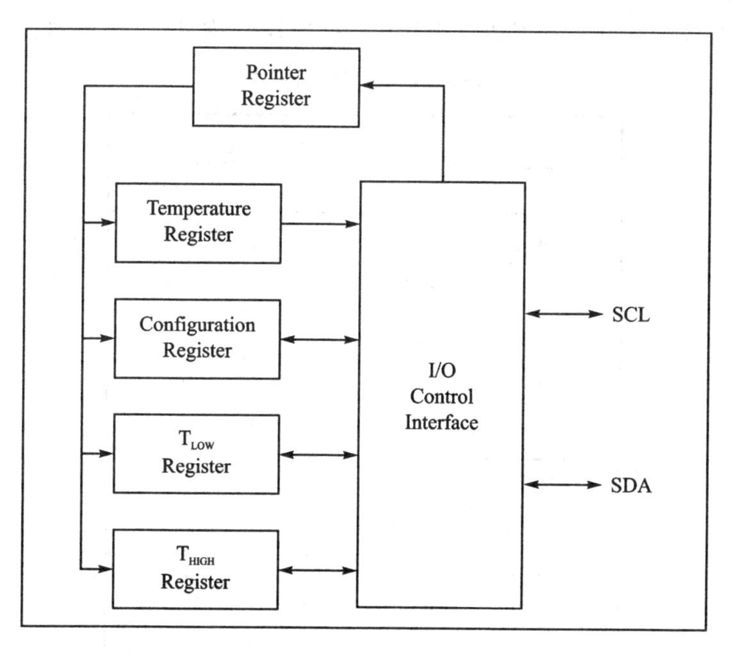

图 5.104 TMP 指针寄存器内部结构

TMP75 传感器有不同精度的输出方法，如表 5.10 所列。

表 5.9 TMP75 指针地址(指针寄存器最低的两位)

P1	P0	类 型	寄存器
0	0	R 默认	温度寄存器
0	1	R/W	配置寄存器
1	0	R/W	T_{LOW} 寄存器
1	1	R/W	T_{HIGH} 寄存器

表 5.10 TMP75 精度及输出格式

R1	R0	方法(格式)	转换时间/ms
0	0	9 位(0.5 ℃)	27.5
0	1	10 位(0.25 ℃)	55
1	0	11 位(0.125 ℃)	110
1	1	12 位(0.062 5 ℃)	220

精度控制由表中 R1、R0 完成。它们是包含在配置寄存器中的两个数据位。由表 5.10 可知，精度越高消耗的转换时间越多。本次实验只采用 9 位输出方法，即将 R1、R0 都设置为零。TMP75 发送温度数据的格式：输出整数时最高有效字节为有

效输出,低有效数字节为零,0 ℃以下为其正数据的补码,如表 5.11 所列。

表 5.11　温度输出格式

温度/℃	数字输出	
	二进制	十六进制
128	0111 1111 1111	7FF
127.937 5	0111 1111 1111	7FF
100	0110 0100 0000	640
80	0101 0000 0000	500
75	0100 1011 0000	4B0
50	0011 0010 0000	320
25	0001 1001 0000	190
0.25	0000 0000 0100	004
0	0000 0000 0000	000
−0.25	1111 1111 1100	FFC
−25	1110 0111 0000	E70
−55	1100 1001 0000	C90

TMP75 温度寄存器是一个 12 位只读寄存器,保存了转换时输出的数据。通过两字节获取数据来读取,第一个字节为最高有效字节,第二个字节为最低有效字节。传输的头 12 位数据为有效数据用来表示温度,其余位的值为 0。有时最低有效字节不必读取(采用 9 位输出时),当器件上电或置位时,在转换完成前,温度寄存器读取值为 0 ℃。温度寄存器格式如图 5.105 所示。

字节1最高有效字节

D7	D6	D5	D4	D3	D2	D1	D0
T11	T10	T9	T8	T7	T6	T5	T4

字节2最低有效字节，第四位为0

D7	D6	D5	D4	D3	D2	D1	D0
T3	T2	T1	T0	0	0	0	0

图 5.105　温度寄存器格式

在简要介绍了从设备 TMP75 的通信原理后,接下来说明 MSP432 作为主设备的操作方法。硬件上 MSP432 包含 4 个支持 I^2C 通信的模块(eUSCI_B 高级串行通信口),它们可以使用库函数对有关寄存器进行操作。

(3) I^2C 常用寄存器

UCBxCTLW 寄存器：可配置自有地址模式 7 位，10 位；多主机工作环境；配置主机或从机模式；SPI 与 I^2C 模式的选择；配置发送接收模式；发送停止、确认信号等。

UCBxBRW 寄存器：位时钟分频器，可以用来配置传输率。

UCBxSTATW 寄存器：控制 eUSCI_B 状态，表示 SCL 和 UCB 状态。

UCBxTBCNT 寄存器：字节计数闸门寄存器，主要用来设置 I^2C 数据字节数，当传输达到一定字节数时自动触发停止信号或进入停止中断。

UCBxRXBUF 寄存器：接收缓存寄存器，用户可访问该寄存器，从接收转换寄存器中获取到最近收到的数据；读取该寄存器时重置接收中断标志（UCRXIFG）。

UCBxTXBUF 寄存器：发送缓存寄存器，用户可访问该寄存器将数据移入至发送转换寄存器并等待发送；写入该寄存器时清除发送中断标志（UCTXIFGx）。

UCBxI2COAx 寄存器：eUSCI_B I^2C 自有地址寄存器，包含可配置自有地址格式等功能。

UCBxADDRX 寄存器：eUSCI_B 接收地址寄存器，该寄存器包含最近收到总线上从设备的地址。

UCBxI2C 寄存器：从设备地址寄存器，包含了外部 I^2C 从设备地址；仅在主机模式下可用；也可选择为 7 位或 10 位地址格式。

I^2C 模块中还包含一些处理中断的寄存器，本次实验不做涉及，读者有兴趣可自行学习。

3. 实验步骤

将 DY-LaunchBoard 与 MSP432 开发板连接，实验前我们已经明确将 MSP432 作为主设备，TMP75 作为从设备。那么首先需通过代码对主设备进行操作，操作流程如下：

① 初始化主设备。

② 设置从设备地址，并在总线上寻址。

③ 设置模式（读/写）。

④ 使能模块。

⑤ 使能中断（如果使用中断操作）。

⑥ 主设备发送开始信号。

⑦ 主设备接收/发送数据。

⑧ 主设备发送停止信号。

TMP75 程序流程图如图 5.106 所示。

程序代码如下：

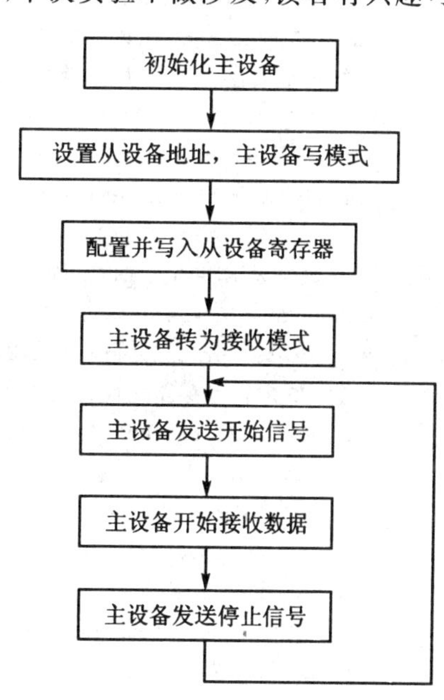

图 5.106 TMP75 程序流程

```
#include "driverlib.h"
#include <stdint.h>
#include <stdbool.h>
#define SLAVE_ADDRESS 0x48                              //TMP75 地址为 0x48
volatile uint8_t rec;                                   //设置变量存放温度数据
const eUSCI_I2C_MasterConfig i2cConfig =
{
        EUSCI_B_I2C_CLOCKSOURCE_SMCLK,
        3000000,
        EUSCI_B_I2C_SET_DATA_RATE_400KBPS,
        0,
        EUSCI_B_I2C_NO_AUTO_STOP
};
/*配置主设备通信参数,SMCLK 时钟 3 MHz,I²C 数据传输率 400 kbps,不设闸门数,不自动停止接收*/
int main(void)
{
    MAP_WDT_A_holdTimer();
    MAP_GPIO_setAsPeripheralModuleFunctionInputPin(GPIO_PORT_P6,
            GPIO_PIN4 + GPIO_PIN5, GPIO_PRIMARY_MODULE_FUNCTION);
    //选择 I²C 引脚
    MAP_I2C_initMaster(EUSCI_B1_MODULE, &i2cConfig);
    MAP_I2C_setSlaveAddress(EUSCI_B1_MODULE, SLAVE_ADDRESS);
    //将地址放在总线上寻址,等待 TMP75 确认
    MAP_I2C_setMode(EUSCI_B1_MODULE, EUSCI_B_I2C_TRANSMIT_MODE);
    MAP_I2C_enableModule(EUSCI_B1_MODULE);
    MAP_I2C_masterSendStart(EUSCI_B1_MODULE);
    MAP_I2C_masterSendSingleByte(EUSCI_B1_MODULE,1);
    //参数 1 表示将访问 TMP75 配置寄存器
    while(MAP_I2C_masterIsStopSent(EUSCI_B1_MODULE) == EUSCI_B_I2C_SENDING_STOP);
    MAP_I2C_masterSendSingleByte(EUSCI_B1_MODULE,0);
    //TMP75 配置寄存器配置 9 位温度数据格式
    while(MAP_I2C_masterIsStopSent(EUSCI_B1_MODULE) == EUSCI_B_I2C_SENDING_STOP);

    MAP_I2C_disableModule(EUSCI_B1_MODULE);
    MAP_I2C_setSlaveAddress(EUSCI_B1_MODULE, SLAVE_ADDRESS);
    //禁用模块后重新寻址
    MAP_I2C_setMode(EUSCI_B1_MODULE, EUSCI_B_I2C_TRANSMIT_MODE);
    MAP_I2C_enableModule(EUSCI_B1_MODULE);
    MAP_I2C_masterSendStart(EUSCI_B1_MODULE);
    MAP_I2C_masterSendSingleByte(EUSCI_B1_MODULE,0);
```

```
    //参数0表示将访问TMP75温度寄存器,MSP432需要向温度寄存器获取数据
    while(MAP_I2C_masterIsStopSent(EUSCI_B1_MODULE) == EUSCI_B_I2C_SENDING_STOP);

    MAP_I2C_masterReceiveStart(EUSCI_B1_MODULE);
    //按照时序图切换为接收模式
    MAP_I2C_setSlaveAddress(EUSCI_B1_MODULE, SLAVE_ADDRESS);
    MAP_I2C_setMode(EUSCI_B1_MODULE, EUSCI_B_I2C_RECEIVE_MODE);

    while (1)
    {
     rec = MAP_I2C_masterReceiveSingleByte(EUSCI_B1_MODULE);//每次接收单字节
    }
}
```

将以上代码下载到MSP432板上,设置断点在"rec = MAP_I2C_masterReceiveSingleByte(EUSCI_B1_MODULE);"语句处,打开Watch面板并输入rec,观察每次循环后rec的变化。

程序首次运行至断点时,rec为0(相应语句尚未执行),第二次后开始为有效数据,如图5.107所示,按TMP75说明测试时环境温度为16 ℃。

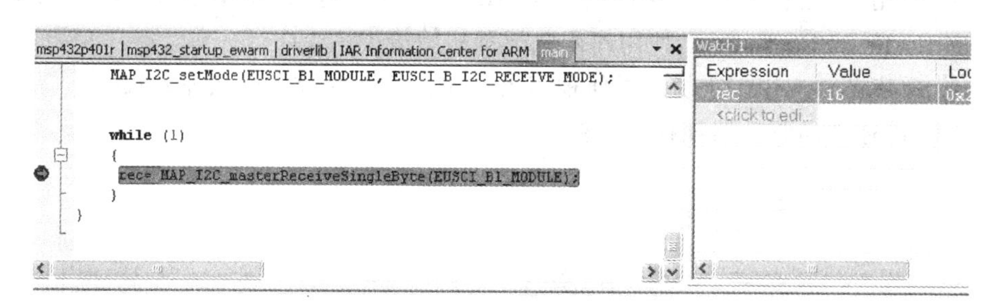

图5.107 当前温度值

在测试温度时,按TMP75输出特性,温度数据有±1~2 ℃的误差。测试时可以将手指超时触碰TMP75一段时间,使温度上升,并继续观察温度输出变化。由于此次实验使用了9位输出格式,这里高8位为有效数据,最低位为0,TMP75略去不做发送。所以每次直接得到温度数据。

5.7 本章小结

本章实验侧重微控制器中基本的功能原理,纵观本章实验,仅提供了一些常用外设的编程实现代码,并未将MSP432所有的外设模块进行扩展,如果在实际使用当中涉及到这些外设模块就需要参考TI官方的数据资料以及其他文献。此外,要实现一个微控制器系统有多种实现方法,读者在学习过程中无须局限于参考代码,也可

以设计出符合自己创意的代码。当然，部分章节代码结合了DY开发板的资源也可以为后续设计提供便捷。

5.8 思考题

1. 指出MSP432P401R开发板中默认的仿真调试器，并找出IAR中配置选项。

2. GPIO端口输入/输出位由哪个寄存器配置实现？具体有几种配置方式？

3. MSP432微控制器的默认时钟频率为多少？尝试使用库函数配置系统时钟（使用DCO做ACLK，1分频）。

4. TimerA一共包含几种工作模式？它们各自对应的输出方式有哪些？

5. 模/数转换的具体过程有哪些？简述ADC14采样保持电路原理。

6. SPI通信协议最高传输速率是多大？使用库函数实现eUSCI模块SPI初始化（选用SMCLK时钟源，11.059 2 kHz时钟，400 kbps传输率，MSB优先发送，3线模式，时钟相位极性默认）。

7. I^2C传输协议与SPI协议的主要区别是什么？TMP75温度传感器的设备地址。

8. 使用TI波特率换算软件找出8 MHz时钟频率，波特率为4 800时分频，UCxBRF、UCxBRS位参数，使用库函数配置初始值。

9. 字库芯片GB2312使用了何种编码方式？其读取操作有几种方式？

10. 简述液晶驱动器帧存储器格式。

第 6 章

综合实验

在上一章我们实现了 DY 开发板中一些基本硬件资源的开发，以及对于一套完整的嵌入式系统的开发，其实就是将一些不同的功能模块组合起来。本章将专门介绍几个简单的嵌入式系统的综合实验，实验将结合第 5 章实验中的一部分知识，同时，也将对 DY 开发板上其他常用的硬件资源做进一步分析。

6.1 温度记录仪实验

1. 实验要求与目的

使用 DY-LaunchBoard 上的 I^2C 温湿度传感器测量当前环境温度，并在液晶屏上输出"temperature：XX℃"字样，DY-LaunchBoard 上的 K3 按键控制数据记录，每次按下 K3 按键，记录保存当前温度数据至 TF 卡。

2. 实验原理

I^2C 温湿度传感器的使用方法与 TMP75 类似，实验只要测温度数据。测温时，主机只需发送对应的起始或停止命令即可。工作时，在 I^2C 接收中断中对数据进行操作。温度记录仪工作结构如图 6.1 所示。

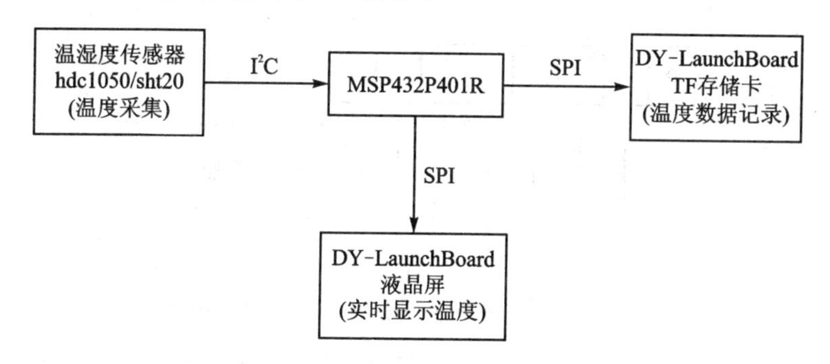

图 6.1　温度记录仪工作结构图

相对单元功能实验中显示的静态文本输出，此次实验要求液晶输出，对温度数值进行"同步"输出，需要通过编程控制文本动态输出，需要对字符操作。实现这一功能的操作：定义一个字符串数组作缓冲器用于存放动态数据和一个字符指针常量，每次数据更新时找到指针对应的值，然后将它送至字符串数组，最后调用 LCD_StringDisplay()函数，这样就完成了屏幕更新。

实验的另一项主要功能是将数据记录到 TF 卡中。TF 卡操作原理同 SD 卡操作，SD 卡有两种工作模式 SD 模式与 SPI 模式，微控制器使用 TF 卡时工作在 SPI 协议模式下，需要注意的是，微控制器的 CPU 工作频率需要提高至 25 MHz 以上。

在 SPI 工作模式下，也需要使用命令来操作 SD 卡，其命令格式，如图 6.2 所示。

Byte 1			Bytes 2~5		Byte 6	
7	6	5　　　　0	0	0	7	0
0	1	Command	Command Argument		CRC	1

图 6.2　SD 卡命令格式

在 SPI 协议模式下，操作命令从 CMD0～CMD63。有些命令还包含参数，CRC 为校验字节。SPI 命令分为 11 组，每个组是多个命令的集合，每个组中的命令有相似的功能。操作 SD 卡的常用命令为 CMD0、CMD1、CMD16。其中：

- CMD0 表示复位，拉低 CS 线即完成操作；
- CMD1 表示激活初始化；
- CMD16 表示设置一个读/写块的长度。

SD 卡命令还包含命令返回值，这个返回值有多种格式，这里仅对 R1 返回值进行说明，CMD0 命令就是一个 R1 格式的返回值命令。命令长度一个字节长度，最高位是 0 其他位表示错误码。错误包含空闲状态（in idle state）、数据擦除复位（erase reset）、非法命令（illegal command）、CRC 通信错误（com crc error）、擦除顺序错误（erase sequence error）、地址错误（address error）以及参数错误（parameter error），如图 6.3 所示。

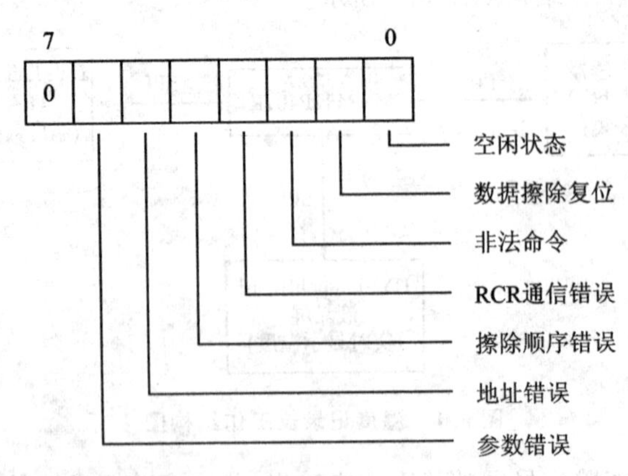

图 6.3　命令返回值 R1 格式

CMD16 为设置块长度命令，是由 SD 卡内部存储结构决定的，同时也方便程序的抽象。SD 卡操作是用该命令将读/写存储块设置为 512 字节，也就是一个扇区的大小。设置好以后 CMD17 读/写命令读取这 512 字节，并放入缓冲区。

对 SD 卡操作的首要核心就是上电初始化，在上电后，主机启动 SCK 以及在 CMD 线上发送 74 个高电平信号，接着发送 CMD0 进入 SPI 模式，然后发送 CMD1 激活初始化进程，如图 6.4 所示。

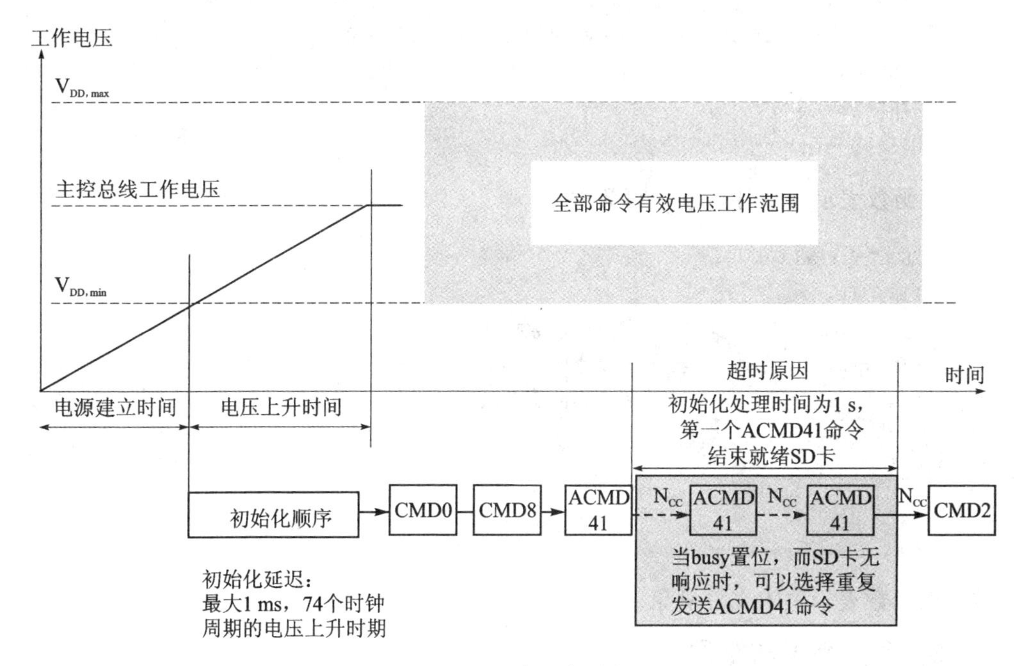

图 6.4　SD 卡上电时序

此外，TF 卡操作的另一大核心是文件系统，目前微控制器常用的文件系统较多，本章使用 FatFs 文件系统进行操作。FatFs 是一个通用的文件系统模块，用于在小型嵌入式系统中实现 FAT 文件系统。FatFs 的编写遵循 ANSI C，因此不依赖于硬件平台。它可以嵌入到便宜的微控制器中，如 8051、PIC、AVR、SH、Z80、H8、ARM 等，不需要做任何修改。FatFs 文件系统在使用前的最重要的环节是代码“移植”，由于移植涉及的东西较多较杂，有兴趣的读者可以自行查阅相关资料。这里仅对 FatFs 文件系统的一些定义做简要介绍。

FatFs 文件系统将操作大致分成了文件访问操作、目录访问操作、文件/目录管理操作、容量管理操作四个程序应用接口大类。其中，FatFs 文件系统的核心是文件对象(fileobject)，熟悉面向对象程序设计方法的读者或许比较清楚，对象可以抽象出多种“方法”。这里文件对象也是“如此”。常用的方法表现为：

```
FRESULT f_open (
  FIL * fp,                        /* 指向文件对象结构 */
```

```
  const TCHAR * path,          /* 文件名称 */
  BYTE mode                    /* 操作模式 */
);
```

该函数用来打开文件对象以使用文件，FRESULT 表示返回操作结果。

```
FRESULT f_write (
  FIL * fp,
  const void * buff,        /* 指向需要写入的数据 */
  UINT btw,                 /* 写入数据的大小 */
  UINT * bw
);
```

该函数表示向文件对象中写数据。

```
FRESULT f_read (
  FIL * fp,
  void * buff,           /* 存放读取数据的缓冲器 */
  UINT btr,              /* 需要读取的字节数 */
  UINT * br              /* 读取到的字节数 */
);
FRESULT f_close (
  FIL * fp
);
```

该函数表示关闭文件对象。

3. 实验步骤与结果

① 时钟初始化，LCD 初始化，温度传感器初始化，TF 卡初始化，按键初始化。

② 检测 TF 卡。

③ 开始测温。

④ 判断 K3 按键的状态，并记录。

⑤ 完成测温并显示。

程序流程图，如图 6.5 所示。

程序代码（部分）如下。

全局数据定义代码：

```
volatile uint8_t rec[3];                          //用于存放 I2C 的三帧数据
uint16_t res;                                     //存放转换后的温度数据结果
char * a = "0123456789";                          //字符指针常量
char buffer1[23] = {"temperature:  ℃"};           //要记录在 TF 卡里的内容
char dest[20],dest0[20];                          //需要显示在 LCD 上的字符缓冲器
char * c, * s;
```

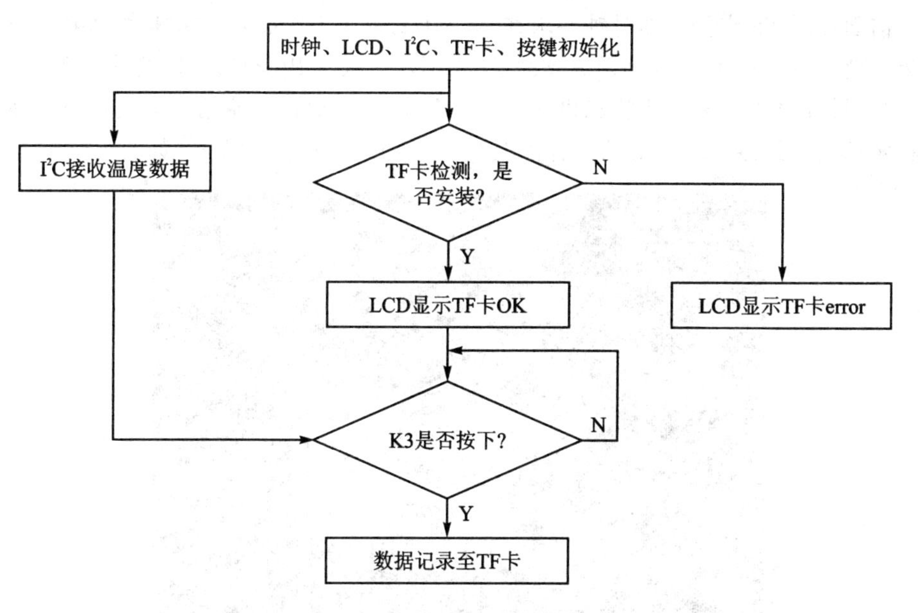

图 6.5 温度记录仪实验流程图

```
double temp;                            //原始温度格式
int i = 0;                              //I²C 接收中断计数控制标志
```

温度显示部分代码：

```
res = rec[0]<<8;
rec[1] = rec[1]&0xf0;
res = res + rec[1];
temp = 175.72 * res/65536 - 46.85;
res = (uint16_t)temp;
i = 0;
c = a + (res % 10);                     //个位数
s = a + res/10;                         //十位数
strncpy(dest,c,1);                      //获取字符串的第一个字符
strncpy(dest0,s,1);
LCD_StringDisplay(94,48,dest0);
LCD_StringDisplay(102,48,dest);
```

TF 卡操作部分代码：

```
strncpy(buffer1 + 12,s,1);              //温度数据在 TF 卡中的显示位置
strncpy(buffer1 + 13,c,1);
f_mount(0, &g_sFatFs);                  //载入文件系统
f_open(&g_sFileObject, "0:/test.txt", FA_CREATE_ALWAYS | FA_WRITE);
f_write(&g_sFileObject, buffer1, sizeof(buffer1), &bw);
f_close(&g_sFileObject);
```

前面提到TF卡操作的时钟要求在25 MHz，由于I^2C最大传输速率为400 kbps，如果在此时钟频率下操作则会造成设备"来不及接收"CPU命令，造成系统阻塞。因此，程序设计时要时刻关注状态机频率。在不同设备状态下使用不同的频率确保系统稳定运行。最终LCD可以实时监测温度，TF卡可以顺利记录数据，如图6.6所示。

图6.6 温度仪测得温度数据

6.2 麦克风音频信号录放实验

1. 实验要求与目的

本实验要求将通过麦克风录制的音频保存到TF卡中，并通过外部DAC使用喇叭播放录音内容。本实验使用MSP432板上的按键P1.1和P1.4控制录音与放音，采样频率为11.025 kHz。

2. 实验原理

实验的关键是使用MSP432采集10 s音频信号并将它生成为一个wav格式的音频文件保存在TF卡中；按照用户要求实现录音放音，其工作结构如图6.7所示。

(1) 麦克风部分

麦克风采集的数据由P4.3端口送入ADC14模块。ADC14的采样转化，使用的是ADC14模块的A10端口。A10采样后，ADC14将该模拟信号转化为数字信号，并将结果保存在MEM10中。其控制电路使用LMV321对输入音频信号进行放大。

ADC 采样由采样输入信号 SHI 控制，SHI 信号源可以通过 SHSx 位选择，如图 6.8所示在默认情况下该位是通过软件来进行触发的，为了简化后续配置采样定时器，这里直接选择 ADC_TRIGGER_SOURCE1 作为触发源。

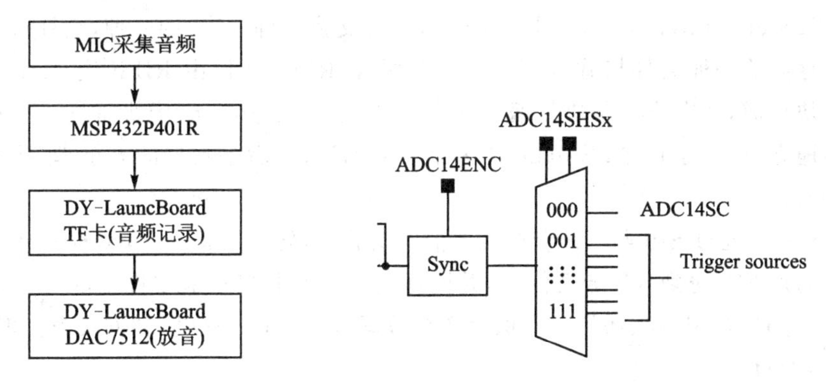

图 6.7　麦克风音频录放系统结构　　　图 6.8　SHSx 位选择

在 TI 提供的数据手册中，ADC_TRIGGER_SOURCE1 对应 TimerA0 定时器，如表 6.1 所列我们使用定时器 A0 输出来控制采样，同时需要使用比较捕获寄存器 CCR1。

表 6.1　MSP432 数据手册部分数据

设备输入引脚或内部信号	模块输入信号	模块对象	模块输出信号	设备输出引脚或输入信号
P7.1/PM_C0OUT/PM_TA0CLK	TACLK 定时器时钟	TimerA0 定时器	N/A(不适用)	N/A
ACLK 内部信号	ACLK			
SMCLK 内部信号	SMCLK			
可触碰电容 I/O，0 号端口内部信号	INCLK			
⋮	⋮	⋮	⋮	⋮
P2.4/PM_TA0.1	CCI1A	CCR1 比较寄存器 1	TA1	P2.4/PM_TA0.1/TA0_C1 ADC14 ADC14SHSx={1}
ACLK 内部信号	CCI1B			
DVss	GND			
DVcc	Vcc			
⋮	⋮	⋮	⋮	⋮

音频采样率可以使用 11.025 kHz、22.050 kHz、44.100 kHz 等常见频率，实验中使用 11 025 Hz 实现采样。

(2) TF 卡

FAT 文件系统常用于 Windows 等操作系统，但在一些嵌入式产品中，它也能发挥很大的作用。本实验使用FatFs实现TF卡文件系统的操作。在上节实验中我们已经对FatFs进行了介绍，这里不再赘述。

本实验需要在TF卡中创建一个wav格式的音频文件。wav文件格式是微软RIFF（Resource Interchange File Format，资源交换文件标准）的一种，是针对于多媒体文件存储的一种文件格式和标准。一般而言，RIFF文件由RIFF块、fmt子块和data子块组成，其中fmt子块为编码方式、采样率等信息，data子块是真正保存wav数据的地方，data子块中以'data'作为该块的标识，然后是数据的大小，紧接着就是wav数据。

MSP432通过SPI与TF卡进行通信。实验中，处理器将ADC采样转化后的音频数据通过SPI送到TF卡文件中，并同样通过SPI将TF卡文件中的音频数据读出，并通过DAC用喇叭播放。在保存音频数据时，采用FIFO队列方式来实现。

(3) DAC

MSP432从TF卡文件中读出的音频数据，通过SPI送到外部DAC模块。从MSP432传来的数据，经过DAC7512的转换后，变成模拟信号，从DAC7512输出的模拟信号输入TPA2005D1的IN－端口，通过TPA2005D1芯片内部逻辑后，由VO＋和VO－端口输出信号，然后由喇叭将收到的电信号转化为我们听到的声音信号。

向DAC7512发送数据的时候，在两次写操作期间应有一定的时间间隔，以便让SYNC有时间产生下降沿来启动下一个写周期，因此在发送数据的循环中加入一个延时操作。

本实验中，我们使用Timer32来控制MSP432向DAC发送数据的频率，由于采样频率为11.025 kHz，所以设定Timer32的频率也为11.025 kHz。

3. 实验步骤与结果

① 实验需要先对时钟、按键、LED灯、ADC、TF卡、DAC、定时器等进行初始化。

② 开启按键GPIO中断。

③ 判定GPIO中断，判断当前为录音状态还是放音状态，并进行相应的录音/放音操作。

上述实验步骤可用流程图表示，如图6.9所示。

程序代码（部分）如下。

程序主循环代码如下：

```
while(1){
    if(S1 == 1){
    S1 = 0;
    sec = 0;
    sec_count = 0;
        LED_On();
```

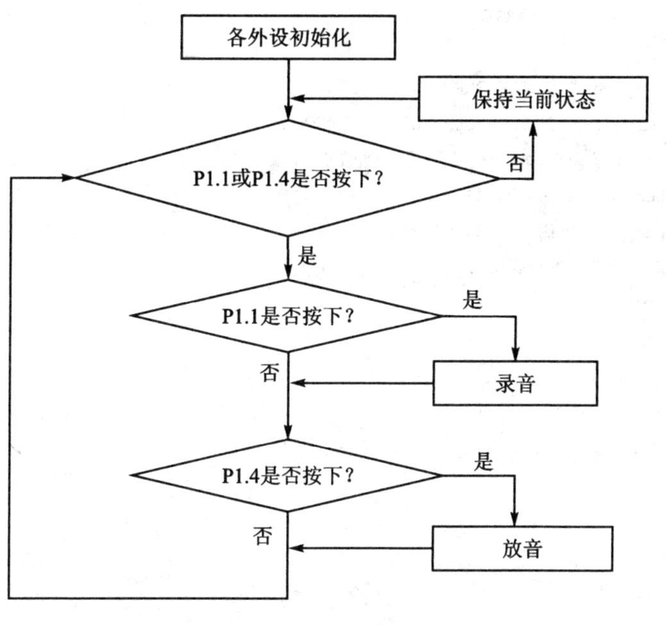

图 6.9　麦克风实验流程图

```
        rcd_ply_sel = 1;
            MAP_Timer_A_startCounter(TIMER_A0_BASE, TIMER_A_UP_MODE);
        WaveMake(Record_Name[0]);
        }
        if(S2 == 1){
        S2 = 0;
        rcd_ply_sel = 0;
        Timer32_setCount(TIMER32_0_BASE,SYSSMCLK/SAMPLE_FREQ - 1);
        MAP_Timer32_startTimer(TIMER32_0_BASE, false);
        LED_On();
        WaveOpen(Record_Name[0],MONO);
        }
}
```

ADC14 中断代码如下：

```
void ADC14_IRQHandler(void)
{
uint16_t temp = 0;
uint16_t   tempL = 0,tempH = 0;
    uint64_t status;
    status = MAP_ADC14_getEnabledInterruptStatus();
    MAP_ADC14_clearInterruptFlag(status);
```

```
    if (status & ADC_INT10)
    {
    if(FIFO_Count < FIFOBUFF_SIZE - 2){
        temp = MAP_ADC14_getResult(ADC_MEM10);
        // 当前 ADC 为 14 位,所以需要数据转换
        tempL = temp & 0xff;
        tempH = (temp>>8) &0x3f;
        Write_FIFO(tempL);
        Write_FIFO(tempH);
    }
    }
    if(sec<11025) {
    sec ++ ;
    }
    else{
    sec = 0;
    sec_count ++ ;
    if(sec_count> = 10)
    {
        /* Stop the Timer */
        MAP_Timer_A_stopTimer(TIMER_A0_BASE);
            LED_Off();
        rcd_ply_sel = 255;
    }
    }
}
```


Timer32 中断代码如下：

```
void T32_INT1_IRQHandler(void){
MAP_Timer32_clearInterruptFlag(TIMER32_0_BASE);
if((rcd_ply_sel == 0)&&(rcd_ply_flag == START))  {waveData2DAC(1);pflag = 1;}
else if((rcd_ply_sel == 0)&&(rcd_ply_flag == END)&&(pflag == 1)) {
    MAP_Timer32_haltTimer(TIMER32_0_BASE);
    LED_Off();
    pflag = 0;
    rcd_ply_sel = 255;
}
}
```

实验结果：按下按键 S1 后 D1、D2、D3、D4 全部亮起，MIC 开始录音，10 s 后 LED 全部熄灭，将 TF 卡连接至 PC 可以播放已录制完毕的 wav 文件，将 TF 卡重新安装至 DY 开发板，按下 S2 可以播放之前录制的音频文件。

6.3　简单的信号发生器实验

1. 实验要求与目的

液晶屏幕上显示“锯齿波”“正弦波”“方波”。DY-Launch Board 上的按键 K2、K3 为波形向上、向下选择按键，按键按下后，液晶屏显示对应输出位置并输出对应波形。所有波形要求峰峰值输出 3.3 V，周期 2.5 s。

2. 实验原理

数字式信号发生器相对于传统模拟信号器有仪器体积小，信号输出精确等特点。其性能实现主要依赖 DAC 与微控制器的互相协调。信号发生器系统的外部结构如图 6.10 所示。

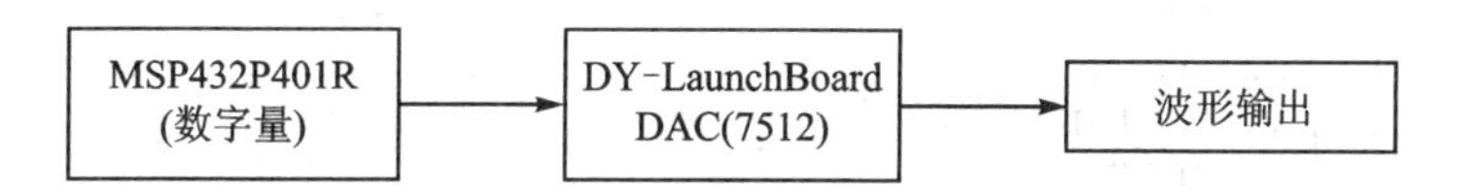

图 6.10　信号发生器系统结构图

液晶输出有多种样式，包括不同的字体、颜色、背景等。实验要求使用液晶作为图形界面与用户交互，因此，当选择一种波形时其格式必须有别于其他波形。波形直接由按键选择，主程序主要对按键产生中断进行轮询并决定输出波形。其次，使用 DAC 作为波形转换的主要器件。输出波形周期时，有时需要考虑 DAC 的转换时间因素。输出波形峰峰值，则直接与输入端的最大值、最小值有关。

对于同一种大小字体的文字，液晶有两种输出格式即黑底白字或白底黑字，输出波形使用黑底白字表示已选择波形，未选择波形使用白底黑字显示。

实验使用 Timer32 作为 DAC 数据输入端控制定时器。DAC 转换时间相对波形周期可以忽略，要输出波形周期为 2.5 s 的正弦波，可以设置定时器 10 ms 生成一次中断，生成一次中断时向 DAC 输入端赋值，第 256 次赋值时为一次正弦周期。输入值则可以通过计算生成“正弦表”。

3. 实验步骤与结果

① 实验需要先对液晶，K2、K3 按键，Timer32 进行初始化。

② 开启按键 GPIO 中断与 Timer32 中断。

③ 判定 GPIO 中断，变更输出波形。

上述实验步骤可用流程图表示如图 6.11 所示。

程序代码(部分)如下：

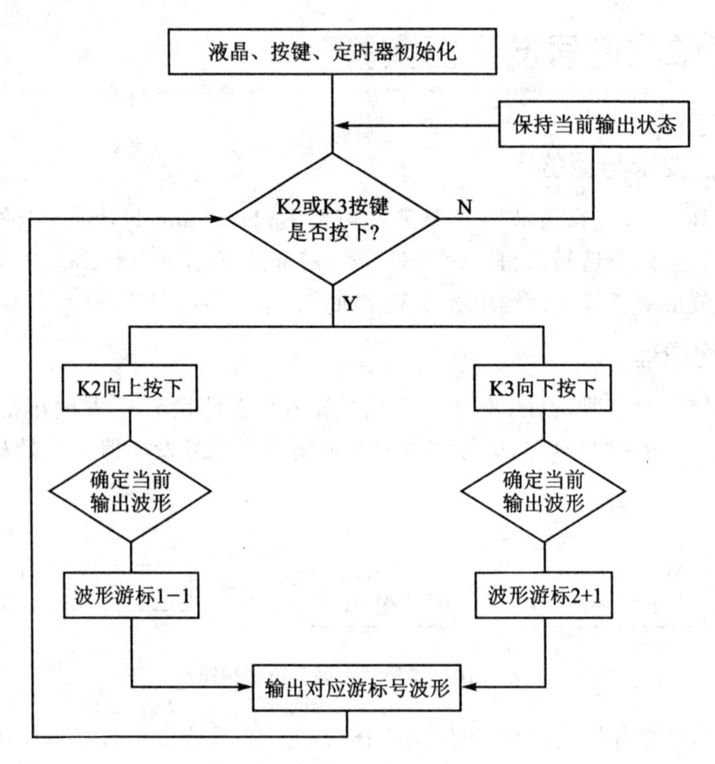

图 6.11　信号发生器实验流程图

```
void LCD_StringDisplay(unsigned int x, unsigned int y,char * Str,unsigned int ucolor)
{...//构造 LCD 字符显示函数形参包括字符横坐标、纵坐标、字符串指针、字体颜色参数
}
typedef enum __signalout_                //枚举所有输出波形
{
  triangle,
  sine,
  square
} signalout;

void scanout(signalout signal)           //构造判定输出波形函数
{
  //uint8_t position;
  switch (signal)
    {case triangle:
         LCD_StringDisplay(20,63,"锯齿波",whi);
         LCD_StringDisplay(20,79,"正弦波",bla);
         LCD_StringDisplay(20,95,"方波  ",bla);
         break;
```

```
        case sine:
          LCD_StringDisplay(20,63,"锯齿波",bla);
          LCD_StringDisplay(20,79,"正弦波",whi);
          LCD_StringDisplay(20,95,"方波   ",bla);
          break;
        case square:
          LCD_StringDisplay(20,63,"锯齿波",bla);
          LCD_StringDisplay(20,79,"正弦波",bla);
          LCD_StringDisplay(20,95,"方波   ",whi);
          break;
    }
}

uint8_t cursor = 0;
uint8_t cursor1 = 0;
void  keyscanup()                //构造 K2 向上按键函数
{

          if(cursor == 0)
          {
          scanout(triangle);
          cursor = 2;cursor1 = 0;
          }
          else if(cursor == 1)
          {
          scanout(sine);
          cursor = 0;cursor1 = 1;
          }
          else  if(cursor == 2)
          {
          scanout(square);
          cursor = 1;cursor1 = 2;
          }
}
void generate_sine()
{
  if(sta = 1)                    //timer32 中断标志
  {
    j = sine_wave[xx];           //从正弦表中取值
    xx ++ ;
        if(xx == 256)
```

```
            {
                xx = 0;
            }
            temp = j;
            temp = temp>>8;
            MAP_SPI_transmitData(EUSCI_B0_MODULE, temp);
            delayus();
            temp = j&0x00ff;
            MAP_SPI_transmitData(EUSCI_B0_MODULE, temp);
            delayus();
            MAP_GPIO_setOutputHighOnPin(GPIO_PORT_P3,GPIO_PIN5);
            MAP_GPIO_setOutputLowOnPin(GPIO_PORT_P3,GPIO_PIN5);
            sta = 0;//清除状态标志等下一次入中断
        }
    }
```

在SPI通信时需要注意时钟相位、极性。DAC与液晶在不同的时钟相位、极性下其输出都会有偏差,本实验实现了锯齿波,对程序略微改动也可以实现三角波,这里不再赘述,有兴趣的读者可以尝试修改程序。输出2.5 ms周期的正弦波需要在中断程序内对中断次数进行计算。最后,连续切换K2、K3实现不同波形输出,如图6.12所示。

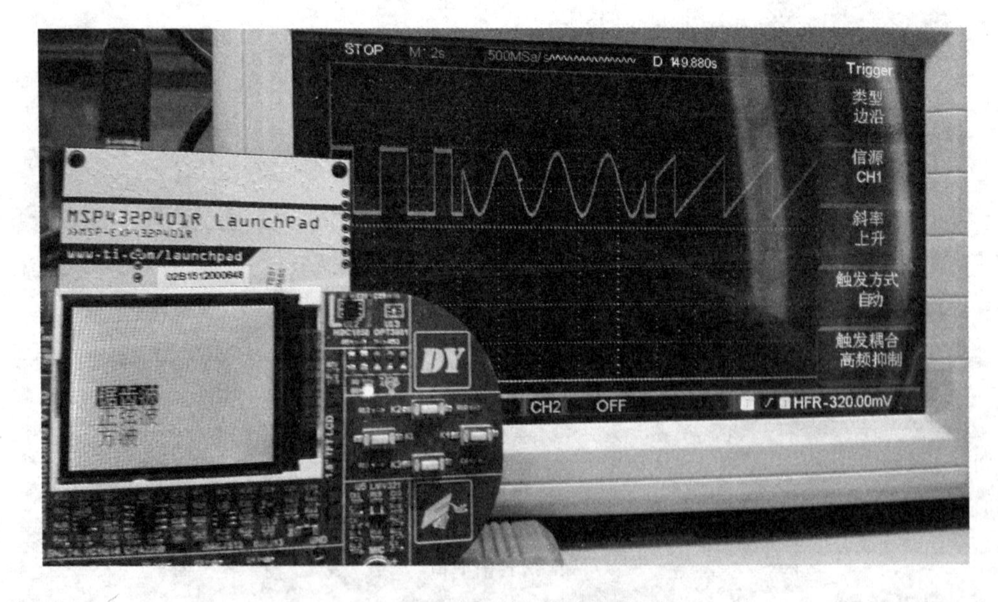

图6.12 信号发生器实验结果

6.4 物联网系统应用实验

1. 实验要求与目的

使用 MSP432 开发板与外部其他硬件进行通信实现简单物联网智能家居系统。初步认识物联网组网技术与原理。

2. 实验原理

物联网(Internet of Things,IoT)即物与物相连的互联网,其实质是在互联网基础上扩展的网络,完成物与物之间的通信任务并通过应用程序服务于人类。从组网的技术角度,一个物联网系统需要由一定数量的微控制器、Wi-Fi 模块、若干传感器组成。在这些硬件的上层必须有物联网操作系统的支持。

由于 MSP432 微控制器本身并不包含无线通信模块,硬件上选用 EMW3238 套件,该套件是上海庆科公司出品的一块搭载 MICO(基于网络连接的微控制操作系统)系统的开发套件,它包含了一个型号为 STM32F411CE 的 Cortex-M4 的微控制器,内置了独一无二的“self-hosted”Wi-Fi 网络函数库以及应用组件。MCU 通过 SDIO 接口与无线模块进行连接通信,包含 UART 接口、SPI 接口、I^2C 接口,支持低功耗蓝牙模块 BLE,以及 ADC、DAC、GPIO、PWM 等功能引脚。

物联网操作系统是物联网的一个重要部分。在物联网操作系统中,开发人员可以在各种微控制器平台上设计接入互联网的创新产品,最终实现人与物互联。EMW3238 套件还可以支持 MICO(Micro-controller based Internet Connectivity Operating System)物联网操作系统。同时,庆科公司为 MICO 系统提供了一整套的解决方案,包括设备的驱动、MICO 系统的初始化等,也提供云端平台——fogCloud 的开发和使用,同时也有移动端 App 的开发支持,形成一整套物联网开发“生态系统”,另外他们也有网站论坛作为技术支持。MICO 系统提供的 Wi-Fi 配网、云端服务以及对 App 端的支持都非常符合本系统的需求。

3. 系统模型与说明

按上述系统说明可以将智能家居物联系统设计为如图 6.13 所示的系统模型。系统将 MSP432 作为从设备放置在需要的地方搜集各种传感器信息,并将这些数据通过 UART 与 EMW3238 进行通信,然后经过 MICO 系统将这些数据共享到云端,用户则可以使用手机 App 通过云端来访问 MICO 并对系统内的一些变化进行调控。

实验采用 MSP432 作为传感器节点数据收集处理设备,经过 UART 端口实现与 EMW3238 的通信功能,其连线结构,如图 6.14 所示。

操作时需要取下 MSP432 开发板上的 RXD 与 TXD 的跳线帽,将 MSP432 开发

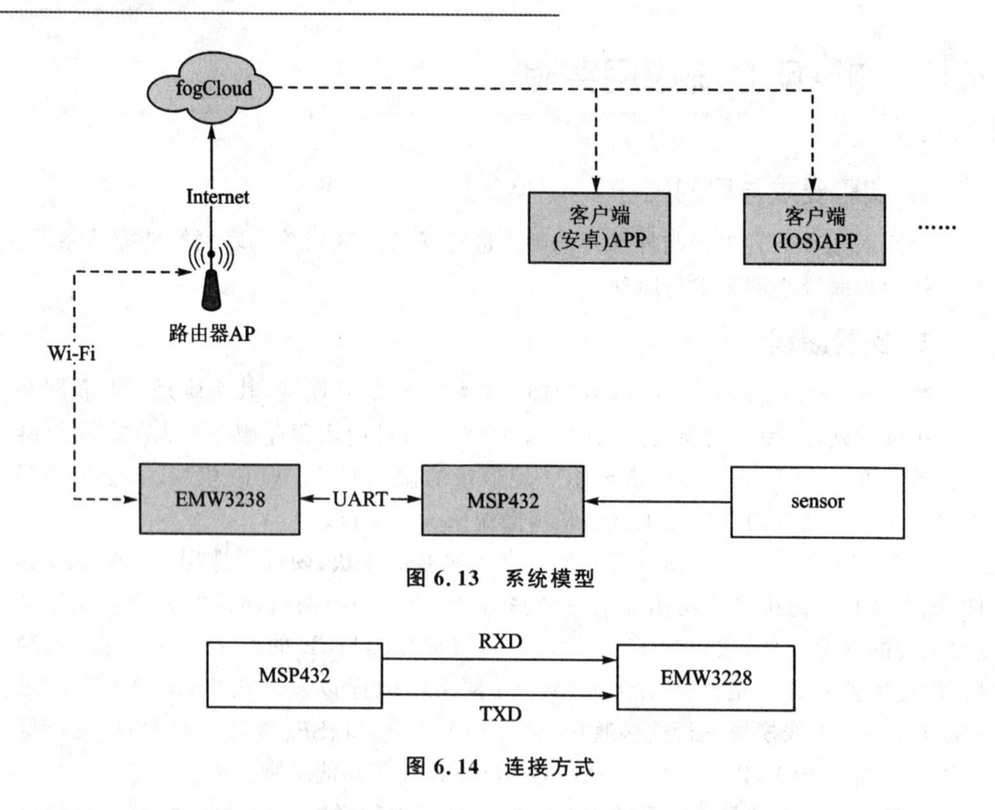

图 6.13　系统模型

图 6.14　连接方式

应用单元 RXD、TXD 引脚与 EMW3238 连接，如图 6.15 所示。

图 6.15　实物连接

为了物联网模块的可扩展性（传感器种类、数量不固定），有必要简单设置 UART 的通信协议，规定了一帧数据的标准格式，在一定程度上增加了通信间的抗干扰能力。本文设置的格式如图 6.16 所示。

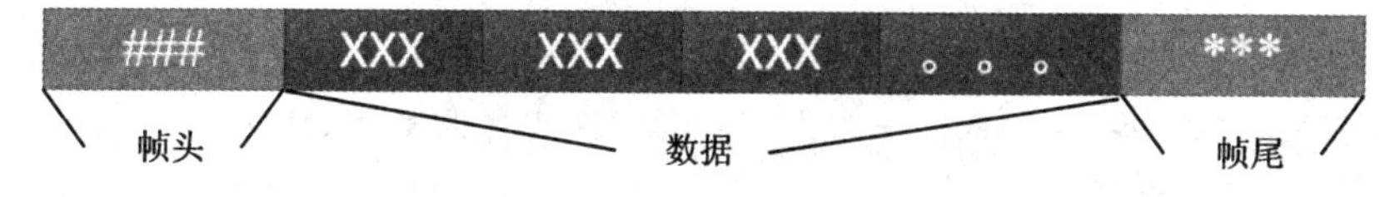

图 6.16 通信协议帧格式

数据分为帧头、数据内容、帧尾三部分。

首先是帧头，这里使用“###”表示一帧数据的开始。

然后是数据部分，单传感器数据固定以每三个字节一组进行填写，“XXX”的第一个字节表示(设定好的)传感器类型(type)，后面的两个字节表示传感器数据，传感器个数不固定从 1～10 组(理论上长度可以很长，但是考虑到串口为异步通信，主机不提供时钟信号，数据长度过长会导致数据出错，所以不建议超过 10 组数据)。

最后是帧尾部分，用“＊＊＊”表示一帧的结束。

程序发送伪代码如下：

```
const eUSCI_UART_Config uartConfig =
{
... //UART eUSCIA0 模块配置,波特率设置
};
const eUSCI_I2C_MasterConfig i2cConfig =
{
    ...//I2C 模块配置,eUSCI B1 模块配置
};
int main(void)
{
UART_init();//UART 初始化
I2C_init();
  Enable_I2C_ReceiveInterrupt( euscia1);     //开启 I2C 接收数据中断
}
void euscia1_isr(void)      //eUSCI B1 即 I2C 接收到的数据
{   int j;
    status = 已使能 I2C 接收中断值
    if  (status == 接收中断值)
    {
        for(j = 0;j<3;j ++ )
        {UART_transmitData('#');}      //第一字节数据表示帧开始
        UART_transmitData(type);
        //如果有多个传感器接入可以先发送一个 type 字节表示传感器类型
        UART_transmitData(data0);
        //第二字节数据(即 TMP75 第一字节有效数据)
```

```
        UART_transmitData(data1);
        //第三字节数据(即 TMP75 第二字节有效数据)
        For(j = 0;j<3;j ++ )
        {UART_transmitData('*');}     //第四字节数据表示帧结束
    }
}
```

EMW3238 作为数据透传模块,在收到串口发过来的数据后进行判断,首先读到连续三个'#'后开始判断有数据帧发送过来,然后以三个字节为一组进行数据判断根据传感器数据类型和值封装成一个云端可识别的 json 字符串({类型,值})保存在一个待发送数组中,一直读到三个'*'结束一帧数据读取并证明数据完整有效,若没有读到三个'*'则丢弃数据。

4. 实验结果与测试分析

在 TMP75 采集到温度数据后通过 EMW3238 实时发送到手机 App 端,在手机端观察到温度数据的实时变化如图 6.17 所示。

图 6.17 最终系统实物图

对于功能需求,本系统从实际的角度出发还能解决一些普通家庭常见的隐患。对于最常见的防盗功能,要在可能进入室内的位置都设置对应的报警措施(包括门和窗),在被打开时会提醒用户,并且对窗户的开关状态能直接查看。另一方面,在车库、庭院等没有门窗的地方也要有检查,是否有人员存在的可能,以保证财产的安全。

最后,对于智能家居系统需要一定的可拓展性。有些功能可能因为目前实验条件不足,或者还没有想到,但如果能设计一些标准接口,用户或开发者只需进行一些简单的设置或编程就能添加使用新的传感器或功能,这将大大提高系统的通用性和价值。

6.5 本章小结

本章介绍了三个嵌入式系统和一个物联网系统的设计方案。在一些实验系统中，使用了外部存储器实现数据的存储操作，并对嵌入式系统常用的文件格式——FatFs格式进行了说明，在音频处理环节，使用了wav格式实现音频文件的存储。几个实验进一步探讨了SPI、I^2C、UART通信协议特征。最后，本章的物联网实验使用了包含低功耗蓝牙设备的微控制器系统EMW3238实现了一个简单智能家居的物联网系统。

6.6 思考题

1. 除SPI模式SD卡外还包含哪种操作方式？请对SPI操作方式的通信格式进行详细说明。

2. SD卡SPI模式下CPU时钟工作频率至少需要多大？

3. 详细描述SD卡CMD0命令返回值R1格式。

4. 在SD卡中新建一个文本文档，并输入“abc”，试写出程序实现读取SD卡中的文本文档，并显示在DY开发板液晶屏上。

5. ADC14采样端口默认信号触发源信号是什么？可以选择的内部触发信号源有哪些？

6. FatFs文件格式主要分为哪几种操作方式？找出头文件中FRESULT的声明，并简述该声明中的意义。

7. 常用音频采样率有哪些？简述wav文件格式的特征、参数。

8. 单片机中可以从哪些方面实现状态机功能？

9. 从时钟相位、极性方面简要说明SPI通信协议的时序图。

10. 什么是物联网，一个物联网系统基本需要包含哪些元素？

11. 物联网中包含多个同类型的设备，在处理这些设备的数据时，通过什么方法识别这些设备？

参考文献

[1] Texas Instruments. MSP432P401R、MSP432P401M 混合信号微控制器[EB/OL]. (2016). http://www. ti. com. cn/cn/lit/ds/symlink/msp432p401r. pdf.

[2] Texas Instruments. MSP432P401R SimpleLink Microcontroller LaunchPad Development Kit[EB/OL]. (2015). http://www. ti. com/lit/ug/slau597c/slau597c. pdf.

[3] Texas Instruments. MSP432P4xx SimpleLink Microcontrollers Technical Reference Manual[EB/OL]. (2015). http://www. ti. com/lit/ug/slau356f/slau356f. pdf.

[4] Texas Instruments. IAR Embedded Workbench for ARM 7. 80. 3+for SimpleLink MSP432 Microcontrollers[EB/OL]. (2015). http://www. ti. com/lit/ug/slau574f/ slau574f. pdf.

[5] Texas Instruments. MSP-EXP432P401R Quick Start Guide[EB/OL]. (2015). http://www. ti. com/lit/ug/slau574f/slau574f. pdf.

[6] Texas Instruments. SimpleLink MSP432 Security and Update Tool[EB/OL]. (2015). http://www. ti. com/lit/ug/slau690d/slau690d. pdf.

[7] Texas Instruments. Migrating to the SimpleLink MSP432 Family[EB/OL]. (2015). http://www. ti. com/lit/an/slaa656c/slaa656c. pdf.

[8] Texas Instruments. MSP Debuggers[EB/OL]. (2015). http://www. ti. com/lit/ug/slau647h/slau647h. pdf.

[9] Texas Instruments. MSP-EXP432P401R Software Examples and Design Files [EB/OL]. http://software-dl. ti. com/msp430/msp430_public_sw/mcu/msp430/MSP-EXP432P401R/latest/index_FDS. html.

[10] Texas Instruments. MSP432 Resource Explorer[EB/OL]. http://dev. ti. com/tirex/#/.

[11] Texas Instruments. General Oversampling of MSP ADCs for Higher Resolution [EB/OL]. (2016). http://www. ti. com/lit/an/slaa694a/slaa694a. pdf.

[12] Texas Instruments. Designing an Ultra-Low-Power (ULP) Application With SimpleLink MSP432 Microcontrollers[EB/OL]. (2015). http://www. ti. com/lit/an/slaa668a/slaa668a. pdf.

[13] Texas Instruments. Leveraging Low-Frequency Power Modes on SimpleLink MSP432P4xx Microcontrollers[EB/OL]. (2015). http://www.ti.com/lit/an/slaa657b/slaa657b.pdf.

[14] Texas Instruments. Moving From Evaluation to Production With SimpleLink MSP432P401x Microcontrollers[EB/OL]. (2016). http://www.ti.com/lit/an/slaa700a/slaa700a.pdf.

[15] 沈建华，杨艳琴. MSP430 超低功耗单片机原理与应用[M]. 2 版. 北京:清华大学出版社,2013.

[16] 沈建华. MSP430 系列 16 位超低功耗单片机原理与实践[M]. 北京:北京航空航天大学出版社,2008.

[17] 沈建华. 嵌入式软件概论[M]. 北京:北京航空航天大学出版社,2007.

[18] 姚文祥. ARM Cortex-M3 与 Cortex-M4 权威指南[M]. 3 版. 北京:清华大学出版社,2015.

[19] 刘杰. 基于固件的 MSP432 微控制器原理及应用[M]. 北京:北京航空航天大学出版社,2016.

[20] 杨艳，傅强. 从零开启大学生电子设计之路——基于 MSP430 LaunchPad 口袋实验平台[M]. 北京:北京航空航天大学出版社,2014.

[21] 魏小龙. MSP430 系列单片机接口技术与系统设计实例[M]. 北京:北京航空航天大学出版社,2002.

[22] 盛琳阳,孙菊江. 微型计算机原理[M]. 西安:西安电子科技大学出版社,2000.

[23] 杨泽民,刘培兴,王永丹,等. 液晶显示器原理与应用[M]. 沈阳:东北工学院出版社,1992.

[24] 邵时,沈建华,王荣良. 微机接口与通信实践教程[M]. 上海:华东师范大学出版社,1997.

[25] 戴梅萼. 微型计算机技术及应用[M]. 北京:清华大学出版社,1995.

[26] 卞晓晓. 基于 MSP430 单片机原理及应用[M]. 西安:西安电子科技大学出版社,2015.

[27] 王兆滨. MSP430 系列单片机原理与工程设计实践[M]. 北京:清华大学出版社,2014.